全国高等院校应用心理学系列精品教材
总主编　李　红

心理测量学

（第2版）

主　编　毕重增
副主编　王晓刚　郭　磊　刘　源

西南大學出版社
SWUP　国家一级出版社　全国百佳图书出版单位

图书在版编目(CIP)数据

心理测量学 / 毕重增主编. -- 2版. -- 重庆 : 西南大学出版社, 2022.7
全国高等院校应用心理学系列精品教材
ISBN 978-7-5697-1304-6

Ⅰ. ①心… Ⅱ. ①毕… Ⅲ. ①心理测量学－高等学校－教材 Ⅳ. ①B841.7

中国版本图书馆CIP数据核字(2022)第121941号

心理测量学(第2版)

XINLI CELIANGXUE

主　编　毕重增

副主编　王晓刚　郭　磊　刘　源

责任编辑:任志林　伯古娟
责任校对:张　丽
封面设计:汤　立
排　　版:张　艳
出版发行:西南大学出版社(原西南师范大学出版社)
地址:重庆市北碚区天生路1号
邮编:400715
网址:http://www.xdcbs.com
市场营销部电话:023-68868624
经　　销:新华书店
印　　刷:重庆长虹印务有限公司
幅面尺寸:185mm×260mm
印　　张:24.5
字　　数:518千字
版　　次:2022年7月　第2版
印　　次:2022年7月　第1次印刷
书　　号:ISBN 978-7-5697-1304-6

定　　价:78.00元

心理测量学修订说明

在编辑任志林先生的建议下,2018年5月我们启动了《心理测量学》的修订工作。在修订过程中,我们做的主要工作是:使原有内容丰满,提升可读性;替换、增加拓展板块中的内容,以便更好地反映前瞻性研究的成果;替换部分案例,以更加贴近现实;重新改写书中原有读起来费解的内容。

更新国内心理测量学理论与应用进展,得到了有关心理学家的大力支持。他们是中国科学院心理研究所张建新教授,陕西师范大学游旭群教授、胡卫平教授,辽宁师范大学刘文教授,河北师范大学阎书昌教授,浙江大学王腾飞博士。他们的研究成果展示了国内心理学在心理测量学领域的独特贡献。

这次修订的另一项工作是核对更新参考文献。能够完成这项工作,得益于学校订购的心理学文献数据库和丰富的馆藏,尤其是电子资源以及馆际传递业务,使我们能够阅读一些重要的原始文献。

修订工作由我主持,具体分工是:毕重增教授(西南大学)负责第1、2、7章;王晓刚副教授(西南民族大学,原来写作第4、14章)负责第3、4、14章,蔡琳博士(西南民族大学)参与了第3章和第4章的工作;刘源副教授(西南大学)负责第5、6、9、10章;郭磊副教授(西南大学,原来参写第13章)负责第8、11、12、13章。最后由我对稿件进行了统校。

参加第一版写作的陈维副教授(贵州师范大学,参写第13章)、吴雪梅副教授(重庆文理学院,写作第3章)、桂亚莉讲师(重庆师范大学,写作第7、10章)没有参加此次修订工作;在第一版中与我合作撰写部分章节的当时在读的研究生(陈菲菲、徐朝娜、韩梦霏、李松桃、李爽、刘凯歌)也没有参加此次修订工作。

本次修订工作得到了西南大学校级规划教材建设项目的立项支持,特此致谢。限于作者水平及心理测量的复杂性,出现错误在所难免,如发现行文中存在任何错误,欢迎不吝指正、交流。联系方式:alphapsy@163.com。

毕重增

2022年6月

CONTENTS 目录

第一章　心理测量学概论 ······ 001

第一节　心理测量的性质 ······ 002

第二节　心理测验的分类 ······ 008

第三节　合理地使用心理测验 ······ 012

第二章　心理测量学的历史发展 ······ 021

第一节　心理测量学兴起的历史背景 ······ 022

第二节　心理测量学的成长与发展 ······ 026

第三节　中国心理测量发展史 ······ 031

第三章　信度 ······ 040

第一节　经典测量理论 ······ 041

第二节　信度的概念与估计 ······ 048

第三节　影响信度的因素 ······ 059

第四节　信度的特殊问题 ······ 064

第四章　效度 ······ 070

第一节　效度概述 ······ 071

第二节　内容效度 ······ 074

第三节　构想效度 ······ 078

第四节　效标关联效度 ······ 083

第五节　效度的影响因素与提升 ······ 089

第五章　项目分析 ······ 095

第一节　测验项目的难度 ······ 096

第二节　测验项目的区分度 ······ 102

第三节　诱答项分析 ······ 110

第六章　测验分数的合成与解释 …… 116
第一节　测验分数的合成与解释模型概述 …… 117
第二节　常模参照测验的分数解释 …… 122
第三节　标准参照测验的分数解释 …… 135

第七章　智力测验 …… 148
第一节　智力概述 …… 149
第二节　个体智力测验 …… 159
第三节　团体智力测验 …… 166

第八章　能力倾向测验 …… 172
第一节　能力倾向测验概述 …… 173
第二节　常见的能力倾向测验 …… 175

第九章　教育测验 …… 198
第一节　教育测验概述 …… 199
第二节　学业成就与学业能力倾向测验 …… 208

第十章　人格测验 …… 224
第一节　人格测验概述 …… 225
第二节　人格的自陈量表 …… 232
第三节　人格的投射测验 …… 249

第十一章　兴趣、态度、价值观测验 …… 261
第一节　职业兴趣的测量 …… 262
第二节　态度的测量 …… 269
第三节　价值观的测量 …… 277

第十二章　神经心理测验 …… 285
第一节　神经心理学测验概述 …… 286
第二节　成套神经心理学测验 …… 288
第三节　单项神经心理学测验 …… 295

第十三章　现代测量理论 ……312
第一节　概化理论 ……313
第二节　项目反应理论 ……321
第三节　认知诊断理论 ……330

第十四章　心理测验的编制 ……342
第一节　测验的初步编制 ……343
第二节　预测与项目分析 ……352
第三节　测验的标准化 ……361

主要参考文献 ……369

第一章

心理测量学概论

人心叵测还是人心可测？这是长久以来困扰人们的一个问题。随着心理测量学的诞生，这个问题有了确定的答案：人心是可测的。已有成千上万遵循心理测量学原则设计出来的测验，广泛应用于教育、职业、临床等领域。那么，心理测量学是一门什么样学科，有什么样的特点？如何合理使用心理测验呢？本章将分别叙述这些问题。

第一节　心理测量的性质

心理虽然不能直接测量,但可以依据心理测量学的理论和方法,编制出值得信赖的测量工具,并用之对人的心理特征进行赋值或分类,广泛应用于实践中。

一、心理的可测性

心理是内在的、变动不居的,这使得准确地判断心理十分困难。但内在的心理会体现在外显的行为中,并且呈现出特定的规律性和稳定性,这使得心理测量有了客观的依据。古人很早就注意到了这一点,著名思想家孟子(约公元前372年–公元前289年)在《孟子·梁惠王上》就曾讲过,“权,然后知轻重;度,然后知长短;物皆然,心为甚”,指出了人的心理是可以权衡和度量的。心理学领域对于心理可测性的最早阐述,来自桑代克(E. L. Thorndike,1874—1949)和迈克尔(W. A. McCall,1891–1982)等心理学家。桑代克的名言是“凡是存在的事物都有其数量”(whatever exists at all, exists in some amount)(Thorndike,1918),迈克尔则认为凡是有数量的事物都可以测量,不存在没有数量或不可测量的事物(there is never a quantity that does not measure some existing quality, and never an existing quality that is non-quantitative)(McCall,1922)。概言之,心理现象、心理过程是客观存在的,也是可以测量的。

需要注意“可测”与“能测”以及测量结果的准确程度之间是有区别的。虽然有为数众多的可靠的心理测验广泛运用到研究和实践中,但仍然有一些理论上可测的心理现象在实践中尚未发展出精确可靠的测量工具,只能做粗略的测定。从承认心理的可测性到能够精确测量特定的心理,需要测验工作者不懈的努力。

二、心理测量的定义

(一)心理测量

心理测量(psychological measurement)是对行为样本的客观化和标准化度量(Anastasi,A.,& Urbina S.,2001),是对心理特质遵照规则进行数量化赋值的过程。

对任何对象的属性特征进行科学赋值,均需要遵循一定的规则。规则有清晰和模糊之分,例如,测量物体的长度或重量等物理特征时所遵从的规则是清晰确定的;而测量智力、焦虑等心理特质时所遵从的规则就不如物理测量那样简单明了,心理特质的测量通常对应着复杂的程序。在心理测量过程中，好的规则需要做到清晰、易于实施、易于学习，从而使不同的测试者可以遵循这些规则对于同样的测量对象测到相同的结果。总的来看，无论是应用于研究还是实践中的心理测量，其规则都应该是明确的，或者来自理论，或者来自经验的做法，这是保证测量有效的一个基本条件。

心理测量的对象是心理现象和心理特征，这些心理属性是抽象的、内在的，不能直接测量的。心理测量的直接对象是行为，与心理对应的行为(behavior)不但是多样而且多义。因此，在测量过程中就要确定哪些行为是具体可测量的对象，以及如何以最便捷的方式去实施测量。由于不能对所有的心理相关的行为进行测量，具体测量的对象往往是部分行为，也就是行为样本(sampling)。换言之，当需要测量某种心理现象时，最终作为测量对象的是能够代表或反映这种心理的一个行为样本。

(二)心理测验

心理测验(psychological testing)简称测验，是心理测量的工具。当心理测验作为名词使用时，它通常指代的是心理测量的工具，也可以指代整个心理测量的过程；而当动词使用时，心理测验很大程度上是与心理测量同义的。在许多书籍和文章中，这些概念含义都会在特定意义上交替使用，可以根据上下文来理解。

心理测验的编制需依据特定的原理和方法。编制心理测验主要涉及两类理论，第一类是关于心理测量对象的心理学理论，例如智力理论是测量智力的依据，智力的理论界定不同，智力测量的内容和方式就会不同；第二类是关于测量本身的测量学理论，主要有经典测验理论、项目反应理论和概化理论，各种心理测量理论对如何有效测量的界定不同。基于不同测验理论编制出来的心理测验会在内容、使用方法等方面存在差异。

(三)测量的量尺

心理测量需要数字作为结果的标识。在测量过程中，数字与测量对象属性的关系用不同水平的量尺(scale)来表达。根据史蒂文森的论述(Stevens，1946)，在心理测量过程中有四种量尺，这些量尺的数字使用方式不同，所能够进行的统计处理也不同。

1.称名量尺

称名量尺(Nominal Scale)是最简单的数字使用形式，称名源于拉丁词根 nomen，意思是名字(name)，在此类量尺中，数字仅用作区别或分类的标示。称名量尺的最通俗例子是居民身份证编号，每一个中国公民都有一个身份号码。每一个人的身份号码都是不同的,故可以区别个体,姓名则做不到这一点,同一个名字可能有成千上万的人在用,例如,全中国范围内名字为张伟的人有三十万人左右。数字也可以用来分类,例如性别、民族等人口统计学信息在录入计算机管理和分析时所用的数字代码均属于在称名水平上使用数字。心理学中涉及用性别作为变量时,通常会用1表示男,2表示女,有时候也用0表示女。把哪一个数字作为男性或女性的标示是随意的,但标示性别变量的数字需要和性别本身的类别一样多。

虽然组成称名量表的数字本身可以做加减乘除运算,但进行这样的计算没有实际意义。适宜统计分析是在频数水平,例如,特定样本中男生100人、女生50人,男生人数是女生人数的2倍,在频数上获得的倍数是有意义的,但在个体水平上,用女生代号2去除男生代号1,获得的倍数2就没有通常的倍数意义。

2.顺序量尺

顺序量尺(Ordinal Scale)中数字的意义比称名量尺略为丰富,除了能够标示不同的类别,还表达顺序性。这就意味着数集中的元素可以成为一个序列,从大到小或从小到大,例如在一个班级里对学生考试成绩排序、身高排序等。顺序量尺包含有位置信息,但并不包含间距是否相等的信息,学生的成绩排名只表达成绩的顺序,并不表达各个名次之间的差异。例如,第一名和第二名之间的差异可能与第三名与第四名之间的差异不同,虽然它们之间都是差一个名次。

顺序量尺是心理测量中最常见的一种,其中应用最为广泛的是百分等级(percentile rank scores),即得分等于和低于某个分数的人所占的百分比。例如,某考试分数80分对应的百分等级是65,表示的是得分等于和低于80分的人占总人数的65%。对于顺序量尺所进行的统计运算大致与称名量尺相似,也有专门的适用于该类数据的统计量,例如斯皮尔曼等级相关系数。

3.等距量尺

等距量尺(Interval Scale)具有相等的单位。单位是作为计数单元所规定的标准量。等距量尺测量结果中同样的数字表达同样的含义,而不管这些差异处于数据集中的什么位置。例如,一天有24个小时,每小时都是60分钟,每分钟都是60秒,如果两个日期之间相差10天,那么,两者之间相差5天的整2倍。同样用来标示时间,月份就不符合等距量尺的定义,有的月份比另外一些月份更长些。等距量尺另一个重要的特征是其没有绝对的0点(起始点),日历上的时间起点都是相对的,每一种文化都有(或曾经有)其规定的纪年起点。如果以中华文明的起始作为纪年的起点,那么,现在的日历年则至少处于五千年。

在等距量尺中,数字之间的差是有意义的,可以进行大多数的统计运算。但由于没有绝对的0点,等距数据只能做四则运算中的加减运算,不可以做乘除运算。

4.比率量尺

比率量尺(Ratio Scale)所获得的数据可以做加减乘除运算,任何一种运算的结果都是有意义的。比率量尺具有绝对的0点,表示所测量的事物或属性是绝对没有的。物理学中的比率数据是十分常见的,例如时间、距离、重量等。例如,一个物体重60公斤,其重量是30公斤的2倍,这里两倍的含义与80公斤是40公斤2倍的含义完全相同。就物理客体而言,重量为0只是理论上的。在心理学中,比率量尺可见于对频数、时距的测量,二者都可以赋值为有意义的0。

离散的数据适用于称名量尺或顺序量尺,连续的数据适用于等距或等比量尺。连续的数据可以转化为离散的数据,因此,也可以转化为对应的量尺。例如,可以按身高将人分为高、中、矮三类,身高本身是比率水平的量尺,分为三类后就变成了顺序量尺。从称名量尺到比率量尺,数字所负载的意义不同,在测量过程中,要注意数字承载信息的差异,必要时做出恰当的转化,实现测量的目的。

(四)心理测量的结果

用测验对测量对象进行测试,按照赋值规则对于所观测的行为样本给出特定的分数或类别就是测量的结果。测量结果是以类别或具体的数字来表示个体在心理特质上的差异。例如,使用韦克斯勒智力测验对张千帆的智力进行测量,获得他的智商是107分,对应的类别是智力正常。虽然心理测量的落脚点是数量化,但在科学研究中(不仅仅是在心理学中)类别是最常见的一种测量结果。有些心理现象给出确定数字及其差别可能是没有实际意义,故在这种情况下,较为粗略的类别反而更有助于描述所测量的现象。

三、心理测量的特点

(一)间接性

心理是内在的,心理测量无法直接对心理进行数量化描述,需要间接地通过对行为的测量来实现。行为虽然能反映心理,但二者之间的关系却又不是一一对应的,需要在能反映心理的行为中获取一个有代表性的样本,作为心理测量的直接对象。

(二)误差的广泛性

任何测量都有误差,心理测量也不例外。心理测量误差可来自测量的各个方面、各个环节。从测量对象的性质来看,心理具有确定性、模糊性和随机性的特点,对于确定的心理现象进行测量,产生误差的可能性会降低。心理测验本身也有精良和粗糙之分,由此也会使测到的结果与真实情况之间产生差别。在心理测量过程中,无论是行为反应本身,还是计分过程都有可能产生误差,前者如接受心理测验者涂错了答案,后者如测验使用者提供了错误的标准答案。由于心理测量误差存在的广泛可能性,要求在测验选择和使用中要遵循规范化的要求,使误差降到最小。

(三)测量的客观性

心理测量的客观性由测量的标准化来保障。标准化指测验的实施、计分和解释等测验过程各个环节的一致性。一致性保证了同一个测验对接受测验的所有人都是相同的,测验结果不会因实施测验者或计分者不同而产生差异,测验结果也不会因解释者而发生意义的变化。这种源于实验心理学中对实验过程的严格控制的标准化做法,极大地摆脱了主观随意性对测验的影响,提升了测验的客观性。测验的客观性最终体现为测验结果具有较高的信效度,也就是测量结果的稳定性、一致性,以及测量结果的有效性。

心理测量的客观性还表现为测量结果的数量化。数量化可对人做出更细致的区分,例如对于同样属于智力正常的群体给出更加具体的评价。同样,数量化使不同研究者有了共同语言,自然语言对于同一心理现象或心理过程的描述是模糊的,数量化描述使得不同研究者使用的同一术语具有了相同的内涵,由此能够沟通、对比,以及对各自独立的研究发现做出有效的交叉验证。更为重要的是,数量化的测量结果在统计手段的帮助下,可以解释数字背后的关联和规律,帮助探索心理的奥秘。心理现象描述的数量化、测量手段的进步极大地促进了心理学的研究,例如智力测验对于智力界定的推进,人格测验的发展对人格相关研究的推动,单细胞记录技术、功能性脑成像技术的作用也是类似。

(四)应用的普遍性

心理测量可以在较短的时间内给出测量对象某种心理特征的数量化信息,具有简单高效的特点,因此科学的心理测验自诞生开始就得到了广泛关注,并逐步扩展应用到各个实践领域中。心理测量是心理学研究中最基本的一种数据搜集手段,这些数据不仅用于对实验进行分组,而且还可以产生研究假设,著名的智力多因素理论的产生和发展就是源于对智力测验分数的解释。在实践中，心理测验广泛用于教育、临床以及职业领域。学校里的期末考试就是一种典型的成就测验，而大学入学考试（高考）则是一种学业能力倾向测验，社会影响巨大。日常生活中人员选拔与安置（例如公务员招考）、心理问题的诊断，以及康复评价等等，都是心理测量的具体运用。

四、心理测量学的理论

测量学家对于如何测量心理有不同的认识，由此形成了不同的心理测量学理论，其中最有代表性的是经典测量理论、概化理论、项目反应理论和认知诊断理论。

经典测量理论在当前心理测验编制中使用最为广泛，该理论所依据的测量学假设容易得到满足，在数十年的发展中已经建立起了完整的概念和统计方法体系，本书在信度、效度、项目分析等章节所介绍的内容，主要基于经典测量理论。

虽然经典测量理论具有很大适用性，但也有其自身的不足，例如，不能确定测量中具体误差的来源，为了解决这个问题，概化理论得以提出和发展。而为了克服测验及测题对于样本的依赖性，项目反应理论又被提出，并在题库建设、智能化心理测量方面日益显示出其实力。而认知诊断理论则在教育领域、认知训练等领域有越来越充分的用途。这些理论对于心理统计方面的要求相对较高，一般属于研究生阶段学习的内容，本书将在第十三章予以介绍。

拓展阅读

学习心理测量学的预备知识

如何学好心理测量，尽快把握好心理测验是初学者最为关心的问题。如果在学习之前具备以下两个方面的知识，则对于理解心理测量学的知识体系非常有帮助。

第一，是心理学的基础知识。这些知识主要是在心理学导论和各个分支课程中体现，有关的概念和理论界定了心理测量的对象，是测量的内容来源和解读心理测量结果意义的基础。了解了有关的概念、理论及其适用范围，也有助于理解心理测量的用途和局限。

第二，一定的心理统计学知识。无论是心理测量的结果，还是对于测验质量的说明，以及测验结果的应用，均需要统计的帮助。在心理统计知识体系中，最基本的概念与方法是平均数、标准差、区间估计、相关系数、t检验、方差分析以及回归分析等。如果要充分理解各种心理测量学的理论，则需要进一步了解线性代数、高等数学的有关知识。对于这些数理统计知识，在学习时宜侧重于理解其内在的体系和逻辑,有关统计计算的实现,主要由各种计算机统计软件来实现。

学习心理测量学,还应熟悉一些介绍心理测验的网站。美国心理协会网站(网址:www.apa.org)的测验板块提供了诸多已经出版的心理测验信息;Buros心理测量中心(网址:buros.org)提供了4000个商业化的测验信息,以及超过2000项的测验评论;教育类的测验资源可以访问教育测验服务社(ETS)的数据库(网址:www.ets.org/testcoll),该数据库是本类测验中最大的;PsycINFO数据库中也有一个专门的测验数据库,在其中可以找到几乎所有的在心理学专业期刊上发表或使用过的测验,该数据库可以通过订购该数据库的图书馆访问。

复习巩固

1. 阐述心理测量的内涵。
2. 简述心理测量的特点。

第二节　心理测验的分类

心理测验可以按照不同的标准进行多维度的分类。把握心理测量工具的现状,了解各类测验的优缺点,有助于在需要时选择和使用恰当的测验。

一、按照测验适用的领域

按应用领域,可以将测验大致分为三大类,即教育测验、职业测验和临床测验。著名的《在版测验》第九版(*Tests in Print IX*, Anderson et al., 2016)大约介绍了三千种测验,并按照内容适用领域划分类别,分别是教育、心理、咨询、管理、职业规划、儿童发展和研究领域。

二、按照所测心理品质

按照测量的对象,可以将心理测验分为能力、人格、神经心理测验三个大的类别。

能力领域的测验又可再细分为智力、能力倾向和成就测验。智力测验(intelligence test)测量的是心智能力,主要用于表达智力的个体差异、鉴别智力超常和低常者,最著名的是斯坦福比奈智力测验、韦克斯勒智力测验;能力倾向测验(aptitude test)测量的是经过学习或者锻炼可能达到的能力,主要用于预测个体在将来活动中成功与否的可能性,最具代表性的是一般能力倾向测验、武装部队能力倾向测验、研究生入学考试、明尼苏达文书测验、旺德利克人事测验等;成就测验(achievement tests)测量的是特定领域知识和技能掌握情况,最具代表性的是教育成就测验,课程结业考试、中学里的会考都是常见的教育成就测验。

广义的人格测验(personality test)包含诸多的内容,除了人格结构,还包括兴趣、态度、价值观等。人格测验中最具有代表性的有明尼苏达多相人格调查表(Minnesota Multiphase Personality Inventory, MMPI)、卡特尔16种人格因素量表(Sixteen Personality Factor Questionnaire, 16PF)、大五人格问卷(NEO Personality Inventory-revised,NEO PI-R)、贝姆性别角色量表、麦布行为类型表、情境与特质焦虑量表等。职业兴趣测验最具代表性的有杰克森职业兴趣调查、自我探索量表、斯特朗兴趣量表和职业偏好量表等。

神经心理测验(neuropsychological test)旨在对中央神经系统和特定大脑机能进行测定。虽然近年来随着PET、fMRI等仪器的引入和普及使其在临床中的使用渐少,但仍然不失为一类经济、简单、高效的神经心理机能测定工具。神经心理测验里又有单项测验和成套测验的区分,前者如认知与情感测验和感觉动作测验,有代表性的是韦克斯勒记忆测验、皮博德动作发展量表、班达完形测验等;组合测验中最为著名的是霍-里成套神经心理测验和鲁-内成套神经心理测验。

三、按照测量的人群对象

按照受测者的年龄段可以将心理测验划分为婴幼儿测验、成人测验和老年人测验。婴幼儿测验多注重年龄阶段发展趋势的比较,较多使用发展顺序量表;成人测验多注重能力、成就、个性的测量,用于人事选拔、安置、鉴定,以及诊断;老年人测验多注重衰老指标,评估各种能力减退以及个性变化。

按照受测者的性质可以将心理测验分为针对正常人群的测验(注重描述性)和针对异常群体的测验(注重诊断),前者如大五人格量表,后者如MMPI。

四、按照标准化程度

依测验标准化(standardized)程度可以分为结构化测验和无结构的非标准化测验。这两类测验的主要区别是测验材料的严谨程度和计分标准化程度不同。结构化测验的内容结构明确,评分遵循客观化的指标和系统程序;无结构的测验内容缺乏明确的结构,计分不能做到标准化,测验的有效性主要取决于计分者的水平。自陈式人格测验、智力测验多为标准化测验,测验有结构化的内容、标准化的程序和解释规则,如16PF。口试、论文、投射测验(projective test)一般为非结构化的主观测验。有代表性的投射测验如罗夏墨迹测验、霍兹曼墨迹技术、主题统觉测验等。

五、按照施测与应答的方式

依测验实施方式(mode of administration)的差异,可以将心理测验分为个别测验和团体测验。个别测验(individual test)是一个测试者在一次测试中仅测试一个受测试者的测验。在个别测验中,测试者和受测试者需建立融洽的合作关系,因此适用于有特殊需求的受测试者(例如幼儿、盲人),可以在一次的测试中获得有关受测试者的多样化信息;个别测试的缺点是费时、复杂、对测试者要求高。考夫曼儿童智力测验、韦克斯勒智力测验、斯坦福比奈智力测验均为个别测验。团体测验(group test)的测试方式是一个测试者同时实测于若干个受测者。该种测验的组织可以在短时间内完成多人的测试,具有高效的特点。但多人同时参加测验要求测验的组织工作简单易于实施,与此要求相关联,测验的内容、指导语、受测者的反应方式就比较简单。武装部队职业能力倾向测验、瑞文推理测验,大多数的人格、态度、兴趣测验均可作为团体测验使用。

以应答的形式,可以将测验区分为纸笔测验和操作测验。纸笔测验(paper and pencil test)做书面回答,而操作测验(performance test)需要做出特定的动作或产品。近来兴起的计算机化测验(包括基于计算机的、计算机自适应的、基于网络的)兼具纸笔测验和操作测验的特征。

按照受测者的反应形式,可以将测验划分为最佳表现测验和典型反应测验。最佳表现测验(maximum performance test)通常测量智力、能力倾向和成就,测试的过程中需要受测试者表现出所测特质的最高水平,测验分数反映出的是所测特质的程度高低,例如学业考试就需要参加考试者表现出最高水平。典型反应测验(typical performance test)通常测量人格、态度、价值观等内容,测验分数反映出的是所测特质的类型差异,测试中需要受测试者按照自己的惯常方式对测题做出反应。

依测验实施时间限定,可以将测验分为速度测验和难度测验。速度测验(speed test)着重于对测题的反应速度和准确性进行测量,这类测验有明确的时间限制,组成测验的测题难度较低,测试得分反映受测者执行简单任务的速度差异。难度测验(difficulty/power test)着重于测量受测者的问题解决能力。在测试的过程中给予充足的时间,测试所使用的题目对于受测试者而言相对较难。

六、按照测验分数的解释标准

按评价测验结果的参照标准分为常模参照测验和标准参照测验。

常模参照测验(norm referenced test)在评价分数时,是将受测者的测试结果与常模群体进行比较,分数的意义取决于测验分数在常模中的相对位置,即相对分数有意义。常模的体现形式有多种,最常用的是基于正态分布的常模,例如,衡量智力的IQ测验。但需要注意,并不是测了智力的测验就是IQ测验,IQ测验通常指的是对智力整体的衡量,对于智力部分的测量,可以称为智力测验但不称IQ测验。同一个测验,通常会有多个常模,在参照常模解释测验分数的时候,需要选用最恰当的常模。

标准参照测验(criterion-referenced test)旨在测量受测者能做什么,例如对有关知识技能的掌握程度,将测验结果与客观的标准比较,而不是与他人比较,即测验结果的绝对分数有意义。教育诊断测验和职业筛选测验都是典型的标准参照测验。学校里的考试,可以诊断出具体的知识领域学习的欠缺,从而制定相应的辅导或改进方案。用人单位根据工作的性质和要求,对于求职者的知识和技能划定录取最低限,驾驶执照考试中的分科目考试通过标准,这些都是标准参照测验。

七、其他分类

还可以按照其他依据对测验进行分类,例如依测验的材料分为言语测验(verbal test)和非言语测验(nonverbal test);依据测验的目的将测验区分为诊断测验、描述测验、评价测验;按照测量特质的复杂度,可以分为单项测验(discrete-point test)与综合测验(integrative test)等等。

拓展阅读

应用领域主要的个体差异

萨基特等人(Sackett et al., 2017)通过分析期刊Journal of Applied Psychology (JAP)上的文献,发现近百年个体差异测量主要分布在三个领域。

1. 知识、技能和能力

知识是指人头脑中信息的储存,技能是指人掌握的行为方式,知识和技能都归属于能力。JAP起初聚焦于研究知识和技能的内容及范围,后来更关注二者的获得方式。能力主要关注对选择工作最有影响的感觉能力、身体运动能力及心理运动能力。

2.人格

主要包括诚实、情绪智力、动机和创造力。

(1)诚实。近百年来大部分有关诚实的研究都与员工反工作行为有关,二者具有很强的相关性。

(2)情绪智力。在早期的研究中,情绪智力也占有一席之地,但缺乏连续的框架和概念。萨洛维和梅耶(Salovey & Mayer, 1990)对情绪智力的概念界定最具权威性。近些年元分析使人们加深了对情绪智力的了解。

(3)动机。主要包括责任性、成就动机、积极型人格、目标取向、自我效能及核心自我评价。

(4)创造性。在阿姆贝尔(Amabile, 1988)提出创造性和创新思维理论后,该主题逐渐增加。

3.职业兴趣

以往职业兴趣研究主要集中于少数特殊职业,近年由于霍兰德(Holland, 1959,1973)职业倾向理论的提出,职业兴趣测量得到了广泛的关注。

对个体差异未来的研究,萨基特认为个体差异研究将聚焦于基本问题探讨,而不是研究方法的拓展,具体包括:(1)基础理论发展将给个体差异研究方法带来转变;(2)研究人格的内隐方法将逐步建立优势;(3)自我报告还可通过模拟和游戏进行测量;(4)可从个人的在线信息(例如社交媒体)中得出关于个性和其他个体差异的推论。

复习巩固

1.叙述按照测量对象差异对心理测验的分类。

2.评价个别测验和团体测验的优缺点。

第三节　合理地使用心理测验

合理地使用心理测验,需要有正确的测验观,有服务于测试对象的专业能力和态度,遵循专业要求来完成。

一、对心理测验的正确态度

由于心理测量学短暂而复杂的历史，以及生活中对测验的错误预期，形成了种种不合理的甚至错误的测验观。这些错误的测验观主要有测验万能论、测验无用论、测验文化公平论，以及心理测验即智力测验等。

应该尊重心理测量学的原理和方法，树立合理的测验观，认识到心理测量是心理学的重要研究方法之一，是实践中决策的辅助工具；同时作为研究方法和测量工具，心理测量尚不完善，需要提升和发展；要科学地看待心理测量，防止乱编、滥用心理测验。

二、心理测量的有关从业人员

心理测量作为一种辅助决策的高效工具，在实践中日益专业化。专业化意味着心理测量过程专业化的分工，每一个测验环节都有专门的职能人员。从所承担的功能来看，与心理测量有关人员及其职能或角色如下：

测验设计者　准备、编制测验，在专业出版社或杂志出版测验。

测验出版者　出版测验，进行市场营销，遵照法律法规和测验伦理控制测验以使其能正常流通。

评估测验者　基于专业知识和技能对于待出版或已经出版的测验进行评估。

测验使用者　基于特定目的选择测验。也可能会参与测验发展和使用的其他环节。

测验实施者　对参加测验者（个体或群体）按照要求实施测验。

测验参加者　参加测验。

测验计分者　按照计分标准对测验参者的反应进行计分。

测验解释者　运用专业知识，向测验参加者或者权益相关人进行测验得分的专业化解释。

心理测验各个环节的人员还可进一步地组织或细分。例如，测验出版者会组织设计者和评估者针对市场的需求设计与推广测验。同一种人员也会有水平的划分，例如，从测验实施的角度来看，可以将心理测验实施者分为初层次和高层次两个类别。对于初层次测验实施人员而言，其在测验中的基本工作是实施测验并对测验结果进行计分，与此对应的是需其具备相应的口语表达能力和基本测验知识。对于高层次测验实施人员而言，在测验中其工作内容是拟定测验实施计划、选择测验和监督执行施测过程，与此对应的是需要这些人员懂心理测验的原理、心理测量工具的发展史，以及较为丰富的心理测验使用经验。

三、心理测验的基本伦理准则

心理测量工作者应恪守专业伦理,具有专业精神和科学的责任心,以诚实的社会责任感和为受测者服务的态度,尊重受测试者的权利和尊严,做好心理测量工作。中国心理学会的测量分会等专业协会对心理测验使用伦理都有明确的规定,是本专业人员的行为指南。在这些规定中,有以下几点十分重要,无论是初学者还是资深人士都应该铭记在心、身体力行。

(一)胜任能力

心理测量是一项专业性很强的工作。在涉及重要决策时,测试结果会影响人们的命运,例如,在司法实践中,对犯罪嫌疑人的心智正常与否的判定,往往会导致截然不同的判决。具备测验的专业能力是心理测量工作的最基本要求。

心理测量工作者专业素养视其在心理测验中扮演的角色而异。总体上来看,应该具备有关测验的知识与方法,具有解释测试结果的知识以及相应的语言表达能力,对测试者要求较高的测验,应该参加有关该测验的专门培训并取得使用执照。例如,韦克斯勒智力测验的使用,就需要参加专门的培训,获取专项资格后才能使用。

测验实施与测验的复杂度不同,要求心理测验者具备的专业素养也不相同。对于一般的纸笔测验,如学业考试、兴趣测验,通常不需要复杂的专业培训。有的兴趣测验(如SDS)受测试者本人自行阅读测验说明书,就可以据此进行自我测试、计分和了解测试结果的意义。而要进行能力倾向和人格测验,就需要接受高水平的心理测验课程培训,能力倾向测试往往与实践决策联系在一起,需要准确合理地使用;而人格测验具有一定的模糊性,需要测试者有理解测验结果的理论背景才能做出合理的解释。对于个体智力测验、投射测验、神经心理测验等,不但需要专门的理论知识和心理测量学的课程培训,还需要测验使用者有被督导的经验。即测验使用者需要先在专家的督导下使用测验,而后才独立使用这些测验。

(二)控制使用

控制使用有两个层面的基本含义,其一是控制使用测验,不是所有的情形下都需要心理测验,不能滥用;其二是对于测验的保管、使用进行控制。

使用心理测验的目的是提高决策的正确性和效率,不管是出于个人发展的目的使用测验,还是机构在筛选或安置中使用测验,都需要权衡利弊得失,是否在投入产出上具备经济性的特征?是否有益于个人的发展?是否有利于公平?等等。从而使测验的使用控制在合理的水平。

就测验本身的控制而言，主要取决于测验本身的性质。能力类的测试，其测试题目不管使用前还是使用后，都属于保密信息，不可以公开；但是这类测验的目的、使用条件、适用人群、样题、信效度特征等信息是公开的。对于态度、价值观、人格类的测验，其测试题目的公开通常不会影响测验的有效性，这类测验需要保密的是计分方法与分数解释规则，这些信息的公开可能置测验于被滥用的境地。

为了保证测验的安全，往往采用分级分类管理。保管测验的人并不一定具备实施测验的资格，能够实施测验者也不一定就可以对测验进行计分和解释。例如，在高考中，测题设计、印刷、考卷运送与保管、监考、阅卷等各个环节都有专人负责，各个环节的人各司其职、只能接触到测验的特定状态，共同保障测验的有效性。

（三）知情同意

知情同意（informed consent）即意味着接受测验者或者代理人能理解测验的理由、测验的类型、测验的用途以及应用后果，以及使用测验有关信息的权限等。对于一个职位申请者来讲，他或她需要知道这项测试是否与申请的职位相关。例如，我们不会认为手指的长度与进入大学学习物理有什么必然的联系，实际上在入学筛选测试中也不可能见到这样的内容。测验结果一般而言应是保密的（confidentiality），对于儿童而言，监护人有权利知晓测验的结果，而对于有独立行为能力的人而言，任何测验结果信息传递，不管是将测验结果告知第三人还是提供其他人员参考、用于专业交流，都必须有受测试者的同意。

当然，知情同意也有合法或合理的例外，例如法律法规规定的全国范围的测试项目，参加测试者不需要签署知情同意书，学校的团体测验、民意测验等也不需要签署知情同意书，参加这些测试本身就蕴含了知情同意。

（四）隐私保护

心理测量的内容可能会涉及隐私，而测验的结果本身也是一种隐私信息。隐私权是公民一项基本权利，一旦心理测验涉及隐私，就需特别注意避免侵犯隐私（invasion of privacy）。

隐私保护体现在测验的各个环节。例如，在测验设计阶段，就需要根据测验的目的对测验的内容是否需要涉及隐私内容进行判断，尽可能不涉及有关性取向、宗教信仰、健康等方面公认的隐私内容，或对于特定群体容易成为隐私的内容。在测验结果的保存和传递中，严格遵循相应的保密、知情同意等原则，避免测验结果信息外流而侵犯受测试者的隐私。国内外都有因违背此项伦理原则而导致的司法案例，需要从业人员时刻警醒。

四、心理测量的一般过程

心理测量的过程包含测验的选择、准备、实测、计分以及解释五个基本环节。

(一)测验的选择

心理测验选用的一般原则是根据测量的目的和心理测验的质量要求选择测验。

测验目的是选择测验的出发点,例如为企业筛选和安置员工,就可以选择能力倾向类和态度类测验的组合。能力倾向测验考察申请者是否有能力胜任相关的工作,而职业兴趣、价值观、人格特质的测查,则有利于在职业安置的时候根据个体的相关特征做出合理的匹配,提升群体的工作效率。

测验质量是测验选择的金标准。低质量的测验、处于研发阶段的测验不可以用于实践决策中。在可以对比选择的情况下,应总是选择高质量的、经过实践检验、相对高效的测验。

另外,测验选择要考虑测验适用的人群、测验实施方式等。例如要测查儿童的智力,恰当的选择是个别测验,因为儿童注意力维持的时间较短,个别测试有利于建立协调的测试关系。在课业考试中,试题与答题空间分开不适合小学儿童,这种呈现方式不利于儿童发挥正常的水平,合理的呈现形式是答题空间紧跟在题目之后。

(二)测试前的准备

测试前测验实施者和接受测验的人,以及测验的环境等均需要准备。

对于受测试者而言,需要了解测验的时间、地点和内容,从而从身心各方面做好准备,例如学业考试要做好温习和心态调整,克服考试焦虑等。测验实施者则需要熟悉测验实施的要求以便顺利地组织测验的过程。对于程序复杂的测验,熟悉测验的指导语和测验程序尤其重要,即便通过了该测验的专项训练与考核,也需要在测试之前重新温习测验指导语与程序,做到万无一失。测验环境的准备包括控制噪音,将温度、采光、通风等调整到舒适的水平。

(三)测验施测的过程

测验实施过程的核心是保障测验按照测验手册规定的要求顺利进行。在测验实施中有以下内容需要注意:

首先,测试者要与受测者之间建立一种良好的协调关系,这是测验能够顺利进行的根本。良好的关系需要受测者的积极参与和配合,更需要测试者发挥其主导作用,例如保持客观公正的态度,能够敏锐地发现受测者的特殊要求,将测试过程动机激发保持在合适的状态，避免过度的测试焦虑等。

其次，测试者需要按照测验手册要求实施测验：包括时间限定、指导语、环境等。对于以个别测验方式进行的测验，往往需要在测试过程中及时而清楚地记录受测试者的反应。

再次，还要处理好测试过程中偶发或特殊问题，例如作弊、旨在寻求正确答案的提问、不配合等。

另外，对于特殊人群的评估，例如身心有缺陷者，需要遵循特定的程序。需要处理好不合作（非主观意愿的）、使用恰当的语言等。

（四）计分

计分就是将受测试者的反应与计分规则对照，给反应归类或赋予分数的过程。计分的前提是受测试者在测验中的反应记录是有效的，计分方案（标准答案）是明确的。客观题的计分通常借助光电阅读设备使用计算机完成，主观题则主要依赖受过培训的专门计分人员完成。在重要的测试中，为了保证计分客观有效，还需要多个评分者对同一批测验结果独立地进行计分。

客观题计分中存在一种特殊情况，就是对于选择题而言，即使受测试者在不知道答案的情况下，仍然能够通过猜测的方式得分。有研究者认为应该将这种猜测因素排除在外，以确定受测试者的真实水平；也有研究者通过模拟实验发现，猜测因素虽然会影响个体测验分数，但对于个体在群体中的位置影响很小，也就是在常模参照测验中，对猜测因素矫正与否都是可以接受的。

将受测试者的反应与标准答案进行对比得到的是单个测题的得分，如何将这些得分总和在一起反映所测心理特质的水平或特点？在用测验进行成就预测的时候，所使用的测验分数如何综合在一起效果最好？这些都涉及分数合成问题。分数的合成包含题目（得到测验的总分）、分测验（得到测验的总分）和测验或预测源（得到测验组合的总分）三种情况。根据测题和测验的性质，在合成过程中可以灵活采用以下几种方法：(1)直觉合成，即根据特定的目的从总体上合成分数，测题或测验在最终分数中的权重视具体的情形灵活确定。(2)加权合成，即根据重要性不同赋予测题或测验分数以特定的权重。权重可以根据专家判断的方式获得，也可以根据实证的数据加以确定。(3)多重划分，即每一个测题或测验都设定一个及格线，例如军队招募新兵时有体检、政审、能力倾向测试等环节，每一种测试都有合格线，在各项测试都合格的情况下，才进入下一步的筛选，任意一项不及格都会被淘汰。(4)多重回归，是用多种预测源分数（测验分数）来预测未来结果时采用的一种分数合成的方法。这些方法的内涵和使用，详见第六章。

(五)测验分数的解释

测验分数的解释是心理测量的最终环节,也是一个非常关键的沟通环节,恰当的解释会使测验的收益最大化。

测验分数的解释从确定测验解释的框架开始,一个测验通常既可以参照常模进行解释,也可以参照标准进行解释。由于参照常模解释分数的本质是说明分数在团体中的相对等级或相对位置,因此,如果参照常模进行解释,就需要了解测验原始分数与导出分数的对应关系;常模有关的各种资料,例如常模团体、常模的时效性,以及常模的局限等。如果是标准参照测验,解释则相对简单,通常按照测试手册中给出测试结果的类别或者期望行为出现的概率解释即可。例如,参加驾驶技能测试,结果为通过或不通过。

对于一些复杂的测验,要做好测验分数的解释,仅仅了解测验的性质与功能、把握解释的原则及注意事项是不够的,还需要运用受测试者能够理解的方式和语言,有效地传递测验结果的确切信息。例如,让受测试者理解测验结果分数实际上是一段分数,所得的分数是一个"最佳"估计等等。

测验分数解释通常会给出测验报告。测验报告是测验结束的标志,可以由测试者给出,也可以由相关胜任的测验人员给出,通常在测验结束后马上给出或间隔较短的时间给出。测验报告的形式、长短不一,视测验的性质、目的(用途)、复杂性等而定,需要报告书写者对于测验的理论基础、测验的程序、内容、注意事项等非常熟悉。规范的测验手册中,通常有测验报告样例供使用者参考。

拓展阅读

测验与评估的区别

虽然评估(assessment)中经常使用到测验,但心理测验与评估从使用目的到实施过程都是不同的。二者的主要不同为:

比较的方面	心理测验	心理评估
复杂度	简单,形式单一,通常为单维度的。	复杂,可能包含复杂的程序(例如观察、测验等)和维度。
所需时间	时间短,通常为几分钟,最多不过几个小时。	时间长,会持续几个小时到几天。
数据来源	个人,接受测验者。	多来源的,例如亲属、老师。
关注点	一个人或群体与其他人比较。	特定个人、群体的独特性。
对使用者的要求	要求了解测验和测验的程序。	测验知识,及其他用到的评价方法方面的知识。
程序	客观化、数字化。	主观;通常是临床判断式,非数量化的。

续表

比较的方面	心理测验	心理评估
花费	廉价,尤其是群体测验。	昂贵,要求高度的专业资质。
目的	获取数据,为决策服务。	获得指向问题的决定,即评估结果。
结构化程度	高度结构化的。	既包含结构化也包含非结构化。
结果的评价	简单,通过群体数据来说明信度和效度。	较为困难。由于涉及多种方法、人员和评价问题的异质性。

复习巩固

1. 阐述心理测量工作者遵循的基本伦理规范是哪些?
2. 叙述心理测量实施的一般过程。

本章要点小结

1. 心理是可测的、可以量化的。任何心理测量要取得预期的效果,必须基于有效的心理测验和可靠的实施过程。

2. 心理测量是对行为样本的客观化和标准化度量,心理测验是心理测量的工具。

3. 心理测量具有间接性、误差的广泛性、客观性和应用广泛性等特征。

4. 心理测量学的理论包括经典测量理论、概化理论、项目反应理论和认知诊断理论。

5. 可以按照测量的心理品质、测验使用的对象、测验的标准化程度等多角度对心理测验进行分类。

6. 测验使用必须者必须遵循专业伦理规范,最基本的是胜任能力、控制使用和隐私保护。

7. 测验的使用从选择高信效度的测验开始,需遵循测验使用手册的规定,减少影响测验有效性的因素,综合有关的信息对于测验结果给出解释,结束于测验报告的撰写。

关键术语表

1. 心理测量
2. 心理测验
3. 量尺
4. 行为样本
5. 标准化
6. 常模参照测验

7. 标准参照测验

8. 知情同意

本章复习题

1. 为了规范和维护心理测验工作的开展,中国心理学会颁布了(　　)。

   A.《计算机化测验学解释指南》

   B.《心理学家的道德准则与行为规范》

   C.《心理测验管理条例》

   D.《教育和心理测验标准》

2. 与心理测验相比,一般来说心理评估(　　)。

   A. 更简单　　B. 更结构化　　C. 更昂贵　　D. 更客观

3. 以下四种水平的量尺中,可以进行加减乘除运算的量尺是(　　)。

   A. 称名量尺　　B. 顺序量尺　　C. 等距量尺　　D. 比率量尺

4. 以下关于测验所属类别的判断,不适合MMPI的是(　　)。

   A. 个别测验　　B. 团体测验　　C. 投射测验　　D. 自陈测验

5. 以下测量中,相对而言最精确的是(　　)。

   A. 生理测量　　B. 心理测量　　C. 社会测量　　D. 教育测量

6. 选择测验最重要的标准是(　　)。

   A. 测验的目的　　B. 测验的用途　　C. 测验的效度　　D. 测验的长度

7. 要求受测者回答有关自己的感受和信念的测验属于(　　)。

   A. 最高作为测验　　B. 典型行为测验　　C. 非文字测验　　D. 投射测验

第二章

心理测量学的历史发展

虽然早在公元前2200年中国就有了正式的口头知识测验，但当代心理测量学却起源于100多年前的西方。在这百年期间，通过无数学者的努力，这个学科一步一步地得到完善。熟知心理测量学的历史，有助于我们更好地了解心理测量学的性质、其产生的必然性以及发展的趋势。本章首先介绍心理测量学兴起的历史背景及世界上第一个智力测验；然后讨论各主要类别测验的产生与发展；最后介绍中国心理测量学的历史发展。

第一节　心理测量学兴起的历史背景

心理测量学产生的直接动因是人们对心理的个体差异研究和评定的需要。在诸许多心理学家的共同努力下,心理测量学成为科学心理学的一个重要分支并蓬勃发展起来。

一、起源于个别差异与早期实验心理学

(一)个别差异的研究

只有认识了不同事物的个性以及它们之间的关系,才能更深刻地揭示某一类事物的共性及其本质。同理,只有承认人的个体差异及其对行为的重要影响,才能开展心理测量工作。个体差异(individual difference)也称个别差异,是在遗传与环境因素共同作用下产生的个体间的身心特征差异。

有关人类心理个别差异的研究起始于天文学上著名的"人差方程式"。1795年,英国格林尼治天文台的天文学家马斯基林(N. Maskelyne,1732-1811)发现助手金内布鲁克(D. Kinnebrook)观察星体通过子午线的时间总是比自己晚0.8秒,于是就认为助手工作不认真而将其辞退。20年后,这种两个人同时进行天文观测而所得结果却不一致的现象引起了德国天文学家贝塞尔(F. W. Bessel,1784-1846)的注意。他经过研究发现,不同的人在观测和记录星体运行的时间上确实存在着一种恒定的差异,这种个体反应时间上的差异用一个公式来表示就称为人差方程式(personal equation),即B-A=C(B与A分别代表不同个体的反应速度,C是个常数)。天文学上的这一发现在当时并未引起心理学家的重视,直到19世纪末期,随着以探讨心理现象和物理刺激(如物之重量与光之强度等)之间关系为目标的心理物理学(psychophysics)的发展,人们才真正开始对心理现象的个体差异进行定量研究。

对智力落后儿童分类与训练是近代心理测验产生的直接推动力。19世纪之前,智力落后者与精神病人有同样的境遇,常常被忽视、嘲弄、禁闭,甚至被拷打。随着对精神疾病了解的增加,欧美对智力落后者的态度有所转变,有些国家还建立了特殊的医疗机构来收容他们,这就需要建立鉴别智力落后者和精神异常者的标准和工具。

法国医生艾斯克罗(J. E. D. Esquirol,1772-1840)是对智力落后者和精神异常者之间做出区别的第一人,并尝试制定一些程序来区别不同程度的智力落后者。另一位法国医生沈干(É. Séguin,1812-1880)在这方面也有重大的贡献,他是训练智力落

后者的先驱。继他们的开创性工作之后半个世纪,法国心理学家比奈开始研究鉴别不能适应正常学习但是可教育的儿童的方法。这些区分个体差异的早期尝试是心理测验发展史上极为重大的事件。

(二)早期实验心理学的影响

1879年,冯特(W. Wundt,1832-1920)在德国莱比锡创立第一个心理实验室,标志着心理学成为一门独立的学科。心理学初创时期以探索一般心理规律为目标,不关心个别差异。对于研究中出现的个体差异,起初研究者将其当作误差,但后来发现这种误差并非是随机的,而是个体间非人为的差异,由此开始重视个体差异,这促进了心理测量的诞生。

另一方面,冯特继承了生理心理学家韦伯(E. H. Weber,1795-1878)和费希纳(G. T. Fechner,1801-1887)等人的研究路线,把感觉、知觉等初级心理过程作为研究内容,这种对感知觉的强调清楚地反映在了早期心理测验内容中。

此外,实验心理学家非常强调严格控制实验情景,例如,在反应时实验中实验指导语可能会影响反应速度,视觉实验中背景颜色变化会影响视觉效果等,这就要求对影响实验结果的诸多因素加以控制。控制无关因素影响的思想在测验中就是测量的标准化问题,这如今已成为鉴定测验质量的重要指标。

二、心理测量学早期的先行者

在心理测量学发展初期,做出了突出贡献的是高尔顿、卡特尔和比奈。

(一)高尔顿

高尔顿(F. Galton,1822-1911)是优生学的创始人,他在遗传学、统计学、心理学等学科领域中都有重要贡献。高尔顿最先倡导测验,曾编制多种感觉性与运动性测验,首先提出一般能力和特殊能力之分。

高尔顿深受达尔文进化论思想的影响,认为智力由遗传而来,遗传是人类智力的决定性因素,并通过调查不同血缘关系的人来研究遗传与智力的关系。1869年,高尔顿出版了《遗传的天才》一书,提出人的智力是由遗传得来的,人类的智力呈正态分布,其差异是可以测量的。在研究中,高尔顿首先采用了统计学中的常态律,并发明了统计的相关法。

1883年,高尔顿出版了《人类才能及其发展的研究》一书,在这本著作中,高尔顿开创了个体心理学与心理测量的先河,首先提出测验(testing)和心理测量(psychological measurement)这两个重要的术语。

1884年,高尔顿在伦敦的博物馆内创设"人类学测量实验室",对人的身体素质和简单的心理功能进行测量。实验室内置有各种仪器,人们需付三个便士便可以参与测量,包括身高、体重、呼吸力、拉力、压力、手击速率、听力、视力、色觉等。在该实验室开办的六年内,共收集9337人的资料,大约有7500个人的测试结果保存至今,可以称得上是第一个有关简单心理过程方面个体差异的大规模数据库。

在人类学测量实验室中,高尔顿设计了许多测量个体的心理特征的测量仪器如测量视觉对长度辨别力的高尔顿棒、决定听觉上能听到的最高频音的高尔顿哨、测试人们对垂直线视觉判断能力的圆盘。另外,高尔顿也是采用评定量表、问卷法和自由联想技术的先驱。

此外,高尔顿还发展出分析个别差异资料的统计方法,提出相关概念,这在心理统计和测量的发展史上具有重要意义,后来他的学生皮尔逊(K. Pearson,1857–1936)在此基础上完成了计算相关的公式。高尔顿致力于研究个别差异的思想与方法,为心理测量学的研究工作奠定了基础。因此,通常认为,高尔顿是差异心理学(differential psychology)的创始人。

(二)卡特尔

卡特尔(J. M. Cattell,1860–1944)在心理测量学发展史上占有极其重要的位置。卡特尔在莱比锡大学学习期间,他不顾导师冯特的反对开展差异性的研究,并完成了题为"反应时的个别差异"的博士论文,获得实验心理学博士学位,奠定了其个别差异研究的实验基础。1887年卡特尔在英国剑桥大学任讲师时认识了高尔顿,熟悉了高尔顿使用的方法和测验,并与高尔顿共同讨论个别差异研究的方法问题。回到美国之后,卡特尔便致力于推动实验心理学和测验的发展。

1890年,卡特尔在《心理》杂志上发表了著名的《心理测验与测量》一文,提出必须先发展测量个体的心理测验,然后才能根据心理测验结果了解人在不同环境下心理适应的情形,从而分析了解其个别差异(Cattell, 1890),他的这一观点后来成为心理测量标准化思想的基础。卡特尔不仅正式使用了"心理测验(psychological test)"这一术语,并主张心理测验要建立标准化常模用来做比较,这些都是测量学上的重要观念。卡特尔认为生理能量与心理能量密切相关,因此他对智力的测量主要内容是感觉辨别力、反应时、动作过程等,并编制了测评大学生智力水平的50多项心理测验,内容包括肌肉力量、运动速度、反应时、痛感受性、视听敏度、记忆力等。

卡特尔的重要贡献还在于他为心理学界培养了很多优秀的学生,如桑代克,是教育测验的开拓者。

（三）比奈

比奈（A. Binet，1857–1911）是法国心理学家，被誉为现代智力测验之父。比奈于1857年出生于法国尼斯市，他初学法律，后改学医学，继而对心理学产生兴趣，此后他一直致力于智力测量的研究。

1886年，比奈撰写的第一本著作《推理心理学》出版，为他研究"比较高级的心理过程"做了准备。1889年，他建立了法国第一所心理实验室，并于1891年出版了《个性的变化》一书。随后，他对著名的计算能手、棋手和盲棋手进行了广泛的研究。1898年，比奈发表了《人格心理学中的测量》一文，文中提到许多测验，如画四方形、比较线段的长短、记忆数字、重组词句、回答含有道德判断的问题、了解抽象文章的意义等。在这篇文章中，他还提出心理测量的根本原理在于将个人的行为与他人的行为进行比较，并加以归类，这个观点已成为现代心理测量的一个普遍原理。1903年，比奈出版《智力的实验研究》，将智力定义为一个广义的概念，包含一切高级心理过程，表现在推理、判断以及运用旧经验解决新问题的能力上。

比奈认为高尔顿和卡特尔以感觉为基础去测量智力的取向是不适当的，认为这样无法测量出真正的智力，他主张要测量智力必须从认知能力着手，应包括记忆、意象、注意、理解、审美、情操、意志力以及空间判断等高级心理过程。从测量感觉到测量认知能力的转变，是智力测验发展中的一大突破。

比奈与其助手西蒙合作，在1905年出版了世界上第一个智力测验，即比奈-西蒙量表。此后，智力测验种类众多，但其基本原理和主要方法大多是由比奈奠定、创立的。

三、比奈-西蒙智力量表

1904年，法国巴黎教育部成立委员会专门研究公立学校中落后儿童的教育问题，该委员会由医学家、教育家和其他科学家共同组成。比奈作为该委员会的成员，主张用测验的方法来辨别心理缺陷儿童。经过他与助手西蒙（T. Simon，1873–1961）的精心研究，次年在《心理学年报》上发表了《诊断异常心理儿童智力的新方法》的著名论文。在这篇论文中，比奈详细介绍了世界上第一个标准化的智力测验，即比奈-西蒙量表。

1905年版比奈-西蒙量表是第一个实际应用的智力测验，由30道难度递增排列的测题组成。该量表并没有关注智力中某一个具体的功能，而是使用一组不同类型的任务来评估儿童的一般智力发展水平，主要测量了判断、理解和推理能力，用来辨别智力低下者。该量表通过对50名儿童在标准情景下施测获得了常模。

1908年量表发表在题为《儿童智力之发展》的论文中,修订后的量表删掉了1905年量表中不合理的项目并增加了一些新的项目,测验项目由30个增至59个,所有题目按年龄分组。比如,80%-90%的3岁儿童会做的题目放在3岁组,作为3岁儿童的测验题。组别从3岁-13岁,样本容量超过200人。该量表引出了一个重要概念,即智力年龄(mental age,MA),表达儿童的测验成绩相对于某个特定年龄组儿童的智力水平。例如,某个儿童的测验成绩相当于8岁组的平均测验成绩,那么此儿童的心理年龄是8岁。1908年修订的量表是第一个年龄量表。

1911年是比奈-西蒙智力量表的最后一次修订,同年比奈逝世。与1908年量表相比,1911年量表做了三处修订:测验项目修订成54个,并且重排项目的顺序;除4岁组仅4个项目外,其他各年龄组的测验项目均改为5个;取消了11岁组和13岁组,增加了15岁组。

比奈-西蒙智力量表具有划时代的意义,被视为是科学心理测量学诞生的标志。比奈-西蒙智力量表的贡献如下:(1)用智力年龄表示测验的结果;(2)既测量如感觉、知觉等简单心理过程,又测量如理解力、推理能力等高级心理过程;(3)不同于前人用测验来测量智力的各个方面,比奈-西蒙智力量表测量智力的整体,即一般智力。

比奈-西蒙智力量表是第一个标准化智力测验,它还有许多不足之处,主要有:(1)测量高级心理过程的项目不多;(2)没有规范的测验程序,影响测验结果的稳定性;(3)有些测验项目的位置排列不当,特别在低年龄组和高年龄组较为严重,影响测验结果的准确性。

复习巩固

简述高尔顿、卡特尔、比奈对心理测量学的贡献。

第二节 心理测量学的成长与发展

以标准化智力测验的出现为标志,科学心理测量学诞生了。此后,在社会需要的推动下,心理测量蓬勃发展。本节通过对智力、能力倾向、人格、教育这四个领域的测验发展进程来介绍心理测量学的成长和发展轨迹。

一、智力测验

比奈-西蒙量表的问世，引起了世界性的广泛关注。在短时间内迅速传播到许多国家，在许多语系中翻译和修订，其中最著名的是推孟(L. M. Terman，1877-1956)在1916年主持修订的斯坦福-比奈智力量表(Stanford - Binet Intelligence Scale)。

推孟的修订工作包括修改或增加题目以体现多方面的智力，严格规定测验的手续，提高了测验的信度；标准化样本增加到1000人；但影响最为深远的变动是采用了比率智商(智商=(智力年龄/实际年龄)×100)来表示智力水平的高低。

斯坦福-比奈智力量表于1937年进行第二次修订，1960年进行了第三次修订，1986年进行了第四次修订，2003年进行第五次修订。

比奈-西蒙量表及其修订版本都是个体测验，测验还要求测试者需要接受过专门的训练，更适合用来对个案进行深入的分析和研究。1917年美国成为第一次世界大战的参战方，大战中需要快速高效地评估成千上万部队招募人员的情绪和智力。为了让心理学更好地服务战争，当时美国心理学会主席耶克斯(R. Yerkes，1876-1956)带领了一个优秀的心理学委员会开发了两个结构化能力团体测验，即“陆军甲种测验”和“陆军乙种测验”，前者为文字测验，后者为非文字测验。在战争期间，运用这两种测验收集了大量官兵资料，战后这两种测验在修订后被广泛运用到教育和工商人事服务之中。

尽管斯坦福-比奈量表在1937年版以后加入了成人水平的分测验，但它对成人智力的测量并未令人满意。为此，1939年心理学家韦克斯勒(D. Wechsler，1896-1981)出版了专门为成人编制的个体智力测验，即韦克斯勒-贝尔韦智力量表(Wechsler-Bellevne Intelligence Test，W-B)。该量表于1946年进行了修订(W-BII)，1955年再次修订始称韦克斯勒成人智力量表(Wechsler Adult Intelligence Scale，WAIS)。韦克斯勒将智力量表的使用年龄往下延伸，于1949年出版了适用于6-16岁的韦克斯勒儿童智力量表(Wechsler Intelligence Scale for Children，WISC)，1963年出版了适用学龄前儿童和学龄初期儿童智力量表(Wechsler Preschool and Primary Scale of Intelligence，WPPSI)。这些量表在发表后不断修订、更新，至今沿用。

韦克斯勒智力量表是继斯坦福-比奈量表后最具影响力的智力量表之一，其特点如下：(1)采用离差智商代替比率智商，解决了比率智商无法克服的问题；(2)分为言语测验和操作测验两部分，可以得到言语智商、操作智商和总智商，能较全面地反映一个人的智力结构，特别适合临床诊断和矫治；(3)有三套在年龄上前后衔接的量表，年龄范围分布广，应用价值高。

在新编制的智力测验中，另一个影响深远的是1938年英国心理学家瑞文(J. C.

Raven,1902-1970)编制的瑞文推理测验(Raven's Progressive Matrices,RPM)。该测验以智力的二因素理论为基础,旨在测量斯皮尔曼(C. E. Spearman,1863-1945)所阐述的一般智力因素,包括标准、彩色和高级三个版本,均为非文字测验,既可以个别施测,也可以团体施测。

二、能力倾向测验的发展

能力倾向是指从特定领域的学习和训练中所获益的能力,能力倾向测验主要用于评估个体潜在的成就或预测将来的表现,该类测验的研究开发可以追溯到20世纪初。第一次世界大战前夕,由于职业咨询、工业及军事上的人事选拔与分类工作的开展,需要特定的如机械、文书、音乐和美术等方面的能力倾向测验,以补充一般智力测验的不足。心理学家发现,受试者在团体智力测验(陆军甲种和乙种测验)的不同形式和功能分测验中,成绩往往不平行,例如,有人言语测验的成绩明显高于图案识别测验,或刚好相反。在此背景下,专项能力倾向测验逐渐被开发出来,如1915年美国心理学家西肖尔(C. Seashore,1866-1949)编制了第一套能力倾向测验——音乐能力测验,此后,罗哲士(Rogers)编制了数学能力测验,梅尔(N. C. Meier,1893-1967)编制出版了美术鉴赏测验。第二次世界大战期间,美国军队里设立了"人事心理分类委员会",美国国防部征集了大批心理学家进行陆军普通分类测验,以测量各种能力倾向。

随着心理测验的发展和心理统计方法的进步,瑟斯顿(L. L. Thurstone,1887-1955)和吉尔福特(J. P. Guilford,1897-1987)等主张的智力多因素理论得到普遍认可。而心理测验中因素分析方法的应用,能够辨别出各种不同能力因素。比如,在传统智力量表中找到相对独立的词语理解、空间知觉、机械能力等特殊因素,这为编制高效的能力倾向测验提供了理论和方法。

二战后,教育和职业领域的能力倾向测验大量出现。美国劳工部就业服务局于1947年发表了一般能力倾向成套测验,通过因素分析得到15个分测验,用于测量10种相应的能力因素。这套测验后来被不断地修订与改进,至今仍为许多国家采用或借鉴。1968年编制出版的军事职业能力倾向成套测验,该测验测量了10种能力倾向,起初用于军事部门的人员选拔与分类,经过多次修订之后,现在也用于高中学生的升学与就业指导。

在20世纪80年代至90年代初期,传统的智力测验和多重能力倾向成套测验开始出现整合的倾向。例如,斯坦福-比奈量表,由原来"混装车"的编制方式,改成分测验和分量表。心理学家已经逐渐认识到个体能力可以从不同层面来评估,智力理论也逐渐接受智力结构的层次模式。因此,智力测验、能力倾向测验和神经心理测验可以根据需要而组合成新的成套测验,以便对一个人做出更加全面的心理能力评估。心理能力是复杂的,需要有估计单项能力的能力倾向测验,也要有衡量多项能力的成套测验,更期待有可以根据需要灵活调整的成套测验。经济社会的发展和进步为能力倾向测验提供了广阔的空间。

三、人格测验

人格测验测量个体的人格特质、个体间人格上的差异,涉及人际关系、品性、动机、兴趣爱好、情感适应、态度等。第二次世界大战前后,人格测验开始兴盛起来。

最早提倡测量人类品格的是高尔顿,他在1884年发表的《品格测量》一文中指出:“构成我们行为的品格,是一种明确的东西,所以应该加以测量。”他还拟定了一个评定品格的量表,是现代人格测量的初步尝试。

人格测验的先驱是法国精神病学家克雷培林(E. Kraeplin,1856-1926)。他最早使用自由联想测验来诊断精神病人并倡导在临床心理中应用测验。此后,自由联想技术成为诊断人格障碍的一种方法。

美国心理学家伍德沃斯(R. S. Woodworth,1869-1962)创立了最早的结构化人格测验。1917年,伍德沃斯编制个人资料调查表以用于测量战时士兵对军队生活的适应情况,尤其是用于诊断士兵神经症,该测验后来经过修订用于学校学生的情绪诊断。此外,美国的哈兹威(S. R. Hathaway,1903-1984)和麦金利(J. C. Mckinley,1891-1950)于1940年编制出版的明尼苏达多相人格调查表;美国的R.卡特尔1949年编制出版的卡特尔16种人格问卷(16PF);英国的艾森克(H. J. Eysenck,1916-1997)编制的艾森克人格问卷,这些自陈人格问卷的修订版都广为流传。

从20世纪30年代末到40年代,人格测量中的投射测验大为流行。投射测验可追溯到词语联想,最早的投射测验是瑞士精神医学家罗夏(H. Rorschach,1884-1922)研究精神障碍患者时发明的墨迹测验。哈罗尔(M. R. Harrower,1906-1999)在第二次世界大战期间编制了团体施测的墨迹测验。1935年摩根(C. D. Morgan,1897-1967)和莫里(H. A. Murray, 1893-1988)在《神经精神病学档案》刊物上发表《主题统觉测验——一种研究幻想的方法》一文,介绍了另一种投射测验—主题统觉测验,并将此测验应用于心理诊断。此外,其他如语句完成测验、画人测验、情景对话测验等都属于投射测验。

在开发针对正常人的测量工具方面,对兴趣、态度的测量是很重要的一个方面。兴趣测验可追溯到1912年桑代克的研究,他追踪了100个大学生的兴趣发展。而最初的职业兴趣测验是美国斯特朗(E. K. Strong,1884-1963)于1927年编制的斯特朗职业兴趣量表。几十年来,斯特朗职业兴趣量表唯一的竞争对手是1934年库德(G. F. Kuder,1903–2000)依据心理特性分析归类编制的库德职业兴趣调查表。在态度测验方面,最早出现的态度量表是美国波哥达斯(E. S. Bogardus,1882–1973)于1925年编制的波哥达斯社会距离量表,用以测量人们对不同种族和宗教团体的接受程度。1929年瑟斯顿与其同事制定出等距量表,又称瑟斯顿量表;1932年利克特(R. A. Likert,1903–1981)设计出总加量表,又称利克特量表。等距量表和总加量表在分数的解释上都不够明确,相同的态度分数可能代表不同的态度模式。为了克服这一弱点,哥特曼(L. Guttman,1916–1987)于1950年编制了累积量表,这种量表基本保证了所得分数与态度赞同程度的一致。

四、教育测验的发展

教育测验(Educational Test)是对个体在学校或其他课程中已经学习并掌握的知识和技能的测量。中国西周时期就出现了制度化的学校考试,笔试测验在西方出现得较晚,美国于1845年才开始大规模实施书面考试,伦敦大学于1836年设立了书面测验中心,剑桥大学1702年首次应用书面测验。

十九世纪,美国学校的学生数量快速增长,口头测验已经不能满足教育发展的需要。1845年,波士顿的教育家贺瑞斯·梅因(H. Mann,1796–1859)主张对小学生进行书面考试。1864年英国的费舍尔(G. Fisher,1794–1873)编制的书写量表(writing scale)是第一套可靠计分的客观性成就测验,采用1(最好)到5(最差)计分。一年后,纽约州开始启动校务委员考试以提高教育标准。赖斯(J. M. Rice,1857–1934)于1897年编制出美国学校儿童拼读能力测验。后来,赖斯又发表了算术测验和语文测验。赖斯的杰出工作引起了桑代克的极大兴趣。

1904年,桑代克的《心理与社会测量导论》一书正式出版,这是第一部系统地介绍测验编制的基本原理与统计方法的专著。1908年,桑代克发表了历史上第一个书法量表(handwriting scale),这在教育领域产生了很大的影响。因此,桑代克被誉为教育测量之父。1908年,桑代克的学生斯通(C. W. Stone,1874–1947)编制了算术测验,并改进了测验的计分方法。后来又有英文作文量表和其他各种教育测验不断问世,如1922年的斯坦福成就测验等,这些都对学校教育工作产生了巨大影响。

1917年以后,美国的教育测验事业已有很大的发展。测验的范围从仅限于小学科目发展到适用于中等及以上学校各科的教育测验。另外,在美国也出现了跨州、跨区域乃至全国性的教育机构。如大学入学考试委员会(College Entrance Examination Board,CEEB);1947年成立的美国教育考试服务中心(Educational Testing Service,

ETS)，发展至今它已是世界上规模最庞大的测验编制与研究机构，由众多心理学家、教育学家和各方面的学科专家组成，进行各种教育与心理测验的研制、开发和推广应用工作；1959年美国建立了“美国大学测验系统”(American College Testing Program)，该机构提供选择优秀学生的测量方法。

五、心理测量学的发展趋势

纵观心理测量学的发展史，具有如下几方面的特点：(1)先是以解剖生理特征为根据，而后转向对心智活动的测量；(2)由测量简单的感知能力，发展到测量复杂的认知能力；(3)由笼统的单一量数来评定个体间差异，转变为以多个量数兼顾个体间差异与个体内差异；(4)心理测量学随着实验心理学的发展而产生，二者在发展过程中由合到分，随着认知心理学的兴起，实验法与测验法结合起来产生了信息加工测验，并成为新的发展趋势。

近年，数理统计方法的发展和计算机的广泛使用，一方面促进了心理测量学理论的发展和应用，如20世纪60年代出现的项目反应理论，20世纪70年代初克龙巴赫(L. J. Cronbach，1916-2001)提出的概化理论，最近认知心理学和心理测量学理论结合产生的认知诊断理论；另一方面促生新的测验形式，如单机的计算机自适应测验，基于互联网的智能测验等。

复习巩固

简述心理测量学各个发展阶段的主要特点。

第三节　中国心理测量发展史

中国很早就孕育有朴素的心理测量学思想，而科学心理测量学于20世纪初引入，此后，中国心理测量学不断发展，曾与世界保持同步。后由于种种原因，心理测量学一度成为禁区。20世纪80年代，我国的心理测量学重获新生并快速发展起来。

一、中国古代心理测量思想与考试制度

(一)中国古代的心理测量思想

我国古代有着丰富的心理测量思想,对于人心测度的观念源远流长。

商周时期的《周易》,以卜卦方式预测自然现象和人的生死祸福。《尚书》记载“知人则哲,能官人”,其含义是只有聪明机智的人,才能了解别人,才能用人得当。《礼记·学记》提出“知其心,长善而救其失也”,指教师必须了解学生的不同类型及心理上的差异,才能发现学生的优势与不足之处。

春秋时期的孔子(公元前551–公元前479)提出了“性相近,习相远”的观点。所谓“习相远”是指人在后天习得的行为表现可以显示出很大的个体差异。孔子不仅认为人的心理是可以把握的,而且是可以具体“测量”的。他认为人的心理会表现在人日常言语和行动中,只要“听其言而观其行”便可以洞察一个人内心。由此他用自己朴素的“测量”方法,把人的智力分成中人之上、中人和中人之下三种类别。这些观点体现了个体差异的思想。

战国时期的孟子曾对齐宣王说:“权,然后知轻重;度,然后知长短,物皆然,心为甚”。这里的权、度指的都是测量,意思是心、万物皆可测量。这是关于心理能力和心理特征可测量性的最早明确论述。

荀子(公元前313年–公元前238年)对人的个性差异也曾有过描述。荀子认为君子和小人在心理品质上是不同的。据《不苟》记载,“君子能亦好,不能亦好;小人能亦丑,不能亦丑。君子能则宽容易直以开道人,不能则恭敬縛绌以畏事人;小人能则倨傲僻违以骄溢人,不能则妒嫉怨诽以倾覆人”。此外,荀子还提出人的五种性格类型,即“通士”“公士”“直士”“悫士”和“小人”。

汉淮南王刘安编写的《淮南子》一书中把人的性格归结为三类,开创了我国古代“性三品”论的先河。书中观点为董仲舒所继承,提出了把人性分为上、中、下三等。

三国时期的刘劭(约168–172年~约240–249年)试图从人的诸如体貌、言语、行为等外部特征来判断其才能和性情。公元245年,刘劭撰写了《人物志》,该书总结了前人关于考核、鉴定人事的理论与实践,汲取当时各大学者的成果并阐述了人物的才能、性情及其测量方法,是世界上关于心理测量最早且比较完整的思想体系。书中,刘劭将人的才能分为三类,称为“三材”或“三度”,即兼德、兼材和偏材,以“三度”为标准,连同三材在内,把才能分为兼德、兼材、偏材、三材兼备、三材皆微、清节之流、法家之流、术家之流八种类别。他还详细论述了“八观与五视”的观察人心理的方法。美国学者施瑞奥克(J. K. Shryock,1890–1953)将该书译成英文并以《人类能力的研究》

(Shryock, 1937)为书名在美国发表。

(二)中国古代的心理测量的制度与方法

中国古代不仅有丰富的心理测量学思想，而且还有真正意义上的心理测量实践活动。心理测量最早是以考试形式出现，它集中表现在对人才的评定和选拔上。

西周时期就已经有定期进行的学业考试，据记载：比年入学，中年考校，七年小成，九年大成(《学记》)。当时的考试内容主要是所谓的“六艺”，即礼、乐、射、御、书、数。

两汉时期(前206–公元220)，“察举制”正式建立，即举贤推荐的方式，这是一种承前启后的任官制度。

魏晋南北朝(222–589)时期重要的选官制度是九品中正制，其中的中正是专门负责选拔人才的官员。

隋朝(581–618)时期创立了进士科，正式建立了科举取士的国家考试制度。科举制(Imperial examination)在唐朝得到进一步发展与完善。在唐开元年间还建立了贡院，它是专门负责考试的机构。科举考试通过乡试、会试、殿试层层选拔人才，并对通过各级考试的人员授予一定的学位称号(如秀才、举人、进士等)。科举考试制度延续到清末，历经1300多年的历史，在1905年被废除。世界心理测量学家一致公认，中国的科举考试对心理测量学的发展意义重大。

(三)中国古代出现的早期心理测验

世界上最早的婴儿心理测验出现在我国1500多年前的南北朝时期，当时在许多地区，特别是在江南地区广为流传“周岁试儿”，也称“抓周”。这种方法正是针对婴儿的感觉运动发展的特点，用实物做刺激材料来观看婴儿的反应。我国著名测验学家林传鼎(1980)认为这是近代西方学者格赛尔(A. L. Gesell, 1880–1961)的婴儿发展量表和彪勒(C. Buhler, 1893–1974)的婴儿发展测验的先导。

古代还萌芽出带有游戏色彩的非文字心理测验。如清朝出现的“益智图”，又称七巧板，用七块大小、形状各异的小板块可拼成多种形状各异的图形，堪称是现代智力测验中拼图能力测试的原型，它可以看作是非文字类型的创造力测验，通过对拼图过程的不断探索，可以训练儿童的观察能力、空间想象能力和发散性思维。七巧板类型的拼图任务被当代多数智力测验和创造力测验所用。

九连环是另一种智力游戏，它的设计相当于现代的魔方、魔棍等玩具，被认为是比河内塔任务更为复杂的操作性能力测试。伍德沃斯就称九连环为“中国式的迷津”，而称七巧板是“唐图(Tangram)”，即“来自中国的拼图”之意。

此外,华容道取材于名著《三国演义》,它由十个形状相异的小块组成,这些小块分别代表了小说中的十个人物。华容道可设置多种游戏情景,可全面地测量人的思维能力。

综上所述,古代中国丰富的心理测量思想内容对近现代,乃至将来的心理测量都有重要的参考价值和深刻的启示。孔孟等关于个别差异及其可测量性的论述;刘劭关于观察法原理的阐述以及盛行千余年的科举制度和流传于民间的智力型游戏等,对心理测量的发展做出了重要的贡献,并在诸多方面给予后人重要的启示。

拓展阅读

抓周

中国古代心理测验的方法之一是动作判断法,动作判断法是以动作发展特点或动作技巧作为心理测验根据的测验方法,如"周岁试儿"。这是让儿童周岁时抓物品,以测试其感觉、动作发展特点的方法。

抓周历史久远,相传,三国时吴主孙权选太子,让小皇孙们在盘子里任意抓取珠贝、象牙、犀角等物品,众小儿中只有孙和的儿子孙皓抓取简册和绶带。孙权看到后大喜并册立孙和为太子。此后,许多人用类似的方法来测试儿孙的未来,由此形成了流传江南的"试儿"习俗。孩子满周岁这一天,要置办酒席宴请宾客,大人先给孩子洗澡穿新衣。抓周仪式一般安排在中午吃长寿面之前进行。首先在堂屋神龛前摆方桌一张,桌上放簸箕一个,簸箕沿边摆放书笔、剑鞘、算盘、秤杆、针筒、镰刀、玩具、食品等物品。然后由孩子的父亲燃烛焚香,向祖先祈祷保佑孩子成大器。接着母亲抱着孩子在神龛前绕着方桌一圈,再将孩子放进簸箕中,让他随意挑选物品。据说,孩子首先抓什么,就预示着他长大后会干什么。比如,先抓书笔,就意味着长大后会读书,能做官拜相。

婴儿动作的发展是其身心发展的重要表现,手的操作活动在某种意义上反映其认知活动,所以用抓物测试其感觉、运动发展水平有一定道理。至于依据婴儿先抓到什么东西来预测其前途和人格性情则缺乏科学依据。林传鼎认为,这种针对婴儿期感觉、运动发展特点,以实物为刺激材料的测试方法是近代西方学者格赛尔的婴儿发展量表和彪勒的婴儿发展测验的先导。

二、中国近代心理测量的产生和发展

20世纪20年代初期,西方科学心理测量学传入中国,其中影响力较大的事件有:

1914年，克雷顿(Creighton)在广州对500名儿童进行心理测验，测验项目包括机械记忆、条理记忆、交替、比喻等。1918年，瓦尔科特(G. D. Walcott，1969-1959)在清华大学试用推孟的修正量表测验该校学生，这是西方学者应用西方成熟规范的量表在中国应用的最早尝试。我国学者首次正式运用科学方法进行心理测量的当属1916年樊炳清(1877-1929)引入比奈-西蒙智力量表。1922年4月，比奈-西蒙量表由贾培杰译成中文，命名为"儿童心智发达测量法"。

在心理学者致力于研究和探索客观、精确的心理测验方法的推动下，加上教育部门倡导和实施新法考试，中国早期的心理测量学一时繁荣发展。一些著名学者也正是在这一时期开始了他们的首创性工作。如1920年廖世承(1892-1970)和陈鹤琴(1892-1982)在南京高等师范学校首先开设心理测验课程，并用心理测验测试报考该校的学生；1921年两人又合作出版《心理测验法》一书，这是我国最早的心理测量学专著。1922年，张耀翔(1893-1964)在《教育丛刊》上发表心理测量和新法考试的论文，也在北京高等师范学校率先正式将心理测验列为入学考试科目之一。

一些教育机构纷纷成立心理测验组织，大力宣传和推行心理测验工作。1922~1923年，中华教育改进社邀请美国测量学家迈克尔(W. A. McCall，1891-1982)来华讲学并主持编制了40多种测验。1928年江西成立了儿童智力测验局，杜佐周(1895-1974)任局长，对4000多名儿童进行测验，还制定了教师评判智力标准表和学业成绩调查表，用以研究智力测验结果与教师评定及学业成绩的关系。1931年6月，在艾伟(1890-1955)、陆志伟(1894-1970)、陈鹤琴、肖孝嵘等人的倡议下，中国测验学会在南京成立，次年出版期刊《测验》，学会的成立和专业杂志的创办标志着中国的心理测量学发展进入了新的历史时期。

在智力测验方面，大量的智力测验相继出版，例如，1924年陆志伟根据中国南方的测验结果发表了修订的比奈-西蒙量表；1936年，他和吴天敏(1910-1985)合作将测验范围扩大到北方，作了第二次修订。此外还有廖世承编制的团体智力测验，陈鹤琴编制的图形智力测验，刘湛恩编制的非文字智力测验等。

在人格测验方面，肖孝嵘修订了伍德沃斯个体资料记录并制定了9至15岁年龄的常模。1935年，沈有乾使用"明洛德人格问卷"测量中国学生，发现中国男生的神经症倾向明显高于美国男生。1937年，周先庚(1903-1996)用瑟斯顿情绪稳定性测验测量中国学生，发现中国学生的情绪适应性较差。1943年，林传鼎(1913-1996)试用普莱西X-O测验，发现中国11-18岁青少年的情绪成熟度的发育比美国同龄青少年晚一年左右。1948年，刘范曾试用罗夏墨迹测验。

在教育测验方面，影响较大的有俞子夷(1886-1970)、陈鹤琴等人编制的小学生各种测验，廖世承、艾伟等人编制的多种中学生学科测验。

到抗日战争前夕,我国心理学家自编和修订国外心理测验达20多种、教育测验50多种。以“测验”为关键词查询相关文献数据库,发现1912—1937年间有关著作有483部,期刊文章871篇,总体上呈现蓬勃发展之势。抗日战争爆发后,我国心理测量学研究和实践工作均进入了低潮期,甚至停滞。

拓展阅读

阎书昌教授谈萧孝嵘对中国心理测量学的重要推动

阎书昌教授是河北师范大学的中国近代心理学史专家,对于近代心理学家了如指掌。阎书昌认为,在中国第一代心理学家中,萧孝嵘(1897~1963)不但为引介和传播格式塔心理学做出了重要贡献,在儿童心理学、教育心理学、学习心理学、变态心理学、工业心理学、军事心理学等领域的研究都有着深远的影响,他修订和编制了大量智力测验和人格测验工具,是心理测量学在中国发展的重要推动者。萧孝嵘编制的测验工具包括小学儿童智力测验、团体智慧测验甲、乙种、中学智慧测验、大学心理测验等。

1931年6月21日,中国测验学会在南京中央大学正式成立。萧孝嵘于1931年夏天留学回国后长期任教于中央大学,曾任中国测验学会理事,并致力于心理测量的研究(崔光辉, 郭本禹,2015;魏宏波,2009)。1934年着手修订“墨跛智力量表”(Merrill-Palmer Intelligence Scale),历时两年多完成修订,于1936年正式出版。他当时中央大学心理学系部分学生,如丁祖荫、丁瓒、吴襄、吴福元等参加了这项工作,培养了他们心理测量的基本技能。在这一时期,他修订的人格测验工具包括普莱西(Pressey)“XO测验”A、B二种、伍德沃斯个人资料问卷、莱尔德(Laird)“品质评定”和马斯顿(Marston)“人格评定”等量表。

抗日战争全面爆发后,中央大学迁往重庆。1939年,在萧孝嵘推动下,国民政府内政部警政司设立“警察智力测验室”,此后编制并推行了多种警察心理测验。1941年10月,萧孝嵘接受国防工业委员会技工训练处的委托,开展对技工适应性心理测量研究与应用工作,其中普通智慧、机械能力、工作兴趣的测量均采用萧孝嵘等修订的测量工具。1943年,萧孝嵘为技工适应性测验主试人员训练班授课,以指导他们规范地开展心理测量工作。1941年12月萧孝嵘主持成立了中国人事心理研究社,正是借助于人事心理研究社,他带领着中央大学心理系师生开展了军官智慧、军官情绪稳定性、军官人格品质、政工人品、通信人员甄别、国防工业学徒拣选、交通与刑事警察、警官心理、空军各种人员能力的各项研究。萧孝嵘还开展过大、中、小学智力测验的修订和编制等工作,包括修订古迪纳夫(Goodenough)画人测验,编制小学儿童智力测验、团体智慧测验(甲、乙二种)、中学智慧测验、大学心理测验(刘建华,2007;阎书昌,2015)。

阎书昌教授评价萧孝嵘"以中央大学心理系为阵地,率领一批师生大大推进了心理测量工作在当时的发展,一方面满足了社会实践的需求,另一方面培养出多名心理测量的人才"。

三、中国现代心理测量的产生和发展

自1949年至1978年近三十年间,心理测量在我国被视为禁区,既停止了教学也停止了研究。1978年,中国心理学会在保定召开会议,一些专家主张恢复心理测量工作。1979年中国心理学会于天津召开第三届全国学术会议,会议上少数心理学家呼吁恢复心理测验工作并得到多数同仁支持,但当时所面临的是一个既缺乏人力又缺乏资料的困难境地。1979年春,林传鼎、吴天敏和张厚粲三位教授在武汉举办了第一个全国性心理测验培训班。1980年秋,北京师范大学首先开设了心理测验课程。1984年,在第五届全国心理学年会上成立了测验工作委员会,这标志着我国心理测量学进入了一个新的发展时期

在心理测量学恢复初期,一方面开始开设心理测量学课程,积极培训专业人员;另一方面,着力于从国外引进传统的和现代的心理测量理论,如经典测量理论、概化理论、项目反映理论等,修订国外著名量表。这期间修订的测验主要包括智力测验和人格测验两大类。在智力测验方面,包括吴天敏修订的比奈智力量表第三版,龚耀先(1923-2009)修订的韦氏成人智力量表和韦氏幼儿智力量表,张厚粲修订的瑞文标准推理测验等;在人格测验方面,有中国科学院心理研究所修订的明尼苏达多相人格问卷,李绍衣修订的卡特尔16PF,陈仲庚(1925-2003)修订的艾森克人格问卷等。这些测验填补了国内心理测量研究的薄弱和空白。除上述普遍应用的测验外,霍-里神经心理成套测验,韦克斯勒记忆量表,加州人格量表和爱德华个人兴趣量表等也陆续得到修订供理论研究和实践工作使用。

从80年代中期起,我国心理学家开始编制中国人自己的心理测验工具。在智力测验方面,如查子秀编制了用于鉴别超常儿童的智力量表,汪文鋆编制了用于筛查弱智儿童的智力量表,张厚粲主持编制的中国儿童发展量表(3-6岁),范存仁编制了幼儿发展量表(0-3岁);人格测验方面,如1988年洪德厚编制的中国少年非智力个性特征问卷,1992年宋维真等人编制的心理健康测查表,1993年宋维真等人编制出中国人个性测量表,1992年沙毓英、张锋等人编制出学生性格量表(11-18岁)。

1990年秋,中国心理学会心理测量专业委员会在无锡召开第一次学术会议。学会活动的正常化,在心理测量的发展中起到了积极的推动作用。

总的来说,我国的心理测量学蓬勃发展的表现有:(1)从事心理测量的专业人员增多,心理测量的组织机构增多;(2)心理测验的类型增多、内容丰富;(3)心理测量的应用多样化,如在选拔考核人才、指导训练就业、临床诊断、训练咨询和预测、评价学生学业成绩的等方面,都发挥了重要的工具作用,在社会生活中起到了积极的作用;(4)心理测量学有关的国内国际交流日益频繁。

未来我国心理测量学将有如下发展趋势:(1)将更加重视基础理论的研究。我国目前心理测量学的理论基础较弱,对学科发展的支撑力、对实践工作的实用性都有待于加强。(2)本土化、实用化趋势。不同国家和民族的文化形态和背景各不相同,应当把心理测量的理论性和应用性结合起来,大力发展符合我国国情的心理测验。

复习巩固

简述中国心理测量的现状及发展趋势。

本章要点小结

1. 现代心理测量得益于对个体差异的研究以及实验心理学。

2. 比奈-西蒙智力量表的问世标志着科学心理测量学的诞生。

3. 从二十世纪初开始,西方心理测量蓬勃发展,在智力测验、能力倾向测验、人格测验、教育测验这四个领域得到充分体现。

4. 随着经典测量理论稳步发展并趋于成熟,新的测验理论先后出现,为心理测量理论带来了新气象。

5. 随着数理统计方法的进步以及计算机的广泛适用,心理测验向智能化方向发展。

6. 我国古代思想家们早就对人性的差异感兴趣。我国古代建立了最系统的考试制度,并发展了多样的测验方法。

7. 自科学心理测量学诞生并引入中国之后,心理测量学在我国发展曲折。20世纪70年代后期,我国的心理测量学重获新生,取得了前所未有的突破性进展。

关键术语表

个体差异

人差方程式

比奈-西蒙量表

斯坦福-比奈智力量表

科举制

本章复习题

1.19世纪晚期，当时心理学家们通过测量反应时和感觉阈限来估计个体的心理过程，现代心理测量得益于在欧洲盛行的（　　）。

A.生理心理学　　B.实验心理学

C.科学心理学　　D.心理测量学

2.被誉为差异心理学创始人的高尔顿最早提出人类的能力呈（　　）。

A.正态分布　　B.偏态分布

C.二次分布　　D.非正态分布

3.卡特尔正式提出哪一术语，并主张心理测验要建立标准化常模用来做比较，这些都是测量学上的重要观念（　　）。

A.测量　　B.个体差异

C.相关法　　D.心理测验

4.科学心理测量学诞生的标志是（　　）。

A.比奈-西蒙量表的问世　　B.斯坦福-比奈量表的问世

C.第一个心理学实验室的成立　　D.人格测验的出现

5.第一次世界大战期间，为了快速选拔官兵和分派兵种而编制的测验属于（　　）。

A.个别测验　　B.特殊能力测验

C.语词联想测验　　D.团体测验

6.1937年，施瑞奥克（J. K. Shryock）将我国三国时期刘邵关于人的能力研究的著作翻译成英文在美国出版，该著作是（　　）。

A.《人物志》　　B.《心书》

C.《吕氏春秋》　　D.《学记》

7.从心理测量学角度看，中国古代的七巧板可视为（　　）。

A.兴趣测验　　B.创造力测验

C.态度测验　　D.投射测验

8.推孟1916年修订的斯坦福-比奈量表，对比奈-西蒙量表的众多修订中影响最为深远的变动是采用了（　　）。

A.离差智商　　B.比率智商

C.智力年龄　　D.实际年龄

第三章

信度

在心理测验中，测量的对象是人的心理特质，每个人的某种心理特质都有一个确定的真实水平，多次测量的结果首先要保证具有较高的一致性。心理测量的终极目标是让每一次的测试结果与心理属性的真实水平保持一致。然而，实际的情况只能是让前者无限接近于后者。首先，心理属性的实际量化值可以说是一个真实的"传说"。它确实客观存在，但几乎没有人见过其真容。其次，心理测量的过程中总会出现各种干扰因素。这使得每一次测试的分数很难靠近那个真实的"传说"，总是存在或大或小的偏差。心理测量和其他测量一样，多次测量结果的一致性、稳定性、可重复性都是测量质量好坏的重要标志。在本章，我们将学习评估测量稳定性的理论、指标及其估计方法，以及了解提高稳定性的策略和方法。

第一节　经典测量理论

心理测量不同于物理测量，由于测量对象具有无形、抽象和模糊的特点，代表特质真实水平的真分数以及测量的误差等都需要在一定的理论指导下进行具体的量化。在心理测量中，使用最广、最多的是“经典测量理论”。

一、经典测量理论的概念

经典测量理论（classical test theory, CTT），又称为真分数理论，是以真分数为核心假设的一种测量理论（戴海琦，2010；De Vellis & Robert，2006）。早在20世纪30年代，CTT开始出现并逐渐形成了完备的数学理论模型。1968年，统计与测量学家洛德（F. M. Lord）和诺维克（M. R. Novick）将CTT发展成熟，并实现了向现代测量理论的转换（Gregory, 2007；APA et al., 2003; 2014；Lord & Novick, 1992）。

心理特质是客观存在的，“凡是客观存在的事物都有其数量”，“凡是有数量的事物皆可量化”。这是经典测量理论关于心理特质的可测性假设。心理特质是一个相对稳定的客观存在，可以采用多种方法对其进行测量。由于心理特质比较隐蔽，难以直接量化，一般是通过对特定刺激（如题项或图片）的行为反应来推测和测量这些特质的特点与水平（戴海崎等，1999；2011；漆书青，2002；张厚粲，龚耀先，2012）。

由于测量误差的存在，实际测得的分数和个体的真实水平之间不会完全一致（Anastasi & Urbina, 2001; Kaplan & Saccuzzo, 2010）。有时候，前者会略高于或略低于后者，某时候甚至会发生严重的偏离。在CTT中，反映被测心理特征真实水平的那个数值称之为真分数（true score，记为T），实际测量中获得的分数称为实测分数或观察分数（observed score，记为X）（戴海琦，2010；2011；张厚粲，徐建平，2009；张敏强，1992；Murphy & Davidshofer, 2006）。心理测量的最终目标就是让实测分数无限接近真分数。

既然心理测量中的实测分数很难与真分数保持一致，那么二者之间是什么函数关系呢？经典测量理论假定，实测分数（T）与真分数（T）之间是一种线性关系，它们之间的差距用随机误差（记为E）表示。即：

$$X = T + E \tag{3-1}$$

公式3-1可理解为：任何一个实测分数都是真分数和测量误差之和，实测分数由真分数和误差共同决定。如果一个受测对象在某测验中得分为X=10，这个分数并不能告诉我们受测对象真分数T的大小，因为测量误差可能是E=1，也可能是2、3、4……，所以只知道测验分数对了解受测对象的真实水平没有多大意义，还需要了解测量误差E的大小。获得测量误差E的大小,可通过重复测量技术来实现。重复测量是指用同一测验对同一受测对象进行多次测量,也可以指同一测验对一批受测对象分别进行一次测量(戴海琦,2010;余嘉元,1989;张厚粲,龚耀先,2012)。在心理测量中,往往采用后一种操作方式。

二、经典测量理论的基本假设

在经典测量理论中,真分数是一个在理论上构想出来的抽象概念,在实际测量中很难获得(Anastasi & Urbina, 2001;APA et al., 2003;2014;De Vellis & Robert,2006)。因为无论采用何种测量方法,测量误差总会存在。如何才能降低或消除误差,使得测量的实测分数接近真分数呢?为了解决这一测量的重点和难点,经典测量理论提出3个相关联的假设(戴海琦,2010;漆书青,2002;张敏强,1992)。

假设一,若一个人的某种心理特质可以用平行的测验反复测量多次,则其平均误差为0,即实测分数的平均值接近于真分数。用公式表示为:

$$E(X) = T, E(E) = 0 \tag{3-2}$$

公式3-2可解释为:所有测量误差都是随机的,且服从正态分布。值得注意的是,在经典测量理论中,系统误差没有包括在其中,这里的误差E只包括了随机误差,原因是对同一个(不是一次)测量来说,系统误差是稳定的,在比较真分数时系统误差被抵消,即系统误差不会引起真分数的变化。

假设二,误差分数与真分数相互独立,即两者相关为0。用公式表示为:

$$\rho(T, E) = 0 \tag{3-3}$$

公式3-3可解释为:误差的大小与受测对象的真分数的大小无关,真分数所代表的水平差异才是影响受测对象差异的唯一因素。

假设三,各平行测验间的误差相互独立,即两者相关为0。用公式表示为:

$$\rho(E1, E2) = 0 \tag{3-4}$$

公式3-4可解释为:任意两次测验的误差之间没有必然联系,误差是随机出现的,每次测验的误差是独立的。

其中,第一个假设旨在说明E是一个服从均值为0的正态分布的随机变量,而第二和第三个假设意在说明E是一个随机误差,且不包含系统误差。

事实上,我们很难让同一个人反复完成一个测验,让随机误差相互抵消,进而让实测分数接近真分数。通常,我们是用同一个测验来同时测量许多对象。由于每个人的误差都是随机的,当受测团体足够大时,团体内的随机误差也会相互抵消。整个团体的观测分数就趋近于团体的真分数(张厚粲等,1989;Mclntire & Miller,2009)。

基于CTT的理论假设和数学模型，可以推导出，团体观测分数的变异是由不同成员的真分数变异和随机误差的变异构成的，即：

$$S_X^2 = S_T^2 + S_e^2 \tag{3-5}$$

在公式3-5中，S_X^2是指施测团体的观测分数变异，S_T^2是指团体的真分数变异，S_e^2是指随机误差变异。需要注意的是，公式3-5中只涉及了随机误差的变异，而系统误差的变异是包含在真分数的变异之中的。因此，$S^2{}_T$可以分成测量目标特质的变异（S_{co}^2）和测量非目标特质的变异（S_{sp}^2，即系统误差）。因此，公式3-5可以改写为：

$$S_X^2 = S_{co}^2 + S_{sp}^2 + S_e^2 \tag{3-6}$$

概言之，经典测量理论及其相关假设可以从三个方面来理解：第一，假定在一定的研究范围内，反映个体某种心理特质水平的真分数是一个固定值，测量的任务就是估计这个真分数值的大小；第二，假定实测分数是真分数与误差分数之和，实测分数和真分数之间是线性关系，而不是其他关系；第三，假定测量误差是完全随机，服从均值为0的正态分布，它不仅独立于所测特质的真分数，也独立于所测特质之外的其他任何变量（戴海琦，2010；张敏强，1992；Gregory, 2007; Kaplan & Saccuzzo，2010）。

在上述理论假设的基础上，经典测量理论构建起了完整的测量理论与方法体系，主要包括测量的误差、信度、效度、项目分析、常模、标准化等基本概念（Gregory，2007; Kaplan & Saccuzzo，2010；Murphy & Davidshofer，2006）。CTT也推导出了包括信度和效度在内的各种指标的计算公式，完善了测验的标准化程序，使整个心理测量过程建立在较为客观的基础之上，提升了心理学的实证性和科学性。

三、测量误差

1.测量误差及其类型

测量误差（measurement error）是指测量中与测量目的无关的变化因素所产生的不准确、不一致的效应（戴海琦，2010；郑日昌，2013；APA et al.，2014）。在测量过程中，测量工具、测量对象、测量的实施过程都可能给测量的结果带来误差。科学测量的目标不是完全消除测量误差，而是尽可能降低测量误差。测量误差一般分为系统误差和随机误差。

随机误差（random error）是指由与测量目的无关的偶然因素引起的无系统、无规律的误差（戴海琦等，1999；2011；张厚粲，龚耀先，2012）。在任何测量中，随机误差使得多次测量分数产生了不一致，并且这种偏离的方向和大小完全是随机的。例如，在量身高时，被测者如果把背伸得平直，这样量得的身高可能就比背没有伸直时要高些，这一因素体现在每次测量中，是没有规律可循的。又如，在情绪测验中，受测对象作答前经历的事件会影响到作答时的反应,如果其刚经历了负性情绪事件,可能作答会偏消极;反之,可能作答时会偏积极。虽然随机误差导致多次测量结果不一致,且(这种)不一致是无规律的、随机的,但根据经典测量理论,它仍然符合统计规律,是可以得到一定控制的。

系统误差(system error)是指由与测量目的无关的因素引起的恒定、系统、有规律的误差(戴海琦等,1999;2011;张厚粲,龚耀先,2012)。这种误差稳定地存在于每一次测量中,反复多次测量无法抵消这种误差。此时,尽管多次测量的结果是非常一致的,但是实测分数与真分数之间是存在差异的。例如,在测量长度时,由于量尺0刻度损坏,我们选择每次读取都从1刻度开始,结果每个实测分数都增加了1刻度,这1刻度就是系统误差,即偏离真分数1刻度。又如,在学业成就中,如果一道10分的试题的标准答案给错了,全体正确作答的考生的测试分数将整体下降10分。

总之,测量误差难以避免,心理测量要将误差控制在可以接受的范围之内。

2.测量误差的来源

在任何测量中,测量误差一般主要有3个来源,分别是测量工具、受测对象和施测过程(戴海琦等,2011;张厚粲,龚耀先,2012;Gregory,2007;Kaplan & Saccuzzo,2010)。

在测量工具方面,心理测量的工具往往是一套反映目标特质的刺激反应系统(考题或测验)。这些测题是否能测到所欲考察的心理特质、测题内容是否有代表性、权重是否合理、题目表述是否准确清楚、题目的文化偏向敏感问题是否处理得当、评价测量结果的标准是否客观等等,都会影响到受测对象对测验的反应。如果测题与测量目标特质存在偏差,受测对象对题项反应或作答得到的测验分数就可能存在较大误差。例如,某一测验的目的是测量操作技能,而测题主要是考察相关的基本知识或理论,受测者的测验分数就可能无法反映他们所掌握的技能水平。

在受测对象方面,取样方式不具有代表性,受测对象不愿合作或者过分合作、身体状态不佳、文化程度低、焦虑、装好/装坏等,都会造成测量误差,这些随机因素都会降低测量结果的稳定性和准确性。此外,受测者参加测验的经验或技能不足,也会导致测量误差。例如,在操作能力测验中,如果受测者从未接触类似测验,就需要花费一定的时间熟悉和了解测题的作答规则,这可能影响他们的真实能力水平的发挥。

在测量过程方面,测量的时间、场地、条件不一致,测试者给受测对象的提示不一致,测试时使用的指导语不同,测试过程中受到意外情况的干扰,受测对象完成测量的时间不足等等,这些情况都会破坏测量结果的准确性。在心理测量中,主试者的年龄、性别、外表及施测时的言谈举止、表情动作以及是否熟悉测验要求都可能影响受测者的作答。例如,在疼痛忍耐力测验中,当主试是女性时,男性受测者的疼痛忍耐力得分往往要高于主试是男性的测验结果；当主试是男性时，女性受测者的痛忍耐力得分往往低于主试是女性的测验结果。

3.测量误差的控制

在心理测量中，测量误差可以从两方面进行控制。首先，测量及测验工具要保证单一特质的测量，即尽可能排除无关因素对测量的影响，保证测量的是希望测到的那一种特质。其次，测量过程尽可能排除偶然因素的影响。如果要做到这两方面，最有效的保证就是测量标准化(2014；漆书青，1988；2002；APA et al.，2003)。

测量标准化(standardized measurement)是指测验的编制、实施、记分和分数解释的程序的一致性。它的目的是要保持测验在不同时间和不同情境中的一致性，其中测题形式、施测程序、指导语和评分标准等均须有统一而严格的规定。测量标准化一般包括三个方面，分别是测验内容、施测过程和测量评分的标准化。

测验内容的标准化主要是指测验题项的编制和使用要遵循统一原则，所有受测者接受的测题内容应当相同。在编制测验时，测验内容(如题项)的编写要对所测特质进行操作性定义，并需要有科学的理论依据。同时，测验题项所选取的刺激或内容要具有典型性和代表性，能有效反映所欲测量的心理特质。在表述上，测验题项的语言需简洁、明确、无歧义，并对敏感问题进行适当处理。最后，所有受测者接受的测验题项应当保持一致，或者是等值的。

施测过程的标准化是指所有受测者接受测试的条件和过程是一致的。因此，测验主试测试前要做好充分的施测准备，既要熟悉测量工具，也需要了解施测对象及其测试条件的基本情况，制定详细的施测计划，对可能发生的意外情况做出预案。例如，要保障测试环境的一致性，测试者要进行培训以保证指导语的一致，测试时间要足够且统一。例如，我国的高考和研究生招生考试，考试主管部门就对考场进行明确的要求，制定了标准化考场的基本要求，确保每一位考生在基本一致的考试环境进行作答(韩家勋，2009；曾桂兴，1987)。

测量评分的标准化是指对每一个受测者的作答或反应采用一致标准进行计分与评价。一般而言，任何心理测量的测试结果评价标准要客观，评价者要进行培训和筛选，以保证评价者之间的一致性。例如，在企事业单位的招聘考试中，在面试环节担任考官的人员都需要进行集中统一的培训，熟悉面试题目的特点和测试目的，了解各个题项和评价指标的评分标准，明确评分尺度，并且所有考官都要力求采用一致的标准对考生进行评价和打分(孙树勇，2006；吴志明等，1997；阎力，2000；张厚粲，2005)，参见表3-1。

表3-1 无领导小组评分表(部分)

评分要素		领导力	执行力	责任感	...
权重		25	10	10	...
观察要点		有大局意识,能抓住关键;引导小组讨论方向,善于将分歧引向一致,对群体其他成员有影响力。	依照计划办事,按质、按量及时完成任务,注意时间的控制和安排。	踊跃发言,充分参与讨论,主动记录别人的观点和讨论,促进任务完成。	...
评分标准	优	20–25	9–10	9–10	...
	良	13–19	6–8	6–8	...
	中	7–12	3–5	3–5	...
	差	0–6	0–2	0–2	...
...	...	...	...	...	...

4.测量误差的估计

测量误差的大小以测量的标准误进行估计(戴海琦,2010)。在实际测量中,用同一个测验对一个受测对象团体测量两次,每一个受测对象都有两个实测分数,每个受测对象两次实测分数之差就构成了一组新的数据,这组数据的标准差就是测量的标准误(standard error of measurement)。如果两次测验分数误差的标准差相等,那么测量标准误就可以用公式3–7直接计算出来。

$$Se = 0.707S_{X_1 - X_2} \tag{3-7}$$

公式3–7中,$S_{X_1 - X_2}$为两次实测分数之差的标准差。

有了测量的标准误差后,就可以运用置信区间来估计观察分数背后的真分数了。

四、经典测量理论的优点和局限性

1.经典测量理论的优点

经典测量理论及其假设提供了基于测量数据估算测量误差大小的方法,从而为进一步估算真分数提供了可能。真分数模型公式简单明了,浅显易懂,适用于大多数心理与教育测验的情境(戴海琦等,1999;余嘉元,1989;DeVellis,2006;2010)。

经典测量理论的基本假设容易被大多数测验条件所满足。从实际应用来说,假设条件越容易满足,应用就越广泛。因此,经典测量理论是最早的、也是最实用的测量理论,现在许多常用的测验仍然是根据这一理论编制的。

经典测量理论有一套理论及统计分析方法,既能对受测对象的心理特质进行量化，也能有效估计误差的影响大小。同时，这些方法简单直观，容易被研究者掌握，能够有效地帮助人们编制与开发心理测验或量表，有力促进了心理特质的量化工作。

2. 经典测量理论的局限性

随着经典测量理论的广泛应用，该理论也逐渐暴露了一些局限和不足（DeVellis & Robert，2006；漆书青，2002；余嘉元，1989）。

第一，经典测量理论的假设与现实脱离。经典测量理论的第一个假设认为重复测量的误差之和为0。对于物理测量来说，使用同一工具对同一个对象进行多次测量，其误差之和为0，这是合理的。由于疲劳和练习效应的存在，心理测量中难以使用一个测验对同一个受测对象进行反复测验。对此，经典测量理论假设用很多的平行测验对同一受测对象进行测验，而真正等值的平行测验又是难以编制的。在实际操作中，往往是用同一测验对一个受测对象团体进行测验，即多个受测对象接受同一个测验，来代替使用同一工具对同一对象进行多次测量。然而，不同受测对象造成的测量误差不同，除非严格随机抽取，否则这个替代也是难以保证有效的。第二个假设认为误差分数与真分数不相关。然而，在某些心理测验中，低水平的受测对象完成较难的测验时，测验分数中随机因素造成的误差可能更大。因此，这一假设的成立也受到了不少人的质疑。第三个假设，平行测验误差相关为0的假设也难以满足。

第二，测量误差的指标笼统单一。经典测量理论只有一个笼统的测量误差，但在实际测量中，误差的来源多样，重测信度的误差主要来源于时间，复本信度的误差既可能来源于时间也可能来源于内容，内在一致性系数来源于测验的内容，而多个评分者参与评价误差来源于评分者之间的差异。经典测量理论无法考察不同来源的误差在总变异中所占比例，单一误差指标太过粗略和模糊。

第三，经典测量理论各种参数的估计值受样本影响太大。考察测验质量的四度指标（即信度、效度、难度、区分度）对样本都有较大的依赖性。对同一个测验，从水平高的受测对象团体测得的难度小于从水平低的受测对象团体测得的难度；对同一个测验，由异质性高的受测对象团体测得的区分度高于异质性低的受测对象团体；对同一个测验，由异质性高的受测对象团体测得的信度高于异质性低的受测对象团体，而效度却相反。这导致在实际应用的过程中，对一个受测对象来说，难以确定一个最合适（即难度适中且信、效度和区分度高）的测验或题目。因此，经典测量理论的这些参数对实践的指导价值被削弱。

第四，经典测量理论的各种参数没有基于同一个比较框架。测验的信度与难度、区分度之间，效度与难度、区分度之间没有函数关系。例如，为已知能力水平的受测对象寻找合适的测验时，受测对象的能力水平和题目的难度是两个重要的指标。然而，在经典测量理论中，能力水平由受测对象在测验上的总体得分决定，而题目的难度由受测对象团体在该题目上的通过率决定。这导致在已知受测对象的能力和该题目的难度情况下也无法推断该题目对该受测对象来说是否适合。换句话说,题目的难度和受测对象的能力水平这两个参数没有定义到同一个比较框架之下,题目的难度与受测对象的能力水平之间没有函数关系,这导致用一个所有参数已知的题目测量一个水平参数已知的受测对象,其结果分数是多少,误差有多大,都无法进行估计,这使经典测验理论的应用大为受限。

复习巩固

1.经典测量理论的基本假设是什么?

2.心理测量中的常见误差来源有哪些?如何控制这些误差?

3.简述经典测量理论的局限性。

第二节　信度的概念与估计

在心理测量中,测量结果必须经得起反复检验。如果同一工具对同一对象的不同次测量结果出现较大的差异,那么,这样的测量结果是难以让人信服的。信度是反映测量过程中误差控制的重要指标。不同测验的误差来源不同,需要使用适当的信度指标来考察其误差的大小。本节将介绍各种信度的估算方法以及适用范围。

一、信度的概念

1.信度的含义

信度(reliability)是指测量结果的稳定性程度,反映了多次测量结果的一致性、稳定性、可重复性(APA et al., 2003; 2014;Aiken & Groth-Marnat,2011;DeVellis,2006;2010)。一致性是指多次测量其结果的相近程度;稳定性是指测量结果不随时间变化;可重复性是指不同测试者得到的结果是相近的。如果一个测验的测量结果一致性、稳定性、可重复性高,就可以说这个测验的信度高。反之,如果测验结果的一致性低,就可认为这个测验的信度低。比如,用智力测验对某成年人进行测试,第一次的测试结果表明个体智力一般,三个月后测第二次,结果表明个体智力优异,那么人们就可以认为这个智力测验“不可信”。因为一个成年人的智力在一定时间内,一般不会发生较大的变化。在心理测量中，十分强调测量结果的一致性程度，即测量的信度。

2.信度的统计定义

根据公式3-5，经典测验理论把信度定义为一组测量分数中真分数的方差与实测分数方差的比率（戴海琦，2010；张厚粲，龚耀先，2012；DeVellis，2006；2010）。该定义用公式表达为：

$$r_{xx} = \frac{S_T^2}{S_X^2} \tag{3-8}$$

在公式3-8中，r_{xx}是测量的信度，S_X^2是观测分数变异（方差），S_T^2是真分数变异。

根据经典测量理论的推论，测量信度也可以是一个受测试团体的真分数与实得分数的相关系数的平方。即：

$$r_{xx} = \rho_{TX}^2 \tag{3-9}$$

如果是使用平行测验，测量信度还可以是一个测验X与它的任意一个平行测验得分的相关系数。即：

$$r_{xx} = \rho_{XX'} \tag{3-10}$$

从以上信度的定义或计算公式来看，信度是一组测验分数的特性，而不是某个人测验分数的特性。任何测量都有信度，只是大小不同，并不存在"全"或"无"的情况。由于无论是真分数还是真分数的变异数都无法直接测量，公式3-8和3-9只具有理论意义，只有公式3-10才有实际意义。信度是测量工具所获得"结果"的可靠性，而非指工具本身。同一种工具针对不同的测量对象、不同的测量情境，可能会有不同的信度。一个测验的信度值高，只代表它在某个或几个方面的一致性、稳定性或可重复性好，但不代表所有方面。所以，信度高低依赖于具体的测量对象和测量情境。

此外，描述测量一致性程度的指标还可以用信度指数，它实际上是信度系数的平方，即决定系数。在心理测量中，它表示可根据观测分数的变异来解释真分数的变异部分（戴海琦，2010；2011；史惟等，2006）。例如，某智力量表的信度系数为0.8，则信度指数或决定系数0.64，即是指测到智力的真实水平大约有64%。

二、信度的估计

信度估计方法有多种，每一种方法考察的是不同方面的一致性、稳定性或可重复性。一个测验，可以考察其时间的、内容的、评分者之间的一致性、稳定性或可重复性，但没有一个信度的估计值是针对所有方面的（APA et al.，2003；2014）。

1.重测信度

重测信度(test-retest reliability)是同一个测验对同一组受测对象前后施测两次结果的一致性,这两次测验分数的相关系数称为稳定系数,也是重测信度的估计值。当信度系数较大时,说明前、后两次测量结果比较一致,测量工具是可靠的、稳定的。

(1)重测信度的估计方法

重测信度通常采用皮尔逊积差相关公式估算,公式为:

$$r_{X_1X_2}=\frac{\sum X_1X_2-\frac{\sum X_1\sum X_2}{N}}{\sqrt{\sum X_1^2-\frac{\left(\sum X_1\right)^2}{N}}\sqrt{\sum X_2^2-\frac{\left(\sum X_2\right)^2}{N}}} \quad (3\text{-}11)$$

公式3-11中,X_1表示第一次测试的分数,X_2表示第二次测试的分数(张厚粲,徐建平,2009;张敏强,1992)。

例,某能力测验前后两次施测于15名大学生,间隔时间半年,结果如表3-2,求该测验的重测信度。

表3-2 大学生某能力测验两次测试的结果

测验	受测对象														
	1	2	3	4	5	6	7	8	9	10	11	12	13	14	15
X_1	23	25	17	18	26	22	22	23	19	21	23	20	21	24	20
X_2	24	24	18	21	23	22	25	21	22	24	23	21	23	25	22

根据表3-2,可算出:

$\sum X_1X_2=7345$,$\sum X_1\sum X_2=109512$,

$\sum X_1^2=7088$,$(\sum X_1)^2=104976$,$\sum X_2^2=7664$,$(\sum X_2)^2=114244$

将上述结果带入公式3-11,即可求出该能力测验的重测信度。

$$r_{X_1X_2}=\frac{7345-\frac{109512}{15}}{\sqrt{7088-\frac{104976}{15}}\sqrt{7664-\frac{114244}{15}}}$$

$$=\frac{7345-7300.8}{\sqrt{7088-6998.4}\sqrt{7664-7616.3}}$$

$$=\frac{44.2}{9.47\times 6.91}\approx 0.68$$

(2)重测信度的使用条件

重测信度是用同一工具对同一批受测者施测两次,因此,它只能在可以保证重测

的情况下使用(戴海琦,2010;郑立新等,2000)。具体来看,这一信度估计方法需要满足以下条件:

第一,所测的心理特质必须是稳定的。有些心理特质在一定时间范围内不会发生改变,如智力或人格;有些心理特质随时间改变有较大变化,如情绪。后者通常不适合使用重测信度来考察测验的信度。因此,不是所有的测验都要报告重测信度。

第二,在两次测试之间,应排除受测对象学习和练习对测验结果的影响。学习和练习是测验的无关因素。比如智力测验后,如果受测对象反复练习与智力测验相类似的题目,就可能使受测对象在第二次测验时成绩提高,从而造成测量误差。因此,在重测前,要避免受测对象对该特质的学习和练习。值得注意的是,学习是具有广泛含义的,如智力方面,即使间隔1个月去测量儿童的智力,儿童在这1个月里,在广义上都是有学习的,即智力会提高,所以,学习因素是不能完全避免的。

第三,重测的时间间隔恰当。重测信度的时间间隔不能太短也不能太长。如果太短,受测对象仍然能记得上次回答的内容,会得出一致的回答,使得重测信度虚高。为了使受测对象在第二次测验时也能有自然的反应,就像从未做过测验一样,即间隔时间的长度应能抵消记忆对测验结果的影响,就需要重测时间间隔不能太短,一般要在1个月以上。时间间隔不能太长的原因是时间越长,时间带来的误差就越大,受测对象的学习、受测对象的状态、测试的情境这些因素都会因为时间间隔的延长而导致误差变大。

智力测验的内容容易被记住,所以时间间隔不能太短,人格测验与智力测验相比更容易被遗忘,所以间隔时间可以短一些。从年龄上来说,与成年人相比,儿童在相同的时间内学习变化快,所以儿童受测对象重测时间间隔要短才能保证误差小。一般来说,重测的时间间隔为1~6个月。

2.复本信度

复本信度(alternate-form reliability)是指两个平行测验测量同一个受测团体所得结果的一致性程度。复本信度用两个平行测验所得分数的相关系数表示,这个相关系数称为等值性系数。因此,复本信度的取值范围为0~1,数值越高,复本信度越高,表明两个平行测验的一致性程度高;反之,相关系数越低,复本信度就越低,两个测验的一致性程度越差,两个测验越不等值。

(1)复本信度的估计方法

复本信度与重测信度的计算方法相同,是通过两个平行测验所得分数的皮尔逊积差相关系数来进行估算的(张厚粲,徐建平,2009;张敏强,1992)。

$$r_{X_A X_B} = \frac{\sum X_A X_B - \frac{\sum X_A \sum X_B}{N}}{\sqrt{\sum X_A^2 - \frac{\left(\sum X_A\right)^2}{N}}\sqrt{\sum X_B^2 - \frac{\left(\sum X_B\right)^2}{N}}} \tag{3-12}$$

公式3-12中,X_A表示受测对象在平行测验A的实测分数,X_B表示受测对象在平行测验B的实测分数。

例,假设用A、B两个平行的英语测验对10名高二学生进行施测,结果如表3-3,求英语测验的复本信度。

表3-3 平行的英语测验的测试结果

测验	受测对象									
	1	2	3	4	5	6	7	8	9	10
X_A	49	28	45	46	46	43	35	42	38	41
X_B	48	29	43	46	45	45	35	41	40	43

根据表3-3,可算出:

$\sum X_A X_B$=17450,$\sum X_A \sum X_B$=171395,

$\sum X_A^2$=17405,$(\sum X_A)^2$=170569,$\sum X_B^2$=17515,$(\sum X_B)^2$=172225

将上述结果带入公式3-12,即可求出英语测验的复本信度:

$$r_{AB} = \frac{17450 - \frac{171395}{10}}{\sqrt{17405 - \frac{170569}{10}}\sqrt{17515 - \frac{172225}{10}}} = \frac{310.5}{18.66 \times 17.10} \approx 0.97$$

(2)复本信度的使用

第一,测验行为样本的范围和代表性问题。每一种心理特质可以有很多外在的行为表现,从总体中抽取行为样本时,抽取的每一个行为样本组都可以组成一个完整的测验,也就可以得到很多个平行测验。因此,复本信度考察的是不同样本组组成的平行测验之间内容的一致性程度。然而,测验编制的实际过程中很难找到完全等值的复本,这也使得复本信度的实际应用相对较少。

第二,测验复本一定要等值。严格地说,真正平行的测验就是等值测验。要做到等值,需要题目(行为样本)的来源范围相同,数量、形式、反应方式、难度、区分度、标准差等都相同,而完全满足上述条件是难以做到的。同时,这里也存在一个矛盾,如果两个平行测验相似度太高,又会影响到测验的适用范围,降低其效度。如学科成就测验中,如果两套题的题目太相似,就减少了其行为样本的考察范围,损失了其使用价值。

第三,测验复本的施测。根据施测时间节点,复本的施测方式可分为同时施测和继时施测。同时施测是一次性相继完成两个平行测验,这种方法适合于测验长度不太长,受测对象有足够精力一次完成两个测验的情况。继时施测是指先完成一个测验,间隔一段时间后再完成另一个平行测验。这种方法适合于测验长度较长,受测对象没有足够精力来完成第二个测验的情况。同时施测的误差主要来源于两个平行测验内容上的差异,但继时施测的误差不仅来源于两个平行测验内容上的差异,也来源于时间上的差异。换句话说,继时施测的复本信度相当于狭义的复本信度加上重测信度。

(3)复本信度的顺序效应

进行复本信度的估计,不论是同时施测还是前后施测,都应该消除测量顺序的影响。在进行复本信度的施测时,可随机选出一半受测对象先做A卷再做B卷,而另一半受测对象先做B卷再做A卷。

3.分半信度

分半信度(split-half reliability)是指将一个测验分成相等的两个半测验,受测对象团体在这两个半测验中所得分数的一致性。分半信度考察的是一个测验内部题目之间内容的一致性程度,分半信度值越高,代表题目之间内容一致性程度越高,反之,测验题目内容的一致性程度就比较低。

(1)分半信度的估计和校正

分半信度的估计需要将测验分成相等的两个半测验,然后求这两个半测验的相关系数。值得注意的是,这时得到的是"半个测验"的信度值,而不是整个测验的信度值(戴海琦,2010)。需要使用斯皮尔曼-布朗公式加以校正,校正公式为:

$$r_{xx} = \frac{2r_{hh}}{1 + r_{hh}} \tag{3-13}$$

其中,r_{hh}表示两个"半测验"得分的相关系数。从公式3-13可以看到,修正后的信度值高于修正前的信度值。由此,我们可以看到,测验越长,信度值会越高。

例,把一个0/1计分的测验按题号的奇偶分成两个半测验,现已经求得两半测验的相关系数为0.72,求这个测验的分半信度。

根据公式3-13可求得:

$$r_{xx} = \frac{2 \times 0.72}{1 + 0.72} \approx 0.84$$

(2)分半信度的使用

一个测验被分为两个半测验,有很多种分半方法,每种方法计算所得到的信度系数大小是不一样的。我们应尽可能分成相等的两个半测验,在题目数、题目形式、难度等方面进行匹配。考虑到受测对象在测试时的状态,在分半时最好不要分成前后两个半测验。

如果测验能够分成两个对等的半个测验,利用皮尔逊积差相关公式和斯皮尔曼——布朗公式计算所得分半信度的误差就会较小;反之误差就会较大。此时,可以采用另外的公式来估算分半信度。

弗拉南根公式:

$$r_{xx} = 2\left(1 - \frac{S_a^2 + S_b^2}{S_x^2}\right) \quad (3\text{-}14)$$

公式3-14中,S_a^2和S_b^2分别表示受测对象团体在两个半测验上得分的方差,S_x^2表示受测对象团体在整个测验上总分的方差。

卢伦公式:

$$r_{xx} = 1 - \frac{S_d^2}{S_x^2} \quad (3\text{-}15)$$

公式3-15中,S_d^2表示受测对象团体在两个半测验上得分之差的方差,S_x^2表示受测对象团体在整个测验上总分的方差。

4. 同质性信度

同质性信度(homogeneity reliability)也称为内部一致性,是指测验中所有题目之间的一致性程度。这里的一致,既指题目形式、难度等外在的、可量化的指标的一致性,也指内容本质的一致性程度。内部一致性程度高,表示整个测验只测量了一种心理特质的可能性更大(戴海琦等,2011;温忠麟,叶宝娟,2011)。

(1)同质性信度的估计

分半信度可以算作是同质性信度的一种,由于分半的方法不同,估算出来的信度值的大小也不相同。因此,分半信度只是同质性信度的粗略估算。

同质性信度最常用的指标是克龙巴赫α系数,公式表示为:

$$\alpha = \left(\frac{K}{K-1}\right)\left(\frac{S_x^2 - \sum S_i^2}{S_x^2}\right) \quad (3\text{-}16)$$

在上述公式中,K为测验的题目数,S_i^2为所有受测对象第i题的方差,S_x^2为所有受测对象总分的方差。

例,已知某态度量表有6道题,受测对象在各题上的得分方差和总分方差见表3-4,求该测验的同质性信度。

表3-4 某态度量表施测结果

题号	1	2	3	4	5	6	总分
S^2	0.78	0.80	0.79	0.81	0.83	0.82	15.8

将数据带入公式3-16即可求出同质性信度为：

$$\alpha=\left(\frac{6}{6-1}\right)\left(\frac{15.8-(0.78+0.80+0.79+0.81+0.83+0.82)}{15.8}\right)\approx 0.83$$

(2)同质性信度的使用

克龙巴赫α系数适合于所有的测验，任何测验都能计算出这个系数值，所以它是所有测验都可以报告的一个质量指标。克龙巴赫α系数的值越高，表示测验内部的一致性程度越高，即测验所测的是单一心理特质；相反，如果克龙巴赫α系数的值低，表示测验内容的一致性程度低，测验所测可能不是单一的心理特质。

5.评分者信度

评分者信度(scorer reliability)是指多个评分者在给同一个受测对象团体评分时的一致性程度。当测验时，一些或全部题目需要评分者通过主观判断给出分数时，为保证测验的公平性，需要先对评分者进行评价一致性的评估(田清源，2006；郑日昌，2013)。

(1)评分者信度的估计方法

在只有两位评分者的情况下，可以采用两种办法估算评分者信度：如果采用连续变量的评分，就用皮尔逊积差相关公式估算，以两位评分者给受测对象团体的分数的相关系数表示；如果采用等级评分，就用斯皮尔曼等级相关公式，以两位评分者给受测对象团体的等级的相关系数来表示，斯皮尔曼等级相关公式表示为：

$$r_R=1-\frac{6\sum D^2}{N\left(N^2-1\right)} \tag{3-17}$$

公式3-17中，D表示两个评分者给每个受测对象的等级之差，N表示样本的容量。

例，两个老师对6名学生进行口语测试，其结果如下表3-5，求这两位老师的评分者信度。

表3-5 两位老师给6名学生口语测试的成绩

老师	学生1		学生2		学生3		学生4		学生5		学生6	
	分数	等级	分数	等级	分数	等级	分数	等级	分数	等级	分数	等级
X_A	15	4	12	6	17	2	18	1	16	3	14	5
X_B	14	5	13	6	15	4	17	2	18	1	16	3

方法一，把上表中两位老师所给学生的分数带入公式3-12，可求出两位老师评分者信度为0.64。

方法二，把上表中两位老师所给学生的等级带入公式3-17，可求出两位老师评分者信度为：

$$r_{AB} = 1 - \frac{6 \times 14}{6 \times (36 - 1)} \approx 0.70$$

两种方法计算的结果接近,但使用连续变量数据能更全面地反映受测对象测试结果,故这种方法计算的信度值比转换为等级数据更为准确。

如果评分者人数为3个或3个以上,此时就采用肯德尔和谐系数来估算评分者之间的一致性程度,公式表示如下:

$$W = \frac{12\left(\sum R_i^2 - \frac{\left(\sum R_i\right)^2}{N}\right)}{K^2\left(N^3 - N\right)} \tag{3-18}$$

公式3-18中,K表示评分者人数,N表示受测对象人数,R_i表示所有评分者给每个受测对象的等级之和(张厚粲, 徐建平,2009;张敏强,1992)。

例,三位老师给5篇作文评等级,结果如表3-6,求这三位老师的评分者信度。

表3-6 三位老师给5篇作文的评级结果

老师	作文				
	1	2	3	4	5
A	5	2	1	4	3
B	5	1	2	3	4
C	4	2	1	3	5

根据表3-6可求得:

$$\sum R_i^2=481,(\sum R_i)^2=2025$$

将上述结果带入公式3-18,即可求得评分者信度为:

$$W = \frac{12 \times (481 - \frac{2025}{5})}{3^2 \times (5^3 - 5)} \approx 0.84$$

(2)评分者信度的使用

当测验结果需要靠评分者进行主观判断时,例如,高考的语文作文阅卷,就需要报告评分者信度。在心理测量中,有些心理特质的考察不能用客观性题目来实现,需要加入主观评分的测题,从而更全面地反映心理特征的实际水平。

一般而言,评分者信度越高,表示多个评分者有较好的一致性,评价的结果较为客观;如果评分者信度值低,就表示多个评分者中至少有两位的一致性程度低,评价的结果受评价者主观因素影响较大。

三、信度系数的应用

（一）测验信度反映了随机误差的大小

测验信度反映的是测量的稳定性、一致性和结果的可重复性。多次测量之所以结果不完全一致，其原因是有误差，信度反映出了多次测量过程中随机误差的大小。对于重测信度来说，信度高低代表不同测验时间引起的误差大小；对于复本信度来说，信度高低代表所抽取行为样本之间的一致性程度；对同质性信度来说，信度高低代表测验只测量一种心理特质的可靠程度；对评分者信度来说，信度高低代表测验的评分标准的客观化程度。

（二）测验信度可解释个体测验分数的意义

在经典测验理论中，利用多次测量的误差分布的标准差来代表在多次测量中每次测量的随机误差的大小。即：

$$SE = S_x\sqrt{1 - r_{xx}} \tag{3-19}$$

公式3-19中，SE为标准误，S_x表示实测分数的标准差，r_{xx}表示测验的信度。

利用上述式，我们可以估计真分数的变动范围，解释个体测验分数的意义。这个范围可用置信区间来表示。置信区间（confidence interval）是指由样本统计量所构成的总体参数的估计区间，置信区间展现的是这个参数的真实值在一定概率上落在测量结果周围的程度。这个概率称为置信水平，一般为95%或99%。以99%置信水平为例，一个真分数S_T有99%可能性落在S_x±2.56SE，即为

$$S_x - 2.56SE < S_T < S_x + 2.56SE \tag{3-20}$$

值得注意的是，真分数可能的值不是一个点，而是一个以实得分数为圆心、以若干倍标准误差为半径的圆所截得的一个取值范围。标准误越大，这个圆就越大，真分数变化的范围就越大，要想真分数更明确，圆的直径就要小，就需要标准误小，也就是提高信度。依据公式3-20，可以求得测验实得分数S_x的置信区间，亦即推知其真分数的分布范围。

（三）信度系数与统计检验力的关系

统计检验力是虚无假设为假时（确实存在着差异）正确拒绝的概率，即真的有差异而能把它检验出来的能力。样本量会影响检验力，样本量越大，检验力越大。信度大小也影响统计检验力，信度系数高的测验其统计检验力大。

复习巩固

1. 简述常用的信度估计方法及其适用条件。
2. 在心理测量中,测量信度的作用有哪些?

拓展阅读

高考作文阅卷的信度

一年一度的高考是中国人社会生活中的一件大事,全国每年有数百万考生参加高考,它不仅牵动着中国千万学子和家庭的心,也吸引了社会各方的关注。高考是中国最严格的考试,也是最公平的选拔考试,是维持社会长久发展和维护社会稳定的重要手段(韩家勋,2009)。

高考阅卷是体现高考公平性的重要环节,高考作文阅卷由于其特殊性,也成为阅卷环节最受瞩目的一环。与其他客观性试题不同的是,语文作文无法以正确、错误进行客观评判,而只能以一定标准由阅卷老师进行主观评判,评分标准的客观性、可操作性会影响到评分结果,同时阅卷老师掌握评分标准的宽严程度以及对作文的偏好也会影响到评分结果。因此,评分者信度成为高考作文阅卷中需要重点解决的问题(赵子厚,2005)。

在高考作文阅卷中,除了力求评分标准客观、具有可操作性外,在阅卷之前,参加评阅的老师必须熟悉阅卷的评分标准(陈志国,芮南,2009)。一般由两名老师对同一份作文进行批阅,如果两位老师对同一份作文所给分数之差超过一定分值,这份作文就会被交给专家组审阅。如果一组/对老师的评分偏低或偏高,专家组会对这组/对老师的作文重审,确保其掌握的评分标准是合格的。每天,阅卷老师还要对两篇样卷进行评分,并将其评分与专家评分对照,如果分数误差超过规定值,就要进行校正。换句话说,作文阅卷中是严格坚持“一把尺子量到底”的!

从高考作文阅卷的程序可见,评分标准、评分者都是影响测量误差的因素。测题评分标准的主观性程度,评分标准的可掌握程度,评分者使用标准的稳定性、使用标准的等距性,以及评分者之间的使用标准的差异等,都可能会影响到测量的信度。

第三节　影响信度的因素

在心理测验的编制、受测对象的选择、测验的实施以及评分的过程中，总有一些因素会影响到测验结果的稳定性、一致性和可重复性（戴海琦，2010；2011；Anastasi & Urbina，2011；Gregory，2007）。本节内容围绕会有哪些因素影响信度，是如何影响的，又该如何控制等问题进行阐述。

一、信度的影响因素

（一）测量工具的因素

1.测验长度

测验的长度是指测验的题目数量。一般而言，测验的题项数量越多，测验信度会越高；加大受测对象之间的差异，也越能稳定地反映出受测对象之间的差异。举例说明，用5道题来测查受测对象和用100题来测查受测对象；前者的受测对象实测分数从0至5分不等，而后者从0至100分不等，显然后者能把受测对象之间的差异放大，也更能稳定地反映出受测对象之间的差异。具体来看，测量长度与信度之间的关系，可以用斯皮尔曼-布朗通式来表示，其公式如下：

$$r_{nn} = \frac{nr_{xx}}{1 + (n - 1)r_{xx}} \tag{3-21}$$

其中，n 为测验改变后的长度与原测验长度的比值，r_{nn} 为现测验信度，r_{xx} 为原测验信度。

表3-7　测题数与信度的关系

测题数	10	20	30	60	120	240	480
与原测题数之比	1	2	3	6	12	24	48
信度值	0.3	0.462	0.562	0.72	0.837	0.911	0.954

从表3-7可知，当测题数加大时，信度也会升高。但信度与测题数之间并不是线性关系，开始时信度随题目增加而增高较快，题目多了后，信度增高得越来越慢。值得注意的是，增加的题目应该与原题目同质，即反映的是同一种心理特质，题目表述方式、受测对象的作答方式也应一致或相似，否则，信度不会增加，甚至可能降低（张厚粲，龚耀先，2012；郑日昌，2013）。

2.测题的同质性

测验的题目要求所测的是同一种心理特质,题目的反应方式一致,能提高同质性信度。这是因为当所测为同一种特质时,受测对象分数之间的差异,只由所测特质这一种因素决定,所以能提高测量的稳定性、一致性和可重复性。

3.测题的代表性

心理特质需通过外显行为间接测量。一种心理特质可以表现为很多外显行为;同时,不同的心理特质,也可能会有相同或相似的行为表现。在编制心理测验时,行为样本具有代表性可以保证测验所测的是一种心理特质,从而保证获得高信度。

4.测题的难度

若题目太难,可能多数人都得低分,出现“地板效应”;若题目太容易,可能多数人都得高分,出现“天花板效应”。这类效应会使受测对象之间的分数的差别减小,会导致结果的不稳定,从而降低信度。

5.计分方式的客观性

计分方式的客观性,是指反应方式明确、无歧义,计分尽可能不受人为因素的影响。否则,就会出现结果不一致的情况,从而降低信度。

6.测题表述的清晰性

测题的文字表述要清楚明白,一道题只能测试一种行为,不要使用模糊的词语,否则受测对象在理解上会有出入,从而加大随机误差,降低信度。

(二)受测对象的因素

1. 受测对象的样本大小

心理测验用同一个测验对一个受测对象团体测量一次,来代替同一个受测对象被同一个测验测量多次。前者受测对象的样本量大,就相当于后者测量的次数多,测量结果就越接近真分数,标准误就越小,测量的结果就越稳定,信度就越高。

2.受测对象的异质性

受测对象的异质性是指受测对象之间在所测特质间差别程度,差别大为异质,差别小为同质(戴海琦,2010;张厚粲, 龚耀先,2012;郑日昌,2013)。在选取受测对象时,我们一般都难以确定受测对象之间是同质还是异质。为了获得异质的受测对象,可在总体范围内随机抽取受测对象,使每个总体内的亚团体都能被抽到。亚团体与亚团体之间就比同一个亚团体内部有更高的异质性。例如，如果以同一所大学在校学生为总体，同样是50个人组成的受测对象团体，不同年级或者不同学院的大学生组成的受测对象团体就比同一个班级的同学组成的受测对象团体异质性更高。

之所以要求受测对象异质性高，其原因是受测对象异质性高的团体测验结果的得分即实测分数会相差更大，即受测对象团体分数分布的范围更广。可以用克莱公式来量化表达这一情况：

$$r_{nn} = 1 - \frac{S_0^2(1 - r_{00})}{S_n^2} \tag{3-22}$$

公式3-22中，r_{nn}是用于异质程度不同的团体的信度，r_{00}是用于原团体的信度，S_0^2是信度系数已知的分数分布的方差，S_n^2是信度系数未知的分数分布的方差。如果将上式变形，可以得到下面这个式子：

$$\frac{S_n^2}{S_0^2} = \frac{1 - r_{00}}{1 - r_{nn}} \tag{3-23}$$

从公式3-23中可以推算，当左边方差之比大于1时，就有$r_{nn}>r_{00}$；方差越大，即受测对象团体的得分越分散，受测对象越异质，信度值越高。由此可见，分数分布范围越广，信度越高。

3.受测对象的代表性

心理测验需要对有代表性的受测对象进行测量。如果受测对象的代表性不好，是总体中一个特例，测量就会变得不可靠。这种不可靠体现在对一些群体测量的精度高于另一些群体，还体现在对一些受测对象没有完全涵盖的行为样本。如果抽取1、2、3、4四个样本来做同一个测验，其中1、2号样本用整群抽样或方便抽样，3、4号样本用完全随机抽样，然后统计测量结果会发现，由1、2号样本的数据分别计算出来的测验质量指标如信度、效度、区分度会差别较大，而由3、4号样本的数据分别得到的质量指标之间差别会较小，这种差异大小不同就是由受测对象的代表性造成的。

4.受测对象的心理状态

受测对象的状态会给测验带来随机误差。受测对象不信任、不合作、不认真，或者受测对象生病、紧张、焦虑、担心结果对自己不利，甚至受测对象太合作、装坏或装好，都会对结果产生不确定的影响，从而降低测验的信度。因此，施测准备和过程中，主试与受测者建立良好的施测关系，帮助他们以自然和轻松的状态作答更有利于降低测量误差，提高测验的信度。

5.受测对象的文化背景

受测对象的文化背景包含两个方面，一是文化程度，受测对象不能正确理解题目所表述的行为,会影响到测量的结果;二是区域文化,测验题目中所提到的行为在受测对象的区域文化中是如何被理解的,这也会影响到测验结果。如撒谎的外在行为表现,在西方文化中,目光回避被认为是撒谎的行为表现;但在东方文化中,这种行为则是害羞或者不自信的表现。由此可见,文化差异会影响受测对象对测验的反应,从而影响测验结果。

(三)施测程序的影响

1. 测试者与评分者

测试者是否受过本次测验施测的专门培训,是否认真负责,使用的指导语在每次测量时是否一致,都可能会导致测量结果的不同;同样,如果有几位测试者或评分者,他们在施测时和评分时的一致性程度同样会影响到测验结果的稳定性。

2. 施测环境

在正式的环境中测试,受测对象不受外界因素的干扰,能够安心、认真地作答,测试的结果较为稳定。但如果让受测对象把测验拿回家、拿回寝室自行完成,由于很多不可预测的因素存在,如噪音、商量、作答中断等,会使测量结果受到较大的干扰。所以,在一个标准化的环境中做测验,能提高测验的信度。

3. 施测时间的安排

在测试过程中,要留给受测对象足够的测试时间,否则受测对象匆忙作答,可能会导致结果的不稳定;当然测试时间也不能安排得太长,否则,受测对象会去推敲每一个题目,也会产生新的干扰,得不到准确的结果。另外,不同测验其时间的要求也不相同,人格测验需安排足够的时间,而智力测验、速度测验都有自己严格的时限。

二、提高信度的方法

(一)保障编制测验的质量

1. 测验的题目有代表性

要保障测验的质量,就要从编制测验开始。要明确测量的是单一特质,就需要对特质进行操作性界定,这实际上是在给出特质的本质内涵以及所涵盖行为样本的范围,为后续选择题目给定范围和框架。接下来根据特质的结构编制双向细目表,给出各种行为的权重比例，确定各种行为的题目数，以提高题目的代表性。

2. 测验长度合适

测验既不能太短也不能太长，如果测验太短，信度可能会降低。增加测验的长度有利于提高信度，但测验题目也不能太多，否则受测对象会疲劳厌烦，导致答题的随意性增加，反而降低信度。

3. 测验符合受测者的特点

测验题目和选项以及反应方式，都应该适合受测对象的受教育水平、年龄、区域文化等，保证受测对象的理解无误。

4. 测验题目难易适中

对于某些心理测验来说，测验题目应难易适中，这样才能使测验分数分布的范围较大，充分反映受测对象之间的差异，从而提高信度。

（二）保障受测对象的代表性

第一，抽取方法科学。受测对象的代表性对测验质量的主要指标都有影响。要保证受测对象的代表性，关键在于抽取受测对象的方法要科学。完全随机抽样是最科学的，其次是间隔抽样、分层抽样，误差最大的是整群抽样和方便抽样。在时间经费允许的情况下，要尽可能保证抽样的随机性（戴海琦，2010）。

第二，样本大小适中。样本量的大小也会影响信度，样本大，测量的误差会减小，信度值就会提高，所以增大样本有助于提高信度。值得注意的是，样本的大小与信度值的增加没有线性关系。在样本较小时，如果增加的新样本在总体中不具有代表性，信度值反而会下降。

（三）保障测试者的专业化

为保证测量的科学性，施测时应该使用统一的指导语。如果是多位测试者，那么所有的测试者都应该经过这个测试的培训，熟悉指导语、熟悉测试的程序，了解测试过程中可能出现的意外情况并事先制定应对预案。如果测试有主观性试题，评分者也应该进行培训，以保证评分的一致性。

（四）保障施测过程的科学化

安静安全的环境。在测试过程中，受测对象应该处在安静安全的环境中，保证不被打扰，专心完成测试。提供适合的测试环境是测试安排的重要环节。

足够的时间。除了智力测验、速度测验,其他测验都应该给受测对象足够的答题时间,保证受测对象能完成所有的问题,保证受测对象不会匆忙作答。确定合适的测试时间,可以通过预测试来获得。

受测对象认真合作的态度。受测对象作答时应该专心、认真。测试前,测试者应告知受测对象测验的有关情况,征得受测对象的同意,打消受测对象的顾虑,取得受测对象的合作,使受测对象能认真地完成测试。

复习巩固

1. 受测对象样本的抽取对信度有何影响?

2. 简述提高测验信度的方法。

第四节　信度的特殊问题

前面第二节所述信度的估计方法适合于常模参照测验。一些心理测验不是常模参照测验,如速度测验和标准参照测验,考察它们的信度需要用不同的方法。

一、速度测验的信度

速度测验(speed test)是一类考察受测对象在规定时限内完成题目数量的测验。速度测验的测题难度低,受测对象所做的每一道题基本都能正确回答,但题目量很大,所有受测对象在时限内都不能完成全部题目,受测对象的实测分数与受测对象回答的题目数量直接相关。在速度测验中,用奇偶分半法来考察测验的信度就不准确,这会使信度被高估,原因是测题的难度低,二半测验的分数很接近,从而夸大了测验的信度。

使用分半的方式估计速度测验信度有两种做法。方法一,可以将测验按时间分为两半,相当于两个一半时限的平行测验,奇数题为一个半测验,用规定一半的时间来完成,计奇数卷成绩;偶数题为另一个半测验,也用规定的一半时间来完成,计偶数卷的成绩,然后按前述的分半信度公式来估计信度,当然受测对象的实测分数是奇数卷成绩和偶数卷成绩之和。方法二,把测验按时间分为四份,分别在四个时间节点上提示受测对象把刚才完成的题目做标记,然后把第一和第四个1/4时间段完成的题目合并为一个半测验,计半个测验成绩,把第二和第三个1/4时间段完成的题目合并为另一个半测验,再计另半个测验的成绩,然后按前述的分半信度公式来估计信度。

二、标准参照测验的信度

标准参照测验(criterion referenced test)的目的是考查所有的受测对象有没有达到某个既定的标准,它不关心受测对象之间的差异,只关心受测对象能否通过这个测验(陈希镇,1996;戴海琦等,2011;赵必华,2002)。大学生的英语能力考试(四、六级考试)、驾驶证资格考试都属于这种类型的测验。与常模参照测验不同的是,标准参照测验并不关心抽取的受测对象样本是同质的还是异质的,受测对象样本量的大小如何。与常模参照测验相似的是,标准参照测验也同样要求具备低测量误差、高测量可靠性、一致性和稳定性。

能稳定区分掌握者和未掌握者是标准参照测验高信度的体现,一致百分比是标准参照测验的信度指标之一。具体估算方法是:对受测对象同时施测两个平行测验复本A和复本B,为抵消顺序效应,一半受测对象先测A卷后测B卷,另一半受测对象先测B卷后测A卷,A、B卷的结果能够区分掌握者和未掌握者,但两卷的结果肯定不会完全一致,两者的一致性程度用一致百分比PA来表示,PA就是对测验信度的估计值。其公式如下:

$$PA = \frac{两次均通过的人数}{总人数} + \frac{两次均未通过的人数}{总人数} \tag{3-24}$$

在公式3-24中,PA等于两次均掌握的人数比与两次均未掌握的人数比之和。

假设用两个平行的标准参照测验对一批50人的受测对象进行了施测,受测对象在两个量表的通过情况如表3-8。

表3-8 两个平行测验对50人施测的结果

		复本A		
		通过	未通过	合计
复本B	通过	31	3	34
	未通过	6	10	16
	合计	37	13	50

把表3-8数据代入公式3-24,可得:

$$PA = \frac{31}{50} + \frac{10}{50} = 0.62 + 0.2 = 0.82$$

结果表明,复本A与复本B能一致地区分82%的受测对象,即测验的信度估计值。

尽管意义明确、计算简单,一致百分比作为信度指标仍然显得有些粗糙。它无法考查时间上的稳定性、评分标准的客观性,这使得其应用价值受到了限制。

测验结果分类越多,测验(或评分者)结果一致的可能性就越低。κ系数(Kappa Coefficient)将一致百分比没有考虑的分类难度受概率影响这一因素考虑在内,在衡量信度时比一致百分比更合理,其公式为:

$$\kappa = \frac{P - P_c}{1 - P_c} \tag{3-25}$$

在公式3-25中,P为一致的百分比,P_c为测验(或评分者)结果做出相同归类的可能性。κ系数越接近于1表示评分的一致性越好,在研究中达到0.6就可以接受。

随着国内各种资格考试的蓬勃发展,对测验质量的要求越来越高,标准参照测验的质量指标包括信度指标的开发会越来越具应用价值,其发展前景广阔。

复习巩固

标准参照测验与常模参照测验的信度估算有何不同?

拓展阅读

主观评分中的信度问题

在高考、公务员考试以及企事业单位各种招聘考试中,一些部分采用了主观评分的方法。主观评分依赖于评分者的主观印象,容易受到评分者知识水平、综合能力、偏好、情绪、疲劳等主观因素的影响,造成评分结果的差异,这就是评分者效应。为了消除评分者效应,提高主观评分的信度,人们引入了许多方法。目前,有研究者采用现代测量学理论——项目反应理论来消除评分者效应,这是一种基于统计框架的方法,这一模型被称为多面Rasch模型(many-faceted Rasch model)。

项目反应理论认为:受测对象的能力是受测对象的潜在特质,与受测对象参加的考试以及具体的项目无关。Rasch模型是项目反应理论的单参数模型,只考虑难度参数。如果进行0/1评分,受测对象在某个项目上获得分数的概率可以用公式表示为:

$$P_{ni} = \frac{e(B_n - D_i)}{1 + e(B_n - D_i)} \tag{3-26}$$

在公式3-26中,n为考生人数,i为项目数,P_{ni}为考生n在项目i上获得分数的概率,B_n为考生n的能力值,D_i为项目i的难度;

对公式3-26进行数学转换后可得公式3-27

$$\log \frac{P_{ni}}{1-P_{ni}} = B_n - D_i \tag{3-27}$$

使用上述公式能同时估算项目的难度和受测对象的能力值。

如果考试中有多个任务，每一个任务又由若干项目组成，而同时，再考虑不同评分者具有不同的评分标准，上述模型又可以扩展为：

$$\log \frac{P_{nmijk}}{P_{nmij(k-1)}} = B_n - A_m - D_i - C_j - F_{mik} \tag{3-28}$$

这就是多面Rasch模型。式中m为任务数，j为评分者的人数，A_m为任务m的难度，C_j为第j个评分者的严厉度，F_{mik}为对于任务m项目i，评分等级k相对于等级$k-1$的难度，P_{nmijk}为受测对象n在任务m项目i由评分者j评定为k的概率，$P_{nmij(k-1)}$为受测对象n在任务m项目i由评分者j评定为k的概率。

使用这个模型，受测对象能力值、任务难度、项目难度和评分者严厉度能够同时得到估算。基于多面Rasch模型开发的统计工具FSCEIS，可以同时估算各个面的测量值，还可以估算这些测量值的标准误和符合度统计参数。测量值中，各面之间的相互作用已经分离，受测对象的能力值不受其他面的影响。通过符合度统计参数，可以发现异常的原始分数，也可以发现其他各个面上的异质点。比较各面的测量值，深入分析异常原始分数和异质点的原因，可以对于主观评分有一个更加深入的、准确的把握。

因为多面Rasch模型在估算各个面上的测量值时，已经将各个面之间的相互作用进行了区分和隔离，所以，应用这个框架可以提高测量的区分信度。目前，多面Rasch模型在主观考试分数等值、评分者效应识别、试题评审质量控制以及考试公平性研究等领域得到了一些应用。更多有关项目反应理论的内容，参见第十三章第二节。

（转自田清源，2006）

本章要点小结

1. 经典测量理论是以真分数为核心假设的测量理论，该理论假设无数次测量的平均值等于真分数，所有测量误差都是随机的且服从正态分布，误差分数与真分数之间相互独立，各平行测验间的误差也是相互独立的。实测分数由真分数与测量误差共同决定。

2. 测量误差可分为系统误差和随机误差。系统误差是指由与测量目的无关的因素引起的恒定、系统、有规律的误差。随机误差是指由与测量目的无关的偶然因素引起的无系统和规律的误差。随机误差符合统计规律，多次测量可抵消其对测量结果的影响。

3.经典测量理论简单、易懂,适用性强,但也存在一定的局限性。经典测量理论的假设不完全符合心理测量的实际情况,各种参数的估计值受到样本的影响,各种参数指标也没有建立在同一个比较框架下的,无法为已知能力水平的受测对象选择具有合适参数指标的对应测验。

4.信度是测量可靠性程度的指标。信度可分为重测信度、复本信度、分半信度、同质性信度和评分者信度。重测信度考察测验在时间上的稳定性,复本信度考察平行测验内容的等值性,分半信度考察两个一半测验在内容上的一致程度,代表同质性信度的α系数考察测题之间内容的一致性,评分者信度考察评分标准的客观性和评分者之间的一致性。

5.测验越长,测题数目越多,测题的同质性越高,反应方式越一致,测题反映的行为样本越有代表性,测题的难度适中,评分标准越客观,受测对象量越大,受测对象团体越异质,信度就越高。

6.未经培训的测试者、施测过程中受测对象被打扰以及施测程序、时间不合理等因素,都会降低测验的信度。

7.速度测验、标准参照测验不同于常模参照测验,有其特殊的信度估算方法。

关键术语表

1.真分数

2.信度

3.测量的标准误

4.重测信度

5.复本信度

6.α系数

7.评分者信度

本章复习题

1.信度反映测量的(　　)。

A.准确性　　B.可控性　　C.稳定性　　D.调节性

2.下面对经典测量理论中真分数表述正确的是(　　)。

A.无数次测量结果的平均值等于真分数

B.真分数里不包含误差

C.真分数与实测分数成正比

D.真分数可以直接测量

3.用于考察时间上的测量误差的是(　　)。

A.复本信度　　B.重测信度　　C.同质信度　　D.评分者信度

4.用于考察相同性质的不同测验之间误差的是(　　)。

A.复本信度　　B.重测信度　　C.同质信度　　D.评分者信度

5.用于考察同一测验内容的一致性误差的是(　　)。

A.复本信度　　B.重测信度　　C.同质信度　　D.评分者信度

6.最容易受到评分标准客观性程度影响的是(　　)。

A.复本信度　　B.重测信度　　C.同质信度　　D.评分者信度

7.同一测验用于测量不同群体,同质性群体与异质性群体测得的信度值相比(　　)。

A.一样的　　B.更高　　C.更低　　D.无规律变化

8.下面关于行为样本的描述错误的是(　　)。

A.行为样本应该具有代表性

B.一个心理测验应包含其所有的行为样本

C.行为样本应是同一特质的行为样本

D.心理测验实质上测的是行为样本组

9.如果用奇偶分半法来估算速度测验的信度,会使速度测验的信度(　　)。

A.得到同样的结果　　B.被低估

C.被高估　　D.无规律变化

10.下列会降低测验信度的因素是(　　)。

A.受测对象团体的测验分数较为集中

B.增加一定数量的测题

C.选择异质的受测对象团体

D.采用随机抽样的方式组成受测对象团体

第四章 效度

当参加或完成某个智力测验的时候，大多数人会理所当然地根据测验结果判断自己的智力水平，可能是聪明绝顶，抑或是略微偏低。如此这般，无论结果如何，你可能已经接受了这样的假定：这个测验说它测的是智力，所测的就是智力。然而，我们最好不要有这样的假定，并且记住，一个测量的标题只能提供很少的信息。同样是“智力测验”，但编制方法、理论基础和使用目的等方面存在的差异，可能使得它们测量的题目和内容是不同的。一个名为“智力测验”的测验可能测量的是广泛意义的能力，也可能是相对较窄的言语智力，抑或者是某个特定文化下的一般智力。因此，在编制和使用测验时，除了通过信度考察一致性之外，还必须通过一定方法检验它多大程度测到了所要测量的东西。

第一节　效度概述

什么是效度？这是测验编制者和使用者必须明确的问题。只有把握了效度的性质和内涵,才能更好地选择效度指标。

一、效度的概念

信度是对测验一致性程度的估计,也就是一组测验分数中真分数变异占实测分数变异的百分比,在实际测量中,除了随机误差之外,测量的观测分数不可避免会受到系统误差的影响,它不会干扰测量的稳定性,但会影响测量的准确性,使得对真分数的估计并不能代表对真正心理特征的估计(孙晓敏,张厚粲,2004;Lord & Novick,1992)。因此,测量结果的一致性并不意味着该测验就测到了它所要测量的心理特质,这也就是效度检验要解决的基本问题。对此,可以把总变异分为三个部分,即

$$S_X^2 = S_{co}^2 + S_{sp}^2 + S_e^2 \tag{4-1}$$

在公式4-1中,S_{co}^2是测量的心理特质引起的(有效)变异;S_{sp}^2是与所测量的心理特质无关的其他因素所引起的变异,即系统误差引起的变异;S_e^2是测量随机误差引起的变异。从测量的理论意义上看,只有测验所要考察的心理特征引起的变异(S_{co}^2)才是真正要测量的东西,它在总变异中所占的比重也就是效度的大小(戴海琦,2010;2011)。

效度(validity)的理论定义是指测量总变异中由所欲测量的心理特质带来的变异所占的百分比,即

$$效度=S_{co}^2/S_X^2 \tag{4-2}$$

举例来看,在某个法律成就测验中,教师本来计划考查学生对于法律条款的记忆、理解和实际运用,但大部分测题都是考察法律条款识记的客观性题目。虽然前后两次测验的一致性会很高,但这些题项并没有较完整地考察到所欲测量的法律专业素质。因此,这个测验是稳定的,却也是低效的。假定这个测验不存在上述问题,它能测量到所要考察的心理特征,那么它对所要测量的心理特征又测到什么程度？这些问题是信度没有办法解答的,而是效度所要回答的。第一,测验测到了它所要测量的心理特征吗？第二,测验对所要测的心理特征测到什么程度？简言之,效度是指心理测验对其所要测量的心理特征测量到了什么程度的估计。

二、信度与效度的关系

从信度和效度的理论定义可以看出,二者是相互关联的,且存在一定的数量关系(刘朝杰,1997;Kaplan & Saccuzzo,2010)。

具体来看,在信度的理论定义中,假定$S_X^2 = S_T^2 + S_e^2$,当随机误差的变异减小时,真实分数的变异增加,测验信度随之提高。由图4-1可知,信度的提高只给有效变异的增加提供了可能。测验的有效变异决定着效度的高度,系统误差尽管能提高信度,但是它干扰效度。可见,信度高不一定效度高,但一个测验要想效度高,真分数变异必须占较大的比重,即测验的信度必须高。因此,信度高是效度高的必要但非充分条件。

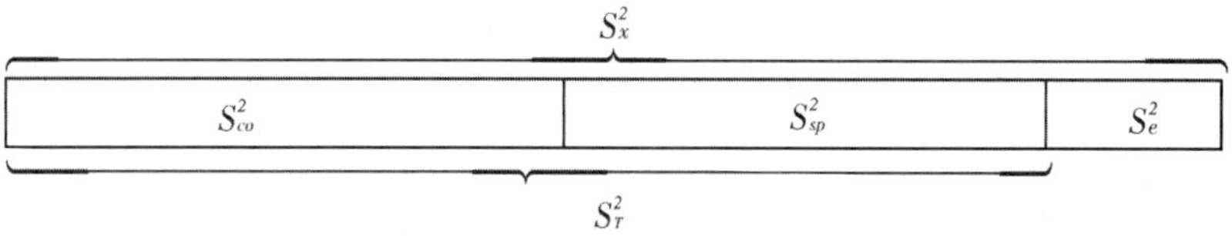

图4-1　测验分数变异的构成

在一定条件下,还可以从统计学上确定信度和效度的数量关系。当通过考察测验(X)与某个效标(Y)之间的相关来估计测验工具的效度时,效度与信度的关系就可以用数学公式来表示,即

$$r = \sqrt{r_{xx} r_{yy}} \tag{4-3}$$

在公式4-3中,r_{xx}是测验工具(X)的信度系数,r_{yy}是效标(Y)的信度系数,而r表示测验工具(X)和效标(Y)之间相关系数可能的最大值。例如,假设一个成就测验(X)的信度系数是0.85,而效标(Y)的信度为0.75,那么该测验可能的最大效度为$r = \sqrt{0.85 \times 0.75} = 0.80$。从公式4-3可知,如果测验工具和效标的信度都低,则测验的效标关联效度就会降低,从而低估该测验的真实效度。这时需要对测验的效度系数采用公式进行矫正,即

$$r_c = r_{xy} / \sqrt{r_{xx} y_{yy}} \tag{4-4}$$

在公式4-4中,r_c是指矫正后测验的真实效度系数,r_{xy}是指测验工具和效标之间的相关系数。这里考察测验真实效度(r_c)采用的是减弱矫正法,除以$\sqrt{r_{xx} y_{yy}}$是为了去除测量误差对两个变量间相关系数的影响。由于$\sqrt{r_{xx} y_{yy}}$是测验工具与效标相关系数r_{xy}的理论最大值,且$\sqrt{r_{xx} y_{yy}} \leqslant 1$,所以除以它就增大测验(X)与效标(Y)之间的相关值,从而消除测验误差对相关系数的弱化,获得该测验的真实效度(r_c)。

三、效度的性质

（一）效度是针对测量结果的

现在不少父母热衷于让孩子完成成套的儿童智力测验，以此了解孩子是否属于天才儿童。在实施测时，父母们可能会问："这个测验准确吗？"这实际上就是在问：这个测量结果能否反映孩子的智力。不难看出，一个测验是否有效是通过测量结果反映的。

（二）效度是与测量目的对应的

测验是为了特定目的而设计的，不存在能满足任何测量目的测验。以主观幸福感问卷为例，有的测验考察的是个人关系视角下的家庭和社会的幸福感，有的则是关注时间维度上（过去、现在和未来）的幸福感。因此，效度是针对某种特定用途而言的，不具有普遍性。

（三）效度只是程度不同，而不是全或无的差异

与信度相同，效度只有程度上的差别，通常不会说某个测验是"有效"或"无效"，而是用"高""中"和"低"对效度进行评价。例如，西方学者编制的自杀风险问卷对诊断西方文化背景的社会成员是否具有自杀倾向具有较好效度的，但用于其他文化背景的社会成员时就可能出现效度下降的情况（郭静，2018）。从上述属性可以看出，效度是一个相对的概念，即相对于某种特定用途，具有较高或较低的效度。

（四）效度估计方法是多样的

效度通常被定义为测验在多大程度上测量了它所要测量的东西。这个定义的缺点之一是可能会误导人们认为测验只有一种效度。实际上，一个心理测验可以有多个效度指标，这取决于该测验的使用目的、目标群体和施测条件等（况小雪等，2011）。效度指标主要有内容效度、构想效度和效标关联效度三种类型，三者在操作和逻辑上相互关联，常常一起用于综合考察某一测验的效度（APA，2003；2014）。

复习巩固

1. 简述测验信度与效度的关系。
2. 简述测验效度的性质。

第二节　内容效度

内容效度是常用的效度指标和评估方法之一。本节将根据测验的编制和使用过程,归纳内容效度的评估策略。

一、内容效度的含义

内容效度(content validity)是确认测验效度的三种传统策略之一,是指测验用的题目对整个测验内容的代表性程度(APA et al, 2003;2014;Mclntire & Miller, 2009;戴海琦,2010)。从理论上讲,一个心理测验是为了测量某一特定对象而设计的,那么,当测验中的题目是反映该心理特征全部特点时,可认为该测验具有了较好的内容效度。例如,设计一套衡量学习《社会心理学》的学业成就测验,如果测验题目包括了该课程全部章节而不仅仅是其中的一部分,该测验的内容效度就会较高。在这个例子中,整个课程的内容或知识点就是测量的总体。显而易见,测验不可能把该课程的所有内容都进行考察,只能从中选取代表性的部分知识。只有当选出来的这些内容能代表这本书的所有知识时,测验结果才会有比较高的内容效度。

二、内容效度的检验方法

内容效度分析最常用于成就测验的效度评价中,因为成就测验考察的总体范围比较明确。内容效度也可用于考察态度、兴趣和人格等方面的测量,但由于这些心理特质确定测验对象的总体较为困难。此时,可用以下两种策略来确保测验的内容效度。

(一)在编制测验中确保内容效度

在编制测验时,通过系统性的步骤确保所要测量心理特质清晰的操作性定义,从理论上明确测量项目的总体范围,准确地找到该领域里的代表性样本。这个策略所涉及的工作不会产生测验内容效度的确切数值,但可以确定测题是心理特质的典型代表。该策略包括以下三个主要步骤。

第一步,明确界定测量的总体。这可以通过界定一个清晰的操作性定义实现,它可以使测验编制者明确测验所要测量的心理特质的属性或特征,明确测验内容的总体是什么,范围在哪里。这一步可以使用的策略包括:查阅其他测量同一心理特质的测量工具;访谈熟悉这一特质的目标群体或专家;采用开放式调查等实证方法了解该特质的典型表现;论证与建构该特质的理论结构。这些策略在设计测验时会整合起来使用,目的是更好地确保测验编制者能更清楚地理解并界定所要测量的心理特征。例如,设计测量自信的测验时,在编写自信测量的题目之前,应清晰地理解什么是自信,典型高、低自信者的行为表现是什么。具体而言,首先得查阅不同领域中自信的理论和实证研究,特别是已有测量自信的工具,并对目标群体和专家进行访谈或开放式调查。通过上述过程,测验编制者可以提出自己关于自信的操作性定义,进而明确测量总体的范围及其典型代表。

第二步,制定清晰的编题计划。在界定了心理特征的操作性定义或测量总体之后,测验编制者还需制定一个包括测验内容细节的编题计划。编题计划类似于在工程开工前的建筑蓝图,可帮助测验题项的编制不出现明显的偏差。双向细目表(two-way specification table)是制定编题计划的常用方法,它可以明确题项应测的具体领域或结构,每个部分考查的要点、层次、难度、题型、分数值等特征(Aiken & Groth-Marnat,2011)。编题计划会因所测内容的特点、测量用途和测验类型等的不同而有所差异,但都应力求做到明确而详细地规定应测量的领域。

表4-1 双向细目表在自信测验编制中的示例

维度 题型	学业自信	人际自信	运动自信	成就自信	外表自信	合计
正向记分题	15	15	15	15	15	75
反向记分题	5	5	5	5	5	25
合计	20	20	20	20	20	100

第三步,编写代表性的测验题项。编写测验的问题或题项时,应注意每一个题项都应是测验所要测量的内容范围或典型代表。在完成测验题项编制之后,测验编制者逐一对编制的测验题项进行检查,考察这些题项是否与所测量的领域相关、是否为这些领域的典型代表、这些题项是否全面覆盖各个领域、各个领域的权重是否恰当等。这些问题可以帮助修改和完善测题,进一步确保所编写测验的内容效度。

(二)在编制测验后检验内容效度

专家评定法(expert evaluation method)是检验测验内容效度的典型方法,它是让一组专家(非测验编制者,但非常熟悉所测量的内容领域)独立地评判测验题项对测量总体的取样是否具有代表性,并基于他们的评判结果来确定测验的内容效度。假定要对某自信测验的100个题项进行内容效度的专家评定,那么,可以邀请多位专家在如图4-2中所示的评定表上进行评价(Aiken & Groth-Marnat,2011;Murphy & Davidshofer, 2006)。

本研究的目的是考察所编制的自信测验的内容效度。首先请明确本测验所测量的自信及其所包括的维度和内容。然后,请您使用下面的四点量尺,评价这些题项是否能够反映所测查的内容。				
题项	1=完全不相关	2=有点相关	3=比较相关	4=非常相关
1. 我是.....				
2. 与人交往时,......				

图4-2　专家评价测验内容效度的示例

		专家甲的评价	
		低相关	高相关
专家乙的评价	低相关	A区（5个题项）	B区（3个题项）
	高相关	C区（3个题项）	D区（89个题项）

图4-3　使用专家评价法判断某自信测验的内容效度的结果

假定只有两位专家完成了评价,可将二者的评定结果简化为低相关(评价是1或2)和高相关(评价是3或4)两种情况,并把他们对每个题项的评价结果转化为如图4-3所示的表格。如果两位专家都认为某一题项具有高相关,那就将该题项计入D区;如果专家甲判断某一条目是高相关,但专家乙判断是低相关,则将题项计入B区;再依次放入符合A和C区条件的题项。由图4-3可知,归入D区的题项两位专家一致认为能够测量到所要考察的心理特征,这类题目越多内容效度越好。因此,这个100个题项的自信测验的内容效度就可以用以下公式进行计算:

$$内容效度=\frac{D}{A+B+C+D} \tag{4-5}$$

由公式4-5可知这个100个题项的自信测验中,有89个题项专家认为是具有高相关性的,其内容效度的计算结果就是0.89。在实际的评价过程中可能会邀请两位以上的专家,其内容效度的计算可将这些专家的判断结果进行两两组合,计算出上面公式中的内容效度,再计算所有可能的两两组合之后的内容效度的平均数。

测验编制者还可以通过计算内容效度比考察所编测验的内容效度。具体来看,若干位专家对测验题项的相关性进行评价之后,统计出认为某一项目能代表所要测量的内容范围的专家人数,再用公式计算出内容效度比(CVR_i),即

$$CVR_i = {(n_i - N/2)}\Big/{(N/2)} \tag{4-6}$$

在公式4-6中，CVR_i表示测量中第i个题项的内容效度比，n_i表示专家中认为某项目具有代表性或相关性的人数，N表示参加评定的专家总人数（吴垠，桑志芹，2010；Lawshe，2010）。内容效度比的范围是从-1.00到1.00。0表示50%的参评专家认为该项目是重要的。为了确定一个项目是否重要，可以参考Lawshe总结的内容效度比的最小接受值。从表4-2可知，参考数值还取决于参评专家的人数。当评价专家≤5人时内容效度比的最小可接受值是0.99，这意味着没有足够多绝对数量的专家评判该题项为有效时，这些题项的内容效度可视为比较低，应从测验中剔除（Lawshe，2010）。

表4-2 Lawshe内容效度比评定的最小可接受值

专家人数	最小可接受的内容效度比
≤5	0.99
6	0.99
7	0.99
8	0.75
9	0.78
10	0.62
20	0.42
40	0.29

虽然并非所有测验都有内容效度的证据，但大多数心理测验，特别是用于教学和组织背景下的测验都应该具有内容效度的证据。在教育情境中，内容效度可以确保评价学生学习一门课程的学业成就测验是否有效；在组织背景下，内容效度能够确定人员选拔中使用的测验是否与对应岗位的工作密切关联。在临床和人格领域，研究者们也在积极应用内容效度考察测验工具的有效性（吴垠，桑志芹，2010）。

拓展阅读

如何做好测验题项的“面子”

在日常生活中，人们在进行心理测试时常常会想：这个测验靠谱吗？能测到我的心理特点吗？在心理测量过程中，测验使用者或受测者会从直觉上判断测验有效性的程度，这就是表面效度（face validity）。

与其他效度不同，表面效度并不能告诉我们测验实际测量到了什么东西。顾名思义，它是测验使用者或受测者直觉地认为该测验在测量什么，是否能测到所要测量的东西。严格说来,表面效度不是效度的客观指标,它只是测验使用者或受测者的主观感受,不能保证测验的正确性。然而,表面效度会影响测试动机。如果受测者主观上认为测验与测量目的无关,或者测验内容幼稚无聊,抑或者测验的印刷太差,就会排斥这个测验,从而影响测量的效果,损害测验的真实效度。测验编制者需要根据测验的类型和功能,灵活把握和利用表面效度,以保障测验的效度。

人格测验和态度测验中为了引出受测者的真实反应,测验编制和使用者并不希望受测者了解测验的真实目的,所以,对于这两类测验而言,表面效度太高是不合适的。例如,MMPI中有这样的题目:“我的喉咙里总好像有一块东西堵着似的。”表面上看来这种题目似乎与个性无关,但在临床上,回答“是”的人很可能是癔症或神经衰弱患者。

在职业兴趣和成就测验中,测验编制和使用者为了提高测验的吸引力和受测者的作答意愿,往往会比较重视测验的表面效度。例如,某公司拟招聘行政秘书,并安排应聘者参加一个测量相关能力的纸笔测验。在参加测验时,应聘者们发现这个测验所包含的题目是关于文字表达、交流技巧以及对常用办公软硬件的了解,应聘者很可能认为这个测验是合适的,因为作为一个秘书,需要有好的文字表达、交流技巧以及熟悉办公软件的操作。如此,他们更可能努力认真作答。

复习巩固

如何检验测验的内容效度?

第三节　构想效度

在心理测量中,理论构想(theory construct)是指心理特征的理论建构或假设性结构,它犹如一个测验的骨架。探究测验构想是否合理,能否得到数据支持,是测验效度评估的重要内容。

一、构想效度的含义

构想效度(construct validity)是指测验能够测量到理论假设上的结构或构想的程度,或是指心理学上某一理论构想或结构来解释测验分数的恰当程度(戴海琦,2010;

APA et al, 2003;2014;Mclntire & Miller, 2009)。尽管心理特征是客观存在的,但难以直接测量,往往采用可观察的行为进行间接测量。那么,某个心理特征包括的行为总体是什么?测验编制者往往会提出关于这个心理特征的理论构想,用于解释人类心理行为的理论框架。例如,斯皮尔曼提出智力包括一般因素和特殊因素,奥尔波特认为人格特质包括根源特质和表面特质(转自 Gerrig & Zimbardo, 2006);津巴多和博伊德认为时间维度上的自我可以分为过去自我、现在自我和将来自我(Zimbardo & Boyd,1999)。每个理论构想的提出,都是为了更好地理解和观察行为反应的一致性,并从行为测量中导出或验证理论构想。

构想效度关注心理学理论在测验编制中的作用,也重视理论假设的建构。构想效度就是要通过一定的分析方法检验理论构想是否成立,并以此判断一个测验是否建立在良好的心理学理论假设或构想基础之上。因此,构想效度既和观察层面有关,也和理论层面有关;它不仅指测验的效度,即“是否测到了要测的东西”,也指理论假设是否得到了实际数据的支持。

二、验证构想效度的方法

构想效度不仅比内容效度和效标关联效度更难以界定,对其量化也更为复杂。由于构想效度是根据理论假设的推论而构建出来的,无法直接证明,因而只能根据理论构想建立假设并用事实验证假设以获得关于这个构想的证据。具体来说,首先要对所提出的理论构想进行界定,说明与其相关的行为,确定它与其他相似构想的关系;其次,根据理论构想,提出各种可能的有关假设;然后检验这些假设是否成立。假定我们要检验某个适应行为测验的构想效度,首先应在理论构想基础上提出一些广泛认可的假设,如“随着年龄的增长,个体的适应行为测验得分逐步提高;或者,“儿童的适应行为表现与其所处的社会经济和文化背景相关联”。最后,用实证的方法搜集资料,对这些假设进行检验。如果用于编制测验和提出假设的理论构想是恰当的,那么,当上述假设都得到验证时,就可以认为这个适应行为测验具有较高的构想效度;反之,则说明这个测验的构想效度不高。

考察测验的构想效度是一个逐步搜集证据的过程,通常是通过证实该测验的分数与可观察的行为之间的关系符合理论假设来完成的。构想效度没有单一的效度指标,通常是从测验内部和外部搜集多方面的证据,逐步验证测验的构想效度(戴海琦,2010;Mclntire & Miller, 2009)。

1.从测验内部验证构想效度的方法

通过研究测验本身提供的多方面信息(如测验内容、对测验项目的反应过程,以及题项间或分测验间的关系等),可以获得大量关于构想效度的有效资料。

(1)内容效度是考察测验构想效度的重要途径。例如,在编制一个秘书能力倾向测验时,测验编制者认为秘书的职业能力倾向主要包括文字表达、人际交流技能和办公软硬件的使用三个范畴,那么,如果该测验具有较高的内容效度,可以在一定程度上确认测验题项反映了测验编制所依据的理论构想,能够排除它测量的不是其他能力倾向(如,质检员能力倾向)。

(2)受测者完成测验的反应过程也可作为测验构想效度的资料来源。在个别施测时,可以要求受测者边想边说,从而分析受测者回答问题时的心理过程,以核实该测验是否真正测到了所要测量的理论构想。例如,进行类比推理时,受测者的口头报告可以展示测题是否测量到了所预期的推理过程。

(3)内部一致性也是验证测验构想效度的一个方面。如果某一测验的各题项之间,题项与总分之间都有较高的正相关,这说明题项在测验同一心理特质(构想)上是一致的。因此,内部一致性高不但说明测验具有较高的信度,也意味着测验很可能有较高的构想效度。需注意的是,测验的内部一致性是构想效度的必要条件,在缺少外部证据时,关于该测验测量什么还并不确定。内部一致性高并不能保证测验测量到了欲考察的特质,而且也未必能说明测验一定是单一维度的。由于内部一致性(α系数)是题项协方差的函数,而题项间的高协方差可能是不止一个公因数的结果,因此不可作为是对测验单一维度的判断。

(4)因素分析是目前考察测验构想效度的常用方法。从行为层面看,心理特质是一组内部关联的行为组合,因素分析正是利用了行为及其对应题项的相关性进行统计分析的(黄希庭,张志杰,2010;张厚粲,徐建平,2009)。因素分析(factor analysis)将彼此高度相关而又与别的变量相对独立的一组变量聚合成群,称之为因素或因子(factor)。因素分析依据题项间相关性大小对其进行分组,使得同组内的题项之间相关高,而不同组题项之间的相关低;每组题项代表一个基本维度(即因素)。因素分析可以探明测验究竟测到了几个彼此相对独立的因素,获得各组成部分或各个题项在几个共同因素上的因素负荷(即题项与共同因素之间的相关)大小,从而从整体关系和各个方面对测验所测量的心理特征的结构进行量化分析(戴海琦,2010;漆书青,2002;郑日昌,2013)。

那么,因素分析是如何用于检验测验的构想效度呢?由图4-4可知,当依据理论构想编制测验并完成取样测试之后,因素分析可以基于该测验的实测数据,遵循一系列严谨的分析步骤(主要包括因素分析适用性检验、因素提取,因素负荷分析、共同度分析、因子数选择与命名等),用数据拟合出一个关于测验题项的结构,并将其与测验依据理论构想进行直接比较,评估测验的构想效度。

以上介绍的是因素分析中的探索性因素分析(exploratory factor analysis),目的在于通过数据拟合题项间的潜在结构(郭显光,1998;孙晓军,周宗奎,2007;张超等,2007)。由于提取共同因素过程中因素分析参数设置和读取(如,数据迭代次数、特征根设置、共同因素个数限定、碎石图拐点判断和旋转角度等)会受到主观因素的较大影响,因此探索性因素分析只能得到一定数据支持的客观化表达的主观模型或构想,基于此得到的构想效度评估的准确性还有待进一步验证。

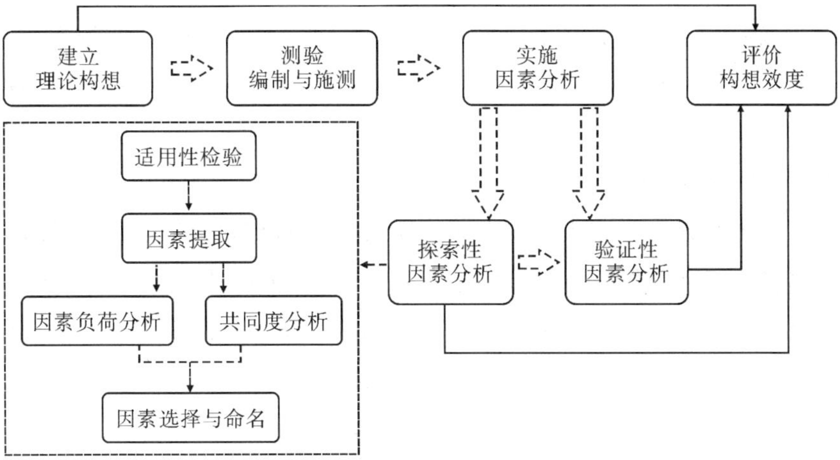

图4-4　因素分析检验构想效度的流程

为更准确地验证这个结构是否具有一定的通用性,还应再选取新的对象进行施测和收集数据,并采用验证性因素分析(confirmatory factor analysis),用新样本的数据结果与探索性因素分析得到的结构之间的拟合程度说明结构的有效性(范巍,王重鸣,2006;张超等,2007;张厚粲,徐建平,2009)。通过在验证性因素分析中对某些参数(因素符合、因素间的相关和独特因素等)做出假设,依据"拟合良好性指标"(goodness of fit index,GFI)、"调整拟合良好性指标"(adjusted goodness of fit index,AGFI)、"常规拟合指标"(normal of fit index,NFl)等拟合指数评价探索性因素得到的结构是否能拟合新样本数据的结果(通常GFI、AGFI和NFI数值越接近1越好,即表示模型拟合度越好),从而更客观、准确地评价测验的构想效度(DeVellis, 2006; 2010)。

例如,某研究人员根据适应行为的三维度构想编制了一个30道题项的问卷,经过因素分析提取出了3个共同因素。接着,将数据拟合出的因素负荷、共同度和题项的因素归属等情况与之前测验编制的理论构想及其题项归属进行比较,从而初步判断问卷的构想效度,还可依据结果对问卷的题项进行修改、完善或删除,修正理论构想。最后,采用修订之后的问卷再次施测,并进行验证性因素分析,参考拟合指数评价数据拟合模型是否符合理论构想。如果二者一致就说明构想效度高,编制的适应行为问卷设计得好;反之,说明构想效度低,问卷设计的质量低。

2.从测验外部验证构想效度的方法

坎贝尔(D. T. Campbell, 1960)指出,如果一个测验的构想效度较好,那么,这个测验应当与理论上应该与其相关的变量具有高相关,还应与其他变量具有低相关。通过考察测验与这些变量之间的关系,也可验证测验的构想效度。

(1)考察测验的理论构想与其他相关测验的一致性。从理论上看,测量相同心理结构的各测验之间应该有较高的相关。将新编测验与已有的权威测验之间进行相关分析估计效度的方法称为相容效度(congruent validity)。例如,在评价许多新编智力测验时,通常会考察新测验与斯坦福-比奈量表或韦克斯勒智力测验之间的相关,如果相关高,则可以推断新测验的相容效度好。

反之,如果两个测验测量的是不同的心理结构或特质,那么它们之间就应当无关或低相关。将新编测验与已知测量不同特质或结构的测验分数进行相关分析估计效度的方法称之为区分效度(discriminate validity)。再以新编智力测验为例,将它与高效度的气质测验一起施测。如果二者的得分相关高,说明新编智力测验就很有可能不是测量的智力;如果二者的相关低,表明新编测验测量到的是区别于气质的其他心理特征,但还不能保证它一定测量到的就是智力。

(2)考察与测验的理论构想相一致的发展趋势。在许多智力测验中,效度分析的一个重要指标是年龄差异。众所周知,儿童的智力随着年龄而增长,那么,效度高的新编智力测验应当能反映这一发展趋势。如果某一新编智力测验间隔几年前后施测于同一组儿童,两次得分之间没有发现显著的年龄差异,那么,这个测验不具有较高的构想效度。

当编制没有明显与年龄变化一致的心理特征的测验时(例如,学习动机),最好谨慎使用发展趋势的证据。此外,具有年龄差异的心理特征,发展水平差异也只是效度的一个必要条件,而不是充分条件。测验分数没有随着年龄而增加,可能说明测验没有测到所要测量的心理特质,该测验的有效性可能存在问题。另外,如果测验反映了年龄差异,也并不能说明测验已经准确测到了定义所界定的领域。例如,身高和体重是随年龄而增加,但它们显然不可以放入智力测验之中。

(3)考察与测验的理论构想一致的群体差异。为了检验新编测验的构想效度,可以去考察不同背景和特征的个体在量表上的得分是否与理论预期相一致。对于一个社会兴趣量表而言,它测量的是人们对他人的兴趣和关注。从理论上分析,大多数社工组织的成员应属于高社会兴趣的个体,他们在这个量表上的平均得分会较高;而大多数暴力罪犯应属于低社会兴趣个体,他们的社会兴趣测验平均分会表现得比较低。如果两类群体的测量结果与上述理论分析的假设一致,那么,表明这个社会兴趣测验的构想效度是较好的;反之,则表明其构想效度不理想。

(4)考察与测验的理论构想相一致的干预效果。在教育和培训领域,随着某种练习时间的增加某种特质水平也会发展变化,这种变化也应在相应的测验分数中体现出来,表现为后测分数优于前测。如对低社会适应者的培训效应,对高攻击性儿童的干预效应,对成就动机不足者进行成就动机训练后产生的效应等,诸如此类,都可以作为相应测验的效度证据。

构想效度是一个有争议的概念,有人赞赏它反映了效度的本质,但也有人批评它无法直接检验。总的来说,构想效度促使研究者把着眼点放在提出假设、检验假设上,使得测验成为理论研究的重要工具,而不再只是实际决策的辅助工具,从而使测验有了更广阔的发展前景(戴海琦,2010;张厚粲,龚耀先,2012;DeVellis,2010)。构想效度的主要缺点是,有些构想概念模糊,没有一致的定义,确定效度时没有明确的操作步骤,没有单一的数量指标来描述有效程度。

复习巩固

1.简述构想效度检验的基本步骤。

2.可以从哪些途径获得构想效度的外部证据?

第四节　效标关联效度

当需要判断溶液的酸碱性时,化学的实验人员可以将溶液滴在pH试纸上,将试纸变化的颜色与色卡比对,就可以便捷地读出溶液的酸碱度。在心理测量中,虽然无法找到这样的试纸或色卡,但心理学中不少心理品质都有一些客观或公认的评价指标,测验编制者则可以选用这些指标为参照,评估新编测验的测试得分是否与这些指标一致,从而考察该测验的效度水平。

一、效标关联效度的含义

1.效标关联效度与效标

效标关联效度(criterion-related validity)是指测验分数与某一外部效标之间的关联程度,或者测验结果能够预测效标行为的准确性程度(Aiken & Groth-Marnat,2011;DeVellis,2010;Gregory,2007)。例如,就前文提及的秘书能力倾向测验而言,应聘者所完成的测验应当与担任秘书工作的技能相关,如文字处理和档案整理。为了提高测验的有效性,选准能够胜任未来秘书工作的人,测验编制者会将这个测验与另一个文书任务上表现的成绩(如,资深秘书对应聘者任务表现的等级评定)进行相关分析。如果它们的相关高,说明该测验能有效预测个体在这项工作上的表现。

在这个示例中,资深秘书对应聘者文书任务的行为表现的评定作为效标(criterion),即用于检验测验效度的参照标准,通常是其他测验的分数或行为表现。根据效标是否来源于主观评定,可分为主观效标和客观效标。前者是基于个体的评价而来的,如教师和同学的评价;后者是可观察和测量的,如工作中的事故数量、缺勤率(Mclntire & Miller,2009)。

表4-3 常用主、客观效标举例

	客观效标	主观效标
教育背景		
成绩平均分	是	
退学或休学	是	
教师推荐		是
临床背景		
诊断	是	是
行为观察	是	
自我报告		是
企业背景		
制造产品	是	
错误数量	是	
表现评定		是

(转自:Mclntire & Miller, 2009)

效标是反映测验目的的行为参照,可以是感兴趣的独立行为、态度或相关事件。在职业测评中,雇员的工作表现可作为职业能力测验的效标,如主管对工作表现的评定、同事评价、工作事故、纪律问题等,因为这些工作表现能够反映个体在某个职业中所具有的能力水平,且测验分数与工作表现也是相互独立的。智力测验常常以学习成绩、教师评定为效标,因为个体的学习成绩或教师评定能代表其能力水平,且学习成绩或教师评定与智力测验分数是相互独立的。

2.效标的选择

效标的选择和测量必须科学才能为效度的验证指引正确的方向。从操作上讲,没有规定一个效标应当由什么构成,它可以是另一个测验的分数,一个专家评定结果,一个具体的行为或一组行为,也可以是生产成本、培训费用、工作绩效等等(DeVellis,2006;2010;Mclntire & Miller,2009)。无论是什么,效标的选取应当满足以下四个条件。

(1)效标是有效的,与所欲评价的特质高度相关。销售能力测验的效标应是对整个测量销售能力的领域来说是高度相关的,有代表性的,如销售量、销售价格与利润以及主动拜访客户的次数与时间等。一个测验有多少种用途,就可能有多少种对应的效标。效标除了随测验类型和用途不同而不同外,还可能随时间而变化。销售员在刚入职时成功的效标是销售业绩,升任企业经理后成功的效标还可以是企业知名度。但无论在什么情况下,都应当确保效标是与目前所评价的心理特质高度相关的。

(2)效标是无污染的,独立于测验分数。效标测量不是基于或部分基于正在评价的测验分数。从上面的描述中可以看到,效标很重要的一个特点是"独立于测验结果"。什么是"独立于测验结果呢"?举例来说,测量心理病理的人格测验(如,MMPI)可以用医生的诊断结果作为效标,但前提是医生的诊断并没有依据这个人格测验,否则二者就不是独立,这个诊断结果就不能作为效标。这就是所谓的效标污染(criterion contamination),即评定者知道受测者的测验分数而影响效标分数评定的情况。

(3)效标是客观的,具有可操作性。效标一开始往往是观念上的(观念效标),它必须用一个数字或等级来进行表达(效标测量)。前文说到的工作和学习上的表现都属于抽象观念,都应对其下操作性定义,使观念上的效标转变为实际的测量,进而用于验证测验的效度。例如,在职业测评中,抽象的效标是员工的工作表现,实际测量的则是工作量、工作绩效、出勤率和工作事故等可实际操作的行为表现。

(4)效标的测量误差小,具有较高的信、效度。作为衡量测验是否有效的参照,效标本身应当与所要代表的特质之间是高度一致的。如果测验X作为测验Y的效标,那么必须有充足的证据表明测验X是可靠且有效的,也就是说测验X同时具有较高的信度与效度。

在保证上述四个条件的基础上,效标选取还应尽可能简单实用,同时避免各种无关因素对测量过程和结果的干扰。

二、考察效标关联效度的方法

(一)效标关联效度的检验策略

效标资料和测验结果既可以同时获得,也可以间隔一段时间获得。根据效标资料与测验分数搜集的时间差异,效标关联效度可以分成同时效度和预测效度两种。

当测验分数用于预测未来的行为表现时,往往会在测验之后获取效标资料。在这种情况下,测验称之为预测源,效标关联效度称之为预测效度(predictive validity),

是指测验结果对效标行为的预测程度。测验者会让一组人参加测验,并将他们的测验分数保留一个预先设定的时间段。当这个时间段过去后,他们会评定同一批受测者在效标上的表现,并计算测验分数与效标分数的相关程度。如果相关高,就可以认为测验具有较好的预测效度。例如,在修订的中文版儿童希望量表中,赵必华和孙彦(2011)使用了自尊量表、学业自我概念量表和学业成就作为预测效标。

同时效度(concurrent validity)是指测验与同时获得的效标资料的关联程度。这种效度无法进行预测,只能提供现状信息,比较适合职业测验、人格测验、情绪测评或临床诊断等心理测量。例如,计时"起立-行走"测试(timed "up-go" test,TUGT)主要用于测量老年人的功能活动,通常是考察受测老人从一张有扶手的座椅站起并向前走一段3米的距离,转身走回来再坐回座椅的时间(Podsiadlo & Richardson,1991)。李敏等(2004)为了考察TUGT在脑卒中偏瘫患者中的适用情况,选取了5位医师对符合47例脑卒中偏瘫患者进行临床评估,并同时使用Berg平衡量表(BBS),10米最大步行速度(MWS)和功能独立性测量中的转移和行进项目(FIM-A)来评估患者的平衡功能、步行功能和日常移动功能。结果发现,TUGT与MWS、BBS和FIM-A均具有显著的负相关,相关系数分别是-0.91、-0.68和-0.65;这表明TUGT在脑卒中患者测试中具有较好的同时效度,可用于脑卒中患者的功能性步行能力测试。

(二)效标关联效度的评估方法

根据效标测量得到数据的性质、效度证据的用途,效标关联效度有不同的估计方法。

1. 相关法

相关法(correlation method)是最常用的计算效标关联效度的方法,它是将测验分数与效标分数之间的相关系数作为效度系数评估测验效度的方法(戴海琦,2010;郑日昌,2013)。由于测验分数和效标分数的数据性质不同,相关系数的计算方法也不同。例如,某工厂通过一个职业兴趣测验选取了10名应聘者作为销售人员,以他们的销售业绩评估这个测验用于销售员选拔的有效性,具体数据如表4-4所示。

表4-4 某职业兴趣测验和销售业绩的统计数据

	测试对象									
	1	2	3	4	5	6	7	8	9	10
测验分数(X)	20	32	47	30	34	27	16	24	22	25
销售业绩(Y)	0.7	3	4	2.5	3.8	2.2	1.2	1	2.8	3.5

由表中数据可知，测验分数和效标分数都是连续数据，应当采用积差相关系数的计算方法估计测验的效度系数。将表中的数据代入积差相关系数的计算公式，可得到相关系数0.75。

又如，在完成某项智力测验的352名小学生六年级学生中，有66人毕业考入重点中学，这些学生的智力测验均分为114，其余256人考入一般中学，其智力测验均分为96，所有受测者智力测验的标准差为14.53。根据学生的学业表现计算该智力测验的效度时，作为效标的学业表现被人为地分为重点和非重点，而智力测验分数为连续变量，所以，应采用二列相关系数的计算方法。将例子中对应数据代入公式，可得r_b= 0.70。

除了积差相关和二列相关之外，相关系数的计算还包括点二列相关、多列相关、四分相关等。这些相关系数的算法及其适用的条件，请参阅心理统计书籍（张厚粲，徐建平，2009）。

计算出相关系数后，还可以将这个系数平方得到r^2作为共同变异，也称为决定系数（determination coefficient）。例如，前文职业兴趣测验分数与销售业绩的相关系数是0.75，决定系数（r^2）就是0.56，表明职业兴趣测验与销售业绩有56%的共同变异。决定系数越大代表关系越紧密，也就是表示测验与效标有更多的重叠。当使用测验和效标的相关系数来表示对未来的行为表现预测时，计算和参考决定系数是非常重要的。

2. 命中率法

命中率法（accuracy method）是指通过测验结果进行分类决策时获得的正确率进行效度评估的方法。心理测验的功能之一是选拔和甄别受测者的某些心理特质，以便人员录用、安置和诊断。

命中率的计算方法是，先根据测验的临界分将受测者分为达标与不达标的两类，再根据效标将受测者分为达标与不达标两类，这样受测者就分成了四类：正确接受组，即在测验分数和效标上都归为达标的受测者；错误接受组，即在测验分数上达标而在效标上不达标的受测者；错误拒绝组，即在测验分数上不达标而在效标上达标的受测者；正确拒绝组，即在测验分数和效标上都不达标的受测者（如表4-5所示）（De-Vellis, 2006; 2010; Mclntire & Miller, 2009）。

表4-5 分类决策的分组表

测验分数	效标分数	
	达标	不达标
达标	正确接受(A)	错误接受(B)
不达标	错误拒绝(C)	正确拒绝(D)

在计算测验效度时,要分别统计出四类受测者的人数,再计算分类决策的总命中率和正命中率。

$$总命中率=\frac{正确接受(A)+正确拒绝(D)}{总人数(A+B+C+D)} \tag{4-7}$$

$$正命中率=\frac{正确接受(A)}{正确接受(A)+错误接受(B)} \tag{4-8}$$

分类决策的正确率计算简单,容易理解,与实际工作结合紧密。但由于只是在临界点附近考虑分类决策的有效性,而不像效度系数那样在整个范围内提供测验分数与效标分数的有效性,所以容易受主观因素的影响。另一个问题是根据测验分数做出的分类对于刚刚低于临界分数的受测者可能是不公平的,尤其是临界点附近人数集中时,这个问题尤为突出。为了减小这些影响,分类决策的临界点确定必须十分谨慎。

3. 区分法

区分法(discriminant method)根据受测者在效标上的表现,将他们分成不同的组别,看不同组别的测验分数是否存在显著差异(戴海琦,2010;张厚粲,龚耀先,2012)。以学业成就测验为例,根据学生在效标上的表现将他们分为达标与不达标组后,再将两组学生在学业成就测验上的分数进行差异显著性检验。如果他们的差异显著,可认为这个学业成就测验能把学习上表现好与不好的学生有效加以区分,表明测验是有效的;如果他们的测验分数没有差异或差异不显著,则认为测验不能进行有效区分,其效度较低。

例如,某工厂通过测验录用了一批工人,过一段时间后,根据工作成绩(如产品的数量、质量)将他们分成优秀组和普通组。其中,优秀组60人,测验平均分为6.05,标准差为2.02;普通组有40人,测验平均分为4.25,标准差为1.3。根据样本规模和情况,可选用独立样本t检验考察两组在测验上的平均分数是否有显著性差异,进而判断测验的有效性。将相关数据代入t检验公式。计算可得$t=5.40$,查表可知$df=98$时,$t_{0.01}=2.63$,这表明优秀组和普通组在测验分数上差异达到显著水平,该测验可以有效预测员工在工作上是否优秀。

复习巩固

1. 在评估测验的效标关联效度时,效标选取需要注意哪些方面?
2. 用相关法检验测验的效标关联效度时,需要注意哪些问题?

第五节　效度的影响因素与提升

提升测验的效度是测验编制者和使用者共同的期望，而了解影响效度的因素是提升效度的基本途径。

一、影响效度的因素

（一）测验工具本身的因素

测验题目对测验目的的适用性，是否能测到欲测量的心理特质，以及测验中产生的各种误差等因素都会影响到测验的效度。以测验题目的难度来看，测题应以由易到难的顺序编排。如果难题在前，水平较低的学生可能由于受挫而降低对后续题目作答的积极性，从而不能准确测量学生的真实水平。另一方面，测题的难度选择还应当充分考虑测验的类型和用途。常模参照测验是通过确定个体的测验分数在所属团体中的相对位置来比较差异的，其测题难度的平均水平应在0.5左右，并且有适当的难度分布；标准参照测验关注个体在学习之后是否达到了某个标准，不强调受测者之间的差异，其难度就应当与学习所要达到的标准一致。无论是常模参照测验，还是标准参照测验，测题难度都要适当，否则都会降低测验的效度。

此外，测验的题项数量、语言表达和题项是否隐含了答题线索等因素也会干扰测验的效度。以学业成就测试为例，假设测题中使用的词汇超出了学生的学习范畴，或者用词产生歧义，这可能使学生产生误解，从而降低测验的效度；如果测题中提供了额外线索，如正确答案位置有明显规律，测验结果也难以反映学生的真实水平。

（二）选取测试对象样本的影响

每一个测验都有其适用的群体范围。检验测验效度时，施测样本必须确实能够代表所要测量的总体对象。譬如，适用于美国人的婚姻满意度量表就必须以美国人为样本，如果选取用于检验效度的样本是俄罗斯人，所计算出来的效度系数就可能偏离测验的真正效度。考察测验效度时，取样易出现的一个疏忽是：选取检验效度的样本在某种心理特征上不同于总体。例如，有些心理测验编制和效度考察的样本都是大学生，但最终得到的测验是适用于青少年的。大学生属于青少年，但不能代表所有青少年，它实际上比青少年这个总体更为同质。因此，这样的取样就可能让测验效度的估计出现偏差或误判。从实际情况来看，测验编制者或使用者可以不断积累和搜集关于这个测验在青少年群体中的效度资料，从而更准确、更全面地评估该测验的效度。

(三)测验实施和计分整理的影响

测验的施测情境，如温度、材料准备、场地布置等因素，都会影响到测验的效度。此外，测试者对测验的熟悉度，指导语是否清楚说明作答要求、施测时间设置是否合适，是否严格遵照测验使用手册的各项规定进行标准化施测等，也会影响测验的效度。显然，如果未按照要求完成上述工作，测试者就会成为降低测验效度的干扰因素。

施测完成之后的计分也会影响测验的效度。在数据录入时，编码是否统一，是否存在遗漏，输入错误能否排查等，都可能成为误差来源。在数据整理时，如果缺失数据和异常数据处理不当或未做任何处理，题项的正反向计分出现错误，题项合并不准确等，这些错误也会降低测验的有效性。

(四)效度检验方法的使用恰当与否

前面介绍了多种检验效度的方法，但这些方法都有一定的使用条件，甚至存在缺点。如果不能清楚地认识这些问题，就可能误用这些方法，得到错误的效度评估结论。

以内容效度而言，虽然可以通过专家评定的方法考察测题的内容效度，但这对于那些并不在测验之中的条目是无法评估的，而这样的条目可能是具有更高代表性的。因此，编制者对题项的编写和选择对于测验的内容效度有直接的影响。此外，不同专家对测验所要测量的心理特质的范围理解会存在差异，对同一测验内容效度的判断也会不一致，这些都会影响到内容效度的评估。

再来看构想效度，当实际测量的资料无法证实理论假设时，并不一定就表明该测验构想效度不高，因为还有可能出现理论假设不成立，或者该研究设计不能对该假设做适当的检验等情况。同时，人们对同一种心理特质往往有着不同的定义或假设，则会使得关于这种特质测验工具的构想效度的研究结果难以直接比较。同样是智力测验，由于当今理论界对智力持有不同的定义，有些智力测验的构想效度的研究结果是不宜进行比较的。

效标关联效度也有值得注意的地方。无论是相关法、命中率法，还是区分法，各种具体计算方法都要充分考虑是否适用于测验类型、测验目的和数据类型等。以相关法为例，如果测验分数与效标的关系不是线性的，则必须采用特殊的相关分析方法。

二、提高测验效度的方法

通过对影响效度因素的分析，我们可以找到不少提高效度的途径，这里归纳整理三条建议供大家参考。

第一，精心编制或选择测验，降低系统误差。测验题项应能较好地代表欲测内容或结构，要避免出现题目偏倚。同时，题目的难易程度、区分度要恰当，题目的数量也要适中。此外，测验题本的印制，题目作答的要求，评分计分的标准，题目意思的表述等等，都必须严格检查，避免一切可避免的误差的出现。

第二，妥善组织施测，控制随机误差。在测验实施过程中，系统误差一般不太明显，但随机误差却有可能失控。这就要求测验实施者一定要严格按手册指导语进行操作，熟悉测验内容和指导语，充分做好施测准备和场地布置，尽可能减少无关因素的干扰。在各种测验中，有些受测者往往因种种原因而发挥不出真实水平，这就会降低测量效度，测不到欲测的内容或结构。因此，应创设标准化的测试情境，让受测者以适宜的状态作答。

第三，选好恰当的效度检验方法，多角度收集效度资料。在进行效度检验时，应了解每一种效度检验方法的特点和使用条件。例如，在使用效标关联效度评价效度时，假若所选效标不当，或所选效标无法量化，则很难准确估计测量的实证效度。如果效标及其测量都合乎要求，则公式的选择也可能会影响效度估计。总之，效度是测量的随机误差和系统误差的综合反映，判断一个测量是否有效要从多方面搜集证据。

复习巩固

1. 在测量数据录入和整理过程中，哪些情况可能导致测验的效度降低？
2. 在选择心理测验时，具备什么特征的测验可以在一定程度保障测验的效度？

拓展阅读

“广义效度”的出现与争议

从应用层面上看，效度指标是选择测验时可以参考的重要指标。那么，“一个有效度的测验可以提供有关受测者的准确信息”，这个判断会有错误吗？

20世纪末，Cronbach(1988)和Messick(1989)提出了广义的测量效度，这个概念是从功能主义的角度出发进行定义的：一个测验是有效的，它就能实现测量的目的。例如，一个阅读能力测验可以用来检测学生的阅读能力，筛选出少量需要额外辅导的学生。如果从广义效度或功能主义的观点出发，这个测验如果是有效的(假设测验的使用过程是合理的),那么,被筛选出来的进行额外辅导的学生在学习成绩方面会得到明显提高。

对于持功能主义的学者而言,如果想要验证一个测验的效度,就有义务去理解这个测验的结果是否对个体有建设性的帮助,并且让受测者免受负面作用的影响。因此,检验测验的效度就是一个全面评价的过程,不仅要考察推论的充分性与合理性,还要考察测验结果会造成的实际影响。

在这些学者看来,广义的效度概念必须建立在四个基础之上:第一,传统构想效度的证据,例如测验具有良好的相容效度和区分效度;第二,测验分数解释的实用价值分析;第三,测验分数的解释,尤其是解释要提供具有实用价值的证据;第四,测验结果可能存在的或者实际的社会后果的评估。

广义的效度概念提出后一直备受争议,有的学者认为测验的后果和价值固然重要,但不能与传统意义上的测验效度概念相混淆。对此,你如何看待呢?

(转自 Gregory, 2007)

本章要点小结

1.效度是指测验对其所要测量的心理特征测量到了什么程度的估计,是指测量总变异中由所测量心理特质造成的变异所占的百分比。

2.效度的大小受到信度的制约,高信度是高效度的必要非充分条件。一个测验的效度是针对测量结果的,是与测量目的相对应的。

3.内容效度是指测验用的题目对整个测验内容的代表性程度,其有效性证据主要依赖专家判断法。

4.构想效度是指测验能够测量到理论假设的结构或构想的程度,或是指心理学上某一理论构想或结构来解释测验分数的恰当程度,可从多种途径搜集构想效度的证据。

5.效标关联效度是指测验分数与效标之间的关联程度。效标关联效度可以分成同时效度和预测效度两种。计算效标关联效度的方法主要有相关法、命中率法和区分法。

6.效标是用于检验测验效度的参照标准,好的效标应具备代表性、客观性、无污染、有较高信效度等特点。

7.测验本身的质量、选取的样本、测验的实施与计分整理、效度检验方法的使用恰当与否等因素都会影响测验效度。

8.提高测验效度应做到精心编制或选择测验,降低系统误差;妥善组织施测,控制随机误差;选好恰当的效度检验方法,多角度收集效度资料。

关键术语表

1.效度
2.内容效度
3.结构效度
4.校标
5.校标关联效度
6.校标污染
7.同时效度
8.预测效度
9.区分效度
10.汇聚效度

本章复习题

1.根据经典测量理论,影响信度和效度的是(　　)。

A.随机误差　　B.系统误差
C.随机误差和系统误差　　D.取样误差

2.用一个测验预测未来,它必须基于的有效证据类型是(　　)。

A.内容效度　　B.构想效度
C.预测效度　　D.表面效度

3.关于信效度的关系,以下叙述恰当的是(　　)。

A.信度高,效度不一定高　　B.信度高,效度一定高
C.效度高,信度不一定高　　D.效度高,信度一定高

4.效度是指测量总变异中由哪一部分变异所占的百分比?(　　)

A.系统误差
B.与所欲测量的心理特质无关的变量
C.系统误差和随机误差
D.所测量心理特质

5.区分预测效度和同时效度的主要是效标测量的(　　)。

A.地点　　B.受测者　　C.时间　　D.形式

6.以下哪一项指标可以揭示预测源和效标共享了多少变异来解释一个测验的效度系数?(　　)

A.信度系数　　B.测验的显著性
C.命中率　　D.决定系数

7.某研究者编制了一个测验,并采用因素分析对300名受测者完成测验的数据进行分析,以此试图获得测验的(　　)。

A.内容效度　　B.相容效度　　C.预测效度　　D.构想效度

8.在评价新编智力测验的效度时,通常会考察新测验与斯坦福-比奈量表或韦克斯勒智力测验之间的相关。如果二者的相关系数高,则可以推断新编测验具有较好的(　　)。

A.内容效度　　B.同时效度　　C.相容效度　　D.效标关联效度

9.在某次心理健康测试中,受测者根据题项的内容,认为这个测验完全不是在测量心理健康,不愿意完成这个测验。以下哪个术语可用于描述这种情况?(　　)

A.表面效度　　B.专家效度　　C.内容效度　　D.构想效度

第五章

项目分析

要想对一个编制好的测验进行正确客观的评价，对组成测验的各个项目或题目进行科学的分析是必不可少的，这就是所谓的项目分析。它的作用是评价和筛选合适的题目，提高一个测验的质量，并且为受测者提供掌握知识与否的诊断信息。项目分析分为定性分析和定量分析。定性分析包括检验测验的内容效度、题目编写的恰当性等方面；定量分析主要是采用统计方法、通过计算指标对项目进行量的分析，基本内容包括项目难度评估、项目区分度评估和诱答项分析。本章主要介绍定量的项目分析。

第一节　测验项目的难度

在检验和评价一个项目时,首先关心的是项目难度。本节介绍难度的含义、计算、水平的确定及其对测验的影响。

一、项目难度的含义

对于成就测验或能力测验而言,项目难度(item difficulty)是答对某项目的人数所占的比例。对于人格测验或态度测验而言,项目答案没有对错之分,难度的概念就不适于此,与之相对应的指标是通俗度或流行度(popularity),即在某一项目上回答的人数在参与测验者中所占的比例。当作答者可能对条目表述存在理解困难的情况下(一般是低年龄或低教育水平群体),初测之前需要首先进行通俗度检验,以保证参与测验者能够理解项目的意思,提高作答率。

项目难度用难度系数(difficulty index)P来表示。针对一个测验项目,如果大多数人都答对,那么该项目的难度就低,难度系数就高;反之,如果大多数人都答错,则该项目的难度就高,难度系数就低。

值得注意的是,P值反映的是项目的相对难度,而不是绝对难度。一个初中数学题对高中生来说不算什么,但对小学生来说就是难题,这就是难度相对性的表现。此外,P值提供了不同领域项目的难度比较标准。根据不同领域项目本身的特征来解释或确定难度是困难的,譬如,很难主观判定,解决一个数学问题是否比一个物理问题更困难。当用P值来判断难度时,通过计算题目的通过率,就能容易地确定,同一组学生参与的数学测验中的某个题目比物理测验中某题目难或易。

二、项目难度的计算

项目难度的计算方法取决于项目的记分方法。当测验题目是选择题时,由于存在猜测的作用,需对其难度进行校正。若要对不同题目的难度差异进行比较分析,难度的等距变换就变得必不可少。

(一)二分法记分项目的难度

1.通过率法

二分法记分的项目难度通常用通过率来表示,即答对或通过该项目的人数所占的比例，用公式表示为：

$$P = \frac{R}{N} \tag{5-1}$$

在公式（5-1）中，P代表项目难度，R代表答对或通过该项目的人数，N为参与该项目作答的总人数。

例如，在一个100人参与的测验中，答对第一题的人数为60人，答对第二题的人数为50人，则这两道题的难度系数分别为：

$$P_1 = \frac{60}{100} = 0.6$$

$$P_2 = \frac{50}{100} = 0.5$$

P值越大，通过人数越多，项目越容易；反之，P值越小，通过人数比例越小，项目越难。

有人指出应将P定义为项目易度系数而不是难度系数。为了使项目难度“名副其实”，有人将公式（5-1）修改为：

$$P = 1 - \frac{R}{N} \tag{5-2}$$

公式中的符号与（5-1）意义相同。若用公式（5-2），上述例题中的难度就为：

$$P_1 = 1 - \frac{60}{100} = 0.4$$

$$P_2 = 1 - \frac{50}{100} = 0.5$$

此时，P的意义为P值越大，题目越难。所以，第二题较难。

由于公式（5-1）应用非常广泛，在国际上获得的认可度高，所以一般难度的计算仍采用（5-1），较少采用公式（5-2）。

2.极端分组法

根据作答者在测验上的总分把他们分为高、中、低三组：总分排名前27%的作答者组成高分组，总分排名最后27%的作答者组成低分组，分别计算高分组和低分组的通过率，然后根据以下公式求项目难度：

$$P = \frac{P_H + P_L}{2} \tag{5-3}$$

$$或 \quad P = \frac{1}{2}\left(\frac{R_H}{N_H} + \frac{R_L}{N_L}\right) \tag{5-4}$$

在公式（5-3）和（5-4）中，P_H、P_L分别代表高分组和低分组的通过率；R_H、R_L分别代表高分组和低分组通过某项目的人数，N_H、N_L分别代表高分组和低分组的人数。

例如,在一个400人参与的测验中,高分组和低分组各有108人,其中高分组有81人答对了某一题,低分组中有27人答对,则这一题的难度为:

$$P = \frac{1}{2}(\frac{81}{108} + \frac{27}{108}) = \frac{1}{2}(0.75 + 0.25) = 0.5$$

(二)非二分法记分项目的难度

很多测验题目的评分并不是以"全"或"无"的两分法记分,譬如论述题,0分到满分之间的得分都是可能的。对于此类题目,通常采用平均得分率,即实得分数的均值与满分之比来表示:

$$P = \frac{\sum_{i=1}^{N} X_i}{LN} \tag{5-5}$$

式(5-5)中,X_i代表某参与测验者在该项目上的得分,$\sum_{i=1}^{N} X_i$代表所有参与测验者在该项目上的得分之和,L代表该项目的满分值,N代表参加测验的总人数。由于$\frac{\sum_{i=1}^{N} X_i}{N} = \overline{X}$,$\overline{X}$为参加测验者在该项目上的平均分,因此公式(5-5)也可以写成:

$$P = \frac{\overline{X}}{L} \tag{5-6}$$

计算时,根据题目中给定的已知条件,确定合适的公式。如果给出的是作答者的原始分数用公式(5-5),如果给出的是所有作答者的平均分则用公式(5-6)。

例如,某测验第一题的满分是10分,所有参与者在该题上的平均得分是8分,则该题的难度为:

$$P = \frac{\overline{X}}{L} = \frac{8}{10} = 0.8$$

(三)难度受猜测影响的校正

当测验题目是选择题时,作答者的得分可能因猜测作用而变高,备选答案的数目越少,猜测的作用越大。如果是二择一的题目,备选答案只有两个,其凭猜测得分的概率是50%;四择一的题目相应概率为25%。因此,为了平衡猜测作用对难度计算的影响,吉尔福特提出了难度的校正公式:

$$CP = \frac{KP - 1}{K - 1} \tag{5-7}$$

式(5-7)中,CP代表校正后的难度,K代表备选答案的数目,P代表原始难度。如果要比较两个备选答案数目不同的题目的难度,需要分别校正它们的难度之后再进行比较。

例如，有两个测验题目，第一题是二择一选择题，正确率是0.7，第二题是四择一选择题，正确率是0.68，比较两题的难度。

首先，由于两题的备选答案数目不一致，不能直接比较，要对其原始难度进行校正：

$$CP_1 = \frac{KP - 1}{K - 1} = \frac{2 \times 0.7 - 1}{2 - 1} = 0.4$$

$$CP_2 = \frac{KP - 1}{K - 1} = \frac{4 \times 0.68 - 1}{4 - 1} = 0.57$$

由于$CP_2 > CP_1$，所以第一题的难度大于第二题，如果不进行校正，显然第一题的难度小。可见，猜测概率对备选答案数目不同选择题的难度影响不容忽视。

但公式(5-7)的基本假设是，在接受测验者不知道正确答案的前提下，完全凭猜测作答，猜测的成功与否完全由随机因素决定。但在实际测验中，这种假设成立的可能性非常小，因此学者对于猜测校正的必要性意见不一。

（四）难度的等距变换

项目难度是以通过率来表示的，这种指标属于顺序变量，不具有等距性，代表的仅仅是项目的相对难度。例如，三个测验题目的P值分别为0.5、0.6、0.7，可以说第一题最难，第三题最容易。虽然它们相邻的难度系数值均相差0.1，但不能确定第一题和第二题之间的难度差异是否与第二题和第三题之间的差异相等。要比较项目之间的难度差异，需将顺序变量转化为等距变量，一种最常见的方法是Z分数转换。

当样本容量较大时，测验分数的分布可以看成正态分布。根据正态分布曲线，整个曲线与横轴所围成的面积是1，将试题的难度P看成正态曲线下的面积，横轴则为具有相等单位的等距变量，即Z分数。它们之间的对应关系是，依据通过率从右向左划定面积，通过率即P值越大，右侧面积越大，面积边缘对应的横坐标就为该P值对应的Z分数。例如，在正态分布中，平均数以上或以下一个标准差的距离大约包含了全体人数的34%。因此，如果在一个测验中有84%的人通过(P=0.84)，则该题难度对应的Z分数在平均数以下一个标准差处，即$Z=-1\sigma$(由于标准正态分布中Z分数的标准差是1，所以这里可写成$Z=-1$，下同)；如果通过率为50%(P=0.5)，则对应的Z=0；如果通过率为16%(P=0.16)，则对应的$Z=+1$。可见，题目越难，P值越小，Z值越大(如图5-1)。这样转化后的难度值就有了相同的单位，就可以比较它们的差距，便于进一步的分析。

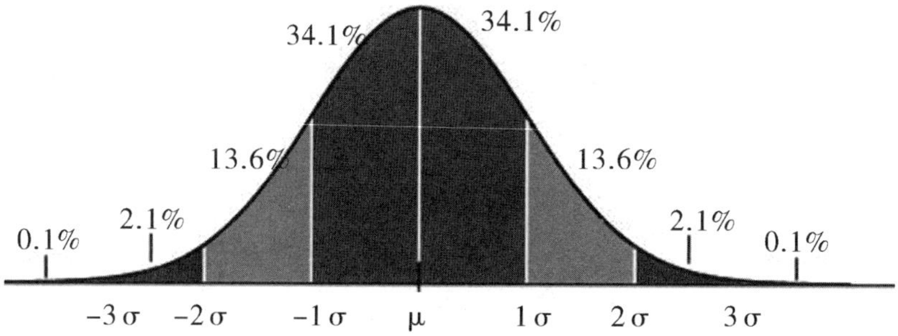

图5-1　*P*值与*Z*值的转化关系

由于*Z*分数包含小数点且有负值,为了计算方便,引进另一种难度指标:Δ分,它是美国教育测试服务中心采用的难度指标,其计算公式是:

$$\Delta=13+4Z \tag{5-8}$$

式(5-8)中,Δ代表难度的等距指标,*Z*代表由*P*值转化来的*Z*分数。由公式可知,Δ的平均数是13,标准差为4。由于*Z*分数取值在$-3\sim+3$之间包含了全部人数的99.74%,因此Δ的取值范围一般为1~25。题目越难,*Z*值越大,Δ越大。

三、项目难度水平的确定

测验项目的难度处于什么水平最为合适呢?这取决于测验的目的。不同的测验目的对难度有不同的要求。在常模参照测验中,测验的目的在于比较不同接受测验者之间的差异,这种情况下测验的平均难度应保持在0.5左右,并且各项目间应有一个合理的难度梯度,这样可使测验分数呈常态分布,并能有效地区分不同水平的接受测验者。而在标准参照测验或掌握测验中,测验的目的不是区分接受测验者的差异,而在于检验接受测验者对某知识技能的掌握情况,所以难度值过高或过低都反映了施测者需要了解的信息,都是可以接受的。在具体实例中,比如在选拔录用人员时,应使难度值接近录取率,一般情况下只有少数人才能被录取,所以项目难度偏大;而在毕业考试中,考试目的在于判断考生是否达到了毕业所要求的最基本的知识技能水平,项目难度不宜过大。

四、项目难度对测验的影响

(一)项目难度影响测验分数的分布形态

测验结果的分数分布呈现两种情况,一种呈正态分布,另一种呈偏态分布。通过考察测验分数的分布情况,可以对项目难度做出直观的分析。如果测验的难度适中,即平均难度为0.5左右,则结果分布大致呈正态分布;如果难度过大或过小,结果分布呈偏态。其中,难度过小,测验分数普遍较高,分数集中在高分端,测验结果呈负偏态分布(如示意图5-2a);难度过大,测验分数普遍较低,分数集中在低分端,测验结果呈正偏态分布(如示意图5-2b)。

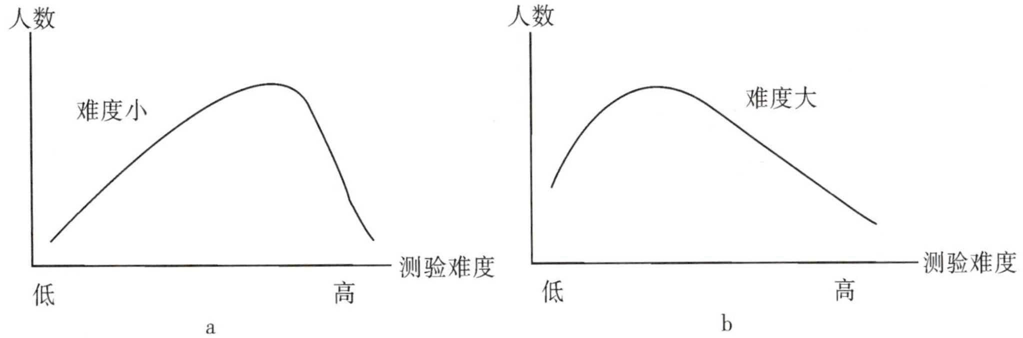

图5-2　测验分数的偏态分布

度影响测验分数的离散程度

度过大或过小,都会造成测验分数呈偏态分布,使测验分数的离散程数分布的全距缩小;当平均难度在0.5附近时,测试结果接近正态分布,。这会进一步影响到测验的信度。前面章节中已经讲到,分数分布广,测验… 高,反之,信度值低。因此,在大多数测验中,难度水平适中时信度最佳。

(三)项目难度影响测验的鉴别能力

这一部分的内容将在下一节讲区分度时具体讨论。

复习巩固

1.计算项目难度的方法有哪些?

2.项目难度会对测验产生怎样的影响?

生活中的心理学

黄金法则案例

在20世纪80年代早期,黄金法则保险公司控告了伊利诺伊保险部门以及教育考试中心(Education Testing Service,ETS)。黄金法则的诉讼指出,ETS为伊利诺伊保险部门开发的两个保险执照测验对于黑人接受测验者存在偏差。他们所说的偏差指的是,白人在很多项目上的正确作答率比黑人的都要高。该诉讼所依据的统计量是P值,即用于表明项目难度的统计量。这种对于黑人和白人不同的项目难度水平,导致了大量的白人而不是黑人通过了该测验并且拿到了执照。该案例最终庭外和解,双方达成协议,ETS将开发出进一步的测验,在新测验的项目中,所有接受测验者的正确作答概率都低于0.4。而且,双方协定,如果白人和黑人在某个项目上的正确作答率相差超过0.15,那么该项目将不会被用于测验中。

很多测验专家提出,黄金法则案例的解决方法是有问题的。他们指出,通过P值对项目难度进行比较的方法,并没有将接受测验者的能力水平考虑进来。换句话说,接受测验者没有正确作答是因为项目出得不好,还是仅仅因为接受测验者不知道如何正确回答?

正如研究者们在美国心理学会年会的一个讨论上,以及APA的一个官方声明中所指出的,项目反应理论(IRT)提供了一个更好的方法以识别项目是否对于一个群体比另一个群体更困难。项目特征曲线ICCs在项目难度与接受测验者的能力之间建立起了联系。对ICC进行比较是评估项目难度的一个更好方式,因为它将接受测验者的能力值考虑了进来。对同一组模拟数据的评价发现,黄金法则方法的结果是90%的项目是存在偏差的,相反,IRT的方法则发现,当将能力因素考虑进来的时候,只有25%的项目有偏差。

(转自 McIntire & Miller,2000)

第二节　测验项目的区分度

在检验每个项目时,我们想知道测验中接受测验者对这一项目的反应和另一项目的反应是否相关以及相关程度,这就需要分析项目的区分度。本节主要介绍区分度的含义、计算以及与难度的关系。

一、项目区分度的含义

题目的区分度(discriminability)又叫鉴别力(discriminating power),是指测验项目对作答者实际水平的鉴别能力和区分程度,它是项目能否区分测验高分者与低分者有效性的指标。一个测验如果具有良好的区分度,则能将不同水平的作答者区分开来,即实际水平高的作答者得高分,实际水平低的作答者得低分。

项目区分度是评价项目质量和筛选项目的又一重要指标，也是影响测验效度的重要因素。区分度低即意味着项目不能测出接受测验者的实际水平，显然这会影响到测验的效度。

区分度用鉴别指数(discrimination index)D来表示，它的取值范围是-1~$+1$。当D值为正数时，D值越高，项目越能有效区分测验的高分者和低分者，称作积极区分。极端情况下，一个测验的区分度$D=1$，表明测验高分组的所有接受测验者都答对该项目，而测验低分组所有接受测验者都答错(很少有项目的区分度能达到1)。当D值为负数时，则意味着接受测验者实际能力越高，项目得分反而越低，称作消极区分，这种情况极少发生，应淘汰该项目。极端情况下，某测验的区分度$D=-1$，表示高分组都答错，低分组都答对。当D值为0时，表示高分组和低分组通过项目人数相等，称作无区分作用。

项目区分度是相对的，它会因计算方法、样本容量、分组标准、接受测验者样本同质性等方面的不同而不同。一般来说，样本容量越小、接受测验者越同质，区分度越低。因此，在评价项目的质量和筛选项目时，只能将区分度作为相对标准来使用。表5-1是美国测验专家埃贝尔(Ebel，1967)根据长期经验提出的评价项目质量的标准。这个标准不是绝对的，只是为评价题目提供参考。

表5-1 测题的区分度及其优劣评鉴

鉴别指数D范围	测题评鉴
0.40以上	很好
0.30-0.39	良好，须修改
0.20-0.29	尚可，应修改
0.19以下	较差，须淘汰

二、项目区分度的计算

区分度的估计方法有很多，可以根据测验目的和性质选择不同的估算方法。平均差、方差、标准差等离散量数(或差异量数)表示一组数据的离散程度，数值越大，表明接受测验者在题上的得分越分散，该试题鉴别力越大。此外计算项目区分度的方法还有鉴别指数法和相关法。由于离散量数的计算在统计学教材中有详细介绍，这里就不再赘述，主要介绍后两种方法。

(一)鉴别指数法

鉴别指数法又叫作分组求差法、高低分组法。首先按测验总分将接受测验者依次排队，然后确定高分组与低分组，分别计算出高分组与低分组在该项目上的通过

率,两者之差就是鉴别指数,公式如下:

$$D = P_H - P_L \tag{5-9}$$

式中,D代表区分度,P_H和P_L分别代表高分组和低分组的通过率。

例如,在一个测验的某项目中,高分组的通过率为0.8,低分组的通过率为0.4,则该项目的区分度为:$D = P_H - P_L = 0.8-0.4 = 0.4$。

上述公式较适合二分法记分的项目,当测题是主观题而非选择题时,其区分度还可用以下公式计算:

$$D = \left(X_H - X_L\right)/N\left(x_{\max} - x_{\min}\right) \tag{5-10}$$

式中,N为接受测验者总人数,X_H和X_L分别表示高分组、低分组接受测验者的测验总得分,$x_{\max}$和$x_{\min}$分别表示该题的最高得分和最低得分。这一公式使用率不高。

确定高分组和低分组一般有两种方法:其一是按50%分组,即按排列顺序将接受测验者平分为两组,也叫分半求差法;其二是按27%分组,即按排列顺序将处于两端各27%的接受测验者分别作为高分组和低分组,也叫极端分组法。两种方法各有优劣:当接受测验者人数较少时,分半求差法较为合适;当遇到大样本接受测验者时,分数的分布接近正态,极端分组法能够使两组之间的差异尽可能大,而且省时省力,计算方便。尽管这一方法没有使用全部接受测验者的成绩,但由于测验分数两端的情况最能反映项目的区分度,因此有时候采用极端分组法得到的结果可能更理想;但也由于此方法只利用了部分接受测验者的信息,可能影响结果的准确性。在实际应用中,视具体情况选择合适的分组。

(二)相关法

用分组求差法估计区分度易于理解,计算方便,但结果不够精确。对于大规模的标准化的测验,多采用相关法分析项目的区分度。在理论上,区分度是用接受测验者在测题上的得分与实际水平之间的相关来表示,但接受测验者的实际能力水平难以直接测量。因此,在具体估计测题的区分度时,往往用其他指标作为替代,其中常用的是测验总分和外部校标。根据参照指标的不同可分为题总相关和项目效度分析法。

1.题总相关

题总相关就是通过计算项目得分与测验总分之间的相关系数来估计项目区分度的方法。测验总分可以区分接受测验者的实际水平,一般而言,当接受测验者测验总分高时,个体的实际水平也高。由此推之,当接受测验者测验总分高时,在测题上的得分也越高;反之,就越低。因此,当某一测题的分数与测验总分的相关越高,表示该题目上得分高的被试亦是能力高的被试,则说明区分度越好,说明该题能够用于鉴别接受测验者的差异。

根据两个变量的属性，可以选择积差相关、点二列相关、二列相关、Φ相关等不同的计算方法。

(1)积差相关

当两个变量(项目得分和测验总分)都是连续变量时，譬如主观式测题，由于项目得分具有连续性，当接受测验者人数较多时，项目得分可以近似看成正态分布，这样的项目适宜采用积差相关法来计算区分度，其计算公式如下：

$$r=\frac{n\sum xy-\sum x\sum y}{\sqrt{n\sum x^2-(\sum x)^2}\sqrt{n\sum y^2-(\sum y)^2}} \quad (5-11)$$

式中，x代表接受测验者某题目的得分，y代表接受测验者测验总分，n代表接受测验者人数。

如果题目中没有直接给出接受测验者的原始分数，可以通过以下公式进行计算：

$$r_{x_1x_2}=\frac{\sum(x_1-\bar{x}_1)(x_2-\bar{x}_2)}{ns_{x_1}s_{x_2}} \quad (5-12)$$

式中，x_1、x_2分别代表项目分数和测验总分，$\bar{x}_1$、$\bar{x}_2$，s_{x_1}、s_{x_2}分别代表所有接受测验者项目分数和测验总分的平均数和标准分，n代表参加测验的人数。

求出相关系数后需要进行显著性检验，即相关是否达到了统计上的显著性水平(在0.05或0.01水平上)。可通过查询“积差相关系数显著性临界值表”获得相对应的临界值。若求得的相关系数大于该临界值，说明该题的区分度达到了显著性水平。

例如，有14名学生参加某项物理测验，其中第三题得分为x，测验总分为y，结果如表5-2所示，求第三题的区分度。

表5-2 14名学生物理测验总分与第三题得分统计表

学生	第三题得分x	测验总分y	x^2	y^2	xy
1	8	90	64	8100	720
2	6	79	36	6241	474
3	4	83	16	6889	332
4	2	54	4	2916	108
5	5	67	25	4489	335
6	5	78	25	6084	390
7	7	74	49	5476	518
8	5	89	25	7921	445
9	5	69	25	4761	345
10	9	92	81	8464	828
11	4	84	16	7056	336

续表

学生	第三题得分x	测验总分y	x^2	y^2	xy
12	5	80	25	6400	400
13	5	73	25	5329	365
14	7	90	49	8100	630
$\sum$	77	1102	465	88226	6226

将表5-2中各数据带入公式(5-11)可得:

$$r = \frac{n\sum xy - \sum x \sum y}{\sqrt{n\sum x^2 - (\sum x)^2}\sqrt{n\sum y^2 - (\sum y)^2}}$$

$$= \frac{14 \times 6226 - 77 \times 1102}{\sqrt{14 \times 465 - 77^2}\sqrt{14 \times 88226 - 1102^2}} = 0.665$$

因此,第三题的区分度为0.665。根据自由度($df = n - 2$)和显著性水平查“积差相关系数显著性临界值表”得,$r_{0.05}(12) = 0.532 < 0.665$,因此,求得的相关系数值达到了0.05的显著性水平,即该题具有良好的区分度。

(2)点二列相关法

当项目得分是真正的二分变量,测验总分为连续变量时,应采用点二列相关法估计该题的区分度,计算公式为:

$$r_{pb} = \frac{\overline{x_p} - \overline{x_q}}{s_t}\sqrt{pq} \tag{5-13}$$

$$\text{或} \quad r_{pb} = \frac{\overline{x_p} - \overline{x_t}}{s_t}\sqrt{\frac{p}{q}} \tag{5-14}$$

式(5-13)和(5-14)中,p和q分别代表答对和答错人数占总人数的比率,$\overline{x_p}$和$\overline{x_q}$代表两类接受测验者各自在测验上的平均分,S_t为接受测验者测验总分的标准差,$\overline{x_t}$为全体接受测验者测验总分的平均分。

例如,10名学生参加了一次数学模拟测验,表5-3为他们的测验总分和在第9题上的作答情况,请计算该选择题的区分度。

表5-3 10名学生参加数学模拟测验的成绩

学生	总分	第9题上的答案	学生	总分	第9题上的答案
1	100	对	6	60	错
2	90	错	7	60	错
3	75	对	8	55	对
4	70	错	9	40	错
5	70	对	10	30	错

由表5-3可求得，$p=\frac{4}{10}=0.4$，

$q=1-p=0.6$，

$\overline{x_p}=(70+55+75+100)\div 4=75$，

$\overline{x_q}=(70+60+30+40+60+90)\div 6=58.3$，

$s_t=\sqrt{\frac{\sum(x_i-\overline{x_t})^2}{n}}=20$（$x_i$代表每个学生的总分，$\overline{x_t}$代表总分平均分，$n$代表学生人数）

代入公式（5-13）计算可得，$r_{pb}=0.41$。

用点二列求得的数据也必须经过显著性检验才能确定项目区分学生水平的能力。查表得，$r_{0.05}(8)=0.632>0.41$，因此，该题与总分相关不显著，其区分学生的能力较差。

（3）二列相关法

当测验总分和项目分数均为连续变量，而其中一个变量被人为地分为两类时，此时就要采用二列相关法来研究它们之间的关系。前提是被人为二分的变量总体原先是正态分布；对于连续变量的分布，至少要是单峰且对称分布。计算公式为：

$$r_b=\frac{\overline{x_p}-\overline{x_q}}{s_t}\cdot\frac{pq}{y} \tag{5-15}$$

$$\text{或}\quad r_b=\frac{\overline{x_p}-\overline{x_t}}{s_t}\cdot\frac{p}{y} \tag{5-16}$$

式（5-15）和（5-16）中，y代表正态分布下p与q分割点对应的正态曲线的高度。其他符号对应的意义与公式（5-13）相同。

我们仍近似用上述例子的材料采用二列相关来计算项目区分度。此时，$p=0.4$，查表得知$y=0.3867$，则：

$$r_b=\frac{\overline{x_p}-\overline{x_q}}{s_t}\cdot\frac{pq}{y}=0.51$$

同样，此时也需要检验二列相关系数的显著性，检验公式为：

$$z=\frac{r_b}{\frac{1}{y}\sqrt{\frac{pq}{n}}} \tag{5-17}$$

经检验，$z=\frac{0.51}{\frac{1}{0.3867}\sqrt{\frac{0.4\times 0.6}{10}}}=1.275<1.96$，即相关不显著，该题的区分度较差。

相同材料，用不同计算方法得到的数据结果有差异，这与分数的分布是否正态有

很大关系,它对r_b的结果影响更大。因此,实际应用时要根据具体数据选择合适的方法计算项目区分度。虽数值结果不相同,但显著性检验均未达到显著性水平,因此,分析结果是一致的。

(4)Φ相关法

Φ相关适用于两个变量都是二分变量的计算,有时连续变量也可以分成两种类别用它计算相关程度,例如将总分划分为合格或不合格。Φ相关不要求变量呈正态分布。一般根据以测验总分划分为合格、不合格的接受测验者在某一题上通过、未通过的人数列成四格表来计算。其公式为:

$$\Phi = \frac{ad - bc}{\sqrt{(a + b)(c + d)(a + c)(b + d)}} \tag{5-18}$$

式(5-18)中,a、b、c、d分别代表四格表中每一格所包含的人数(表5-4)。

例如,30名接受测验者参加一次选拔测试,表5-4是测验结果及其在第4题上的通过率,请据此计算第4题的区分度。

表5-4 30名接受测验者的测验结果

总分＼第四题	通过	未通过	合计
合格	15(a)	3(b)	18(a+b)
不合格	5(c)	7(d)	12(c+d)
合计	20(a+c)	10(b+d)	30(a+b+c+d)

将表5-4的数据代入公式(5-18)得,

$$\Phi = \frac{ad - bc}{\sqrt{(a + b)(c + d)(a + c)(b + d)}} = \frac{15 \times 7 - 3 \times 5}{\sqrt{18 \times 12 \times 20 \times 10}} = 0.433$$

根据Φ的显著性检验方法,需先将Φ转换为χ^2值,$\chi^2 = n\Phi^2 = 30 \times 0.433^2 = 5.62$。查$\chi^2$值表可知,$df = 1$,$p = 0.05$的临界值为3.84,所以$\chi^2 = 5.62>3.84$,在该置信水平上有显著意义,可见第4题的区分度是较高的。

2.项目效度分析法

题总相关是建立在测验效度较好的基础之上的,如果一个测验的效度不高,那么即使项目得分与总分相关显著,也不能说明该项目的区分度高。而项目效度分析法是首先确定一个可靠的效度高的外在校标,检验项目得分与外在校标之间的相关关系,来作为项目区分度的估计指标。它的计算方法与题总相关相同,只是这里不再以测验总分作为标准计算相关,而是以校标分数作为参照。采用此方法的关键是外在校标的确定。

用项目效度分析法计算区分度的优点是,它可以对不同质的综合测验或多维测验的项目进行分析。此类测验是测量接受测验者多种不同的特质,包含了多个维度。

而用来考验效度的校标也是多种特质的组合，因此此类测验的区分度分析适宜用项目效度分析法；如果用题总相关去强调项目与测验总分的一致性，就会降低整个测验的效度，因为总分并不适用于多维测验。

总之，计算项目区分度时，要根据测验目的和性质的不同，选用不用的方法，只有这样，才能正确判断项目的区分度。

三、项目区分度与难度的关系

前面提到过，项目难度影响测验的鉴别能力，两者之间有密切的联系。根据公式 $P=\frac{P_H+P_L}{2}$ 和 $D=P_H-P_L$ 可以看出，若难度指数 P 为1或0，即高分组和低分组全部通过或者没有一个通过，这样就形成了天花板效应或地板效应，显然区分度指数D都等于0，项目没有鉴别能力；若难度指数为0.5，有可能是高分组的所有接受测验者都通过了，而低分组却无人通过，这样D的最大值可以达到1。根据同样方法可求出不同难度的项目可能达到的最大D值，具体如表5-5所示。

表5-5 项目难度与最大D值的关系

难度系数 P	鉴别力指数 D 的最大值
1.0	0.0
0.9	0.2
0.7	0.6
0.6	0.8
0.5	1.0
0.4	0.8
0.3	0.6
0.1	0.2
0.0	0.0

由表5-5可见，越接近中等难度水平，项目的潜在区分度越大；难度值越极端，项目的潜在区分度越小。所以在常模参照测验中，项目难度要保持中等水平。

为了使测验具备较高的鉴别能力，似乎应该使每个项目的难度都处于0.5水平，但事实上并非如此简单。只有在所有项目内在相关为0的时候，所有项目难度接近0.5，整个测验分数才呈正态分布。但在实际测验中，同一个测验的题目大多存在某种程度的相关，如果每一项目难度均为0.5，会造成项目同质性提高，在极端的情况下，有可能50%的接受测验者全部通过各项目得满分，另外50%的接受测验者全部得0分，这样反而降低总分的区分能力。而且，一般而言，难度高的测验对水平高的接受测验者具有较好的区分能力，难度低的测验对水平低的接受测验者具有较好的区分能力,如果一味地追求中等难度,就会降低测验对高水平和低水平接受测验者的鉴别能力。因此,测验各项目的难度分布应广一些,即特别难和特别易的项目少些,接近中等难度的项目多些,保证所有项目的平均难度接近0.5,形成一个合理的难度梯度分布。这样不仅能保证多数项目具有较高的区分度,而且可以保证整个测验对接受测验者具有较高的区分能力,从而保证测验的质量。

复习巩固

1. 各种区分度计算方法各自的适用条件是什么?
2. 简述区分度与难度的关系。

第三节　诱答项分析

在检验一个多重选择项目时,除了对项目难度、区分度的关注,还会关心每个选项上有多少人选择,即对项目进行诱答项分析。本节介绍诱答项的含义及其与难度、区分度的关系。

一、诱答项的含义

多重选择题客观性强,评分方便,测量范围广,而且相对于是非题能更好地控制猜测因素,因而在编制测验时被广泛采用。对于这种项目而言,除了要考察难度、区分度以外,还应该对接受测验者的题目作答反应进行分析。每个多重选择题都只有唯一一个正确或理想的答案,其他的均为诱答项。检验参加测试者对每个项目诱答项的反应模式就是诱答项分析(distracter analysis)。

对选项反应模式的分析主要应注意以下几个方面:

(1)如果所有接受测验者都能选择正确答案,说明该题目难度太低,或者存在某种暗示性使答案过于明显。

(2)如果某个错误选项没有被任何接受测验者选择,说明该选项没有迷惑性。一般至少要有5%(有参考书提到2%)左右的接受测验者选择某选项,否则应直接删除该选项。

(3)如果接受测验者都选择了同一个错误答案,可能是测验题目编制有误,把正确答案搞错了,或者测验前都受到误导。

(4)如果高分组接受测验者的选择都集中在两个答案上,则可能有两个正确答案或两个答案之间有一定的内在一致性。

(5)如果高分组对正确选项的选择率等于或低于低分组,表明该项目不具备鉴别能力,应当删除。

(6)对于非速度测验,如果一个题目大多数接受测验者未做回答,或选各选项人数均等,可能该题难度过大或题意不清,接受测验者无法作答或只能凭猜测作答。

在进行实际分析时,可以将多重选择题的选答情况登记下来,便于分析评价。下面举例说明多重选择题项目分析的步骤。

某测验有四道测试题,选取370名应试者作答,对测验结果进行项目分析,其步骤如下:

(1)按测验总分高低依次排列试卷;

(2)分别选取排名前27%和后27%各100名应试者组成高分组和低分组;

(3)分别记录高分组和低分组选中各选项的人数或比例;

(4)根据公式$P=\frac{P_H+P_L}{2}$和$D=P_H-P_L$分别计算每个项目的难度和区分度;

(5)将计算结果列入表5-6。

表5-6 项目分析表

题号	组别	选答人数					正确答案	难度	区分度
		A	B	C	D	未答			
1	高分组	2	45	15	38	0	C	0.135	0.03
	低分组	3	55	12	30	2			
2	高分组	7	90	1	2	0	B	0.7	0.4
	低分组	20	50	12	18	0			
3	高分组	16	14	28	30	12	D	0.35	-0.1
	低分组	14	16	19	40	11			
4	高分组	55	13	16	15	1	A	0.45	0.2
	低分组	35	20	26	15	4			

对表5-6的数据分析如下:

(1)从难度角度看,第1题偏难,第2题稍易,第3、4题难度适宜。

(2)从区分度角度看,一般认为区分度大于0.3为宜。上述四题中,只有第2题的区分度具备良好的鉴别能力;第4题的区分度尚可,需要进行修改;第1、3题的区分度太小,并且第3题是负向区分度,此两题为不良试题。

(3)从诱答项分析看,在正确答案上,高分组人数应大于低分组;在诱答项上,高分组人数少于低分组。第1题中,A选项选择人数太少,可能该选项错得太明显而缺乏似真性,且在诱答项D中,高分组人数多于低分组,需找出原因适当修改;第2题基本符合要求;第3题中,在正确答案D上,高分组人数反而少于低分组,在诱答项A、C上,高分组人数却多于低分组,在B选项上人数相当,且未答人数较多,设计不合理;第4题D项无鉴别力,其他诱答项功能适宜。

(4)综合以上分析,第2题需稍增加难度,其他各项指标功能良好;第4题除了D选项需要修改外,其他各项指标基本符合要求;第1、3题基本不符合要求,最好重新编写。

二、诱答项与难度

一个好的测验项目的编制是不太容易的。通常编写题干和正确选项是没有问题的,困难之处在于编写合适的诱答项。出现一个或几个功能不适宜的诱答项就会改变项目的难度。要想编制一个良好的项目,诱答项的设置至关重要。在任何的情况下,修改这些诱答项都会从实质上改变项目的难度。

例如,一个关于实验心理学诞生时间的多重选择题,它的难易程度依赖于诱答项的设置。思考下面同一项目的两种形式。

A.实验心理学正式诞生的时间是:

a. 1856　　b. 1862　　c. 1879　　d. 1917

B.实验心理学正式诞生的时间是:

a. 1876　　b. 1878　　c. 1879　　d. 1897

会发现形式A更容易,B更难。诱答项的似然性极大地影响着项目的难度。如果接受测验者对所测试的领域一无所知,诱答项的似然性就相同。然而,一般来说,参加考试的人都会对所测的领域有一定了解,不太容易被荒谬的诱答项所欺骗;另一方面,接受测验者通常不是相关领域的专家,因而容易被一些极其相似的诱答项所迷惑。在这个题目中,B形式的诱答项似然性更大,因而难度更大。

总之,题目太难,往往是诱答项的迷惑性太强,因此要将诱答项的迷惑性降低一些,反之,则应提高诱答项的迷惑性。

三、诱答项与区分度

项目区分度指标能够提供关于诱答项整体功能的一些信息。正区分度表明高水平组接受测验者倾向于选择正确答案,而低水平组接受测验者倾向于选择某个诱答项。区分度的大小反映了这种选择倾向的程度。另一方面,负区分度表明高水平组接受测验者比低水平组选择了更多诱答项,这种项目不具鉴别力,应该修改或删除。

诱答项功能太好或太差通常被认为是导致测验项目缺乏鉴别力的重要因素。正如上一部分讨论到的，极端容易或难的项目很难或几乎不可能对接受测验者做出有效的鉴别，从而降低测验的区分度。修改一个或多个诱答项可能会显著提高差项目的鉴别力。

复习巩固

1. 简述诱答项分析的主要内容。
2. 简述诱答项与难度、区分度的关系。

拓展阅读

共同方法偏差

使用问卷对心理现象进行量化是心理学研究中的常用方法，一直以来颇受学者青睐。近年来，心理学研究中使用问卷进行调查研究的文献数量较多，使用问卷考察的变量也越来越多。问卷类研究中暴露的问题，如效果大小、共同方法偏差等问题越来越受到研究者的关注。如果研究数据来源单一，且自我报告又是唯一的作答方式时，那么这种资料收集的方法会导致测验结果产生差异。一些研究者使用共同方法变异（common method variance，CMV）这一概念来描述这种差异，另一些研究者则将这种差异定义为共同方法偏差（common method bias，CMB）。CMV和CMB的内涵在实质上是一致的，不同之处在于研究者使用CMV概念更倾向于客观描述这种变异的大小，而使用CMB概念则试图确定一个数值界线，以判断共同方法变异多大时，才会严重影响到研究结果的有效性。

为了控制或减少共同方法变异或偏差的大小，研究者通常采用程序控制和统计控制这2种方式。程序控制是在研究设计上，针对各种可能的方法变异来源，事先加以控制。研究者通常使用多种施测方式（如纸笔测验和网络测验）、不同的Likert等级数、正反向计分交叉设计、异时或异地测量、选取多个数据来源等方法，对共同方法偏差进行程序控制。在程序控制中，关键是识别预测变量与效标变量在测量上的共同之处，进而通过研究设计消除、减少这种影响。统计控制就是通过统计手段，减少方法变异对测验内或测验间研究结果的影响。在考虑使用何种统计方法进行控制时，P.M.Podsakoff等介绍了6大类方法，包括Harman单因素检验（包含探索性和验证性因素分析）、偏相关法（包含分离出可测量的方法变异来源、分离出一个标签变量和分离出第1公因子）、潜在误差变量控制法（包含无可测方法和直接测量的方法因素效应的控制）、多质多法模型、误差独特性相关模型和直接乘积模型,并指出使用统计控制方法时可依次考虑以下3个因素:(1)能否识别共同方法偏差的主要来源;(2)所识别的方法偏差是单个还是多个;(3)所识别的方法偏差能否被有效测量。在大多数情况下,研究者无法识别偏差来源,因此研究者通常只采用Harman单因素检验、偏相关法以及潜在误差变量控制法(无可测方法的方法因素效应)这3类方法对共同方法偏差进行检验。

(邓稳根等,2018)

本章要点小结

1.项目分析的目的是通过修改或删除无效项目的方式来提高测验的质量。在定量的项目分析中,主要考察项目的难度、区分度和诱答项。

2.难度指的是项目的难易程度,在人格或态度测验中指的是项目的通俗度。二分法记分的项目可以用通过率法、极端分组法来计算项目难度。

3.由于难度P值的非等距性,要想实现难度比较,需进行分数转化。

4.测验的目的决定了项目难度水平的确定。

5.项目难度会影响测验分数的分布形态、离散程度和鉴别力。

6.区分度是指测验项目对作答者实际水平的鉴别能力和区分程度,是项目能否区分测验高分者与低分者有效性的指标。

7.计算项目区分度主要有鉴别指数法和相关法。相关法分为题总相关和项目效度分析法。根据数据类型的不同,可选用积差相关、点二列相关、二列相关、Φ相关等不同的计算方法。

8.项目区分度与难度有密切的联系。越接近中等难度水平,项目的潜在区分度越大;难度值越极端,项目的潜在区分度越小。

9.诱答项分析就是检验人们对每个项目诱答项的反应模式。诱答项功能不适宜会影响项目的难度和区分度。修改一个或多个诱答项可以从实质上提高项目的质量。

关键术语表

1.项目分析
2.项目难度
3.难度系数
4.通俗度
5.项目区分度
6.鉴别力指数
7.诱答项

本章复习题

1. 大多数适合普通人群的测验如果要有较大的区分能力，一般应使项目的平均难度（　　）。

A. 较低　　B. 中等　　C. 较高　　D. 90%以上

2. 关于项目区分度表述最恰当的是（　　）。

A. 相关系数越大，区分度越小

B. 相关系数越小，区分度越高

C. 取值范围介于-2和+2之间

D. 指测验项目对接受测验者的心理特性的区分能力

3. 如果测验的目的在于选出10%的学习落后的学生进行补习，则测验合适的难度系数应为（　　）。

A. 0.90　　B. 0.50　　C. 0.20　　D. 0.10

4. 试题的难度和测验目的有关，负偏态分布适合于（　　）。

A. 中学会考　　B. 大学入学考试

C. 数学竞赛　　D. 单位招聘

5. 测验总分的分布呈正偏态，说明测验整体难度（　　）。

A. 偏易　　B. 适中　　C. 偏难　　D. 无法判断

6. 某份语文试卷满分为100分，现要分析试卷中作文题（满分为30分）的区分度，通常采用（　　）。

A. 积差相关法　　B. 二列相关法

C. 点二列相关法　　D. Φ相关法

7. 下面是某选拔测试中四道选择题的项目分析数据，根据项目筛选的一般要求，最佳项目是（　　）。

A. $P = 0.47, D = 0.43$　　B. $P = 0.62, D = 0.15$

C. $P = 0.21, D = 0.45$　　D. $P = 0.88, D = -0.30$

第六章

测验分数的合成与解释

现实生活中,为了达到某个测验目的往往使用多个测验,这就需要将这些测验组合起来获得一个合成分数或作总的预测。对于一个测验,无论是参加者还是使用者,都关注测验分数的意义。然而,我们并不能想当然地使用从测验中直接计算出的原始分数来评价自己,因为原始分数并不能告诉我们相对于他人我们的成绩是好是坏,也不能告诉我们是否掌握了所测的知识与能力。我们必须有可参照的对象,即常模或者标准。本章首先介绍测验分数的合成,然后从测验分数的解释方式上来具体介绍常模参照测验和标准参照测验。

第一节 测验分数的合成与解释模型概述

将测题分数或预测源组合起来,获得一个合成分数或者作总的预测的过程就叫作分数合成(scores combination)。不论是否需要合成测验分数,按测验分数的解释方式的不同都可将测验分为常模参照测验和标准参照测验。本节主要介绍分数合成的种类、方法以及测验分数解释的模型。

一、分数合成的种类

分数的合成可以在不同层面上进行,通常有以下3种:

(1)项目的组合。每个测验(以及分测验)都是由许多独立的项目组成,这些项目的得分组合起来得到总分。

(2)分测验或量表的组合。有些测验是由几个分测验或分量表组成,每个分测验都有个分数,这些分数可以合成得到一个总的分数。

(3)测验或预测源的组合。综合几个测验或预测源的结果进行决策,如研究生入学考试的复试使用专业能力笔试和综合素质面试来综合考查考生的能力和素质,将笔试成绩和面试成绩以一定比例合成为总的成绩,作为录取的依据之一。

二、分数合成的方法

由于测量目的和所用资料的不同,分数合成的方法也是不同的。主要的分数合成方法有临床判断、加权求和、多重回归和多重划分。

(一)临床判断

临床判断(clinical judgment)是根据直觉经验,主观地将各种因素组合起来以得出结论或进行预测。如高考考生在填报高考志愿时,可以根据自己的高考成绩、兴趣爱好、个性特征、就业前景及大学招生情况等因素来综合分析以做出决策。

临床判断法的优点:(1)能够从整体上综合考虑各因素;(2)具有较高灵活性,针对特定个人做具体判断,能充分考虑到个体的独特性。该方法的不足:(1)主观加权的方法不够客观,可能会受到判断者偏见的影响;(2)没有精确的数量指标。

(二)加权求和

如果要合成的测验分数满足以下条件,可以进行加权求和(weighted addition):(1)各个测验所测的特质之间有互偿作用,(2)这些测验的分数是连续性资料,以及(3)各个测验分数大体上可同时获得。这种加权求和又可分为3种:单位加权、等量加权和差异加权。

单位加权就是将各个测验分数直接相加,即

$$X_C=X_1+X_2+\cdots+X_n \quad (6\text{-}1)$$

其中,X_C是合成分数,X_1至X_n是各个测验的分数。单位加权是根据每个分数与其标准差成比例的加权,也就是说,变异量最大的测验在整个合成分数中具有最大的权重,因此这种方法通常是将各变量作非等量加权。

而作等量加权则是将所有分数转换成标准分数,再采用公式进行组合:

$$Z_C=Z_1+Z_2+\cdots+Z_n \quad (6\text{-}2)$$

公式6-2中,Z_C是合成的标准分数,Z_1至Z_n是各个测验的标准分数。这个公式要求各个测验对预测效标具有同等重要性,然而现实中各个测验对预测效标的作用可能是不同的,这就需要根据各测验与效标之间的经验关系做差异加权。

差异加权公式为:

$$Z_C=W_1Z_1+W_2Z_2+\cdots+W_nZ_n \quad (6\text{-}3)$$

其中,W_1至W_n是加权系数,其他指标同公式6-2。加权系数的确定较为复杂,通常可以从某些理论要求出发加以推定,也可以基于实践数据使用统计方法得出。

(三)多重回归

当需要同时采用几个测验分数来预测一个目标,并且各个测验所测特质具有互偿性(即测验分数低的特质能够由其他测验得分高的特质来补偿)时,常使用多重回归。比如,在高考中,如果某学科成绩较低,但只要其他学科成绩较高,总分达到要求也可以被录取。多重回归(multiple regression)是研究两个或两个以上自变量对因变量影响的统计方法。使用多重回归,要求预测源与效标有线性关系、能够同时取得、都是连续性资料。多重回归的基本方程式为:

$$\hat{Y}=a+b_1x_1+b_2x_2+\cdots+b_nx_n \quad (6\text{-}4)$$

公式6-4中,$\hat{Y}$是预测效标分数;x_1至x_n是各个预测源分数;b_1至b_n是每个预测源的加权数;a是一常数,用来校正预测源与效标平均数的差异。

多重回归分析的输入资料是预测源与效标的均值和标准差,以及所有变量间的相关矩阵。输出结果主要是回归方程式(以指出各个预测源的加权数)和复相关系数R,表示预测源(当作一个合成体)与预测目标之间的相关。R^2是决定系数,表示效标中的变异可由预测源来解释的比例。

当预测源在两个以上时，通常采用阶梯式步骤进行多重回归分析。首先选出与效标相关最高的变量作为最佳预测源，然后加入另一个预测源以使R^2值增至最大。当加入额外预测源不再使R^2值显著增加时，则终止分析。

（四）多重划分

当几个预测源都很重要，并且所测特质之间不能互相补偿（即测验分数低的特质不能由其他测验得分高的特质来补偿）时，需要给每个预测源都确定一个标准，将个体的成绩划分为合格与不合格两类，这就是多重划分（multiple division）。使用这种方法，个体只有每个测验都合格，才能保证总体上合格。如在心理咨询师考试中，必须各项分测验都达到合格成绩才算通过考试。在整个施测中，要把所有组成这一测验的分测验按一定顺序排列起来逐一施测，只有通过前一次测验，才能进行下一次测验。一旦一个测验的成绩不合格，测验就终止，受测者被视为不合格而淘汰。这种需要受测者通过一连串测验栅栏的方法，也叫作“连续栅栏”。如招飞考试中，受测者只有通过前一项检测才能进行下一项，一旦出现不合格，整个考试终止。

在安排预测源顺序时，需要遵循有效、经济的原则，具体说来就是将最有效的预测源或测验放在前面，第二有效的测验次之，以此类推。

三、测验分数解释概述

（一）测验分数解释的分类

不论是对于单个测验的分数，还是合成的测验分数，按照测验分数的解释方式均可以将测验分为两类：常模参照测验和标准参照测验。顾名思义，常模参照测验以常模为参照对象，标准参照测验以标准为参照对象。

表6-1从四个方面分析常模参照测验和标准参照测验的不同点。在测验目的上，常模参照测验是以将受测者成绩与他人比较，区分不同受测者之间差异为目的来解释测验分数；而标准参照测验则是以将受测者成绩与预先设定的标准进行比较，了解受测者是否掌握了测验所测知识，或者是否达到某种要求为目的来解释测验分数。在项目内容上，常模参照测验往往选取间接相关的广泛领域的内容，这利于将不同受测者区分开；而标准参照测验选取与现实意义相关的有限领域的内容，这些内容正是标准参照测验所要考察的内容。在项目选择上，常模参照测验选择的项目难度跨度较大，以区分不同水平的受测者；而标准参照测验选择的大多数项目有着相似的难度

水平,因为其重点在于考察受测者是否掌握知识或达到某种要求,而不是区分受测者。在分数解释上,常模参照测验通常选用标准分数、百分位等级或者年级当量,以便于将团体中不同位置的受测者进行比较;而标准参照测验通常用百分比,即达到预先设定标准的百分比来表示,以便于直观地观察受测者是否达到要求。

表6-1 标准参照测验与常模参照测验的对比

维度	常模参照测验	标准参照测验
目的	将受测者的成绩与他人相比较	将受测者的成绩与预先设定的标准进行比较
项目内容	间接相关的广泛领域的内容	与现实意义相关的有限领域的内容
项目选择	项目的难度水平跨度较大	大多数项目难度水平相似
分数解释	分数通常用标准分数、百分位等级或者年级当量来表示	分数通常用百分比来表示,就是达到预先设定标准的百分比

(转自 Gregory, 2012)

(二)测验分数解释的模型

高德曼(L. Goldman)曾提出一个有关测验分数解释的三维模型(戴海崎等,1999),这三个维度分别是:资料来源、资料处理方法和解释测验分数的类型。资料来源有两种:测验资料(即各种标准化测验的测验分数)与非测验资料(即各种自编测验及问卷、家庭背景、晤谈或观察所得资料等)。资料处理的方法有两种:机械处理(也称作统计分析,包括常模对照表、预期表、剖面图分析及回归预测等)与非机械处理(也称作临床诊断,采用归纳与演绎的推理方法来综合评判资料的意义,这种方法比较主观、直觉、不清楚)。解释测验分数包括4个类型:叙述的解释(指描述个人的心理特征状态)、溯因的解释(指追溯过去以解释目前的发展情况)、预测的解释(指推估未来的可能发展情形)与评价的解释(指作价值的判断或作某种决定,是基于前面几种解释而作的判断)。将这三个维度加以组合,可以有2×2×4=16种不同的解释方式。

复习巩固

1.测验分数的合成有哪些方法?

2.简述高德曼测验分数解释的三维模型。

生活中的心理学

日语能力测试的分数合成

日本语能力测试(JLPT / The Japanese-Language Proficiency Test)是对日本国内及海外以母语非日语学习者为对象,进行日语能力测试和认定。1984年开始时报名人数约七千人,2018年全世界报名测试的人数超过一百万人。

测试分五个等级,N1、N2、N3考试由语言知识(文字、词汇、语法)、阅读和听力构成,N4、N5考试由语言知识(文字、词汇、语法)和听力组成,满分均为180分,各个等级合格分不同。成绩合格者还将同时得到日本国际交流基金会颁发的合格证书。N1、N2、N3、N4、N5级的合格证书均长期有效。

测试成绩:

等级	综合得分		语言知识(文字、词汇、语法)		阅读		听力	
	范围	合格分	范围	及格分	范围	及格分	范围	及格分
N1	0~180	100	0~60	19	0~60	19	0~60	19
N2	0~180	90	0~60	19	0~60	19	0~60	19
N3	0~180	95	0~60	19	0~60	19	0~60	19

等级	综合得分		语言知识(文字、词汇、语法)·阅读		听力	
	范围	合格	范围	及格分	范围	及格
N4	0~180	90	0~120	38	0~60	19
N5	0~180	80	0~120	38	0~60	19

该分数标准从2010年开始适用,与一开始所使用的标准有所不同。

评定标准:通过综合得分和各单项得分的及格分来评定是否及格。单项得分的及格分是指各单项得分至少应达到这一分数。如果各单项得分中有一项没有达到及格分,那么,无论综合得分多高都不能视为及格。

(资料来源:日本语能力测试官方网站,2019)

第二节　常模参照测验的分数解释

常模参照测验是以常模为参照对象来解释受测者的测验分数,用于确定不同受测者的心理水平在总体中的相对位置。本节主要介绍常模参照测验的定义、常模编制以及几种主要常模。

一、常模参照测验概述

常模参照测验(norm-referenced test)是用常模来解释个人测验分数的一种测验。它是以团体的心理水平来衡量个体心理水平。常模参照测验的目的是将受测者的表现与该团体中其他受测者相比较,从而区分不同的受测者,确定每个受测者的心理水平在总体中的相对位置。常模参照测验把团体的分数作为评价个体表现的标准参照,可以尽量精细地区分各个受测者的心理水平。但也存在弊端:第一,常模参照测验使用过度,可能导致受测者盲目竞争;第二,它不能较好地反映受测者对测验内容的掌握情况。

二、常模

依据计分标准,直接对照受测者的测验反应计算得到的分数就是原始分数(raw score)。原始分数反映的仅仅是从测验中直接获得的结果,本身并没有什么意义。例如,某同学在一次测验中得了85分,仅仅根据这一信息无法判断其学习成绩高低。因为我们不了解参加同一测验的其他同学成绩如何,也不了解该同学以往成绩如何,以及该测验与以往测验的难度是否一致。

为了使原始分数具有意义,需要将原始分数进行一定的统计处理,转换成具有参照点和单位的与原始分数等值的量表上的分数,叫作导出分数(derived score,也叫量表分数)。常用的导出分数有百分等级、标准分数、*T*分数等。将原始分数转换成导出分数的过程叫作分数转换。而从原始分数向导出分数转换要以该测验的标准化样本的测验分数为依据,这个依据就是常模。有了常模就能知道上例中的那位同学的85分在参加该测验的总体中处于哪个水平。为了使测验分数得到有效的解释,必须首先建立常模。

(一)常模的定义

常模(norm)是根据受测者总体的一个足够大的、有代表性的样本的测验分数,经一定统计处理而建立起来的、具有参照点和单位的测验量表。它是对测验分数进行解释的依据。

(二)常模编制

1.常模团体

常模团体(norm group)是为了建立测验常模,从测验的受测者总体中抽取的一个足够大的、具有代表性的样本。常模来自常模团体,常模团体的质量很大程度上决定了常模作为测验分数解释的依据是否可靠有效。

常模团体要满足一定的条件:

(1)常模团体的成员要给予明确的定义。如果测验所针对的群体过大,群体内部可能包括许多有差异的小群体,这就需要对常模团体下一个明确的定义,以确保常模团体成员的同质性。

(2)常模团体要具有充分代表性。当测验总体很大时,只能将其中一部分受测者作为代表,这就要求常模团体具有充分代表性。如果常模团体缺乏代表性,会使常模资料产生偏差,从而影响测验分数的解释。为确保其代表性,需要遵循随机化原则,克服取样偏差,还要考虑各类受测者在常模团体中都有恰当比例的代表。

(3)常模团体的取样过程要有详细描述。在测验手册中,对常模团体的大小、取样方法、取样时间以及其他情况进行详细描述,能够让测验使用者充分了解该常模团体的代表性,从而有效避免测验的误用和测验结果的错误解释。

(4)常模团体的规模要大小适当。理论上,常模团体的规模越大,其代表性越好,取样误差越小。但实践中情况往往不那么理想,因此应当在人力、物力、时间允许之下,抽取大样本。

(5)常模团体的时间性和空间性。由于人的发展变化以及现代社会发展迅速、信息交流活跃,这就要求常模是近时的,需要每隔一段时间重新修订常模;此外,由于地区不同,受测者存在差异,因此常模编制者和使用者需要考虑常模的空间性;即使是处于同一地区受不同文化影响的群体,也需要考虑其文化差异而建立相应的常模。

2.常模团体的抽样方法

常模团体的抽取主要有以下几种方法:

(1)简单随机抽样

简单随机抽样(simple random sampling)也叫单纯随机抽样,是指从含有N个个体的总体中任意抽取n个个体作为样本,每个个体有独立的、等概率被抽取可能性的一种抽样方式。简单随机抽样分为重复抽样和不重复抽样,二者的区别是后一次抽取是否建立在把前一次抽取的个体放回总体中,即是否有放回地抽取。常模团体的抽取通常采用不重复抽样。简单随机抽样适用于总体N不大时,当总体N较大时,如建立智力测验的全国常模,则不适用。

简单随机抽样的优点是可避免由于标记、姓名或其他社会赞许性偏见造成的抽样误差;缺点是费时费力,而且对于复杂总体,其样本的代表性难以保证。

(2)系统抽样

系统抽样(systematic sampling),也叫等距抽样、机械抽样。系统抽样是首先将总体按1 ~ N编号,若要选择1/K的受测者作为样本,则把总体N分为N/K组,每组选一个个体,刚好组成1/K的样本,或者第一组中随机确定起点,之后则每间隔K抽取一个个体。系统抽样抽出的个体在总体中是均匀分布的,对总体的代表性较好。但使用时要注意周期性偏差的出现,比如,军队人员名单按班级排列,10人一班,班长排在第一位,如果抽样距离定为10,那么样本可能全部由士兵或全部由班长组成,大大降低了样本的代表性。

系统抽样的优点是相比简单随机抽样更简单,花费、时间较少;缺点在于总体可能包含隐蔽的形态或者"不合格样本",可能因疏忽而被抽选为样本。

(3)分层抽样

分层抽样(stratified sampling)是指按照某些特征或标志将总体划分成若干类型或层次,然后按一定比例,从各个类型或层次中采用简单随机抽样或系统抽样抽取一定数量个体,再将所有个体合在一起构成样本。该方法适用于总体是由几个差异明显的部分组成时,即要求各部分之间变异大,而各部分内部变异小。采用分层抽样抽取常模团体,要尽量利用事先掌握的信息,并保持样本结构和总体结构的一致性,这有利于提高常模团体的代表性。

分层抽样的优点:第一,在不增加样本规模的前提下,减小抽样误差,提高抽样精度,保证样本的代表性;第二,便于了解总体内不同层次的情况,以及对总体不同的层次进行单独研究。缺点是抽样程序繁杂。

(4)整群抽样

整群抽样(cluster sampling),又称聚类抽样,做法是先将总体分为若干个群体,随机抽取一些群体,然后以这些群内所有个体构成样本。整群抽样适用于总体内不同群体之间差异小,而群体内部个体间的差异较大时。如果不同群体之间有较大差异,使用整群抽样会引起较大抽样误差。

整群抽样的优点是便于实施,节省费用;缺点是样本分布面不广,样本对总体的代表性相对较差,抽样误差往往大于简单随机抽样。

(5)项目抽样

当测验项目数量较多时,如果使用上述几种方法对样本施测所有测验项目,不但耗时耗力,也容易使受测者感到疲劳、乏味。这时,就可以采用项目抽样来获取常模。项目抽样(items sampling)类似于个体抽样,它是对测验项目进行抽样。具体说来,是将不同项目样本施测于不同的、随机挑选的受测者样本,即一个群体回答一组项目,而其他群体回答其他项目组,每个群体回答的项目组都不同于其他群体。该方法适用于测验项目多、并适合使用分层抽样或整群抽样的情况。用这种方法获取的数据资料不仅可以用于项目分析,而且也可以根据代表性样本的测验得分为测量内容广泛的测验建立常模。

项目抽样的优点是,相对于传统抽样方式更加省时省力,在相对较短的时间内使更多测验项目施测于大量受测者,并且不必让常模团体中的每个个体完成整个测验。

3.常模编制的过程

常模的编制通常有以下步骤:

(1)对欲测对象总体进行明确界定;

(2)采用合理的抽样方法,抽取足够大、具有代表性的样本组成常模团体;

(3)严格按照测验指导手册要求,对常模团体进行施测,获得测验数据;

(4)整理原始数据,获得常模团体分数的分布;

(5)确定转换形式,将测验原始分数转换成具有参照意义的导出分数系统。

(三)常模参照分数的类型

原始分数向导出分数的转换通常有两种:一种是纵向转换,是把个体测验得分与不同年龄的发展水平相比较,转换成相应的等级水平,目的是确定个体的心理特质发展到什么阶段;另一种是横向转换,是把个体的测验分数与其所在群体中其他人的分数做比较,目的是确定个体在群体中的相对位置。根据两种目的而建立的常模分别是发展常模和组内常模。

1.发展常模

人的许多心理特质是随着时间而发展的。个体在发展历程中,达到某个年龄时所表现出的具有共同性、代表性的行为,就是该年龄组的发展常模(developmental norm)。通过发展常模,可以知道个体的心理特质发展到了哪个阶段。发展常模主要有心理年龄、年级当量和发展顺序量表三种。

(1)心理年龄

心理年龄(mental age)或智力年龄、智龄,是指按照儿童心理发展的程度所定的年龄。

20世纪初,法国心理学家比奈和西蒙在修订比奈—西蒙智力测验时开始使用心理年龄来表示儿童智力水平。每一年龄的智力可以用处于该年龄的大部分儿童能完成的智力测验题来表示。即常模团体中大部分4岁儿童能答对的项目归入4岁组,而常模团体中大部分5岁儿童能答对的项目归入5岁组中,以此类推,就形成了各年龄水平的分测验。

在实际测试中,儿童可能在较高年龄水平组答对部分项目,而在较低年龄组答错部分项目。计算心理年龄,需要先确定基础心理年龄,即儿童能通过的最高年龄组所对应的全部项目;在所有更高年龄水平组上答对的项目用月份计算,加在基础年龄上。简而言之,心理年龄等于基础年龄加上月龄。

例如,在比奈-西蒙量表式的年龄量表中,每个题目放在大部分儿童能成功地完成的那个年龄水平,把题目分成若干年龄组。假如某儿童6岁组的题目全部通过,7岁组通过4题,8岁组通过3题,9岁组通过2题,其智龄为:6(岁)+4×2(月)+3×2(月)+2×2(月)=6岁+18月=7岁6个月。

心理年龄常模的基本要素为:一套能够区分不同年龄组的测验题目,一个由各年龄组受测者组成的常模团体以及能够表明通过哪些题目或得多少分应归入哪个年龄的常模表。

心理年龄具有易于理解与解释、能与同年龄团体作直接比较的优点。但也存在不足:心理年龄的单位并不恒等,智力幼年时发展快,达到一定年限后便开始减慢,那么心理年龄的单位便随着年龄增长而减小。例如,3岁与4岁之间的智力增长,要大于9岁与10岁之间的增长。

(2)年级当量

年级当量(grade equivalent)是指受测者在某个心理测验上的得分所对应的常模团体的年级,也就是用年级来度量受测者的心理发展水平。年级当量与心理年龄的不同在于它用年级水平代替年龄水平。比如,如果一个学生的语文测验成绩与五年级的水平相当,那么他在该测验上的年级当量就是5,也就是在该测验上达到了5年级水平。

年级当量的建立过程如下:

对各年级的常模团体进行测验;

计算各年级常模团体在测验上的平均分数;

以这些平均分数及对应年级建立常模。

因此,可以将受测者的测验得分与常模中各个平均数进行比较,来确定该受测者所对应的年级当量水平。

年级当量也可以用年级月数来表示,这样能够提供更为详细的信息,通常将一学年划为10个月。那么,5.0就表示五年级的初始水平,5.5则表示五年级学年中期(即第五个月时)水平。

值得注意的是,年级当量虽然在教育成就测验上经常用来解释分数,但存在不足:第一,只适用于每个年级都开设相同学科的情况,而且必须是在各年级间有系统改变,因此不适用于中学中只开设一两年的学科,如物理、化学;第二,同一年级内的不同学科没有可比性,不同学科的水平并不是以相同速率提高的,因此不能因为某四年级受测者的语文水平达到五年级,而认为其数学水平也达到五年级;第三,某受测者如果在测验上达到更高的年级水平,只能说明他在该课程的学习非常优秀,并不能说明他这门课程的水平与更高年级受测者的水平完全一样,因为二者所经历的知识建构不同;第四,即使是同一年级的受测者,他们之间的水平差异也可能很大,不可能总在平均数附近;第五,年级当量常常被误用为标准,常模代表的是群体的分数分布,而标准则是所希望达到的水平,二者不能混淆。

(3)发展顺序量表

儿童心理学家发现,儿童的动作技能发展具有相对固定的顺序。发展顺序量表(ordinal scales of development)正是以此为基础,它是通过年龄和典型行为特征的对应关系建立起来的评价参照标准,主要用于评价个体特别是儿童的行为发展特点和水平。

美国心理学家格塞尔认为,婴幼儿的行为发展是一个有次序的模式化过程,可通过婴幼儿每个成熟阶段的行为模式来诊断其身心发展的水平。格塞尔发展顺序量表(Gesell Developmental Schedules)是发展顺序量表最早的一个范例,该量表主要从适应行为、运动行为、语言行为、个人—社会行为四个方面对婴幼儿的行为进行测查,并提供了每个年龄段婴幼儿在这四个方面各种行为的发展常模。20世纪中期,瑞士心理学家皮亚杰在对儿童认知发展的研究中,更为关注个体的一些具体概念的发展,如客体永久性、守恒等。皮亚杰发现,儿童的这些概念形成出现在相对固定的年龄,具有一定的时间顺序。他的研究成果后来被编制成标准化量表,用来研究儿童在每一发展阶段的概念发展水平。

发展常模的优点是直观、便于理解,既可以与同龄团体进行直接的横向比较,也可以用于个人纵向发展的比较。但发展常模也有不足:

第一,对受测者年龄段的限制,由于发展常模所测量的心理特质随着年龄增长而发展变化,因此只适用于年幼的儿童,而不适用于心理特质达到稳定水平的成年人;

第二,对受测者教育与成长环境的限制,由于发展常模来自一定教育和成长环境下的标准化样本,因此要求受测者的教育与成长环境与之基本相同,而对于那些差异较大的成长环境下的儿童则不适用。

2.组内常模

组内常模(within-group norm)是根据团体分数计算出来的常模。通过组内常模,可以将受测者个人分数与同性质的团体进行横向比较,了解个人在团体中所处的相对地位。接下来介绍两类常用的组内常模:分位数与标准分数。

(1)分位数

分位数(Quantile)亦称分位点,是指将一个随机变量的概率分布范围分为几个等份的数值点,常用的有百分位数、十分位数、四分位数和中位数(即二分位数)等。

①百分位数或百分等级

百分等级常模是基于分数及其对应的百分等级建立起来的参照标准,是一种用个人在团体内所处的等级位置来表示其测验结果的方法。百分等级(percentile rank)分数是用标准化样本中低于某个原始分数的人数百分比来表示的。百分等级是个体在常模团体中的相对位置,个体的等级越低,所处位置就越低。例如,在一项标准化测验中,一名受测者的百分等级是75,则表示他的成绩比75%的人要高。

百分等级的计算通常分为两种情况:未分组分数资料和分组分数资料。

对于未分组分数资料求百分等级,可先将受测者团体的全体原始分数从大到小排序,然后采用公式来计算:

$$P_R=100-(100R-50)/N \tag{6-5}$$

其中P_R为百分等级,R为排名顺序的序号,N为总人数。

对于分组分数资料求百分等级,则使用公式

$$P_R=\frac{100}{N}\left[\frac{f(X-L)}{i}+F_b\right] \tag{6-6}$$

式中,X为受测者的原始分数,L为X所在组的下限,f为X所在组的次数,F_b为X所在组以下各组次数之和,i为组距,N与P_R同上。

百分等级是相对的,在实践中还可能用到百分位数、百分位区间。

百分位数(percentile)是与百分等级对应的受测者的实际分数。如果已知个体的百分等级,求得的对应的实际分数,就是百分位数。

百分位区间(percentile bounds)是指原始分数代表的并非一个点,而是量表上的一个区间。由于原始分数只是对真分数的估计,是存在误差的,如果在分数转换时考虑到标准误(同一个人重复测量得到一组分数的标准差),用计算出的分数区间来说明真分数可能的变化范围,会使结果更为可靠。实际应用中,先算出原始分数的置信区间,再找出上限与下限分别对应的两个百分等级,这样就得到受测者的百分位区间。

百分等级作为一种相对位置量数,具有易于计算、解释和理解,且适用于各种受测者和各类测验的优点。但也存在缺点:首先,百分等级是一种顺序量表,无法进行加减乘除运算，导致大多数统计分析无法运用；其次，百分等级的单位不等，尤其在分数分布的两端，由于大多数心理测验分数的分布形态是正态的，这时，平均数附近的两个分数的微小差异在百分等级上差别很大，而处于两端的分数即使相差较大，百分等级却可能相差不多。

②四分位数

四分位数(Quartile)是指在统计学中把所有数值由小到大排列并分成四等份，处于三个分割点位置的数值。它是一组数据排序后处于25%、50%和75%位置上的值。四分位数是通过3个点将全部数据等分为4部分，其中每部分包含25%的数据。很显然，中间的四分位数就是中位数(Median)或第二四分位数(Q2)，因此通常所说的四分位数是指处在25%位置上的数值(称为第一四分位数或下四分位数，Q1)和处在75%位置上的数值(称为第三四分位数或上四分位数，Q3)。Q3与Q1的差值称为四分位距(Inter Quartile Range，IQR)与中位数的计算方法类似，根据未分组数据计算四分位数时，首先对数据进行排序，然后确定四分位数所在的位置，该位置上的数值就是四分位数。在科研论文的索引排名中常常以期刊影响因子的四分位数来表示杂志的优劣。值得注意的是，在期刊论文索引中，Q1表示百分等级75%以上的杂志，以此类推。故排位Q1的杂志表示排名在前25%。

统计图中的盒式图(Box plot，或箱线图)就是根据四分位数绘制而成的，亦常用来筛选极端值(如图6-2所示)。中间的矩形框是主体，表示了Q1到Q3之间的个案，其中间的横线表示中位数；触须线是中间的纵向直线，上截线是变量值本体的最大值，下截线是变量值本体最小值。奇异值(Outliers)用标记○，表示超过了四分位距的1.5倍(1.5IQR)。极端值(Extreme)用标记*，表示超过了四分位距的3倍(3IQR)。

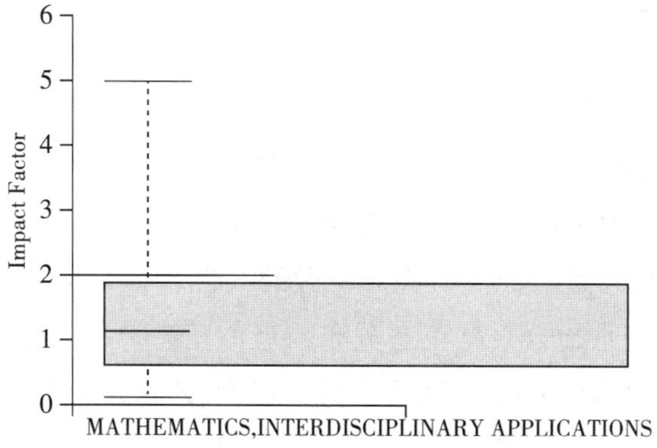

图6-2　心理测量学期刊(Psychometrica　2017年影响因子2.11，排位75%以上)在索引中的排名盒式图(资料来源 https://jcr.clarivate.com/)

(2)标准分数

标准分数(standard score)是一种等距量表，以标准差为单位来度量原始分数与平均数的距离,从而表示个人得分在团体中的相对位置。标准分数是一个抽象值,不受原始测量单位的影响,并可接受进一步的统计处理。

标准分数可以通过对原始分数进行线性转换或非线性转换而得到。因此可依据转换方式将标准分数分为两类:线性转换的标准分数和正态化(非线性转换)的标准分数。

线性转换的标准分数中,受测者的分数相对于同一常模群体进行解释,平均数和标准差都是常模。通过线性转换得到的标准分数保留原始分数的分布形态,因此,线性转换导出的标准分数只有在分布形态相同或相近时才能相互比较。如果两个原始分数的分布形态不同,如一个为正偏态、一个为负偏态,或一个为正态、一个为偏态,那么就无法用线性转换的标准分数来比较两个测验分数,而应当使用正态化(非线性)转换,将非正态分布变成正态分布,这种经过正态化转换的标准分数为正态化的标准分数。

将分数正态化的前提是,所测特质的分数实际上应该是正态分布,只是实际测验分数由于误差或测验缺陷而呈偏态。正态化转换的具体做法是:先将原始分数转化成对应的百分等级,再由正态分布表查出百分等级对应的标准分数。

接下来介绍几种常用的标准分数:

①Z分数

Z分数(Z-score)是一种以标准差为单位来表示原始分数与平均数之间距离的标准分数。其计算公式为:

$$Z = \frac{X - \bar{X}}{S} \tag{6-7}$$

公式6-7中,X表示受测者所得的原始分数;$\bar{X}$指常模群体的平均分数;S指常模群体的标准差。

Z分数作为一种等距量表,具有相等的单位,没有绝对零点,适合进行进一步的统计运算。Z分数由符号与绝对值两部分构成,符号为正说明高于平均分数,为负则说明低于平均分数,为0则说明该个体分数正好处于平均水平;绝对值表示与平均数的距离大小。Z分数只是对原始分数X所做的线性转换,其分布形态与原始分数的分布形态相同。如果原始分数是正态分布或近似正态分布,Z分数的± 3个标准差的范围可以包括常模团体中几乎全部的个案。然而,Z分数也有不足:第一,所得结果可能有正负值和小数,并且一般人较难理解标准差的概念;第二,如果原始分数分布为偏态,转换后的标准分数会出现意义失真,不适合进行相互比较。

②离差智商

韦克斯勒提出离差智商(deviation IQ)的概念。它实际上是一种标准分数,使用同年龄组的平均数和标准差计算得到。一个受测者的智力高低可以通过其分数和平均数的距离来表示，这个距离是用标准差来度量的。韦氏儿童智力测验最初采用这一概念，其转换公式为：

$$IQ=100+15Z \tag{6-8}$$

由公式6-8可知，如果一个儿童在韦氏儿童智力测验上得到130分，则说明其智商高于平均数2个标准差。需要注意的是，有的智力测验（如斯坦福-比奈智力量表）使用的离差智商是以16为标准差的，其公式为$IQ=100+16Z$。

离差智商在表示个体智力高低的同时，也能显示个体在团体中的位置。但需要注意的是，从不同测验中获得的离差智商，只有当标准差相同或接近时才能对两个测验的分数做比较。

③*T*分数

*T*分数（T-score）最早是由美国测量学家迈克尔提出，为纪念推孟和桑代克，故以"*T*分数"命名。*T*分数是以标准差为单位来表示原始分数与平均数的距离，其平均数为50，标准差为10，用公式表示：

$$T=10Z+50 \tag{6-9}$$

公式6-9中，T表示T分数，Z表示Z分数。

通过*T*分数，我们可以知道原始分数与平均数的关系，例如，*T*分数为65，根据公式可得知$Z=1.5$，由此可知受测者的原始分数高于平均分1.5个标准差。需要注意的是，*T*分数的范围在[0，100]。相对于*Z*分数，*T*分数能够避免小数和负数，使用起来更为直观方便、不易出错。

④标准九

标准九（stanine）全称为标准化九级分制（从standard nine两个单词合并而来），是一种将原始分数分成几个部分的标准分数。标准九将标准正态曲线下的横轴分成九段，以Z=0左右各1/4标准差为中间一段，左右各四段，并且每段为一个等级分数，其中最高段为9分，最低段为1分，正中间那段为5分。除两端的1分和9分外，每段的距离是0.5个标准差。标准九的转换公式为：

$$S=5+2Z \tag{6-10}$$

正态分布下，每个标准九分对应着特定范围内的百分等级，其中1分对应0%～4%，2分对应5%～11%，3分对应12%～23%，4分对应24%～40%，5分对应41%～60%，6分对应61%～77%，7分对应78%～89%，8分对应90%～96%，9分对应97%～100%。不论原始分数的分布是否正态，都可以通过百分等级转换成对应的标准九。

⑤SAT分数等学业能力测验分数

学术倾向测验（Scholarstic Aptitude Test，SAT）采用了标准分数。它与*Z*分数的转

换关系为

$$SAT=500+100Z \tag{6-11}$$

可知其均值为500,标准差为100。该测验的常模以1941年的10000名考生为参考点被长时间使用。但是由于每年参与SAT测验的人的能力有所不同,故从1995年开始,每年的均值都为500,标准差为100。这表明每年参与测验的分数都被重新标刻(recalibrated)。

目前,许多国际大型测验都偏向于用均值为500,标准差为100的标准分数,只不过参考的常模不同。比如国际学生评估项目(Programme for International Students Assessment,PISA)、国际数学与科学趋势研究项目(The Trends in International Mathematics and Science Study,TIMSS)、国际阅读素养进展研究项目(Progress in International Reading Literacy Study,PIRLS)、原研究生入学考试(Graduate Record Examination,GRE)、包括改革后的大学英语四六级测验(College English Test)等(大学英语等级考生分数均值为500,标准差为70)。

⑥商数

商数(Quotient)即两数相除所得的结果,表示分子的统计量在分母统计量中的相对位置。常见的商数有智商(比率智商和离差智商,Intelligence Quotient,IQ)、教育商数(Education Quotient)、成就商数等(Achievement Quotient)。比率智商(即IQ分数)是心理年龄与实际年龄的比值,计算方法如下:

$$IQ=MA/CA\times 100 \tag{6-12}$$

其中,MA表示心理年龄,可参见本章前面的讨论。CA为实际年龄(chronological age)。IQ表示了心理年龄相对于实际年龄的位置。类似地,教育商数是教育年龄与实际年龄的比值,表示了教育是否达到年龄水平;而成就商数是教育商数与智力商数的比值,表示了教育是否符合个体的智力发展水平。

商数虽然也能表示受测者在团体中的相对位置,但由于个体心理发展不等距(即随着年龄增加,智力不再增加),这些商数现已很少应用。

3.几种组内常模分数的比较

组内常模的分数表达形式有许多种,如百分等级、标准分数等等。不同表达形式之间密切相关。图6-3是分数呈正态分布时,各种分数转换形式之间的关系。

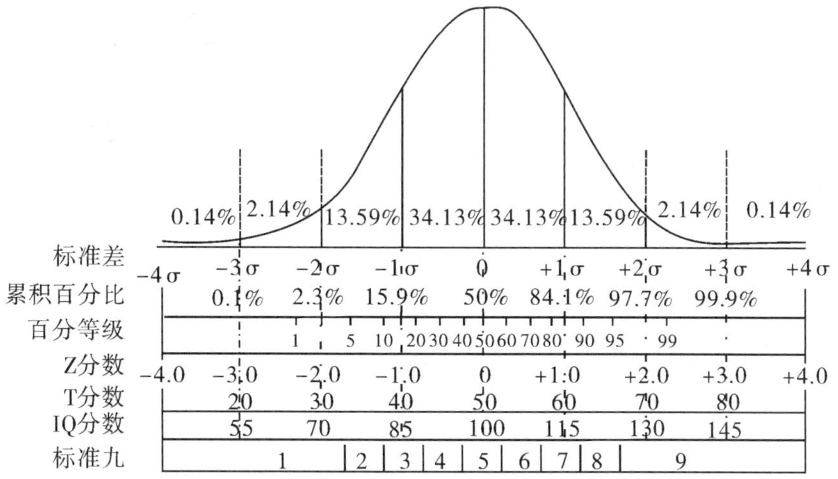

图6-3　几种组内常模分数的比较

(四)呈现常模资料的方法

为了方便对常模的理解和使用,通常使用转化表和剖面图两种方法呈现常模资料。

1.转化表

转化表(conversion table)是常模资料呈现最简单、最基本和最常用的方法。主要包括三个要素:原始分数、导出分数和对常模团体的描述。转化表可分为简单转化表和复杂转化表。其中,简单转化表呈现单测验的原始分数与一种或多种导出分数;复杂转化表呈现的是几个分测验或几种常模的原始分数与对应的导出分数。

表6-2 江苏省男大学生16PF常模转化表

因素	1	2	3	4	5	6	7	8	9	10	$\bar{x}$±s
A	0-3	4-5	6	7-8	9-10	11-12	13-14	15-16	17	18-20	10.35±3.65
B	0-4	5	6	7	8	9	10	11	12	13	8.52±1.63
C	0-8	9-10	11-12	13-14	15-16	17-18	19-20	21	22-23	24-26	15.77±3.78
E	0-6	7-8	9-10	11-12	13-14	15-16	17	18-19	20-21	22-26	13.67±3.77
F	0-5	6-8	9-10	11-13	14-16	17-18	19-20	21-22	23-24	25-26	15.52±4.88
G	0-6	7-8	9	10-11	12-13	14	15-16	17	18-19	20	12.64±3.30
H	0-4	5-6	7-8	9-10	11-13	14-15	16-18	19-20	21-22	23-26	12.65±4.68
I	0-4	5-6	7-8	9	10-11	12-13	14	15-16	17	18-20	10.99±3.20
L	0-3	4	5-6	7	8-9	10	11-12	13	14-15	16-20	8.69±3.07
M	0-7	8	9-10	11	12-13	14	15-16	17-18	19	20-23	12.87±3.11
N	0-4	5-6	7	8	9-10	11	12	13-14	15	16-18	9.62±2.63
O	0-1	2	3-4	5-6	7	8-9	10-12	13-14	15-16	17-24	7.65±3.77

续表

因素	1	2	3	4	5	6	7	8	9	10	$\bar{x}$±s
Q1	0–6	7–8	9	10	11–12	13	14	15	16	17–19	11.64±2.59
Q2	0–5	6	7–8	9	10–11	12–13	14–15	16	17–18	19–20	11.28±3.33
Q3	0–7	8	9–10	11	12–13	14	15–16	17	18	19–20	12.73±2.80
Q4	0–3	4	5–6	7–8	9–10	11–12	13–14	15–17	18–19	20–23	10.37±4.04

(转自 王挺,杜文东,2007)

2.剖面图

剖面图(profile)是将一套测验中的几个分测验分数以图像的形式表现出来。通过剖面图,测验使用者可以直观地对受测者在各分测验上的表现和所处的位置进行初步评价。需要注意的是,使用剖面图解释测验结果时,各个分测验必须使用同一个常模团体,否则无法做比较。

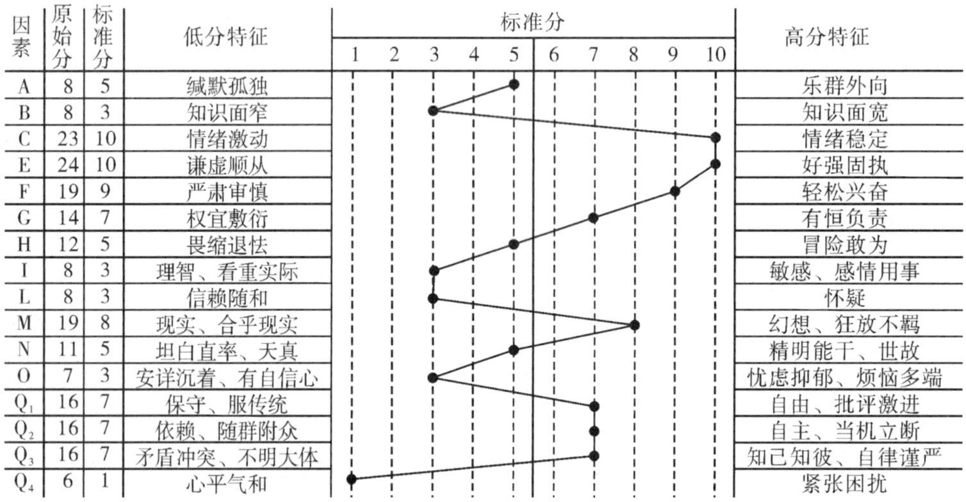

图6-4 16PF剖面图

生活中的心理学

过时的测验和常模

一位心理学家从事的工作是在中学中寻找那些智力超常的孩子。那些在智力测验中得分在130分以上的孩子就可以进入他负责的这个项目。但是在20世纪80年代早期,学校的负责人就发现符合条件的学生人数激增。很多新发现的超常学生智力水平都是由某个学校的心理工作者测量所得。这个心理学工作者是一个诚实、有能力的人,他没有任何动机去伪造测验的结果。学校的校长就来咨询这位负责的心理学家，为什么在他的学校中发现了越来越多的智力超常儿童。心理学家询问校长，他们所使用的测量工具是什么，校长的回答是韦克斯勒成人智力测验，这个测验确实可以给年纪较大的学生来使用。

心理学家就向校长指出，韦克斯勒成人智力测验是一个很好的测验，但是现在已经有了修订后的版本，原来测验的常模也失效了。事实上，修订之后的测验比原先的测验要难一些，从分数上来讲，修订之后的测验得分比原始的测验得分要低8分之多。因此，平均而言，这个学校的学生在进行智力测验的时候，受测者的分数比真实分数高了整整8分。得到这样的解释之后，这个学校的校长马上去购买了修订之后的韦克斯勒成人智力测验，以便学校的心理工作者能够及时更新其测验工具，使用合理的测量工具与合适的常模对受测者进行评价。

（转自 Gregory，2012）

复习巩固

1. 选取常模团体时需要注意些什么？

2. 常模有哪些种类？

第三节　标准参照测验的分数解释

不同于常模参照测验，标准参照测验以标准为参照对象来解释受测者的测验分数。本节主要介绍标准参照测验的产生与发展、分类以及分数分界点的确定方法。

一、标准参照测验的产生与发展

标准参照测验的产生与发展得益于常模参照测验的不足与局限。传统心理测验为测验建立常模，关注受测者间的差异。然而，这种测验受到了越来越多的批评，因为过多使用常模参照测验会导致人们过度竞争，如果儿童从小接受太多这种测验会陷入希望自己高于平均水平的无休止竞争当中，这是不利于儿童的心理发展的。而且常模参照测验只关心个体间的相对差异，并不能说明受测者掌握了哪些知识或技能。

20世纪五六十年代，美国兴起教育改革运动，人们提出一系列主张，如“个别化教学”“为掌握而教”，了解学生对教学内容的掌握情况成为教学中新的关注点。戈莱塞和克劳斯(Glaser & Klaus,1962)首先提出标准参照测验的概念,之后受到测量学家的极大关注。这种测验形式首先在教育界发展,之后在其他领域也得到广泛的应用。经过半个世纪的发展,标准参照测验日渐成熟,在社会生活中发挥着重要作用。

相对于以确定受测者在某一群体中的相对位置、度量和比较个体间差异为目的的常模参照测验,标准参照测验(criterion-referenced test)是一种侧重测验的内容意义,考察受测者对测验内容的掌握情况的测验。标准参照测验尚无统一的定义,但戈莱塞于1971年提出的界定得到广泛认可,即:所谓标准参照测验,是根据某一明确界定的内容范围而缜密编制的测验,并且,受测者在测验中所得结果,也是根据某一明确界定的行为标准直接进行解释的(余嘉元,2008)。

在这一定义中,对两个概念的理解十分重要。首先是"内容范围"这一概念,标准参照测验的内容范围在测验编制前必须是明确界定的,测验题目要测量的内容必须包含在界定的内容范围之内,而且,测验题目要对内容范围有较好的代表性。其次是"标准",标准应是预先设定好的、明确和严格界定的,是判断受测者对测验考察的内容掌握程度的依据。事实上,行为标准指的是编制测验、解释测验分数时所依据的知识和技能范围,而不是指区分受测者是否合格或达标的分界点。尽管对标准的界定需要随着科学发展做出适当的调整和改变,但是在特定时期内,标准应当"绝对"、客观、不依赖于样本。

二、标准参照测验的分类

在标准参照测验中,受测者成绩比较的标准分为两种:一种叫内容参照分数,与测验内容有关,是从测验所包含的内容范围来解释测验分数;另一种叫结果参照分数,涉及后来的结果,也就是用预期的效标来解释测验分数。

(一)内容参照分数

内容参照分数(content-referenced score),又叫范围参照分数(或领域参照分数domain-referenced score),使用内容意义来解释测验分数,它强调的是受测者掌握了指定范围中多少知识或技能。

编制内容参照测验和对这种测验分数进行解释主要有两个步骤:(1)确定测验要考察的范围所包含的内容和技能;(2)编制一个能报告测验成绩的量表。

常用的内容参照量表有掌握分数、正确百分数、内容标准分数和等级评定量表。

1. 内容参照量表的类型

(1)掌握分数

有时人们使用标准参照测验并不是想要对受测者做细致的区分,而只是想知道受测者是否掌握所考察的内容。这样,只需要确定一个总的可接受的最低分数标准,如果受测者能够达到这个分数,就说明他已经掌握了测验所规定的知识或技能,可以继续下一步的学习或训练,这个可接受的最低分数标准就叫作掌握分数(或精熟分数,mastery score)。

(2)正确百分数

正确百分数(percentage of correctness),指的是受测者答对题目占总题目的百分比,是反映受测者对内容的掌握程度的最简单的指标。相对于掌握分数这种"通过——失败"的二分型记分方法,正确百分数能够保留更多信息,以便于进一步对受测者加以区分。

(3)内容标准分数

相对于前面两种方法,内容标准分数(score of content standard)提供了更多有关受测者内容掌握情况的信息。它把内容分数与常模分数结合起来使用,不但包括明确界定的内容、范围,还包括详细说明的达到每一种水平的"典型"人物能够正确回答及不能正确回答的问题类型。通过内容标准分数,可以知道受测者的正确反应百分比、处于何种水平以及能解决哪类问题、不能解决哪类问题。

(4)等级评定量表

要了解人们是否掌握了完成某种活动或某项工作的技能,通常采用等级评定量表(rating scale)来报告一种活动的熟练水平或工作成果的质量。需要注意的是,等级评定量表的每个等级都需要定有标准。

2. 内容参照分数的评价

(1)优点

内容参照的分数解释用个人所掌握的内容的水平来描述其行为。它能够诊断受测者是否达到教学目标,为教学效果提供详细反馈,对于计算机辅助教学和自我反馈式的程序教学具有良好适用性。

(2)局限性

内容参照分数的使用范围有一定限制,主要适用于初级的、能确定内容范围的知识和技能(如,成就测验、一些资格测验);而高级复杂的知识、技能(如,人格测验)由于其内容多难以划定范围,则不宜采用内容参照分数。

(二)结果参照分数

在解释测验分数时,除了使用常模、内容作为参照,还可以使用结果作为参照的标准。将效标资料和常模资料结合起来,把效标行为的水平作为参照标准来解释测验分数,这种水平标准就叫作结果参照分数(consequence-referenced score)。结果参照分数尤其适用于需要对行为进行预测的测验,例如,企业招聘员工所进行的选拔测验。

要得到结果参照分数,首先要有一个与测验分数高相关的效标,其次要有一个把测验分数和对应的效标成绩呈现出来的图表。

1.呈现结果参照分数的方法

(1)预期表

采用一个表格来表示测验分数与效标行为之间的关系,对于测验上得到的每一个分数,给出其所达到的不同效标行为的概率。

表6-3 预期表示例

职业能力倾向测验分数	工作表现在某一等级以上的概率			
	D	C	B	A
41—50	99	91	60	20
31—40	97	80	41	9
21—30	93	65	22	4
11—20	85	46	13	1
1—10	70	28	5	1

(2)期望图

将效标分数分为“成功”“失败”两类,可以用期望图呈现。通过图示法可以清晰、直观地看到每个测验分数分组的成功或失败的概率。

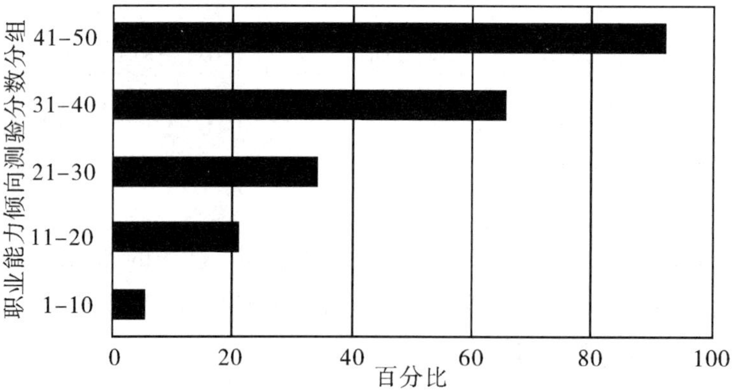

图6-4 工作表现达到甲等的期望图

2.结果参照分数的评价

结果参照分数解释的主要优点是能使我们用预期的效标行为的水平来解释测验分数,适用于作预测的情况。但也存在不足:首先,效标行为的搜集通常较为困难;其次,如果效标资料无法获得、没有意义或者研究者不感兴趣时,结果参照分数就不适用;最后,预测源较少时,使用结果参照分数解释清楚易懂,若有多个预测源时情况则较为复杂,难以呈现。

三、标准参照测验的分界点的确定方法

依据定义,标准参照测验是根据受测者对特定知识或技能的掌握情况或达到目标的情况来评价个体的。测验分数的分界点(dividing point)就是判断受测者的掌握情况或达标情况所依据的标准。根据受测者测验分数与分界点的关系,我们就可以知道受测者在测验上的掌握或达标情况。因此,分界点的确定就显得十分重要。

测量学家已提出许多划定分界点的方法。这些方法概括起来,有三种:一种是依据专家对测验内容的判断,一种是依据受测者的实际表现(实证),一种是将专家判断和受测者表现结合在一起的综合法。下面将对这些方法进行详细介绍。

(一)专家判定法

专家判定法(expert judgment method)主要包括整体判断法、尼戴尔斯基法、安高夫法、埃贝尔法、安高夫修正法和书签法。

1.整体判断法

整体判断法(overall judgment method)的具体做法是:首先,请每位专家从整体上对测验和测验的内容范围进行判断,提出符合最低能力水平标准的受测者能够答对的题目的比例;其次,根据各专家提出的题目比例算出分数,并将所有专家的分数进行平均,这个平均分数就是测验分数的分界点。

该方法的优点是容易实现。但它的不足在于没有考虑到不同的专家看问题的角度、对测验及其内容范围的熟悉程度存在差异,由此得到的分界点可能也不同。为避免其不足,一方面要详细说明专家的数量、选拔标准、资质等信息,另一方面,也有学者提出使用单个题目判断,以降低主观判断的误差。

2.尼戴尔斯基法

该方法由尼戴尔斯基(L. Nedelsky)于1954年提出,适用于多重选择题组成的测

验。其核心思想是请学科专家对题目中的诱答选项进行判断。该方法的具体做法如下：

(1)学科专家判断符合最低能力水平标准的受测者在某个题目中能找出的诱答选项(错误选项)的个数,并计算出剩余选项的倒数。例如,某个题目共有4个选项,符合最低能力水平标准的受测者能够找出1个诱答选项,则倒数是1/3。

(2)对每位专家判断的所有题目的最小通过水平(即上一步中算出的倒数)进行求和,记为A,作为该专家确定的符合最低能力水平标准的受测者的划界分数;

(3)求出全体专家的划界分数A的均值μ_A,作为该测验的最终分界点。

3.安高夫法

由安高夫(Angoff,1971)提出,根据学科专家判断的详细程度可以细分为"概率法"和"对错法"两种。"概率法"是让学科专家对符合最低标准的受测者能够答对某一题目的概率进行估计;而"对错法"则是让专家对符合最低标准的受测者能否答对某题目进行判断,若判断为能够答对,则赋值为1,否则赋值为0。归根到底,可以发现对错法实际上是概率法的一种简化形式。以下是安高夫法的具体做法：

(1)界定符合最低能力水平标准受测者的概念;

(2)专家对符合最低标准的受测者答对每一个题目的可能性进行估计(概率法的赋值为范围0~1,对错法的赋值为0,1);

(3)每个题目的可能性估计值乘以该题满分后求和,就是每位专家的分数分界点;将所有专家的划界点进行平均,就得到最终的测验分数分界点。

表6-4 安高夫法计算过程(以概率法为例)

题号	题目满分(A)	估计的概率(B)	A×B
1	5	0.90	4.5
2	15	0.70	10.5
3	20	0.65	13.0
4	25	0.60	15.0
5	35	0.50	17.5
			$\sum$A×B=60.5

注:该表格计算得出的$\sum$A×B是一位专家的分数分界点,最终测验的分界点是所有专家确定的分界点的平均值。

4.埃贝尔法

该方法由埃贝尔(Ebel,1972)提出,是以专家估计的题目特性来决定分数分界点,具体做法如下：

(1)请评判者将题目的难度分为若干等级,例如,容易、适中、困难3个等级,再按题目的代表性程度将题目分成若干等级,如必要、重要、尚可、有问题4个等级,以此形成一个4×3双向细目表(见表6-5);

(2)专家对符合最低能力水平受测者答对某一难度、某一代表性程度题目的百分比,并累积该类的题目数量;

(3)将相应的百分比与题目数相乘,求和,得到每位专家的分界点,将所有专家的划界点平均,即最终的测验分数分界点。

表6-5 埃贝尔法示例

代表性	难度		
	容易	适中	困难
必要	95%(15)	49%(25)	10%(5)
重要	50%(35)	35%(20)	20%(10)
尚可	40%(20)	20%(8)	9%(14)
有问题	15%(5)	2%(15)	0%(5)

5.安高夫修正法

麦克莱恩和哈尔平(Mclean & Halpin, 1984)提出了安高夫修正法(Modified Angoff-empirical)。安高夫修正法的计算过程类似于埃贝尔法,但不同之处在于它所划分的两个维度:一个是受测者完成题目所需的能力,如,记忆、理解;另一个是题目的测量目标,如,词汇、语法。

安高夫修正法和埃贝尔法具有更好地控制试卷结构、减少信息损失的优点。但同所有依赖于专家判断的方法一样,都要求专家熟悉符合最低能力水平的受测者并具备测量知识储备。

6.书签法

书签法(Bookmark method)由刘易斯、米捷尔和格林(Lewis et al., 1996)提出,是一种基于项目反应理论、以安高夫法为基础的专家判定法。该方法请有关学科专家以测验材料的难度参数值为基础,按照由易到难的顺序对每道题目进行讨论,判断符合最低能力水平的受测者能否答对所讨论的题目,并在受测者不能答对的题目上做标记,以此作为确定分界点的依据。应用该方法还可以设置多重划界点,如及格、良好和优秀。

书签法的具体流程如下:

(1)学科专家对题目由易到难排序;

(2)第一次放置书签,将书签放置在最低能力表现的受测者无法正确作答的题目

处,并计算书签位置代号平均数;

(3)反馈、讨论第一次书签放置结果,并再次放置书签,求书签位置代号的均值;

(4)向所有学科专家呈现所有书签放置结果,参照前两轮步骤进行讨论,第三次放置书签,结束书签法程序(根据实际需要,也可进行多轮),最终得到的就是分界点。

(二)实证法

为了减少主观判断带来的不利影响,有学者提出使用实证资料来确定测验分数的分界点,这就是实证法。实证法比较具有代表性的方法,如,格拉斯(G. V. Glass)提出将一组水平略低于目标总体的受测者测验分数的平均数或中数作为分界点。还有,以低于目标总体平均水平一个标准差来确定划界点。

实证法的优点是能降低主观判断的不利影响,但其缺点在于会受到抽样误差的影响。

(三)综合法

综合法是将专家判定法和实证法结合起来确定测验分数的分界点。

1.临界组法

利文斯顿和齐基(Livingston & Zieky,1982)提出临界组法(critical group method)。具体做法如下:

(1)由专家判断并选出一组正处于最低能力水平的受测者;

(2)对这组受测者进行施测;

(3)求得这组受测者在测验上的平均成绩,并以此确定测验分数的分界点。

临界组法看起来较为理想,但实际操作起来存在很大困难:一方面,对于最低能力水平的判断,很难找到客观统一的标准;另一方面,选取一组处于最低能力水平的受测者,要以随机选取的大量受测者为基础,费时费力。

2.对照组法

尼戴尔斯基(Nedelsky,1954)提出对照组法(control group method),具体步骤如下:

(1)选取对受测者较为熟悉的专家;

(2)要求专家将受测者分为掌握组和非掌握组,剔除不太容易区分为“掌握”和“非掌握”的受测者;

(3)对两组受测者进行施测,得到受测者的分数分布情况;

(4)将两组受测者的分数分布呈现在同一坐标系中,两个组的分布的交叉点即为测验分数的分界点。

相对于需要判断受测者是否处于最低能力水平的方法,将受测者分为掌握组和非掌握组则更为容易,因此对照组法得到更为广泛的应用。但该方法也存在不足,得到的分数分界点容易受到所选取受测者团体的影响。为了减少这一不利影响,应选取多对对照组,将各对的交叉点分数加以平均,作为测验分数的分界点。

3.贾格法

贾格(Jaeger,1982)提出的综合法是专家判断和实证法的结合,也称为迭代结构化判断程序(iterative structured judgment procedure)。为了确定针对中学毕业生的测验分界点,贾格选取中学教师、学校校长与学习辅导员、当地居民共三组成员作为专家。确定分界点的步骤如下:

(1)每位专家完成测验的同时,对每道题目进行"当地每个要毕业的中学生都应能正确回答这道题吗?"的回答,选项分为"是"或"否",前者记为1分,后者记为0分;

(2)确定每组专家所建议的划界分数分布,计算每组专家中各题目的"是""否"反应数目;

(3)告知每位专家一组比毕业生低一个年级的学生在某测验项目上的通过率和组内其他专家对某测验项目的评定,并允许专家根据这些信息修改他们的最初评定;

(4)将每组专家建议的分界点的中数作为该组设置的标准。

贾格法的优点在于对"当地每个要毕业的中学生都应能正确回答这道题吗?"的设问可以避开对最低能力水平的定义,选取专家组更加多元化,综合使用多种方法使划定的分界点更准确。其不足在于评价测验题目时,教师组和居民组所设定的分界点具有很大差异。

复习巩固

1.如何确定标准参照测验的分数划界点?

2.简述标准参照测验的分类。

拓展阅读

托福考试中的常模参照和标准参照

托福(TOEFL,Test of English as a Foreign Language)是由美国教育考试服务中心在全球举办的英语能力考试,旨在评估英语非母语者在大学课堂上运用英语听、说、读、写技能进行交流的水平。托福只有一个考试,分为阅读、听力、口语、写作四个分测验。阅读包含36－56道试题,听力包含34－51道试题,口语包含6道试题,写作包含2道试题。分测验满分均为30分,总分为分测验分数之和,满分为120分。托福的成绩报告上提供了考生的四个分测验分数及总分,其对这些分数的解释如下。

首先,托福根据分测验成绩的高下,将每个分测验分为3－4个等级,但未对总分做等级划分,具体信息见下表。

分测验	水平等级
阅读(0–30)	高级(22–30);中级(15–21);低级(0–14)
听力(0–30)	高级(22–30);中级(15–21);低级(0–14)
口语(0–30)	良好(26–30);一般(18–25);有限(10–17);差(0–9)
写作(0–30)	良好(24–30);一般(17–23);有限(1–16)

其次,托福针对各个等级提供了相应的"能力描述"(Your Performance)。例如,阅读高级(22－30分)的能力描述为:"具有很高的阅读理解能力,能够读懂很难的英文学术类文章。通常

·掌握大量学术词汇,熟悉语法结构;

·能够理解复杂的文章,根据上下文做出恰当推理、综合判断;

·能够把握复杂文章的篇章结构及某些特定信息在全篇中的作用;

·能够提炼复杂文章的主要观点。"

第三,托福将口语各个等级的能力描述又细分为三类,包括:熟悉的话题、校园环境、学术课程;同时,将写作各个等级的能力描述又细分为两类,包括:基于读与听的写作、基于识与经验的写作。

第四,在《托福官方指南(第二版)》中,提供了每个分数对应的百分等级。例如,某考生听力为24分,其相应的百分等级是79.3%,表示这名考生的听力水平优于常模群体中79.3%的人。又如,某考生总分为96分,其相应的百分等级是85.9%,表示这名考生的总分水平优于常模群体中85.9%的人。这些分数解释信息,基于托福建立的一个常模,这一常模的来源为2003年11月至2004年2月参加托福的2720名考生。在《托福官方指南(第三版)》中也提供了每个分数对应的百分等级。例如,某考生听力为24分,其百分等级是56%。又如,某考生总分为96分,其百分等级是71%。这一常模的来源则是2007年1－12月参加托福的考生。除全体考生常模外,托福还按报考大学、报考研究生、报考其他类学校(如中学等)、求职四个分类建立了四个分类常模,提供了四个分类常模参照。但在《托福

官方指南(第四版)》中,则未提供分数的百分等级信息。此外,托福明确规定:不设通过或未通过分数,各高等教育机构及组织自行设定分数要求。

可以看出,托福考试同时提供了标准参照和常模参照解释。

(李桂梅,张晋军,2014)

本章要点小结

1.分数合成有项目组合、分测验或量表组合以及测验或预测源组合三种类型,有临床判断、加权求和、多重回归和多重划分4种常用方法。

2.高德曼提出了测验分数解释的三维模型,认为解释测验分数包括三个维度:资料来源、资料处理方法和解释测验分数的类型。

3.常模是根据受测者总体的一个足够大的有代表性的样本的测验分数。

4.常模团体的成员要给予明确定义,常模团体要有代表性,规模要大小适当等。

5.常模团体的抽样方法主要有简单随机抽样、系统抽样、分层抽样、整群抽样和项目抽样。

6.发展常模就是个体在发展历程中达到某年龄时所表现的具有共同性、代表性的行为,包括心理年龄、年级当量和发展顺序量表。

7.组内常模是根据团体分数计算出来的常模,包括百分等级、标准分数。呈现常模资料通常使用转化表和剖面图两种方法。

8.标准参照测验中的内容参照分数是从测验所包含的内容范围方面来解释测验分数,包括掌握分数、正确百分数、内容标准分数和等级评定量表。

9.标准参照测验中的结果参照分数是将效标行为的水平作为参照来解释测验分数,呈现结果参照分数可以使用预期表和期望图。测验分数的分界点是判断受测者的掌握情况或达标情况所依据的某一明确界定的标准。

10.划定分界点的方法有三种:依据专家对测验内容进行判断的专家判定法,依据受测者实际表现的实证法,以及将专家判断和受测者表现相结合的综合法。

关键术语表

1.分数合成
2.原始分数
3.导出分数
4.常模
5.常模团体
6.发展常模

7.组内常模

8.内容参照分数

9.结果参照分数

10.分界点

本章复习题

1.下面各项中,既是一种供比较的标准量数,也是心理测验适用于比较和解释测验结果的参照分数系统的是(　　)。

A.常模　　B.常模分数

C.分数　　D.导出分数

2.常模样本中6年级的算术平均分为35,某儿童在算术测验中也得到35分,那就是说,该儿童的算术能力的年级当量是(　　)。

A. 5年级水平　　B. 6年级水平

C. 7年级水平　　D. 8年级水平

3.55的百分等级表示在常模样本中有55%的人比这个分数(　　)。

A.低　　B.高　　C.相等　　D.以上均不对

4.用离差智商取代比率智商的主要原因是(　　)。

A.比率智商只能进行个体内比较

B.离差智商随年龄的增长而提高

C.智力年龄会随生理年龄的增长而不断发展

D.比率智商不能满足对年龄单元等值性的要求

5.一组服从正态分布的分数,平均数是27,方差是9。将这组数据转化为Z分数后,Z分数的标准差为(　　)。

A. 0　　B. 1　　C. 3　　D. 9

6. 以下关于常模团体的表述不正确的是(　　)。

A.常模团体是具有某种共同特征的人所组成的一个群体

B.常模团体又可称为标准化样本

C.常模团体需要随时间改变及时进行更新

D.常模团体的样本总是越大越好

7.下列选项中,属于基于预先确定的标准来评价受测者对具体知识和技能的掌握程度的是(　　)。

A.形成性评价　　B.总结性评价

C.常模参照评价　　D.标准参照评价

8. 下列选项中不属于分数合成的方法的是(　　)。

A. 临床判断　　B. 多重划分

C. 多重回归　　D. 整体判断法

9. 当总体中的个体具有周期性规律时,最不适用的抽样方法是(　　)。

A. 简单随机抽样　　B. 分层抽样

C. 等距抽样　　D. 方便抽样

第七章

智力测验

上小学后，鹏鹏的成绩一开始都是中上水平，但到了二年级就变成了中下，而且越来越差，到四年级时，不是倒数第一就是倒数第二。老师反映鹏鹏每次上课最多只能听十分钟的课，不仅不知道老师在讲什么，连老师让他回答问题他也像没听见一样，还经常不交作业，每天都会在学校出状况。在老师的建议下，父母带着鹏鹏去做了智力鉴定，智商测定结果是135分。经过诊断确认孩子没有智力问题，但患有注意力缺陷障碍，由于注意力缺陷导致其无法很好地完成学习任务，出现生活中的诸多问题。生活中类似的误会并不少见，由于人们对于智力的不了解，往往容易把学习动机、学习方法以及注意力缺陷等问题所导致的学业不良归结为智力存在缺陷。本章将了解什么是智力，如何进行智力的测查，如何看待智力测验、理解智力分数，以及如何科学合理使用智力测量工具，为实际应用奠定基础。

第一节 智力概述

定义智力和高级心理机能的方式，极大地影响着测定它们的方法（Sternberg，1982）。要想精确测量智力，就必须先弄清楚智力到底是什么，生活中的各种表现哪些与智力密切相关，从而合理选择智力测验，确定衡量测验实际效果的标准。

一、智力的定义

对一千多名专家的调查（Snyderman & Rothman，1997）发现，专家对智力的理解既包括智力的传统内容，即逻辑思维、推理、问题解决等，又强调适应环境和获得新知识的能力。因此，可以将智力（intelligence）定义为成功地解决某种问题所表现的良好适应性的个性心理特征。

二、智力的理论

智力理论是对于智力的概念、本质、结构、发展以及影响因素等系统观念的综合。智力理论早期以因素分析取向为主，而后转向信息加工取向，并朝着生态化、神经化等新趋势发展。

（一）智力因素说

1.二因素理论

斯皮尔曼提出了智力的二因素理论（Spearman，1904），该理论提出智力包括普通因素（general factor，G 因素）和特殊因素（specific factor，S 因素）。普通因素表现为生活中各个方面的一般能力，即普通能力，特殊因素代表人们完成特定作业和活动的特殊能力。G 因素智力不能由任何直接单一题目测量出来，不过可以由许多不同的测验题目的平均成绩近似估计。

2.群因素理论

瑟斯顿采用多因素分析的方法提出了智力的群因素理论（Thurstone，1938）。他认为个体的智力可分解为几种基本能力因素，这些基本能力因素的不同配搭便构成每一个人独特的智力整体。他对56种测验结果进行了统计分析，把智力归纳为7种基本的心理能力。

语言理解能力(V):阅读时对文章的理解能力,由词汇测验测量。

言语流畅性(W):语词联想速度和正确的能力。

数字计算能力(N):数字运算的速度和正确性。

推理能力(R):根据已知条件进行推理判断的能力。

机械记忆能力(M):机械记忆单词、数字、字母的能力。

空间知觉能力(S):正确判断空间方向及空间关系的能力。

知觉速度(P):迅速而正确地观察和辨别事物的能力。

瑟斯顿根据上述理论编成的“基本心理能力测验”(Primary Mental Abilities Test, PMAT)是著名的智力测验之一,但各种心理能力之间不彼此独立,表现出不同程度的相关(Thurstone & Thurstone, 1941)。他后来修改了关于各因素彼此独立的看法,提出了二阶因素概念,其理论就与二因素论趋于融合了。

(二)智力结构理论

1.智力三维结构论

吉尔福特提出了智力的三维结构理论(Guilford, 1959;1967)。他否认一般因素(G因素)的存在,坚持智力因素的独立性。他把智力分为三个维度:操作(智力活动的过程)、内容(智力活动的信息类型)和产物(智力操作所得的结果)。操作包括认知、记忆、发散思维、聚合思维和评价,指智力的加工活动,它根据测验时所给予的信息内容进行加工。内容包括听觉、视觉、符号、语义和行为,它们是测验时给予的信息,是智力活动的对象与材料。产物分为六类:单元、类别、关系、系统、转换和蕴含,指信息加工所产生的结果。由三个维度的不同组合,可构成5(操作)×5(内容)×6(产物)=150种不同的智力因素。20世纪80年代后,三维空间结构已逐渐扩充为240种因素,并验证了其中的近百种智力因素。

2.层次结构理论

弗农继承和发展了斯皮尔曼的二因素论,提出智力的层次结构论(Vernon, 1961)。弗农认为智力结构是按层次排列的,并把智力分成四个层次,位于最高层次的是一般因素(G因素);第二层次分为两个大因素群,即言语和教育方面的因素群,操作和机械方面的因素群;第三层次又将第二层次的两个大因素群分为几个小因素群,包括言语理解因素、数量因素、机械信息因素、空间信息因素和手工操作因素等;第四层次为各种特殊因素,相当于斯皮尔曼的S因素。

（三）智力信息加工理论

1.智力三元理论

斯腾伯格提出了智力的三元理论（Sternberg，1985）。该理论从人的内部成分、外部作用及知识经验与智力的关系来阐述智力的结构，这三方面构成了智力成分亚理论、智力情境亚理论和智力经验亚理论。成分亚理论是智力三元论的核心内容，它阐述了智力活动的内部结构和心理过程；经验亚理论是在经验水平上考察智力在日常生活，特别是处理新异情境的能力和心理操作的自动化过程中的应用；情境亚理论则说明智力各成分在适应环境、塑造环境、选择新环境和自我成长等过程中的作用。

成分按功能分类，可以分为元成分、操作成分和知识获得成分。元成分用于实现控制的加工，包括在完成任务过程中的计划、控制和决策。操作成分用于任务操作时执行不同的策略，它倾向于自动进入到解决任务的各阶段，这些阶段包括对刺激的编码、刺激间的联合或比较及对刺激做出反应。知识获得成分用于获得新知识的过程，包括习得各个领域的陈述性知识和程序性知识。

2.智力的PASS模型

戴斯和纳格利尔里以神经心理学家和认知心理学家发展起来的心理加工理论为依据，提出了“计划—注意—同时性加工—继时性加工”模型（NagLieri & Das，1988）。该模型认为智力由包含上述四种认知过程的三个认知功能系统组成，其中注意—唤醒系统辅助引起注意和激活智力活动，影响着个体对信息进行编码加工和计划，是智力活动的基础；同时—继时加工系统（信息加工系统）主要是以同时性（并列）或者继时性（序列）两种加工方式接受、解释、转换、再编码和存储外界信息，是智力活动的主要操作系统；计划系统负责计划、监控、调节、评价等高级功能，对另外两个系统起监控和调节作用，处于整个认知系统的最高层次。这三个系统各具功能又相互作用，保证了一切智能活动的运行。三个机能单元在动态联系中对个体的经验做出反应，服从于发展变化，并形成相互联系的系统。所有的这些过程都受知识基础的影响，因此，戴斯认为有效的加工是按照特定任务的需求通过整合知识与计划、注意、同时性加工和继时性加工过程来完成的。

（四）智力理论的其他发展

1.智力的形态理论

卡特尔（Cattell，1963）利用多因素分析的方法，将人的智力解释为两种不同的形态，即流体智力（fluid intelligence）和晶体智力（crystallized intelligence）。流体智力是一种以生理为基础的认知能力,这种智力几乎可以参与到一切活动中去,如知觉、记忆、理解、运算速度和推理能力等。这些能力主要取决于先天的因素,受教育文化的影响比较少。晶体智力是以习得经验为基础的认知能力,大部分是从后天的社会实践学习中获得的,如词汇和计算方面的能力,是个体经验的结晶。在一定程度上说,流体智力是晶体智力的基础,任何一种智力活动都包含这两种智力,很难将它们分开。

2. 多元智力理论

加德纳(H. Gardner,1943-)认为智力是先天属性、结构和机制与后天环境交互作用所产生的技能,强调智力应被理解为多元的、与特定于内容相关的,而不是单一的、笼统的整体概念。尽管智力的属性、内容和数量还没有完全确定,不过可以确认智力包含了若干个独立的成分。加德纳提出存在七种智力类型(Gardner, 1992),后来又加入了存在智力。

表7-1 加德纳多元智力结构

智力的构成	具体内容
语言智能	说话、阅读、书写的能力
数理智能	数学运算和逻辑思考的能力
空间智能	认识环境、辨别方向的能力
音乐智能	对声音的辨识与韵律表达的能力
运动智能	支配肢体以完成精密作业的能力
社交智能	与人交往且和睦相处的能力
自知智能	认识自己并选择自己生活方向的能力

加德纳智力理论注重神经生理学证据和社会文化的作用,认为人与人的差异主要表现在不同智能组合上。该理论突破了传统智力范畴,对于智力测验编制有指导意义,且依据其理论实施的"光谱方案"(Project Spectrum)教育也使得人们对智力和教育的看法有所改变。

3. 成功智力

斯腾伯格在智力三元理论的基础上提出成功智力理论,强调智力应指向真实世界的成功(Sternberg, 1996)。根据智力三元理论,斯腾伯格认为,成功智力包括分析性智力、创造性智力和实践性智力三个关键方面。成功是通过这三方面智力的平衡获得的,其中分析性智力是进行分析、评价、判断或比较和对照的能力,也就是传统智力测验测量的能力,创造性智力是面对新任务、新情境产生新观念的能力,实践性智力是把经验应用于适应、塑造和选择环境的能力。具有成功智力的人不仅具备这些能力，而且还会思考在什么时候、以何种方式来有效地运用这些能力。成功智力的提出使人们对智力的认识更具有实用性和现实意义。

4.智力的CHC模型

随着认知心理学的兴起，认知能力被看作智力的核心。为了有效测量认知能力所包含的因素，CHC理论(Cattell-Horn-Carroll)将探索性因素分析和验证性因素分析结合，对认知能力各因素进行更为全面考察，是近年来智力测量领域的新进展(McGrew, 2005)。该理论融合了卡罗尔(J. Carroll)认知三层模型的三层框架和卡特尔的流体智力、晶体智力概念，将认知能力分为具有不同广度的三个层级，反映了智力的一般性程度。

模型的最高层，即第三层能力(Stratum Ⅲ)代表最广泛的一般智力水平，涉及高层次的复杂认知加工，是一般因素的代表。模型的第二层能力(Stratum Ⅱ)称为“广泛能力”(broad abilities)，是人们熟知的一些能力，包括流体智力、晶体智力、知识储备、阅读写作能力、短时记忆、视觉，听觉加工、长时存储和提取、加工速度以及决策速度。模型的底层即第一层(Stratum Ⅰ)包括了70个可以直接测量的“狭窄能力”(narrow abilities)，它们按照一定的组织方式从属于第二层的“广泛能力”中。例如，语言发展、数学知识、视觉广度等。

此外，智力理论的最新发展还包含珀金斯(D. Perkins)的“真智力”(true intelligence)理论、塞西(S. J. Ceci)的生物生态学理论(The bio-ecological theory)、沙洛维(P. Salovey)和梅耶(D. J. Mayer)的情绪智力以及加里克(D. Garlick)的神经可塑性模型。

三、智力的发展

(一)智力的一般发展趋势

个体的智力随年龄的增长而发生变化。美国心理学家贝利进行了长达36年的追踪研究，结果显示智力在11、12岁以前快速发展，随后发展放缓，到20岁左右达到巅峰，然后保持到30多岁，随后逐步缓慢下降。不同的智力成分，其发展的速度也不尽相同。

(二)智力发展的个体差异

智力的个体差异是指个体在受遗传与环境的交互影响下,不同个体智力彼此产生差异的现象。了解和鉴别个体差异,对个体的发展与教育有着重要的价值。

1.智力发展水平的差异

大致来说,能力在全人口中的表现为正态分布。智力的高度发展叫智力超常或天才;智力发展低于一般人的水平叫智力低下或智力落后。推孟(Terman,1916)用智力测验来测量超常儿童,凡智商达到140的儿童被称作天才儿童。美国伦朱利(J.S. Renzulli,1980,1985)提出"三圆圈天才儿童的概念",他认为天才儿童具备:中等以上的智力、对任务的承诺、较高的创造力。智商在70分以下为智力落后者。智力落后表现为各种心理能力的低下,明显的特征表现为社会适应不良。智力落后的原因很多,智力落后者需要给予特殊的关心和帮助。

表7-2 韦克斯勒的智力发展水平分类

IQ	类别	百分比	
		理论分布	实际样组
130以上	极优秀	2.2	2.3
120–129	优秀	6.7	7.4
110–119	中上	16.1	16.5
90–109	中等	50	49.4
80–89	中下	16.1	16.2
70–79	边缘	6.7	6.0
70以下	智力缺陷	2.2	2.2

2.智力表现早晚的差异

人智力的成熟有早有晚。有些人能力表现较早,这叫"人才早熟",如王勃10岁赋诗,李白5岁通六甲,7岁观百家,莫扎特5岁作曲,8岁作交响乐等等,尤其在艺术领域,这种情况尤其常见。另一种情况叫"大器晚成",是指智力成就在年龄较大时才表现出来。这种情况在科学和政治舞台上屡见不鲜。

3.智力结构的差异

智力有各种各样的成分,根据加德纳的多元智力理论,它们可以按照不同的方式结合起来,形成了人和人之间在智力结构上的差异。例如,有人表现在音乐能力的方面,有人表现在运动方面的能力,有人擅长空间记忆,有人善于语义记忆等。一般情况下,每个人在不同的领域都有自己的优势。

4.能力的性别差异

男女智力水平是否有差异,这是人们非常关注的一个问题。根据现有研究,男女智力总水平大体相同,但在不同的智力方面显示出各自的优势。哈尔佩恩(Halpern,1997)总结女性在与语言使用相关的任务,需要精细动作、知觉速度和非言语信息解码的任务中表现较好;触摸、味觉和嗅觉的知觉阈限更低。男性在涉及灵活推理、视觉工作记忆或移动物体的转换方面的任务,以及需要瞄准的运动任务中表现比女性更出色。

(三)影响智力发展的因素

影响智力形成和发展的因素很多,除了遗传素质外,还取决于后天环境、教育和实践活动以及个人的主观努力。

1.遗传素质

遗传素质提供了个体智力发展潜在可能性的自然前提和基础。遗传对智力的影响主要表现在身体素质上,如感官的特征、四肢以及运动器官的特征、脑的形态和结构的特征等。与人格特质有关的神经活动的强度、灵活性、动力性、平衡性等也会影响智力品质的发展。先天素质对能力形成的影响表现在,具备某些先天素质的人比不具备这种素质的人更容易发展相应的能力。不过,先天素质只是提供了发展的潜在可能性,而后天的环境和教育则可以将这个潜能转化为现实。此外,个体的选择与努力也会起到重要作用。所以,先天素质的不同,会造成个体发展的差异,但相同的先天素质个体在不同的后天环境、教育或者不同选择下,也会导致不同的能力和水平。

2.环境与教育

这里的环境包括胎内环境和出生后的家庭、学校和社会环境等。

胎内环境会影响到胎儿的生长发育。母亲的年龄、用药、患病、营养不良、酗酒、吸毒、抽烟等情况都可能损害胎儿,并影响其智力发展。

个体出生后,环境刺激对个体的智力发展有重要的作用。在保证营养基础上,丰富适宜的环境刺激能有效地促使个体大脑神经连接的发生,从而加强信息加工能力。而具有明确目的、有计划的、有组织的学校教育,对于个体智力的影响是高效的。学生通过系统的训练,掌握各种知识和技能,发展各种能力与相应的心理品质。

3.实践活动

个体不是机械被动地接受环境影响的,而是具有一定主观能动地接受和选择环境。能力的培养以及能力的体现必须和社会实践相结合。实践活动及其不同的性质、广度和深度,对于个体不同的能力及能力水平有着重要的影响。比如一个喜欢文学的学生,相对来说通过不断地看文学作品和尝试写诗歌文章,那么就会比一个仅仅只醉心于体育的孩子在语词理解和文学素养上面的能力要强。而后者则因为更多的体育锻炼,有更强的身体机能。

4.主观努力

一个人刻苦努力,积极向上,具有广泛的兴趣和求知欲,能力就有可能得到更充分发展。反之,具有较高天赋个体,若不积极发挥主观能动性,能力也不会有较大的发展。

四、智商与智力等级的划分

智商(Intelligence Quotient)是智力商数的简称,是通过一系列标准测试获得的分数表达人在其年龄段的智力发展水平。依据不同的智力理论,所设计出的智力测评工具不同,从而说明的智力水平和内容也会不同。不同的智力测验所得的智商不能互相比较。

(一)智商的种类

1.心理年龄

1905年,比奈与其助手西蒙编制了世界上第一个智力量表,经过修订后,采用了心理年龄或者称智力年龄的概念。心理年龄代表某年龄阶段儿童智力水平的年龄,它说明了一个儿童的智力实际达到的年龄水平。其理论假设是,不同年龄阶段的儿童可以顺利解决自己所处阶段以及更小年龄阶段的任务,却无法顺利解决年龄更大阶段的任务。如一个6岁的儿童如果能正常完成6岁组的题目,表明他的心理年龄在6岁,而如果只能完成3岁组的题目,则表明虽然6岁了,但是智力水平只达到3岁组水平,属于智力发育落后。而如果能完成9岁组的题目,则表明该儿童智力水平超常。

2.比率智商

美国心理学家推孟修订的斯坦福-比奈心理量表中首次采用比率智商,将心理年龄除以实足年龄所得的商数并乘以100,即IQ=(智力年龄/实足年龄)×100。

比率智商可以使得不同年龄者之间的智力水平相互比较。该方法存在明显缺陷，人的心理年龄不会随实足年龄同步增加，到了一定年龄阶段还会下降，随着年纪的增长，比率智商值越来越低，并不能反映实际的智力水平。

3.离差智商

韦克斯勒保留了智商概念，放弃了心理年龄概念，采用了统计平均数和标准差来确定个体的智力水平。离差智商即以测验分数的正态分布为基础，通过测量结果评定出被测者偏离他本人所属年龄组平均成绩的量数，不受个体年龄增长的影响。韦氏智商的标准化样本中每一个年龄组受测者的IQ均值为100，标准差为15，公式为：

$$IQ=100+15(X-M)/S$$

其中X代表某人实得的分数，M为某人所在年龄组的平均分数，S为该年龄组分数的标准差。因此，离差智商的计算需要知道一个人的测验分数和他所在团体的平均分和标准差。如果某人的IQ为100，表示其智力中等；当为115时，他的得分比所在年龄组的平均得分高一个标准差，说明他的智商比84%的同龄人要高；而IQ为85时，则低于一般人的智力，他的智商只比16%的同龄人高。

（二）智力等级的划分

智力等级的划分是根据正态分布原则并结合日常经验和习惯进行的。由于使用了不同的测量工具，划分标准的严格程度不同，因此智力有不同的等级划分。不过总体的趋势和范围是相似的。

表7-3 推孟对智力等级的分类

IQ	类别
140以上	天才
120–140	上智
110–120	聪颖
90–110	中材
80–90	迟钝
70–80	近愚
50–70	低能
25–50	无能
25以下	白痴

拓展阅读

弗林效应

智力测验自20世纪初产生和发展以来,迅速在世界各地得到广泛应用。然而,事实上智力测验的结果不断发生变化,为了保持智力测验的均值100分不变,需要定期修订常模。弗林(J.Flynn)最早发现美国人的智力测试成绩越来越好,并且这种变化是明显的和长期性的,即下一代年轻人总是比上一代人表现出更优异的IQ平均指数(Flynn, 1984)。随后,他在欧洲的14个发达国家同样也发现了这一规律,这一智力测验结果逐年持续增长的现象,被称作弗林效应(Flynn effect)。

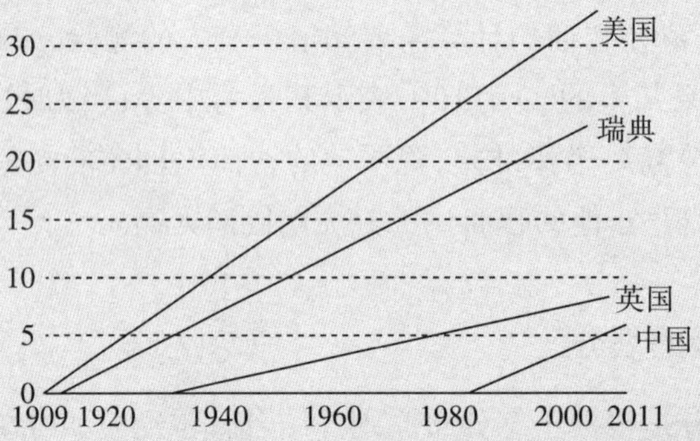

图7-1 全球范围内智力测验分数随时代的增长趋势

(资料来源:Pietschnig & Voracek,2015)

弗林效应的提出受到广泛关注,并引发了一场世界性的争论。Steen(2009)在总结了弗林效应自提出后近30年的众多研究成果得出结论:大量证据表明,IQ指数的变化是真实和有意义的。对于这一问题的研究和解释尽管存在争议,但就其影响因素的普遍看法是来自于生物学因素和环境因素的解释(Neisser, 1998)。Rönnlund和Nilsson(2008)的研究发现,教育、身高、家庭结构的变化可以解释94%的认知测验分数的变异。Steen(2009)认为,要回答这一问题,需要从四个方面来考虑:医学环境(包括改善营养、健康和避免环境危害)、社会环境(包括改善教育、良好的家庭教养及早期儿童的教养)、信息化环境(包括接受更多更复杂的信息)和遗传环境(包括更好地加速进化的基因)。

中国作为世界上人口最多的发展中国家,自实行改革开放以来,社会和经济发生了前所未有的巨大变化,与30多年前相比,社会经济和文化教育方面产生的差距对IQ增长能够产生多大的影响?中国儿童智力测验是否存在弗林效应?研究者针对上述问题进行了探讨与回答。

研究结果表明,中国儿童韦氏儿童智力测验的确存在弗林效应,但不同地区儿童智商增益量不同(王爱平等,2016)。研究者从社会因素和生物学因素角度做出了解释。自改革开放以来,中国的社会经济和文化教育,都发生了巨大变化,经济的快速增长,带动了其他领域的发展,特别是教育方面的发展,使更多的儿童受到良好的教育。经济的繁荣还提高了人们的生活水平,使更多儿童能够接受更好的营养和医疗保健;再者,随着社会的发展、科学的进步、儿童在更复杂的社会中接收的信息无限增多等,诸多因素都促使儿童的认知能力得到提高。正是这种快速变化的时代,为促进儿童智力水平快速发展提供了良好的时机。

然而,近些年在挪威和丹麦等一些北欧国家的研究发现,IQ分数的变化规律并非一成不变,如在20世纪50-90年代,IQ指数持续增长的规律符合弗林效应公式,但到90年代中期以后的增长速度逐步变慢,甚至出现负增长,出现反弗林效应。所以,对于社会发展影响智力的机制,还需进一步探究。对于弗林效应的研究和解释也在进一步深入,以探究其背后的原因。

复习巩固

1. 简述智力的PASS理论。
2. 简述智力发展趋势的特点。

第二节　个体智力测验

个体智力测验中,测试者单独向被测者呈现各种智力题项,根据被测者的回答和反应,判断被测者的智力水平。不同智力工具所依据的智力理论不同,题项所涉及的智力内容也不同,某个智力测验得到的智商虽然能作为判断智力水平高低的依据,却不能理所当然地认为可以推论到其他智力测验上去。

一、比奈智力量表

(一)比奈-西蒙智力量表

该量表是由比奈和西蒙于1905年编制而成,用于诊断异常儿童的智力。该量表不仅是有关智力最早的科学测量工具,也由于其开创性的思想成为智力测验的典范。其影响广泛而深远,经历上百年的发展,至今仍然是最常用的智力测验之一。

1905年最初版本的比奈-西蒙量表包含30个测验项目,测量儿童的记忆、言语、理解等内容,每个测验项目的难度逐渐上升,根据儿童通过的项目多少来评定他们智力的高低。由于第一版的标准化样本只有50个儿童,并且题目相对较少,后经过实际应用和理论反思,于1908年对第一版测验进行了修订。修订删除了一些不恰当项目,增加了新项目,使测题达到59项,将标准化样本增加到200人,并定义了心理年龄这一具有历史意义的概念。量表所有的项目按照年龄水平进行分组,从3岁~13岁,每岁一组。将80%~90%的正常3岁儿童能通过的项目放入3岁组,以此类推。1911年,研究者对量表再次进行修订,加入了成人组项目,将智力测验的应用范围进一步扩大。

(二)斯坦福-比奈智力量表

在众多比奈-西蒙量表翻译和修订版中,以推孟于1916年修订的斯坦福-比奈智力量表最负盛名。该版本增加了近1/3的新题,使得题目增加到90题,修改了部分原有题目和部分测题的年龄水平,将标准化样本容量增加至1000人,并首次引入了智力商数来表示智力水平。从此,IQ这个词在心理学研究中广泛应用,并获得了普通民众的广泛认可与使用。1960年,该量表舍弃比率智商,引入离差智商的概念,平均分是100,标准差为16。

斯坦福-比奈量表有多个版本,1916年为第一版。1986年,桑代克(R. L. Thorndike)、哈根(E. Hagen)等人完成了第四次修订。修订中引入了卡特尔的流体和晶体智力的概念以及桑代克和哈根编制的认知能力测验。目前最新版本为2003年修订完成的第五版(Roid & Pomplun, 2012)。该版本测量了五个智力的一般因素,分别是流体推理、知识、数量推理、空间视觉过程和工作记忆,每种一般因素又通过言语和非言语两种测验形式来反映。由此获得10个分测验,每个分测验的平均数为10,标准差为3。在每个分测验得分基础上,还可以分别获得言语、非言语智力分数和智力总分。第五版将合成分数的平均数定为100,标准差为15,便于与其他的智力测验结果做比较。

(三)中国比奈测验

1924年,陆志韦将1916年的斯坦福-比奈智力量表进行修订,发表了中国版比奈-西蒙智力测验。1936年,与吴天敏进行了二次修订。1979年,吴天敏进行了第三次修订。第三次修订改动较大,增删了部分项目,测验对象的年龄范围扩大到2~18岁。题目设置上从易到难排列,每项代表四个月智龄,每岁3题,共计51题。在评定成绩的方式上,放弃了比率智商,采用了离差智商。此外,吴天敏根据临床的实际需要,从中国比奈测验中选出8个项目,组成了中国比奈测验简编,用于快速测查儿童的智力水平。

二、韦克斯勒智力量表

（一）概述

韦克斯勒在临床工作中深感斯坦福-比奈量表不适用于成人，从1934年开始着手自编新量表。韦克斯勒把智力界定为个人有目的行动，理智地思考以及有效应付环境的整体的或综合的能力。智力要素之间相互关联，一般的智力来自这些要素的相互作用，通过测量每一个要素然后综合每一个要素上的个体能力就可以测量到一般的智力。

韦克斯勒编制了若干套智力量表。适用于6~16岁儿童的韦氏儿童智力量表（Wechsler Intelligence Scale for Children，WISC），也是当今世界上应用最广泛的儿童智力量表；适用于16岁以上成人的韦氏成人智力量表（Wechsler Adult Intelligence Scale，WAIS）；适用于4~6.5岁幼儿的韦氏幼儿智力量表（Wechsler Preschool and Primary Scale of Intelligence，WPPSI）。韦氏智力量表自发行以来不断进行修订，最新的为成人智力量表第四版（Wechsler，2008）、幼儿智力量表第四版（Wechsler，2012）和儿童智力量表第五版（Wechsler，2014）。

儿童、成人、幼儿测验略有不同，但基本框架是一样的。每套量表都包括言语和操作两个分量表，分别度量个体的言语能力和操作能力。言语分量表包含的项目有：词汇、常识、理解、回忆等；操作分量表包含的项目有：完成图片、排列图片、事物组合、译码。因此，韦克斯勒设计的量表不仅可以测量出智力的一般水平，还可以测量出智力的不同侧面，分别得到言语智商和操作智商。韦克斯勒还首创了离差智商，用以替代比率智商。

表7–4 韦氏成人智力量表举例

测验名称		测验内容	测验实例
言语量表	常识	知识的广度	水蒸气是怎样来的？
	理解	实际知识和理解能力	为什么电线常用铜做？
	类比	抽象概括能力	蛋和种子有何相似
	词汇	词语知识	“类似”是什么意思
操作量表	拼图	处理整体与部分关系的能力	将拼图小板拼成一个物体
	填图	视觉记忆和视觉的理解性	每张图缺了什么，并说出名称
	积木	视觉与分析模式能力	看一种图案之后，用小木块拼成相同的样子
	排序	对社会情境的理解	把三张以上的图片排序，说出一个故事

(二)中国修订的韦氏智力量表

1. 韦氏成人智力量表中国修订本

我们目前所使用的韦氏成人智力量表是龚耀先主持修订的,称中国修订韦氏成人智力量表(WAIS-RC)。韦氏成人智力量表中国修订本分城市和农村两个版本,都包括11个分测验,分为言语和操作两个大类(龚耀先,1984;修订韦氏成人智力量表全国协作组,1983)。这些分测验有各自的计分方法,各项分测验得分最后都可转化为平均数为10,标准差为3的量表分,再根据各分测验的量表分分别计算言语量表分、操作量表分和总量表分。最后按受测者的年龄在相应的智商表中查出等值的智商,即言语智商、操作智商和总智商。韦氏成人智力量表第四版中国版本的修订正在进行中(崔界峰等,2017)。

2. 韦氏儿童智力量表中国修订本

韦氏儿童智力量表中国修订本(WISC-CR)由林传鼎和张厚粲(1986)主持修订。第四版(WISC-Ⅳ)由张厚粲主持修订,适用于6-16岁中国儿童(张厚粲,2009)。新量表包含的10个核心分测验(core subtest)分布在言语理解、知觉推理、工作记忆和加工速度4种指数上,所以除了提供用以说明儿童的总体认知能力的总智商之外,还能导出另外四个合成分数,以进一步说明儿童在不同认知领域中的认知能力。除五个合成分数外,新版测验还依据神经心理学评估的过程方法在积木设计、背数和划消三个分测验中提供了七个加工分数,在更细致的认知功能领域反映儿童的表现。这些结构和计分方式为临床工作人员的分析和判断提供了更精确、更具体的信息。

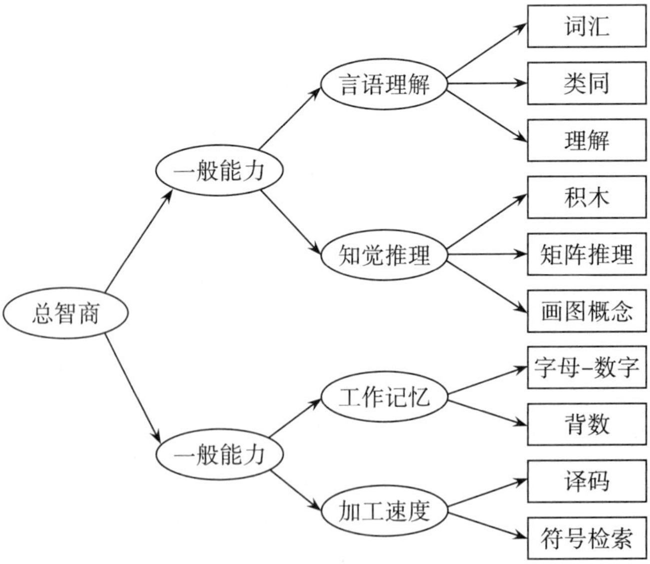

图7-2 WISC-IV中文版两阶因素结构

3.中国韦氏幼儿智力量表

中国韦氏幼儿智力量表(C-WYCSI)最早由龚耀先主持修订(龚耀先,戴晓阳,1988)。2014年起,第四版(WPPSI-Ⅳ)逐渐向全国推行,该版本根据年龄分为两套,一套用于评估4岁前幼儿,另一套用于评估4周岁至6岁11个月幼儿。

4岁前幼儿的主要认知活动通过动作、具体形象材料进行评定,测验材料主要是图片以及需要动手摆弄的图块和积木。结果包括总智商、三个主要指数(言语理解、工作记忆、视觉空间),以及三个辅助指数(语言能力、非语言能力、一般能力),共9个分测验。对于4~6岁幼儿,由于他们的抽象思考能力开始出现,材料增加了测量抽象思考能力的语言类分测验,以及考察反应速度和视觉-动作协调能力的答题册。测验结果包括总智商,五个主要指数(言语理解、工作记忆、视觉空间、流体智力、加工速度)和四个辅助指数(语言能力、非语言能力、一般能力、认知效率),共有14个分测验。

三、其他智力测验

(一)考夫曼量表

考夫曼儿童成套评价测验(Kaufman Assessment Battery for Children, K-ABC)用于评价2.5~12.5岁儿童的智力加工水平,测试时间为40~90分钟(Kaufman & Kaufman, 1983)。该测验的重点是信息加工的同时性和继时性。同时性加工包括7个分测验,要求受测者能够从总体上观察空间的和视知觉的材料,并进行综合和组织。继时性加工包含3个分测验,要求受测者进行系列的或者时间的排列。该测验还包含一个成绩量表,由6个分测验构成,评价受测者在阅读、算术、词汇和一般常识等方面的能力。

成套评价测验可以得到同时性加工分数、继时性加工分数、心理加工组合分数(两种加工的联合)和成就分数。每种综合分数都是以平均分为100,标准差为15的标准分呈现。

考夫曼青少年和成人智力测验(Kaufman Adolesent & Adult Intelligence Test, KAIT)适用于11岁以上青少年及成人(Kaufman & Kaufman, 1993)。该量表由晶体量表和流体量表组成,前者测量在学校教育和文化使用中获得的概念,后者则测量受测者解决新问题的能力。此外,该量表还包括一个心理状况测验,用来评定认知损伤、不能完整参加成套测验的受测者的注意和定向。

(二)麦卡锡幼儿智能测验

麦卡锡幼儿智能测验(McCarthy Scales of Children's Ability, MSCA)综合评价儿童智力的发展,适用于2.5~8.5岁儿童,测验时间1小时左右(MacCarthy, 1972)。该量表由言语分量表5个测验,知觉-操作分量表7个测验,数量分量表3个测验,记忆分量表4个测验,运动分量表5个测验组成。测验材料多类似于玩具,较少受到文化影响。言语分量表、知觉-操作分量表和数量分量表可以合成一般智能。各量表的原始分也可以按照手册转化为*T*分数与其他测验进行比较。

(三)斯腾伯格三元智力测验

斯腾伯格三元智力测验(Sternberg Triarchic Abilities Test,STAT)基于三元智力理论编制,通过三种表达问题的方式(言语、数量和图形)对智力的分析、实践和创造三个方面进行测试(Sternberg, 1993;Sternberg & Castejón, 2001)。测验分为9个组合(分析性-言语,分析性-数量,分析性-图形,实践性-言语,实践性-数量,实践性-图形,创造性-言语,创造性-数量和创造性-图形),每个组合4个项目,总共36个项目。根据测验结果,可得出智力三个不同方面的测验成绩,可作为人才选拔和因材施教的参考。

四、个体智力测验的优缺点

个体智力测验采用一对一的形式,测试者根据测验手册中规定的标准提供指令,将受测者的回答逐字记录,然后进行计分和评价。在多数个体智力测验中,测试者必须负责激发受测者的最高作为。

个体智力测验能提供大量的信息,测试过程具有良好的适应性。测验对某些受测者,比如幼儿和文盲,在不能使用文字而只能由测试者记录反应时更加适用。在实际测量的过程中,如果遇到受测者因为紧张、不合作、动机不强等问题,测试者可以有针对性地采取措施以解决问题,如以友好亲切的语气表示支持、鼓励和安慰。测试者还可以获得受测者测试过程中除语言文字反应以外的信息,比如通过观察受测者的表情可以确认其对于某些题项回答的确认程度如何。

个体智力测验的主要缺点是比较费时,不容易进行大规模测量,因此建立常模也比较困难。同时,个体智力测验对于测试者的要求也比较高,由于测试者个人的风格问题,可能会导致一些额外误差。并且除了临床领域外,个体测验的使用面也比较窄。

复习巩固

1. 比较比奈智力测验和韦氏智力测验的异同。
2. 简述个体智力测验的优缺点。

拓展阅读

智力测验与学业成就

在学校里，我们经常听到老师夸奖："这个学生很聪明。"这句话蕴含了大众对智力的朴素理解：在学业成就上更为突出的同学，可能智商更高。那么，智力与学业成就是否存在相关呢？这是心理学家和教育学家都很感兴趣的一个问题。针对该问题，目前的理论与实证研究仍存在诸多争论。浙江大学王腾飞博士等尝试运用元分析的方法，通过对已有研究证据的梳理和再分析来回答这个问题。

关于智力与学业成就之间的关系，最早的理论阐述可追溯至卡特尔提出的"投资理论"(Investment Theory, Cattell, 1987)。卡特尔将智力区分为流体智力和晶体智力。流体智力是个体通过推理解决新颖、复杂问题的能力，它主要受神经系统成熟的影响，独立于已有的知识和经验；而晶体智力指个体通过后天学习所掌握的知识、经验和技能。根据投资理论，晶体智力实际上是流体智力与环境(如家庭、学校和社会等)相互作用的结果，而且流体智力对晶体智力的投资作用在发展早期较为明显，随着年龄的增长不断减弱。但新近提出的"共生理论"(Mutualism Theory, van Der Maas et al., 2006)认为流体智力对晶体智力的影响并不是单向的，晶体智力的提升也会促进流体智力的发展。因此，随着年龄的增长，流体与晶体智力之间的关系会变得更加紧密。更复杂的是，流体智力对晶体能力的投资可能受到环境因素的影响，如社会经济地位(Socioeconomic Status, SES)。行为遗传学家发现：在高SES环境中成长的儿童，基因与学业成就的关系更密切，即良好的环境促进了基因的表达，而低SES环境可能会抑制基因潜能的发挥(Nisbett et al., 2012)。基于此，我们推测SES可能会调节流体与晶体智力之间的关系。

在目前最为流行的CHC智力理论中(Cattell-Horn-Carroll, McGrew, 2005)，流体智力和晶体智力与一般能力(g)的关系最密切，因此是当前主流的智力测验中均包含这两个维度。其中，流体智力主要采用归纳和演绎推理任务测查。例如，瑞文推理测验(Raven's Matrices)、卡特尔文化公平测验(Cultural Fair Test)、认知能力测验(CogAT)和成套智力测验中的流体智力分量表均采用推理任务测查流体智力。根据测验形式，可分为矩阵推理、类比推理和序列推理等；根据测验材料性质,又可分为言语和非言语推理。晶体智力主要包含言语和数学能力。例如,韦氏智力量表中采用常识、词汇、类同和理解等,而伍德考克-约翰逊测验(Woodcock-Johnson Test of Achievement)包含了语文和数学两种晶体智力。其中,语文包含语音意识、解码、词汇和阅读理解等技能;数学包含基本数量知识、算术、应用题和几何等技能。在元分析中,我们主要关注由非言语推理任务测得的流体智力与各种语文和数学技能的关系。

通过元分析(Peng et al., 2019),我们从发展和教育的角度整合了智力与学业成就之间关系的已有理论和发现:(1)流体智力在语文和数学技能发展中发挥着重要作用;但随着学校教育和学习经历的增长,学习本身也会反向促进流体智力的发展;(2)较高的家庭SES能促进流体智力在学习中的投资作用,这种调节作用主要发生在个体发展早期;(3)不利的家庭处境会阻碍流体智力在语文和数学技能上的投资,但学校教育可以在某种程度上降低不利处境的消极影响。

第三节　团体智力测验

个体测验费时费力、效率低,无法满足大规模测试的需要。满足大规模测试需要的团体智力测验应运而生。

一、陆军测验

为了帮助分离和除去智商低下者,挑选素质更高的士兵,同时根据应征者的心智给他们快速分类,以协助安置有能力的人到相应的岗位,奥蒂斯在耶克斯和桑代克的影响下设计了纸笔测验形式的陆军甲种测验和陆军乙种测验(Otis, 1920)。

陆军甲种测验是世界上第一个团体智力测验,由八个分测验组成。这八个测验分别是:跟随口头指令、算术推理、实际判断、同义—反义配对、句序调整、数字接龙、类比和知识。

陆军乙种测验则是为文盲和母语不是英语者设计的,属于非文字测验,由七个分测验组成,包括迷津、立方体分析、补足数列、数目符号、数字校对、图画补缺和几何图形分析。

二、瑞文推理测验

瑞文标准推理测验(Raven's Standard Progressive Matrices,SPM)由英国心理学家瑞文于1938年创制,该测验源于斯皮尔曼的智力二因素理论,旨在测试人的一般智力水平,尤其可以测量解决问题的能力、观察力、思维能力、发现和利用自己所需的信息及适应社会生活的能力(Raven, 1941)。测验适用于6岁到70岁个体,是一种非文字测验,并且不同的职业、国家、文化背景的人都可以用。由于排除了背景差异的影响,该测验也适用于测量聋哑人,丧失某种语言机能的病人,或者是具有某些心理障碍的人的智力水平。一般来说,完成瑞文标准推理测验大约需要半小时,测验时间最长不超过45分钟。该测验的优点是具有较高的信度和效度,既可以个别进行,也可以团体实施,使用方便,省时省力,结果解释直观简单。

瑞文标准推理测验一共由60个题目组成,分为5组,每组12题。A、B、C、D、E五组的题目难度逐步增加,每组内部题目也是由易到难排列。每个题目由一幅缺少一小部分的大图案和作为选项的6—8张小图片组成。测验中要求被测者根据大图案内图形间的某种关系选择小图片中的哪一张填入大图案中最合适。图7-3为瑞文推理测验例题。

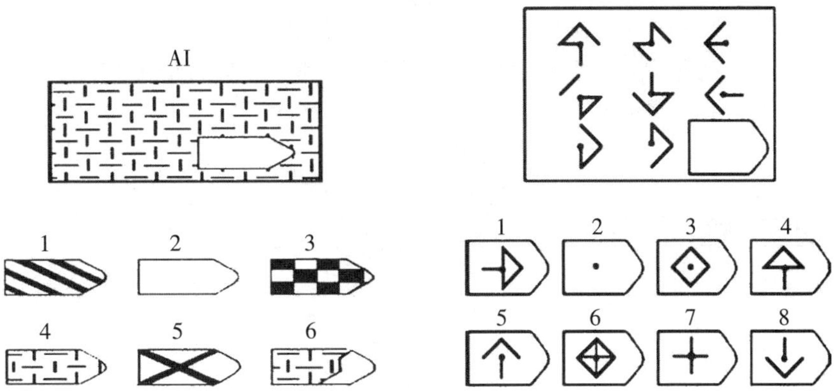

图7-3　瑞文推理测验例题

各组题目的测试重点如下:

A组主要测查知觉辨别力:知觉辨别力、图形比较、图形想象能力等;

B组主要测查类同比较:类同、比较、图形组合等能力;

C组主要测查比较推理和图形组合:比较、推理、图形组合等能力;

D组主要测查系列关系:系列关系、图形套合等能力;

E组主要测查互换、交错等抽象推理能力:套合、互换等推理能力。

题目按通过计1分,未通过计0分的方法进行计分,将五组题目的得分加起来可以获得原始分数。根据受测者的实足年龄和原始分数查常模转化表即可确定与该分数相对应的百分等级,进而评估他的智力发展水平。

表7-6 瑞文推理测验所得智商等级标准

智力水平:用百分比等级表示	
一级	测验标准分等于或超过同年龄常模组的95%,为高水平智力
二级	测验标准分在75%与95%之间,智力水平良好
三级	测验标准分在25%与75%之间,智力水平中等
四级	测验标准分在5%与25%之间,智力水平中下
五级	测验标准分低于5%,为智力缺陷

对分数做解释时应注意,瑞文测验强调推理方面的能力,并非完全的智力,目前仅用于智力方面的筛选,不能绝对化。

瑞文还编制了适用于更小年龄儿童和智力落后者的瑞文彩色推理测验(Raven's Colored Progressive Matrices,CPM)(Raven,1947),而在标准测验中得满分的受测者,还可以进一步测量适用于高智力水平者的瑞文高级推理测验(Raven's Advanced Progressive Matrices,APM)(Raven et al., 1998)。

瑞文标准推理测验中国城市修订本的常模团体由来自全国大、中、小城市的5108名受测者组成,其中男女受测者各约占二分之一。受测者的年龄分布在5岁半至70岁以上。这些受测者按年龄分组,各年龄组的受测者结构基本符合1982年全国人口普查资料计算得的各项比例(张厚粲, 王晓平,1989)。

三、其他团体智力测验

(一)多维能力倾向测验

虽然韦氏成人智力测验是个非常好的工具,但是其施测过程复杂,不适合于团体施测,因此心理学家杰克逊基于韦氏成人智力测验修订版编制了多维能力倾向测验(MAB)。该量表主要是对韦氏测验的理论基础和实际测量的改进,测试形式设计为能够通过计算机计分的选择题。包括十个分测验,言语分量表包括常识、理解、算术、类同和词汇5个分测验;操作分量表包括数字符号、拼图、空间概念、图片排列和物体组装5个分测验。可以得出10个分测验得分以及言语表达智商、实际操作智商和全量表的智商。

多维能力倾向测验适用于16-74岁的人群,10个测验中的题目按照由易到难的顺序排列。测验在速度上和难度上将每个因素统合起来,在回答过程中允许猜测,鼓励被测者在规定的时间内每道题都要作答。每一个分测验的时间为7分钟，言语和操作分测验都实施各需要50分钟。

（二）文化公平测验

个体智力是遗传和环境两个方面交互作用的结果，文化对于各种能力发展的作用不同，需要设计出能尽量减少文化影响的题项。在此种背景下，美国心理学家卡特尔（Cattell，1949）编制了文化公平测验（Culture Fair Intelligence Test，CFTT）。

该测验是一种非文字测验，包括三个不同水平的量表，分别适用于4~8岁儿童，8~14岁儿童和中等智力成人，以及大学生和中等智力水平以上的成年人。每个量表都有4个分测验：系列推理、类同概括、方阵推理和定性分析，并且每个水平的量表编制了A、B两个副本。测验有时间限制，一般是30分钟。测验结果可以将原始成绩转化为平均分100，标准差为16的标准分数。

四、团体智力测验的优缺点

团体智力测验是在同一时间由一位测试者对多人施测。测试者宣读指导语并负责时间限制，受测者自己记录自己的回答，测验对施测者的计分技能没有什么特别要求。

团体智力测验最大的优点是可以在较短的时间内收集大量的资料，节约时间和人力成本，对于测试者的技术培训要求相对于个体测验低得多，并且计分相对客观。因此，可以广泛地使用于教育、军队等部门，也可广泛地应用于选拔、审查和评价等。

团体智力测验的缺点在于测验会受到受测者的动机或者对指导语理解困难的影响，一些被测者的得分可能远低于真实水平。而且由于团体施测不利于个别观察，无法有针对性地深入了解详尽的问题，所以在临床、深度选拔和研究中应用较少。

复习巩固

1. 简述瑞文智力测验的特点。
2. 简述团体智力测验的优缺点。

本章要点小结

1. 智力是遗传和环境共同作用下形成的，是能够在现有和潜在环境变化中解决问题的实际能力及其认知结构的总和。智力的定义或理论不同，测量工具也不同。

2. 个体的智力随年龄的增长而发生变化，不同智力成分的发展速度不尽相同。

先天素质、后天环境、教育和实践活动以及个人主观努力都会影响智力。

3.智商是通过一系列标准测试测得的人在其年龄段的智力发展水平。

4.比奈智力量表、韦氏智力量表、瑞文智力测验等属于常用的智力测评工具。

5.团体施测和个别施测的智力测量工具有各自的优缺点。

关键术语表

1.G因素

2.流体智力

3.晶体智力

4.多元智力

5.斯坦福-比奈智力量表

6.韦克斯勒智力量表

7.瑞文智力量表

8.离差智商

9.文化公平测验

本章复习题

1.提出智力成分亚理论、智力经验亚理论和智力情境亚理论的心理学家是(　　)。

A.吉尔福特　　B.戴斯

C.斯腾伯格　　D.斯皮尔曼

2.下列智力成绩的指标中,依据测验分数的常态分布来确定的是(　　)。

A.智力年龄　　B.心理年龄

C.比率智商　　D.离差智商

3.关于离差智商,以下描述中正确的是(　　)。

A.心理年龄除以实足年龄所得商数

B.实足年龄除以心理年龄所得商数

C.受测者成绩与平均数之差除以标准差所得商数

D.受测者成绩差与标准差所得商数

4.根据韦克斯勒的智力分级标准,IQ在90~110的人约占全体人群的(　　)。

A. 30%　　B. 40%　　C. 50%　　D. 60%

5.属于个别智力测验的有(　　)。

A.比奈-西蒙智力量表　　B.斯坦福-比奈智力量表

C.韦克斯勒智力量表　　D.瑞文智力测量表

E.陆军甲种智力测验

6.和比奈智力测验相比,韦氏智力测验的优点包括(　　)。

A.可以同时提供三个智商分数和多个分测验分数

B.用离差智商代替比率智商

C.可以进行团体测量

D.首先使用了测验常模

E.可以排除文化的影响

7.关于瑞文标准推理测验,以下说法正确的有(　　)。

A.可用于团体施测

B.采用了离差智商反映智力水平

C.题目是图形推理

D.没有常模

E.共有60个题项

第八章

能力倾向测验

能力类测验包括智力测验、能力倾向测验以及成就测验。成就测验和智力测验是对个体当前状态的评估,而能力倾向测验则是对个体潜能的测查,预测个体未来在哪些方面更容易成功,因此能力倾向测验常用于教育和职业咨询中。本章首先介绍什么是能力倾向测验,然后介绍它在企业人事决策和个人职业规划中起到的作用,最后介绍一些典型的能力倾向测验。

第一节 能力倾向测验概述

能力倾向测验关注个体的潜能，可以预测个体适合学习的专业、容易成功的职业，同时也能辅助企业进行人事决策。本节首先介绍能力倾向测验的概念以及它与一些相似概念的区别；然后介绍能力倾向测验的具体用途。

一、能力倾向测验的性质

能力倾向（Aptitude）也称性向，是指一个人的潜在能力，是一个人经过学习或者锻炼可能达到的能力水平。如果一个人具有某项潜能，那么经过学习或锻炼后，个体会更容易获得相关的知识或技能。能力倾向测验（aptitude test）是对个体潜在能力的测定，通常通过对现有能力的测量来预测个体在将来的学习或者工作中可能取得的成就。根据测验分数可了解个体的能力优势和劣势，作为个体升学和就业选择的参考。

能力倾向测验、智力测验和成就测验都属于能力测验，但是三者各不相同。

首先，在发展史上，成就测验最早可追溯到我国的西周，但是标准化的成就测验诞生于20世纪初。1904年心理学家桑代克出版了世界上第一本测量学专著《心理与社会测量》，介绍了心理统计方法和编制测验的基本原理。而智力测验起源于比奈和西蒙在1905年发表的《诊断异常儿童智力的新方法》，即比奈-西蒙智力量表。相比这两种测验，能力倾向测验出现最晚，第一个能力倾向测验是1941年瑟斯顿编制的基本心理能力测验。

其次，测量目的不同。成就测验测量的是个体经过一定的学习或训练后所掌握的知识量或所达到的能力水平，例如计算机二级考试。智力测验测量的是个体的一般心理能力，例如抽象思维能力、理解和概括能力。而能力倾向测验的测量对象是个体的潜在能力。能力倾向测验不同于成就测验，它不直接依赖于特定的学习和训练，反应的是先天或遗传因素，以及生活环境中积累的经验；后者针对特定的学习经验，是对过去学习经验的总结。能力倾向测验也不同于智力测验，智力测验的分数通常用来表明个体在一般智力水平上的差异，但它并不能区分智力分数相同的个体在不同类型能力上的分数差异，因此智力测验的结果比较笼统；能力倾向测验试图辨别和判断不同能力因素上的个体间以及个体内差异，其测验结果更为具体。另外，智力量表和成就量表是对个体当前心理状态的评估，或是对学习和训练经验的检测，而能力倾向测验强调的是预测个体在将来的学习和工作中可能取得的成就，更为突出预测效用。

二、能力倾向测验的种类

根据所测量能力的方面和数目,能力倾向测验可以分为多重能力倾向测验和特殊能力倾向测验。多重能力倾向测验是由测量各种不同能力倾向的分测验组成,用以测量个体多方面的潜能,如一般能力倾向测验测量一般学习能力、言语能力、数字能力等能力倾向。特殊能力倾向测验目的是鉴别个体在某一方面是否具有特殊潜能,最早出现的特殊能力倾向测验是机械能力倾向测验,它对个体在工业领域就业可能的成就进行预测。

根据应用领域,能力倾向测验可以区分为职业领域、军事领域和教育领域。在职业领域,能力倾向测验通常用来选拔和安置员工,这类测验包括普通能力倾向成套测验和各类特殊能力倾向测验,如音乐能力倾向测验、美术能力倾向测验等;在教育领域,能力倾向测验通常用来帮助学生选择合适的专业和学校,常用的有学业能力倾向测验;在军事领域,能力倾向测验用于甄选和训练新兵,常用的是军事职业能力倾向成套测验。

三、能力倾向测验的用途

能力倾向测验可以评估个体不同方面的潜在能力,这些潜在能力更多地与职业成败有关,因此通常被应用于职业选择和人事管理工作中。人们可以根据能力倾向测验评估自己的潜在优势,据此选择适合自己的职业;人事部门也可以根据能力倾向测验的结果来筛选和安置员工。

1.职业选择

传统的职业选择通常是根据个人的兴趣爱好、以往经验、学习专业、行业发展和社会环境等客观因素做出的。由于个体的兴趣爱好容易发生改变,而以往的经验和学业并不能真正地反映出个体在这些职业上的发展空间,依据这类因素进行职业选择的效果并不理想。而职业能力倾向较为稳定,能力倾向测验具有较高的可行性和可靠性,使得能力倾向在决定个体的职业发展方向时更为可靠。能力倾向测验能够帮助个体了解自己各种职业能力的发展水平和发展速度,从而根据自己的优势和特点选择匹配的职业,以及为了尽快适应某职业需要做出怎样的改变。总之,职业能力倾向测验为职场定位提供了科学依据。

2.人员筛选和安置

职业能力倾向测验的评定结果对工作绩效有一定的预测作用,因此通常被企业用来筛选和安置人员。无论是职业选择还是人事管理，能力倾向测验都发挥着不可替代的作用。通过能力倾向测验可以对个体的能力进行定位，将人才素质和职业岗位进行合理匹配，最终达到“人职匹配”的理想模式。能力倾向测验有助于在人事管理中做出正确的决策。但是，并不能保证把具有潜在能力的人员和没有潜在能力的人员完全区分开，也不能保证能够将员工的潜在能力完全呈现出来。

复习巩固

1. 简述能力倾向测验的特点。
2. 简述能力倾向测验的种类。

生活中的心理学

公务员选拔考试

随着我国公务员制度的推行，国家通过公务员考试从社会上选拔优秀人才从事复杂的政府工作，参加公务员考试也成为大学生寻找工作的一种选择。公务员考试分为国考和省考，国考是由国家部、委、署、总局组织的用来招考中央国家机关工作人员，省考是由各省省委组织部、省人社厅、省公务员局组织实施的地方性公务员考试。不管是国考还是省考都分为笔试和面试，行政职业能力倾向测验是笔试中的科目之一，测试应考者是否有能力担当行政工作。国考的行政职业能力倾向测验注重各门学科知识的均衡性，省考强调自然学科知识的重要性，但是无论是国考还是省考都需要宽阔的知识面和灵活的答题技巧。

第二节　常见的能力倾向测验

能力倾向测验可以分为多重能力倾向测验和特殊能力倾向测验两大类，前者主要用于学业和职业的指导和咨询，后者通常用于人事选拔。本节介绍这两类测验中常用的几种。

一、多重能力倾向测验

多重能力倾向测验又称多元性向测验，是多种能力倾向测验的综合体。其特点

如下:

首先,在测验编制方面,多重能力倾向测验通常包含4~9个分测验,每个分测验测量不同的能力倾向,各个分测验相互独立。由于各个分测验的结果不仅要在个体间进行比较,还要在个体内部进行比较,故而各个分测验需要有共同的常模,较高的信度。

其次,在分数解释方面,可以用分测验分数来说明个体不同能力方面的优劣势。但只有当这种差异达到不同分测验的差异分数标准误的一到两倍时,才能说明两种能力有较可靠的差异。当然,根据在同一分测验上的分数高低也可以比较不同个体在同一种能力上的发展状况。测验的结果通常用剖面图来呈现。另外,一种职业并非只是需要一种能力,这就需要将相关分测验的分数组合起来,通常使用多重回归模式赋予每个分测验以适当的权重。

最后,在测验使用方面,多重能力倾向测验主要采用纸笔测验的形式,一般不使用仪器,可以进行团体施测。

职业领域常用的多重能力倾向测验有普通能力倾向成套测验,学业领域常用的有鉴别能力倾向测验、学业能力倾向测验,军事领域常用的有军事职业能力倾向成套测验和弗兰那根能力倾向测验。

(一)普通能力倾向成套测验

普通能力倾向成套测验或一般能力倾向测验(General Aptitude Test Battery, GATB)测量个体在9种与职业密切相关并有代表性的能力倾向上的水平高低,以检查个体对多种职业的适合性。

1.GATB的发展历史

普通能力倾向成套测验由美国劳工部从1934年起,历经10多年编制而成,其中采用了工作分析和因素分析两种技术路线。在编制过程中,劳工部首先根据工作分析在七万五千种职业中分析筛选出20种职业能力模式,然后结合已有的59种职业测验因素分析的结果,确定了10种不可缺少的能力以及与之对应的15种分测验。其后又经过多次修订。最新版本是美国劳工部在1979年修订的版本,共12个分测验,分别对应9种能力倾向。日本劳动省也对GATB进行了修订,最新版为1983年修订版,由11种纸笔测验和4种操作测验组成,测量了与美国GABT相同的9种能力倾向。

戴忠恒等人于1989~1992年间以日本GATB为蓝本进行了中国版的标准化。在修订中对测验进行了三方面的改动:依据国情,将与文化因素有关的分测验进行了适当的改动;对纸笔测验的说明做了更为详尽的描述;要求接受测验者在答题纸上作答,以使试题可以重复利用。此次修订还初步建立了中国常模。方俐洛和凌文辁等人在2003年开始对“中国城市版的一般能力倾向成套测验”进行改进,该项工作对具有文化因素的文字测验进行了重新编制,删除了预测效果不明显的2个纸笔测验和4项操作测验,最终确定了9项分测验,并建立了中国常模。

到目前为止,普通能力倾向测验,经过多次的修订,广泛应用于多个国家,其常模已经由最初的512名美国工人扩展到了各个职业领域,包括工程师、教师、企业管理者等等。

2.GATB适用人群

GATB适用于初三以上年级的中学生以及成年人,团体测验,测验时间为120–130分钟。

3.GATB结构

最新的美国版GATB包含12项分测验,其中8项为纸笔测验,4项为操作测验,如表8–1所示。

表8–1 一般能力倾向测验的分测验

测验类型	测验项目	测验名称	测验内容
纸笔测验	1	名称比较	判断左右名词或数字的异同
	2	计算测验	加减乘除运算
	3	三维空间	寻找展开图对应的立体图形
	4	词汇测验	找同义词或反义词
	5	工具匹配	找相同图形
	6	算数推理	解答应用题
	7	形状匹配	找形状、大小相同的形状
	8	书记测验	在方框中写入记号
操作测验	9	放置测验	将木棒拔出放入新的孔中
	10	翻转测验	将木棒翻转后插入孔中
	11	组合测验	组合铆钉和座圈
	12	拆卸测验	分解铆钉和座圈

这12个分测验一共测量了9种能力因素,分别是:

(1)智力(G):一般的学习能力,理解原理以及推理判断的能力,与学业成绩显著相关。

(2)言语能力(V):理解词语意义的能力,有效利用词语的能力以及理解词语与词语、句子、段落关系的能力。

(3)数理能力(N):运算能力以及用算数解决实际问题的能力。

(4)空间能力(S):对立体图形、平面图形的认识能力以及平面图形与立体图形转换的能力。

(5)形状知觉(P):知觉物体或图形细节的能力,对图形或物体外形、明暗以及线段长短等细微差别的辨识能力。

(6)书写知觉(Q):对文字、表格、符号细节的知觉能力,能够发现文字和数字错误以及对其进行校对的能力。

(7)动作协调能力(K):手与眼协调完成精细动作以及对动作做出反应的能力。

(8)手指灵活能力(F):运用手指准确并快速地操作小物体的能力。

(9)手部灵活性能力(M):灵活地运用手及手腕,将物体进行精确的移动、翻转、插入等的能力。

这9种能力因素可以概括为3个一般因素,即认知、知觉和心理运动,不同的职业对这三种因素的要求水平不同。例如,操纵机械装置的职业更需要知觉和心理运动的能力。

表8-2 能力与分测验的匹配

成分	代号	九种能力倾向	分测验
认知	G	智力	测验3、4、6
	V	言语能力	测验4
	N	数理能力	测验2、6
知觉	S	空间能力	测验3
	P	形状知觉	测验5、7
	Q	书写知觉	测验1
心理运动	K	动作协调能力	测验8
	F	手指灵活能力	测验11、12
	M	手部灵活性能力	测验9、10

4.分数解释

GATB的12个分测验合成9个原始分数,分别对应9种能力倾向。得到的原始分数首先需要根据常模转换成平均值为100,标准差为20的标准分数,然后可以根据这9个标准分数绘制成能力剖面图。通过剖面图可以直观地看到个体在9种能力倾向上的发展状况。除此之外,将剖面图和职业能力倾向类型相对照(表8-3),个体就可以找到与自己匹配的职业领域。

表8-3 GATB的职业能力倾向类型分类举例

序号	职业	能力倾向类型
1	人文系统的专业职业	G-V-M
2	特别需要言语能力的事务职业	G-N-Q
3	自然科学系统的专门职业	G-N-S
4	需要数学能力的一般事务职业	G-N-Q
5	机械装置的操纵运转即警备保安职业	G-Q-M
6	机械事务的职业	G-Q-K
7	需要一般性判断和注意力的职业	G-Q
8	美术作业能力	G-S-P
9	设计、制图作业及电器职业	N-S-M
10	制版、描图的职业	Q-P-F
11	检查分类的职业	Q-P
12	造型、手指作业的职业	S-P-F
13	造型、手臂作业的职业	S-P-M
14	手臂作业的职业	P-M
15	看视作业身体性作业的职业	K-F-M

5.GATB的信效度

Bemis(1968)对20年来关于GATB效度的424项研究进行了元分析。接受测验者包括职工、学生、应聘者等,结果表明GATB的同时效度为0.40,预测效度为0.45;1968年美国国家研究理事会通过元分析发现GATB的效度大约为0.30。因此,GATB能够为职业咨询提供有价值的信息。以工作绩效为校标的研究发现,一般智力比其他8种能力倾向的预测效度都高;另外,GATB的九项能力倾向合并形成的认知、知觉、运动三种因素群的预测效度比任何一个单独的能力倾向预测效度都高;认知因素群对大多数工作效绩的预测效度最高,而运动因素群的预测效度则随工作的复杂程度降低而增强。

GATB总体内部一致性信度和再测信度均在0.80到0.90之间。

(二)军事职业能力倾向成套测验

军事职业能力倾向成套测验(Armed Services Vocational Aptitude Battery,ASVAB)是对军事部门的从业人员进行综合选拔和分类的测验,通常用来选拔新兵以及将新兵安置到适合的工作岗位上。

1.军事用能力倾向测验的发展历史

军事用能力测验的研究和应用起源于第一次世界大战。一些心理学家编制了陆军甲种测验和陆军乙种测验以帮助军队甄选和分配入伍人员。这是心理测量史上第一套团体智力测验,也是早期的军事用能力倾向测验。心理学家在二战期间开发了许多能力倾向测验,比如,陆军一般分类测验(Army General Classification Test)用来选择合格的或有潜力的士兵,排除可能不能适应军队生活的士兵;空军学员分类成套测验(Aviation Cadet Classification Battery)能够有效地选拔飞行员、海员和炮兵,它标志着职业能力倾向成套测验的成熟。随后军队资格测验(Armed Forces Qualification Test)取代了其他成套测验,成为常用的三军资格测验。20世纪70年代,ASVAB产生并成了应用最广泛的军事能力倾向测验。20世纪80年代起,ASVAB的计算机化自适应版本,迅速代替了传统的纸笔测验。

我国军用能力倾向测验的研究和使用起步比较晚,但是发展迅速,目前取得了很多成就。例如,王进礼和龚耀先(2004)编制的《多项能力倾向测验》已在武装部队使用;武警后勤学院心理研究所研制的武警二代心理评估系统,广泛应用于新兵的筛选、工作安排等。

2.ASVAB的适用人群

ASVAB适用于部队年轻的应征人员,以及全美国的高中生和大学低年级学生,分测验的测试时间从数字操作的3分钟到算术推理的36分钟,10个测验共需144分钟。

3.ASVAB的结构

当前的ASVAB版本包含10个分测验,分别代表10种能力。如表8-4所示。

表8-4 ASVAB的分测验

序号	代号	测验名称	题目数	测验内容
1	GS	一般科学	25	测量生物学和物理学知识
2	AR	算术推理	30	解决算数应用题的能力
3	WK	字词知识	35	理解字词的能力
4	PC	文章段落理解	15	阅读理解的能力
5	NO	数位操作	50	数学计算的能力
6	CS	编码速度	84	根据编码要求解码相应语句的能力
7	AS	自动化和工厂信息	25	测量自动化、工厂实践和运用工具的能力
8	MK	数学知识	25	运用数学知识解决算术问题的能力
9	MC	机械理解	25	测量机械和物理原理知识
10	EI	电子学知识	20	测量电和电子知识

AVSAB关注的是分测验的组合分数，而不是分测验的分数。上述10个分测验组合到一起，可以产生7种组合分数，这7种合成分数包括的分测验如下：

(1)学业能力：字词知识、文章段落理解、算术推理。

(2)语言：字词知识、文章段落理解、一般科学。

(3)数学：数学知识、算术推理。

(4)机械及工艺：算术推理、机械理解、自动化和工厂资讯、电子学知识。

(5)商业和文书：字词知识、文章段落理解、数学知识、编码速度。

(6)电子和电气：算术推理、数学知识、电子学知识、一般科学。

(7)健康、社交和科技：字词知识、文章段落理解、算术推理、机械理解。

其中前3种组合分数为学术合成分数，后4种为职业合成分数。将分数合成可以用来评估特殊能力倾向，如与军事训练相关的能力。但是这7种组合分数之间具有高相关，也就是说这7种组合分数并不是完全独立的，并非代表完全不同的特殊能力。因此，在最新版本中删除了组合分数，而是将相关度高的分测验简单组合，形成三个合成分数：数学能力由算术推理和数学知识组成，言语能力由字词知识和文章段落理解组成，学术能力由数学能力和言语能力共同组成。

4.ASVAB的分数解释

在对ASVAB的测验分数进行解释时，需要计算每一个分测验和合成测验的原始分数，将其转化成平均数为50，标准差为10的标准分数以及百分等级。个体在分测验和合成测验上的分数用百分量分数带来表示，即个体真分数的范围。根据一系列百分量分数带绘制剖面图，从剖面图中可以看到个体主要和次要的ASVAB代码，以及军队的职业分数。然后对比工具书上的职业查询(OCCU-FIND)来解释代码的含义，找到最匹配的军队职业。

5.ASVAB的信效度

ASVAB各个分测验的内部一致性信度0.70~0.90，学术能力、语言和数学三个合成测验的信度0.90~0.95，10个分测验的复本信度0.70~0.80。另外，在ASVAB的技术手册里记录了许多测验相关的效度数据。虽然ASVAB能够成功地选拔和安置人员，也能很好地预测工作业绩，但是合成测验总体上表示智力的一般因素，因此，ASVAB可能更多地测到的是一般认知能力而非特殊能力倾向。

(三)鉴别能力倾向测验

鉴别能力倾向测验(Differential Aptitude Test，DAT)是本内特(G. K. Bennett)、西肖尔(H. G. Seashore)和韦斯曼(A. G. Wesman)为指导初中、高中生教育和就业而设

计的测验,现在还应用于成人职业咨询和人员选拔。

1.DAT的发展历史

第一版DAT是1947年编制的,随后经过了多次修订,目前最新的版本为1996年第五版。

2.DAT的适用人群

最新版本的DAT有两个水平,一个水平适用于7~9年级的学生和不具初中毕业水平的成年人,另一个水平适用于10~12年级的学生和未完成高中学业的成年人。测验时间大约为156分钟,部分测验或计算机版本的测验则只需90分钟。

3.DAT的结构

DAT包含8个分测验:

(1)言语推理(VR):采用类比推理测查言语理解与推理能力,内容涉及历史、地理、文学、科学等多方面的知识。

(2)数字能力(NA):采用数学计算题测查对数量关系的理解能力和对数目概念的处理能力。

(3)抽象推理(AR):采用图形推理题测查对原理或规律的推理和概括能力。

(4)知觉速度与准确性(PSA):要求接受测验者在答题纸上选择画标记的字母组合,测量知觉的速度和准确性。

(5)机械推理(MR):利用熟悉情景测查对基本物理原理的理解能力。

(6)空间关系(SR):寻找平面展开图对应的立体图形,测查心理操作能力。

(7)拼写(SP):指出拼写错误,测量英语水平。

(8)语言运用(LU):寻找给出句子中的语法错误或惯用法错误,测量英语水平。

其中,言语推理和数字能力通常合成学业能力倾向使用,预测学生的学习成绩以及其他能力倾向测验上的得分。DAT题目示例如下。

言语推理

选择一对适当的词填空以使句子完整合理。

……对于晚上,相当于早饭对于……

A.晚饭——角落　　B.文雅——早晨　　C.门——角落

D.花——欣赏　　E.晚饭——早晨

正确答案为E

抽象推理

每一行的四个问题图形成一个连续系列,在答案图形中找出此系列的下一个图形。

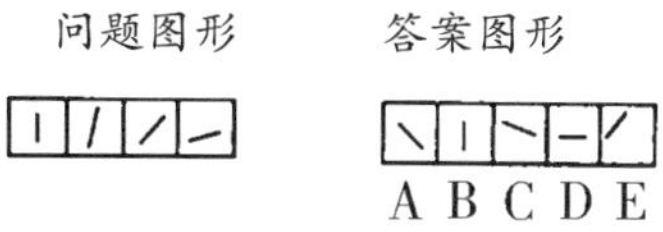

正确答案为D

空间关系

下面哪个图可由左边的纸样折成?

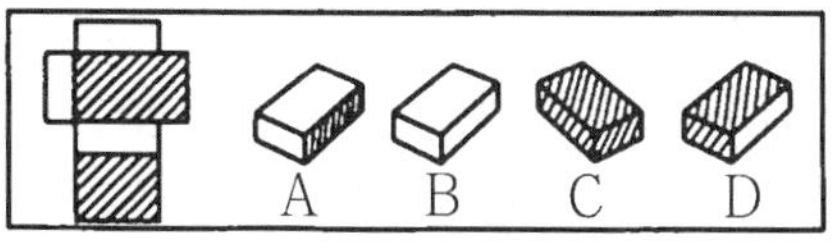

正确答案为D

4.DAT分数解释

DAT每一个分测验都有各个年级的百分常模，言语推理和数字能力的合成测验也有相应的常模。计分时，8种分测验与言语推理和数字能力的合成测验单独计分，将原始分数转化为百分位数或标准化九分数后，绘制个人能力倾向剖面图。剖面图可以直观展示能力的优势和劣势，从而了解个体在某些学科上成绩好坏的原因，作为教育和职业指导的参考。

5.DAT的信效度

8项分测验的内部一致性信度0.80~0.90，等值复本信度0.73~0.90。效度研究发现，言语推理和数字能力的合成测验可以有效预测高中和大学成绩，这一分数可以看作是一般学习能力倾向的体现；DAT的分数还可以有效预测职业成就，但是各种职业的常模团体数量有限，应该小心使用。另外，8种分测验间的区分效度较低，除文书速度与准确性外，其他测验之间具有较高相关(0.50~0.75)。DAT分数还存在明显的性别差异，女生在知觉速度和准确性及语言运用上得分高于男生，男生在机械推理和空间关系上的得分高于女生。因此，DAT虽然可以为个人教育和职业咨询提供有用的资料，但是仅仅凭借DAT的分数并不能做出完全准确的决定，还应该结合个人兴趣、性格、学习成绩等资料进行综合考虑。

(四)学业能力倾向测验

学业能力倾向测验(Scholastic Aptitude Test，SAT)是美国用于选拔和安置大学生的一项标准化考试。该测验由美国大学委员会开发，经过多年的修正，不断更新，已成为技术上最完备的测验之一。具体内容见本书第9章。

其他应用较广的学业能力倾向测验还有研究生资格考试(GRE)、美国大学入学测验(ACT)、认知能力测验(CogAT)、奥迪斯-列农(Otis-Lennon)学校能力测验第七版(OLSAT-7)等等。

二、特殊能力倾向测验

特殊能力倾向测验是用来鉴别个体在某一方面是否具有特殊潜能的一种测验，其内容与相应的专业和职业所要求的或训练的重点是一致的，可以用来评估个体在某一特定的专业或职业领域成功的可能性。特殊能力倾向测验门类较多，涵盖范围较广，常用的有行政能力倾向测验、音乐能力倾向测验、美术能力倾向测验、机械能力倾向测验、文书能力倾向测验和创造性测验。

特殊能力倾向测验只能测量某一种能力，并且各个特殊能力倾向测验都是各自独立编制的，不同测验的结果不能直接比较和解释。因此，相比可以同时比较多种能力的多重能力倾向测验，特殊能力倾向测验较不经济。但是特殊能力倾向测验更加具体，更有针对性，对于某些专业领域的人员选拔具有重要意义。

(一)行政职业能力倾向测验

行政职业能力倾向测验(Administrative Aptitude Test，AAT)是由原人事部考录司组织心理学、管理心理学等学科的专家，应我国公务员招录需要研制而成的测验，主要用于国家行政机关招考主任科员以下非领导职务公务员。它通过测查与行政职业相关的能力倾向，预测考生在行政职业领域内多种职位上取得成功的可能性。

1.AAT的发展

行政职业能力倾向测验从建立到完善经历了三个阶段：

初创阶段，1988年我国开始研发行政职业能力倾向测验，并于1989年完成“行测1型”的编制，同年人事部考试录用司将改进后的版本“行测2型”应用于第一次中央机关组织的公务员录用考试。

规范化与制度化阶段，随着首届中央国家行政机关公务员考试开考，以及公务员考试录用制度的逐步建立，行政职业能力倾向测验的地位得以不断地稳固和提高。

科学化阶段，2011年，公务员录用考试科研规划(2011-2015)印发，标志着行测科研工作进入了新阶段。

综上所述，我国的行政职业能力倾向测验日趋完善，已逐渐形成了稳定的结构和体系，现在除了应用于公务员考试外，还广泛应用于各种人员选拔工作。

2.AAT的结构

最新版本的行政职业能力倾向测验分为五个部分：

（1）数量关系，共15题，包括两种题型：数字推理和数学运算，测查应试者解决算术问题的能力。

（2）言语理解，共30题，包括四种题型：词语替换、选词填空、语句表达和阅读理解，测查应试者对语言文字的综合分析能力。

（3）判断推理，共30题，包括五种题型：事件排序、定义判断、演绎推理、图形推理和机械推理，测查应试者的判断推理能力。

（4）常识判断，共40题，为选择题，考察的内容涉及法律、政治、经济、管理、人文、科技、历史、国情、国力及公文写作处理等内容，主要测查应试者的知识面。

（5）资料分析，共15题，包括三种题型：统计表、统计图和文字资料。考察应试者对数据性和统计性资料进行综合分析、加工与推理的能力。

行政职业能力倾向测验在施测过程中限时120分钟，满分100分。

3.AAT的信效度

洪炜和龚耀先（2000）对AAT的难度、区分度等进行了研究，结果发现，AAT的总体难度为0.54，区分度大于0.20，重测信度为0.84，五部分之间的相关较低，具有较高的区分效度。陈社育和余嘉元（2002）发现AAT成绩仅对计划能力、理解贯彻能力、观察判断能力等部分工作表现有一定的预测作用，对于组织协调能力等不需要智力参与的复合素质的预测作用不佳。谢小庆等（2010）发现AAT在难度和区分度上存在问题，比如部分题目的区分度过低等。因此，行政职业能力倾向测验虽然在应用中取得了良好的效果，还需要完善和发展。

拓展阅读

游旭群教授与航线飞行能力倾向测验

我国民航事业起步较晚，飞行员选拔测验基本沿袭了空军的模式。直到20世纪80年代后期，中国民航界开始研究航线飞行员的认知能力，形成了几套针对我国民航的心理选拔纸笔测验。20世纪90年代后期，在自主研发的纸笔测试的基础上，中国民航引进了德国民航飞行员选拔系统，开始将尝试其修订为适合中国环境条件下的飞行员心理选拔工具。

陕西师范大学游旭群教授在工作中发现：尽管航空心理学家在长期的飞行员选拔研究和实际工作中取得了一定的进展，但目前国内外相关研究对航线飞行能力结构还没有形成统一的界定，还不能够对我国民航系统飞行员选拔提供明确的指导依据，从而导致了民航飞行能力选拔体系的不统一。此外，飞行员选拔系统主要是建立在对飞行技术能力的预测基础之上而忽略了对候选者有效操作潜能方面的考察,多数关于飞行员选拔效度的研究主要是以飞行训练分数作为效标,缺乏真实情况下的作业绩效数据。

在此背景下,游旭群教授带领其科研团队综合使用定性和定量的研究手段,编制航线飞行能力评价测验。通过查阅文献,开放式调查、专家咨询与个别访谈,完成了航线飞行能力的理论建构,航线飞行能力就是对各种飞行信息的综合加工和管理机组资源的水平,是飞行员对地空目标、飞行状态、位置以及自身与飞行环境之间空间关系识别和判断的一种认知过程。不仅表现在对方向的识别和判断上,而且还包括对飞行的速度和高度以及飞机姿态的判断和控制。在此基础上编制出的飞行能力倾向问卷,经专家评定、项目分析、探索性因素分析、验证性因素分析,以及效标体系建立等工作,最终形成了主要包括数量空间表征能力、图形逻辑推理能力、空间知觉及记忆能力共三个维度的航线飞行能力倾向测验。

经检验,测验具有较好的内部一致性,总测验和三个维度的克龙巴赫α系数分别为0.85、0.90、0.85和0.89。对130名参加初检和复检的高三学生两次测验成绩进行比较发现,测验的重测信度良好($r=0.97, p<0.001$)。专家评定和因素分析表明,测验具有较好的内容效度与结构效度。数据表明,飞行训练成绩合格的飞行学员与因技术停飞的飞行学员测验成绩存在显著差异;优秀飞行员和教练与因技术停飞的飞行员测验成绩存在显著差异;测验成绩和飞行绩效之间存在较高的显著正相关,表明测验具有良好的预测效度。

《航线飞行能力倾向测验》在前人研究的基础上,提出了针对中国民航特征的航线飞行能力倾向选拔测验,丰富了航线飞行员的选拔理论,推动了民航飞行员选拔机制研究的深入开展。在应用方面,该测验被南方航空公司、东方航空公司西北分公司等航空公司应用于航线飞行员选拔,取得了良好的效果。

(二)机械能力倾向测验

机械能力倾向测验是针对选拔、招收及培训机械技术工人而设计的测验,用来测查个体操纵机械的潜在能力与实际操作机械的能力。机械能力通常包含了心理运动能力以及知觉运动能力,例如,运动灵活性、空间关系知觉、机械知识。因此机械能力倾向测验通常包括了对这些能力的测量。下面介绍几个常用的机械能力倾向测验。

1.空间关系测验

帕特森(D. G. Paterson)及其同事在明尼苏达大学对机械能力进行了严格的分析,最终形成了三个测验:明尼苏达机械装配测验、明尼苏达空间关系测验和明尼苏达纸范本测验，前者为工作样本测验，后两个为空间知觉测验。

明尼苏达空间关系测验（Minnesota Spatial Relations Test，MSRT）由特拉布（M. R. Trabue）等修订。该测验适用于16岁以上的人群，测查个体立体视觉以及操作物体产生某种具体形状的能力。MSRT通常为需要较高视-空间速度和准确性的专业或工作选拔人员。测验包括4种模板（A、B、C、D）和两套形状不同的小木块，其中一套木块对应模板A、B，另一套对应模板C、D。测验时要求受测者尽快将木块放入相应的模板凹槽中。完成所有木块需10~20分钟。计分方式有两种：一是以受测者的时间为测验成绩；二是分别记录受测者完成每块木板的错误次数为成绩。MSRT的信度高达0.80，与特定工作的相关系数在0.50左右。

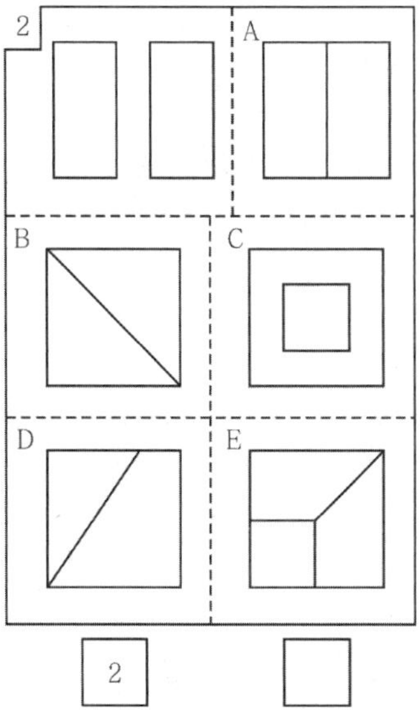

图8-1　明尼苏达纸范本测验题目示例

明尼苏达纸范本测验（Revised Minnesota Paper Form Board Test）是应用最广泛的空间关系团体测验，用于测查空间关系能力，适用于中学生、大学生及成人。测验包括64道选择题，每一道题的题目都是拆散的几何图形，5个选项为零散部分组合而成的完整图形，要求接受测验者判断被拆散的几何图形组合后是5个图形中的哪一个。测验的复本信度0.80~0.89，并且具有较好的效度，能有效预测工厂工作和工程等技术课程成绩、上级评定，在检验、包装、机械操作等工业职业的实际成就方面也很有效。

明尼苏达机械装配测验（Minnesota Mechanical Assembly Test）用于测量个体动作的敏捷性、空间知觉和机械理解能力。测验时要求受测者在给定时间内将随机摆放的33个机械零件组装到一起。该机械装配测验的效度较好，但是常模不够完善，例如，有的常模来自求职者，有的则来自从业人员。

2. 机械理解测验

机械理解测验的目的是测查个体对机械原理的理解能力,一般以测量机械知识和机械推理能力为主。

本纳特机械理解测验(Bennett Mechanical Comprehension Test,BMCT)用于测量个体对实践中机械关系和物理法则的理解。该测验适用于11~12年级的学生、工业公司的应聘者以及工业公司的职员。BMCT有两个平行测验S和T,分别应用于军队和企业。测验题目都是一些关于机械关系和定律在日常生活中应用的图片,BMCT在不同的性别、教育程度、专业类别上均有不同的百分位常模。奇偶分半信度0.81~0.93,效度0.30~0.60,能够很好地预测工程学类的职业。

请看例子X。图上是两个人用一根担子挑一个重物,问题是"哪个人挑的东西更重?"由于重物距离B较近,因此B承受的力量更大,所以你要将答题纸上B下面的圆圈涂黑。现在看例子Y,由你自己来作答。将答题纸上正确答案下面的圆圈涂黑。

X

哪个人挑的东西更重?

(如果一样重,在C下面涂黑)

EXAMPLES			
	A	B	C
X	○	●	○
	A	B	C
Y	○	●	○

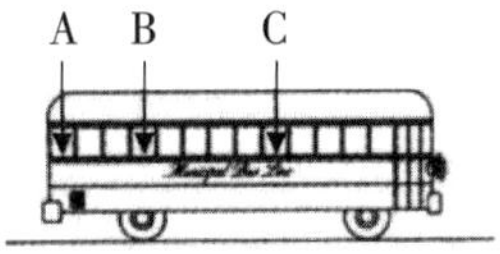

Y

哪个字母所代表的位置最平稳?

图8-2 本纳特机械理解测验题目示例

SRA机械概念测验(SRA Test of Mechanical Concept)包括三个部分:机械关系、机械工具和装置、空间关系。适用于高中生和成年人。测验的内部一致性信度较高,虽然效标关联系数较低,但是小样本的研究发现该测验对机械操作员、维修员和其他机械操作学员的实际成就方面有一定的预测能力。

(三)美术能力倾向测验

梅尔(N.C.Meier)认为构成美术能力的要素有六种:(1)手艺技巧:眼、手的动作协调良好;(2)意志力:注意力集中,精力充沛,坚决完成有目的的工作;(3)美术智力:具有一般智力和美术的基本智力;(4)敏锐的知觉:敏锐精细的观察力;(5)创作性想象:由经验发展到创作出一件美术品的能力;(6)审美判断:辨认客观情景中审美的能力。在进行美术创作的过程中,这几种要素发挥着不同程度的作用,比如,具有较高艺术评鉴能力的个体不一定能创作出好的作品。因此,就需要能够区分这些能力的测验。美术能力倾向测验通常包括艺术鉴赏和知觉测验以及艺术能力操作测验两类。

1.艺术鉴赏和知觉测验

梅尔艺术判断测验(Meier Art Judgment Test)测查学生的审美能力。该测验包括100对没有颜色的图画,每对图画中其中一张是著名作品,另一张是对原著修改过的作品,告知受测者两个图片存在差异,要求选择自己偏好的图片。图片的好坏根据25位艺术专家的意见决定,成绩为选择正确图画所得的分数。测验采用百分位常模,分为初中、高中和成人三组。该测验的分半信度0.70~0.84,测验分数与艺术课成绩和艺术创造力评定等级的相关0.40~0.69。

格雷福斯图案判断测验(Graves Design Judgment Test)测查学生对美学基本原则的认识和反应。该测验将90套二维和三维抽象图案作为艺术鉴别的材料,每道题包括2~3个同一图案的变式,它们在平衡、对称、比例等方面有区别,要求受测者选出他认为最好的那一个。该测验的分半信度0.80~0.90,但没有足够的效度证据。

除上述两个测验外,梅尔审美感测验(Meier Aesthetic Perception Test)也可以用来测量个体在美学知觉和判断方面的能力。

2.艺术操作能力

霍恩艺术能力倾向量表(Horn Art Aptitude Inventory)是测量美术记忆、技巧以及艺术想象力和创造力的测验,适用于中学生、大学生及成人。该测验分为三个部分,第一个部分是速写任务,要求受测者画出20种常见物体;第二个部分是随意画任务,要求受测者根据给定的图形画成简单的抽象画;第三部分是想象任务,给定12个矩形框,每一个框中有几个线条或者是圆点,要求受测者根据线条和圆点作图。该测验采用等级评定法评分,分为优秀、中等和差。研究发现,该测验的评分者信度较高,效度系数也较高,测验分数与艺术课教师评定相关为0.53。

(四)音乐能力倾向测验

多种能力对个体实现音乐方面的成就有一定的影响,但是较高的智力并不代表具有音乐才能。音乐家共有的一些特质,比如较高的音调辨别力、音强辨别力、音色辨别力等都是音乐能力的要素。音乐能力倾向测验专门测量这些音乐能力。

1.西肖尔音乐才能测验

西肖尔音乐才能测验(Seashore Measures or Musical Talents)由艾奥瓦大学的西肖尔及其同事(Seashore, 1929;Seashore et al., 1939)编制,是最早的音乐能力测验。适

用于小学生至成人,测验完成需要60分钟。

西肖尔音乐才能测验的刺激材料是一系列的音调和音符,通过音频呈现,测量一些听觉辨别力。

(1)音调辨别力:判断两个音调哪个更高。

(2)音量辨别力:判断两个声音哪个更响。

(3)音色判断力:判断两个声音的音色哪个更悦耳。

(4)时间音程辨别力:判断两个声音的音程哪个更长。

(5)节奏判断力:判断两个声音的节奏是否相同。

(6)音调的记忆:判断两首曲调是否相同。

测验按照6种能力的剖析图来筛选人员。测验的分半信度0.55~0.85,与音乐训练的效标效度0.30~0.40,但是它的效度还需要更多的证据。由于西肖尔音乐才能测验选用的是解析的、元素化的素材,远离了真正的音乐,因此受到了批评和怀疑。随后的音乐能力测验更多地使用复杂的音乐内容。

2.音乐能力倾向剖面图

音乐能力倾向剖面图(Musical Aptitude Profile)由戈登(Gordon,1965)编制。该测验并不要求接受测验者有音乐知识或经过音乐培训,整个测验大约需要210分钟。

该测验的测验材料通过录音机随机播放,刺激材料是250首由专业人士演奏的小提琴和大提琴选段。测验由3个分测验组成:

T测验:测查音调形象(旋律、和声),要求受测者判断两种演奏方式的异同。

R测验:测查节奏形象(速度、节拍),要求受测者判断两种演奏的结尾是否相同。

S测验:测查音乐感受(短句、平衡、风格),要求受测者判断两种演奏哪个更耐人寻味。

前两个分测验都有正确答案,后一个分测验采用多重计分。该测验具有较高的信度,每个分测验的信度都在0.80左右。效度研究发现,测验结果与教师评定存在较高的相关(0.64~0.97);戈登对241名四、五年级的学生进行了为期三年的追踪研究,发现测验成绩与音乐成绩存在正相关,训练时间越长这种相关越密切,说明该测验具有良好的效度,比西肖尔测验更为完善。

3.维格音乐能力标准化测验

维格音乐能力标准化测验(Wing Standardized Tests of Musical Intelligence)用于选拔音乐人才,适合8岁以上的儿童。该测验包括8个方面,分别是和弦分析、音高变化、音调记忆、节奏重音、和声、强度、短句和分节法。该测验的信度系数为0.70,测验分数对儿童音乐成就的预测效度为0.60。

除上述三个常用的音乐能力倾向测验外,还有混合型的德雷克音乐能力倾向测验(Drake Musical Aptitude Test)、戈登的音乐听力高级测验(Advanced Measures of Music Audiation)和乐器音色偏爱测验(Instrument Timbre Preference Test)以及艾奥瓦音乐素质测验(Iowa Test of Music Literacy)等。

(五)文书能力倾向测验

文书能力是与文书撰写、传递、处理和管理相关的能力,较高水平的文书能力表现为灵敏的操作和较快的感知速度,以及具备一定的言语和数学能力。文书能力倾向测验可用于选拔个体从事文书工作。

1.典型文书能力测验

明尼苏达文书测验(Minnesota Clerical Test)用来选拔对感知速度和操作信号能力有一定要求的专业人员。适用于8~12年级的学生和成年人,完成测验大约需要15分钟。测验分为两个部分:数字比较和姓名比较。要求接受测验者检查每对数字或名称是否相同,例如:

如果每一对中的两个名字或数字完全相同,就在它们中间的横线上画✓;如果不一样,那么无须在横线上做标记。

找相同数字的例子

79542__________79524

5794367____✓____5794367

找相同名字的例子

John C. Linder__________John C. Lender

Investors Syndicate____✓____Investors Syndicate

试着做下面的练习

(1)New York World__________New York World

(2)Cargill Grain Co.__________Cargil Grain Co.

(3)66273894__________66273984

(4)527384578__________527384578

测验以正确题数减去错误题数计分,每个测验单独计分。测验在不同的年级、职位、性别上都有各自的百分位数常模。该测验具有较好的信效度,再测信度0.7~0.8,测验得分与工作业绩、学习成就有较高的相关,与管理者的评定有中等程度的相关。

一般文书测验(General Clerical Test)是一种综合的文书能力测验,用以选拔合格的文书工作人员。完成该测验需要47分钟,包括9个分测验,分别对应3种不同的能力:文书速度和准确性,包括校对和字母排列两个分测验,测查一般文书能力;数字能力,包括简单计算、指出错误和算术推理三个分测验,测查算术能力;言语流畅性,包括拼字、阅读理解、字词和文法三个分测验,测查言语能力。目前并没有足够的研究探讨该测验的信效度。

除上述两个常用的一般文书能力的测验外,还有一些特殊测验侧重于某一种文书能力的测查。例如,用于测查速记、打字能力的西肖尔-贝内特速记熟练性测验、简短职业测验等。

2.计算机程序编制和操作能力测验

随着计算机办公的普及,文书职员需要有一定的编程和操作计算机的能力。以下简单介绍两个常用的此类测验。

计算机程序员能力倾向成套测验(Computer Operator Aptitude Battery)用来录取计算机课程的学员,包括言语意义、推理、字母系列、数字能力和制图能力5个分测验。

计算机操作能力倾向测验(Computer Operator Aptitude Battery)用来测查学习计算机操作的能力,包括序列再认、格式检查和逻辑思维3个分测验。

(六)创造力测验

创造力以多种心理特质为基础,不仅包括智力因素,也包括个人的兴趣、情绪、意志、性格等。传统的智力测验需要个体从给定的选项中选择,并不能反映自己独特的思维方式,因此不能用来测量个体的创造力。创造力测验通常使用开放性题目测量人们的创造性思维水平,经典的创造力测验有南加利福尼亚大学测验和托兰斯创造力思维测验。

1.南加利福尼亚大学测验

吉尔福特在对智力结构的研究中发现,智力操作中存在聚合与发散两种不同的思维,其中发散思维是思维向不同方向发散的能力,不受现实的束缚,是由已知探索未知的思维方式,也就是创造性思维。吉尔福特认为创造性思维有三个特点:流畅性,指在一定时间内做出反应的数量;变通性,指不受传统的思维方式影响,多方位思考的能力;独特性,指对事物独特新颖的思考方式。另外,发散思维和智力结构中的5种内容因素和6种结果因素组合形成30种心理能力(如图8-4),吉尔福特试图测量这30种能力因素,但最终只编制出14个分测验,针对其中11种能力因素进行测量。南加利福尼亚大学测验就是对不同能力因素表现出来的流畅性、变通性和独特性进行测量。

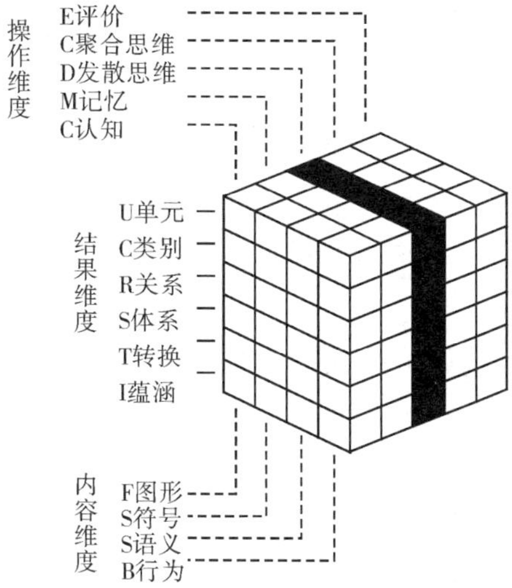

图8-4 吉尔福特智力结构

南加利福尼亚大学测验(University of Southern California Testing, USC Testing),适用于初中以上水平的青少年及成人,包括14个分测验,前10项要求言语反应,后4项则用图形内容反应。

(1)词语的流畅性(DSU):写出包含某个指定字母的单词。例如:“a”,答案可能有about、act等。

(2)观念流畅性(DMU):列举出某一类事物的名称,例如:“能燃烧的液体”包括汽油、酒精等。

(3)联想的流畅性(DMR):列举近义词,例如“承担”包括担负、承受等。

(4)表达的流畅性(DMS):要求接受测验者用指定的4个字母分别作为单词的开头,并将这4个单词组成一句话。例如“k-u-y-i”,答案可能有keep up your interest等。

(5)非常用途(DMC):列举给定事物不同寻常的用途。例如,“报纸”,答案有填充、扇风等。

(6)解释比喻(DMS):用不同的方式完成一个比喻句子。例如,“这个女人的美貌已是秋天,她……”答案可能是“还没来得及充分欣赏就消逝了”。

(7)效用测验(DMU、DMT):尽可能多地列举某一个事物的用途。例如“花瓶的用途”。

(8)故事命题(DMU、DMT):给一个故事情节写出所有合适的标题。

(9)推想结果(DMO、DMT):列举一个假设事件的不同结果。例如,“如果每周多休息一天会怎么样?”,答案有旅游的人更多等。

(10)职业象征(DMI):要求根据一个给定的事物或是符号列举它可能代表的职业。例如,“灯泡”,可是对应电工、工程师等。

(11)图形组合(DFS):用给定的简单图形拼凑出指定的物体,简单图形的大小可以变化,见图8-5。

(12)绘图测验(DFU):在一个给定的简单图形上作图,尽可能多地将其绘成可辨认的物体。

(13)火柴问题(DFI):移动指定数量的火柴,使保留的火柴能够组成指定数目的正方形或三角形,见图8-6。

(14)装饰测验(DFI):用尽可能多的方案装饰一个给定的普通物体。

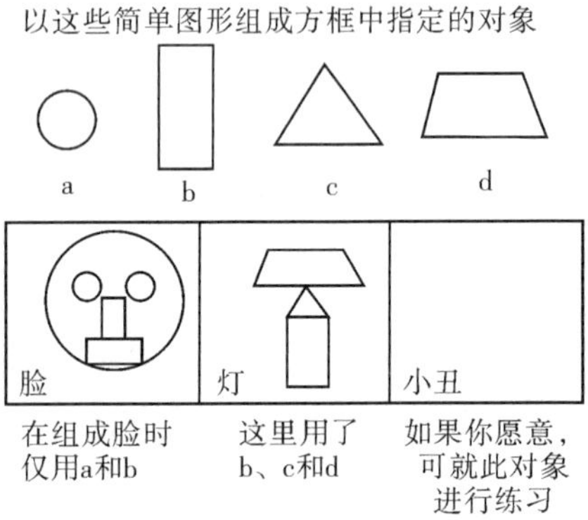

图8-5 图形组合测验项目示例

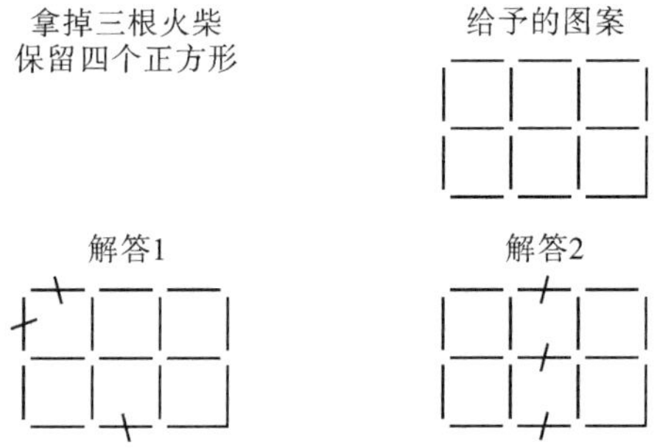

图8-6 火柴问题测验项目示例

测验从思维的流畅性、变通性和独特性3个方面进行评分,分半信度0.60~0.90。

2. 托兰斯创造性思维测验

托兰斯创造性思维测验(Torrance Test Creative Thinking,TTCT)是在南加利福尼亚大学测验的基础上发展出来的,是应用最广泛且认可度最高的创造力测验。该测验对幼儿园儿童直至成人都适用。

TTCT能独立地测查个体创造性思维的流畅性、变通性、独特性和精确性4个方面,共有3套测验,每一套测验都有两个复本(Almeida et al., 2008)。这些测验均以游戏的形式组织、呈现,测验过程轻松愉快。TTCT具体的结构如表8-5。

表8-5 托兰斯创造性思维测验结构

测验名称	包括的活动	活动内容
言语创造性思维测验	提问	列举为了解给定的图片,需要提问的问题。
	猜测原因	列举引起图中事情发生的所有原因。
	猜测结果	列举图中行为的所有可能后果。
	产品改进	对指定的玩具提出改进的意见。
	非常用途	列举给定事物除通常用途之外的不同寻常的用途。
	非常提问	列举对“非常用途”中的物体的不同寻常的疑问。

续表

测验名称	包括的活动	活动内容
	推想结果	列举一种不可能发生的事如果发生造成的后果。
图形创造性思维测验	建构图画	在边缘为曲线的彩纸上画出一个故事画。
	补全图画	在规定的少量的不规则的画上画出一个物体。
	平行线条绘画	在平行线或是圆的基础上画出不同的形状。
声音词语创造性思维测验	音响想象	对熟悉或不熟悉的声音做出想象,写出想到的物体或活动。
	象声词想象	对象声词做出想象,写出想到的物体或活动。

其中言语创造性思维测验按照流畅性、独特性和灵活性计分,图画创造性思维测验按照流畅性、独特性、灵活性和精确性计分,声音词语创造性思维测验按照独特性计分。整个测验的总分作为一个个体的创造力指数,反应个体创造性思维能力。

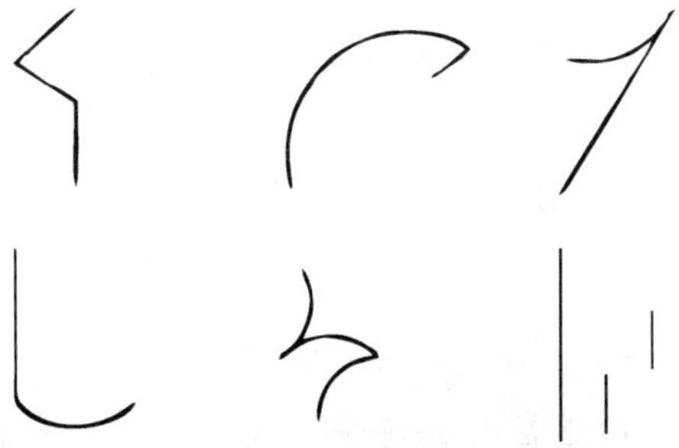

图8-7 补全图形例图

TTCT的信度变化范围很大,其中评分者信度0.80～0.90,而复本及分半信度0.70~0.90,Plucker(1999)通过20年的纵向研究,发现其预测效度大约在0.70。目前没有充分的效度证据,但是几个研究证明TTCT的分数可以鉴别天才儿童。总的来说,作为一个测验工具,TTCT在实践工作中发挥着重要的作用,但是还需要更多的研究来证明它的有效性。

创造力测验为研究创造力提供了工具,同时也有助于我们了解创造力以及训练创造力,但是创造力测验仍然存在许多缺点,例如,创造力测验大多数属于开放性题目,在计分时主观性很强,评分者信度较低;大多数创造性测验都缺乏可靠的效度证据;另外,大多数的创造性测验只关注发散性思维,而忽视了其他同样与创造力相关的因素如人格特质、先验知识等等。总之,创造力测验还属于探索阶段,其在实际预测中缺乏有效性,还需要更多的研究来完善和发展创造力测验。

复习巩固

1. 简述多重能力倾向测验的特点。
2. 简述常用的多重能力倾向测验。

拓展阅读

创造力

创造力是人类智能的高级表现,也是推动社会、科学、经济进步的动力。过去对创造性的研究关注创造性个体所具有的特质,创造性的认知加工方式以及社会环境在创造力形成中的作用。最近十几年的研究集中在创造力的神经机制,主要采用脑成像的技术,例如,事件相关电位(ERP)、正电子发射断层扫描(PET)、功能性核磁共振(fMRI)等,研究主要包括与创造性思维过程相关的脑机制以及高创造性个体的大脑结构特点。

创造性思维的主要形式有发散性思维、顿悟、创造性想象等。发散性思维是创造力的核心成分,一项fMRI研究利用非常规用途测验任务发现前额叶皮层在发散性思维过程中发挥了重要的作用;一些研究者利用中国字谜任务、远距离联想任务(呈现三个字,想出另一个字可以和这三个字分别组成词语),运用fMRI和ERP技术,结果表明,大脑的颞叶、顶叶、前额叶、前扣带回、海马等脑区参与顿悟;另外,对创造性想象的研究发现前额叶参与音乐、美术、舞蹈、写作等艺术创作。关于高低创造性个体大脑差异的大量研究表明创造性的高低还可以反映到大脑结构上来,较高的创造性可能意味着前额叶、颞顶联合区具有较厚的皮质厚度、较高的灰质密度以及较密切的功能连接。虽然已有大量的研究使用各种不同的任务来探讨创造性的神经机制,但存在许多不一致的结论。总之,创造性思维是一个复杂的过程,包含了许多相互作用相互协调的神经结构,还需要更多的研究来不断探索、证实创造力的神经表征。

本章要点小结

1. 能力倾向测验或性向测验是对个体潜在能力的测定,预测个体在将来的学习或者是工作中可能取得的成就,以指导个体做出升学和就业的选择。

2. 多重能力倾向测验是多种能力倾向测验的综合体,既可以比较个体在不同能力方面的优劣势,也可以比较不同个体在同一能力上的相对高低,通常使用剖面图来表现分数的差异。

3. 一般能力倾向测验(GATB)测量个体在9种代表性的职业能力倾向上的水平高低,以检查个体对多种职业的适合性。

4. 军事职业能力倾向成套测验(ASVAB)用于选拔新兵以及分派新兵。

5. 鉴别能力倾向测验(DAT)为初中、高中生提供教育和就业上的指导。

6. 机械能力测验是针对选拔、招收及培训机械技术工人而设计的测验,用来测查个体操弄机械的潜在能力与实际操作机械的能力。

7.艺术能力倾向测验包括美术能力倾向测验和音乐能力倾向测验等。

8.美术能力倾向测验可分为艺术鉴赏和知觉测验以及艺术能力操作测验两类。

9.文书能力倾向测验用于选拔合格的文书工作人员以及对感知速度和操作信号能力有一定要求的专业人员。

10.创造力测验以吉尔福特的智力理论和发散思维测验为基础。应用最广泛的创造力测验为托兰斯创造性思维测验、南加利福尼亚大学测验。

关键术语表

1.能力倾向测验

2.多重能力倾向测验

3.特殊能力倾向测验

4.创造力测验

本章复习题

1.以下关于能力倾向测验的表述不正确的是(　　)。

A.是用来测量接受测验者对某种知识、技能的掌握水平的测验,一般是团体测验

B.可分为多重能力倾向测验和特殊能力倾向测验

C.通常应用于职业选择和人事管理工作

D.能力倾向测验测的是潜在能力,即一个人从事某种活动成功的可能性

2.以工作分析和因素分析为基础设计的测验是(　　)。

A.普通能力倾向测验　　B.分辨能力倾向测验

C.斯坦福比奈测验　　D.托兰斯创造性思维测验

3.下列哪个不属于最新版本的军事用能力倾向测验的三个合成分数(　　)。

A.数学能力　　B.推理能力

C.言语能力　　D.学术能力

4.下列属于典型速度测验的是(　　)。

A.瑞文推理测验　　B.一般能力倾向测验中的组合测验

C.吉尔福特发散思维测验　　D.明尼苏达空间关系测验

5.以下不能测量空间关系的机械能力倾向测验是(　　)。

A.SRA机械概念测验　　B.明尼苏达纸范本测验

C.明尼苏达机械装配测验　　D.本纳特机械理解测验

第九章

教育测验

教育测验既是服务教育的重要手段，也是教育过程的重要环节，对社会有着不可估量的影响，也备受社会各界的关注和重视。教育测验对于所有人而言也并不陌生，小到随堂测验和期末考试，大到中考和高考，中国学生都可谓是身经百战，“战斗经验值”绝对名列世界前茅。教育测验是教育评价中常见的手段，形式多样，种类繁多，比如评价学生学习的知识和技能水平，评估学生的学习兴趣和学习方法，抑或诊断学生学习困难之处等。本章内容以常见的教育测验为核心，审视教育测验的性质和功能，以促进教育测验的改进和正确使用。

第一节 教育测验概述

教育测验是当今世界应用最为广泛、最为频繁的心理测验,其内容和形式丰富多样,社会对教育测验的需求也不尽相同。关于教育测验的研究,历来备受测量学者的重视,在原理和编制技术上都获得了很大成功。教育测验是教育评价中非常重要的工具。在本章中,我们将对教育测验相关的知识进行学习,了解教育测验的历史、概念、类型和功能。

一、教育测验的历史与影响

教育测验源远流长,它基本上是与学校教育同步产生的。据史料记载,早在中国西周时期就建立了学校教育制度,并在当时国学中的大学设置了定期的学业考试。在汉朝时期,学业考试已经建立了更为严格、系统的考试制度:汉武帝时太学中规定一年考一次,到东汉桓帝时改为两年一试;考试方法包括“口试”“测试”“射策”等。通过上述考试,学子按成绩授予不同的官职。沿袭到清末的科举考试制度,可谓是世界上由政府组织的规模最大、影响最深远的教育测验。在西方,古代有名的教育家、哲学家苏格拉底在授课时就采用口试方法。中世纪的欧洲大学都是以口试进行学生的毕业成绩考核。18世纪末19世纪初,欧美各国才开始以学绩测验考核和选拔文职官员。在19世纪中期,美国学者梅因明确指出,在统一的条件下施测和记分纸笔测验便可获得同样良好的结果,并连续几年指导小学实施纸笔测验,从此现代意义上的教育测验在欧美各国得到广泛应用,那时的教育测验主要是成就测验。教育测验是比成就测验更宽泛的概念,其测量范围囊括了一切与学习有关的对象。

当今社会一个人从求学到退休,恐怕很少不经历数十次乃至成百上千次的教育测验。各级各类学校的学科考试、招生考试,各行各业的上岗资质认定和晋职评定考试都属于教育测验。测量学者历来也非常重视教育测验的研究,开发了大量不同用途的教育测验。

广义上,教育测验包含了学生、教师、学校、管理者等各方面与教育有关的内容,如学生相关的知识和技能的掌握情况,对教师教学能力的考查,对学校教育管理的评价,教育部门对教育相关信息的把握等。教育测验主要是指测量学生与学习有关的特性的测验,如学科知识和技能、学习能力倾向、学习兴趣、学习动机、考试焦虑、学习适应性等。

二、教育测验的种类

教育测验的种类繁多,本章中主要介绍教育成就测验和教育能力倾向测验。这两类考查学生的认知因素,可以归到能力测验范畴中。

学业成就测验(achievement test)简称成就测验,也称学绩测验,是测量个体经过某种教育或训练之后获得的知识和技能程度的工具。成就测验测量的内容有相对明确和限定的范围。成就测验对知识和技能发展水平量化的测定,有助于了解个体知识或技能的增长量,是帮助教育者了解教学成效和不足,从而改进教学方法,提高教学质量的重要工具。

成就测验是一种最佳行为测验,即指受测者调动一切所学知识和所具备的技能给出最佳答案或操作的测验。不同于典型行为测验,成就测验需要诱发受测者发挥出最佳行为水平,同时还要避免受测者为了得到好成绩而猜题和押题。

成就测验和能力测验有所不同。前者关注的是特定的学习经验,它所测查的是个体在具体某方面所具备的知识和技能;后者则是涉及广泛的学习经验,需要排除专门的学习和训练的影响,它所测查的是个体的一般能力。

标准化成就测验(standard achievement test)是测量专家按一定的程序编制而成,在教学或训练后测量受试者在课程某一领域中的具体成绩的测验。作为比较理想的测试工具,它具有明确的考查目标,统一的测试方式和统一的结果解释,具有较高的信度和效度。

学业能力倾向测验的目的和效度要求都不同于学业成就测验。对于学业成就测验,内容效度是关键,因为此种测验的目的是检验教学目标,尤其是一些基本技能;学业能力倾向测验则更强调预测效度,目标是在选拔、安置和训练前预测个体在学习中成功的可能性。此外,学业成就测验通常测量在正规学习情景中所获得的知识,而学业能力倾向测验不仅能够测量个体在学校学习的知识,还可测查个体在学校以外习得的知识和技能。

二者和智力测验也存在一定联系。智力测验多指个体更为一般的认知能力,诸如问题解决、适应多变环境的能力和抽象思维。而学业测验主要针对具体的学科,更多呈现为领域化的(domain-specific)。三者的区分并不总是固定的,因为三者之间联系紧密。例如,一个学生在高考中取得好成绩,一定程度上也反映了他"脑子灵活""学习方法得当",从而也在一定程度上说明他"有可能在未来的学习上继续出彩"。智力、学业成就和能力倾向,三者可以统称为"能力(ability)"

三、成就测验的分类、功能及选择

1.成就测验的分类

(1)按测验编制方法分类,可分为标准化成就测验和教师自编成就测验

标准化成就测验是相关学科的专家严格按照测量学的基本原理编制而成,其施测、评分和解释等都有统一的标准和规定。这种类型的测验质量较好,可以长久使用。

教师自编成就测验是教师自己设计和编制的测验,这种类型的测验结合教材和教学实际,形式灵活多变,能够及时反馈学生的学习和老师的教学情况。但因为缺少统一的编制和评分标准,不能保证高质量。

(2)按测验内容分类,可分为单学科成就测验和成套成就测验

各个学科的任课老师一般都更关心学生对该门学科知识的掌握情况,对特定学科知识和技能的考查就是单学科成就测验。

成套成就测验的测查范围则相当广泛,囊括了各个学科的知识和技能。像斯坦福成就测验、韦克斯勒个人成就测验、皮博迪个人成就测验、大都会成就测验等,这些都属于成套成就测验。

(3)按测验题型分类,可分为客观式测验和论文式测验

客观式测验的题目形式简洁、数量大、涵盖面广,评分简便、统一,这类题型会预先规定唯一正确的标准答案。缺点在于受试者凭猜测也能得到分数,测查结果难以发现深层次的认知差异。常见题型有正误题(或是非题)、填空题、选择题、匹配题、排序题、改错题等。

论文式测验的题目主观性强,学生可自由发挥,没有唯一正确的标准答案,学生的作答过程能够反映其逻辑水平、综合分析能力、组织材料能力、创新思维等,能够深层次地考查学生的认知差异。但这种类型的测验评分较主观,不利于公平和公正。主要题型有作文题、简答题和论述题等。

(4)按测验评分参照系分类,可分为常模参照测验和标准参照测验

常模参照成就测验指受测者的分数与常模群体的分数相比较的测验。通过常模参照测验,我们可以判断个体与其他人相比较成绩如何,可以区分高分者和低分者。在解释常模参照测验的分数时,首先计算个体的原始分,将原始分转化为更有意义的表达方式,如百分位数、年级平均分数、标准分数,然后再与常模团体的分数相比较。

标准参照测验指将考生分数与客观标准相比较的测验。通过标准参照测验,可以确定一个学生对于特定的知识和技能的掌握情况。标准参照测验结果的解释要参照某一明确界定的行为标准,这一标准就是测验分数的分界点,也称作及格线,根据

分数分界点,可以将受试者进行分类,如"及格"和"不及格"

(5)按测量目的分类,可分为安置性测验、形成性测验和总结性测验

教学实践中,在新教学单元开始前,教师需要了解学生是否具备学习新知识所要求的技能和能力,此时教师可以使用安置性测验进行安置评估(placement test)。教学过程中的决策则涉及形成性测验(formative test,有时也称诊断性测验,diagnostic test),是穿插在教学过程中进行的,可以评量所实施的教学效果,或确定学生在特定教学内容上的薄弱环节和困难之处。总结性测验(summative test),是在一个方案或课程结束时施测的测验,考核整个阶段的学习效果。

(6)根据测验施测方式或媒介,可分为纸笔测验和计算机测验。

纸笔测验是将测验的试题印成文字题目卷,受试者按题意在答案纸上用笔作答的测验。计算机测验的媒介为计算机,受试者根据计算机的程序,在电脑上作答,并被实时监控(如正确率、反应时等)。计算机测验还可以根据受试者的作答情况,给出不同的题目以适应受试者的能力,此类测验称为计算机自适应测验(computer adaptive test,CAT)。

2.成就测验的功能

(1)决策功能。日常教学活动中,教师需要做出多种决策,如判断学生的知识储备量,学生对教学内容的掌握情况,是否存在学习困难,学习效果如何等。这些决策可归为三类:教学开始前的决策、教学过程中的决策以及教学结束后的决策。教育测验提供的相关资讯是教师做出教学决策的重要依据。学生经过一段学习之后,有了相关知识经验的积累,使用成就测验加以测评,可以了解学生对特定知识和技能的掌握情况,反映学生在学习上的收获和不足。

(2)为教师了解学生学习意向提供参考。学生的学习意向与学习成绩密切关联,关于学习积极性、主动性和兴趣点等方面的测验有助于教师全面了解学生的学习意向性,进而促进学生的课程学习和个人成长。

(3)诊断作用。某些学生可能会存在学习困难,通过成就测验,可以诊断出有困难的学生以及他们的困难所在。学生可以根据教育测验提供的信息,了解自己的课程知识掌握情况,认清自身的优势与劣势,以便将来进行针对性地学习和提高。

(4)为教学管理和决策提供信息。教育管理者负责维持和提高教育系统,教育管理者使用心理测验和其他评价性信息,来评价和改进教育系统,判断哪个项目或课程应该继续实施或撤掉。教育测验也是进行教育教学质量评估的重要信息来源之一。

(5)为选拔和安置决策提供依据。成就测验可提供课程学分、高级安置和资格认证等方面的信息,同时也是反馈教学信息、评估教育效果、评价教学计划和工作人员的重要工具。教育测验可以反映学生对有关知识和技能的掌握程度、进一步学习的

准备状况和潜力，有助于教育机构科学地对学生进行安置和选拔。

3.成就测验的选择

在选用成就测验时，施测前要确定受测者的知识能力水平、课程内容以及测验目标。测验内容必须与特定班级、学校、学校系统或其他组织的教学目标相匹配。此外，还应当考虑测验分数的使用方式。

(1)目的性和实用性

测验手册通常会提供该测验的用途和功能(如评价、安置或学习障碍诊断等)。施测者在使用前，结合测验的目的和备选测验的使用手册确定合适的测验。有的测评公司会出版一些测验小样本，包括测验小册、手册、记分等材料，这些材料也可以帮助使用者进行选择。

在选择测验时，施测者还需与测验编制者或机构合作，确保测验结果的分析和解释，综合考虑施测成本、时间、结果反馈等因素。

(2)信度、效度和常模

在选择成就测验时，统计学指标是重要的参考信息。复本信度系数更值得信赖，因为测量误差容易夸大再测信度系数和内部一致性系数。对照测验内容和教学目标可以获得内容效度，以确定一个成就测验的有效性。编制良好的测验手册会说明编制测验时所使用的内容和行为目标系统，使用者可以据此确定这些目标是否与他们的测验目标一致。

除了信度和效度，测验常模是否恰当也非常重要。大多数编制精良的成就测验是在全国代表性样本的基础上进行标准化，一般根据年龄、性别、地区、经济状况等变量进行分层取样。使用者在购买测验时要确定常模组的特征是否与将考察的学生的特征相似。如果是在一个学校或学校系统内进行安置或其他比较，地方性常模也许比全国性常模更有意义。

当对几个年级连续使用标准化成就测验，并用常模分数划分学生的学业成绩时，测验使用者是假定了在进行标准化时各年级的群体水平是相当的。如果近期有大量不同国籍、民族或社会经济水平的群体迁入，社区的人口构成因此变化，就会使得不同年级的学生群体组成成分产生显著差异。如果常模组变量间的差异明显大于发展，就不能准确地对学生的年级常模分数、百分等级分数或标准分数进行跨年级水平的比较。

选用测验时人们有可能被它的名称所误导。测验使用者需要了解两种谬误：假定同名的工具测量相同的东西，假定名称不同的工具测量不同的东西。在选用前，测验者可以查阅《心理测量年鉴》(*Mental Measurements Yearbook*)、《测验评论》(*Test Critiques*)、《心理学报》《心理科学》等专业学术期刊，咨询专业学术组织(如，中国心理学会心理测量专业委员会)以及参考其他资料进行选取。

拓展阅读

胡卫平教授与科学创造性思维测验及其在教育中的应用

对创造性思维的测评已从一般领域向特殊领域发展,陕西师范大学现代教学技术教育部重点实验室胡卫平教授基于科学创造性思维结构模型(Scientific Creativity Structure Model)设计了“青少年科学创造力测验”问卷(Hu & Adey, 2002),成为国际上使用较广的领域性创造力测评工具。另一方面,创造性思维如何融入大规模测评项目中也成为该领域的研究趋势,如OECD就表示,创造性思维将纳入PISA(2024)测评中,目前正在制定详细的评估框架和测试工具。

科学创造性思维是一种领域性的创造力(胡卫平,俞国良,2002)。那么,创造性思维如何融入科学义务教育质量监测,进行大规模测评呢?从创造性认知过程来看,同时测量创造性认知过程中的发散思维和批判性思维才能真正评估创造力。考虑创造性与科学知识、科学探究的关系,建立测量模型,如下图9-1所示,其中X轴是科学课程内容,Y轴是创造性认知过程,Z轴是科学思维表现。

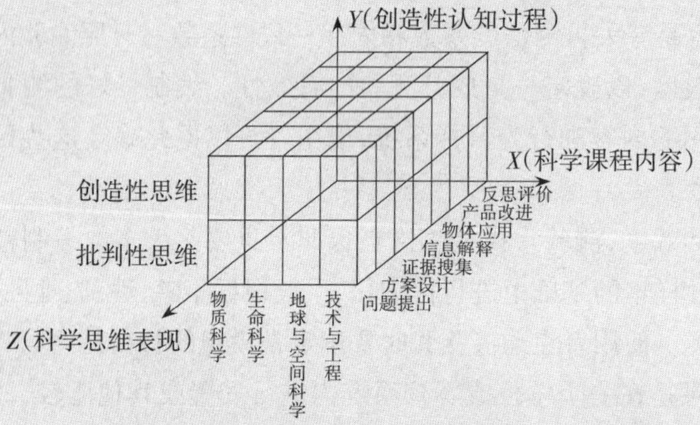

图9-1 创造性认知过程测量模型

该模型反映:

(1)X轴:基于真实材料设计情境,评估科学学科下的创造性认知过程,而非其他领域。

(2)X轴与Y轴的关系:明确要测评的科学课程内容与创造性认知过程的关系。创造性认知过程的考查要与知识的特点联系起来,合理划分科学知识结构。

(3)X轴与Z轴的关系:明确要测评的科学课程内容与科学思维表现的关系。每道测试题都应凸显1个科学思维表现要素,反映模型中的Z轴。在模型中,科学思维表现包括问题提出、方案设计、证据搜集、信息解释、物体应用、产品改进、反思评价等7个要素,它们都可与知识内容结合在一起。

(4)展现Y轴:设计试题中需要回答的问题。主要是从学生的回答中考查其创造性认知过程,问题1主要评估发散思维,问题2是对问题1的聚焦,主要评估批判性思维,实现了模型中的Y轴,从发散思维到批判性思维评估创造性认知过程。试题设计者还可设计问题3,进一步承接问题2,进一步考查发散思维。

(5)评分标准的建立。从流畅性、灵活性、独创性三个维度对发散思维进行评分。批判性思维的核心是推理、分析与预测、评价,每道测试题一般只考查批判性思维三个核心要素中的一个。表9-1展现的是《小学科学课程标准(2017)》中主要概念8中的知识内容与思维表现要素之间的整合情况。表左侧是主要概念8中的科学知识,反映模型中的X轴,表的上部分是科学思维表现要素,反映模型中的Z轴,由该表可知,基于科学知识可从多个科学思维表现要素设计测试题,如"植物需要水、阳光"这一知识内容可从问题提出、证据搜集、反思评价等方面进行题目设计。一般而言,每个题包含1个科学思维表现要素,基于"植物需要水、阳光"这一知识内容可设计3种试题,分别反映问题提出、证据搜集、反思评价的思维表现。

表9-1《小学科学课程标准(2017)》主要概念8与科学思维表现的关系

		问题提出	方案设计	证据搜集	信息解释	物体应用	产品改进	反思评价
1-2年级	植物需要水、阳光。	√		√				√
3-4年级	种子萌发过程。	√	√					
	植物一般由根、茎、叶、花、果实和种子组成。			√				√
	沙漠中、盐碱地及海底的植物在外部形态上的异同。	√		√				√
	植物的一生(种子萌发、幼苗、开花、果实和种子)。		√		√			
	不同环境中的植物其外部形态的不同特点。	√		√	√			√
5-6年级	植物吸收阳光、空气和水分,并制造其生存所需的养分。	√			√			√

下面以侧重展现"问题提出"过程为例展现测试题设计过程。小学二年级测试样题如下:

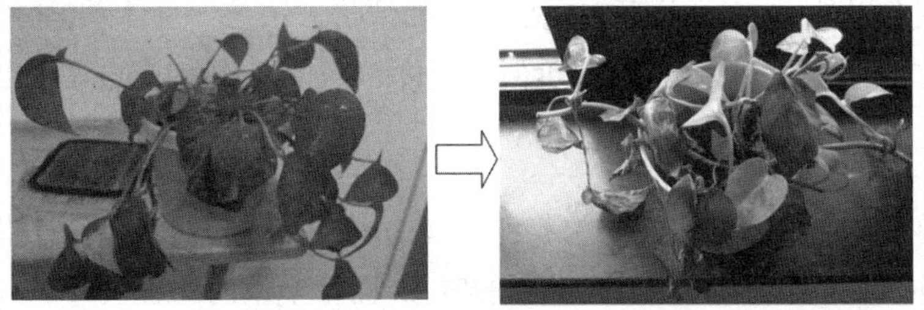

情境:小兰房间的阳台上养了一盘绿萝,小兰每周给它浇水,精心照顾它,绿萝长得可茂盛了。寒假到了,小兰要到外婆家玩,将绿萝放到房间内,关好门窗。过了20天,小兰回来了,却发现绿萝奄奄(yān)一息,快要枯萎了。

问题(1):针对绿萝枯萎这一现象,你想研究哪些问题?(尽可能写出你想研究的问题)创造性思维考察。

问题(2):在这些研究问题中,你认为哪一个问题最适合用科学的方法进行研究?请说明理由。

上述样题中,首先让学生从科学探究视角试着列举"你想研究哪些问题",考查发散思维,然后择一分析"哪一个问题最适合用实验的方法进行研究"并说明理由,考查批判性思维——评价。这样,就实现了从背景材料到科学知识,同时展现科学探究过程,再到高认知过程,最后考查创造性思维表现的过程。

依据以上理论建构和小学科学课程标准(2017)对科学课程内容的规定,设计了适用于小学1-2年级、3-4年级、5-6年级共三个学段的科学创造性思维测验工具。基于项目反应理论(RASCH模型)对工具进行了两轮修订,其内部一致性信度克龙巴赫α系数为0.94,项目区分度值(separation index)为3.71(>3.0),工具能有效评估、区分学生的创造性思维。对264名学生的测量发现:(1)小学生科学创造性思维低、中、高三个水平人数比例分别是12.1%、52.7%、34.2%,基本呈正态分布。(2)从低年级到高年级,科学创造性思维高水平的学生比例逐渐增高,学生的科学创造性思维能力存在年级间差异。(3)科学创造性思维整体无显著性别差异。在高水平层级中,男生显著低于女生(0.28<0.53),但在高年级中,男生高于女生(0.53>0.34)。

四、教育测验与教育评价

教育评价指根据教育目标,在系统收集资料的基础上,对教育过程及其结果进行价值判断的过程。教育测验是教育评价的前提,是教育评价的必要组成部分,没有教育测验,价值判断就无法进行。但是,教育评价的内容不应局限于教育测验的内容。除了教育测验以外,教育评价还包含了丰富的评价方法与评价体系,如档案袋评价、概念图、核查表与轶事记录、态度与价值观评价、问题解决与创造力评价等。

1.为什么教育评价很重要

广义的教育评价包括宏观的内容和微观的内容,如教育规划、教育指导、教育投资、教育环境质量等是从整体上对教育的掌控,而像学校的课程设计、学校教育目标的设定等都是针对教育细节的把握。我们这里所讲的教育评价主要是以学生、教师和学校为对象，指对学校的教育活动、教师教学效果以及学生的发展质量的评估。

(1)作为反馈的教育评价

作为对学生的反馈，定期的评价可以让学生了解自己的优势和不足。评价越具体细致，反馈效果越好。对学生的评价同样可以给教师提供教学有效性的反馈。课堂提问、随堂测验、课后练习等都能让教师了解学生的学习情况。

(2)作为信息的教育评价

一些常规的学校评价，如奖状、成绩单、评价报告单等，能够使家长了解自己的孩子在学校的表现和学习情况。另外，分数和其他一些评价能够建立起一种非正式的家庭强化体系。让家长根据孩子的表现进行强化，有助于改善学生的行为。

对学生的评价，为年级分班、班级分组等提供信息。学生的录取和选拔也要以评价作为依据。教育评价同时也为评估教师、学校或地区的教学提供了资料。

(3)作为诱因的教育评价

教育评价的一个重要功能就是激励学生付出最大的努力。而要想据此提高学生的努力程度，评价必须满足以下几个标准：评价必须公正公平；要有清晰一致的标准；对评价的解释需要恰如其分；评价的次数要多；评价要具有挑战性。

2.测量、教学与评价

确定教学目标是教育评价的第一步，因为教育工作的好坏表现在教育所能接近教育目标的程度。根据教育目标，教师可以选择或编制合适的工具对其进行测量。通过教育测量所收集的资料和数据，对照教育目标，就能形成一个价值判断。

在评价的过程中，总结性评价和形成性评价可以从不同侧面反映学生的学习情况。总结性评价的作用是确定教学方案的综合效果以及学生是否达到了教学目标，此时测验分数被看作教育过程中大单元的最终总结，可以是一个标准化成就测验，也可以是其他的形式。形成性评价穿插在教学过程中进行的，可以帮助教师和学生集中注意力在特定的学习上，帮助评价者了解教学方案是否合适以及改善方案的可能性。形成性评价整合了教学与评价，测验是教学行进过程中的一个整合部分，而不是简单地作为教育过程的终点。这种方式可以监控学习者的表现，并服务于直接的复习和进一步的学习。

生活中的心理学

档案袋评价

档案袋是逐渐流行的评价工具,对选拔决策、绩效、潜力等可以进行有效评估。档案袋评价(portfolio assessment)指收集和评价个体在一定时间内的作品样本。档案袋评价在教育领域的使用,是伴随基础教育课程改革发展起来的。档案袋的内容丰富多样,可以是对一个学生行为的观察,也可以是某个项目的成果,如研究报告,或者是个体所选择的、能够反映他所学的其他的项目,如照片、乐谱、模型等,鲜活地展现了学生的学习历程和成果。档案袋评价可以服务于多种目的,如总结性评价、诊断性评价。档案袋评价包含四个步骤,包括评价理念的确定、评价标准的建立、评价程序的制订、评价的实施。评价理念的确定对档案袋内容的选择具有重要的指导意义;评价标准的科学性、客观性和有效性则决定了评价结果的信度和效度;评价程序的可操作性程度直接决定了评价的可行性。

尽管档案袋有很多优势,它的使用仍存在很多争议。首先,档案袋评价是一种主观的评价工具,它的信度难以令人满意,不同的评价者可能会对同一份档案袋给出完全不同的评价。其次,在档案袋的评价内容、评分方式、权重等问题上灵活性大,难以把握。另外,档案袋评价耗时耗力,工作量大。

档案袋评价在我国尚处于尝试阶段,总体成效还不明显,但其作为转变评价理念的一种重要操作方式,应该努力克服其局限和不足,在课程标准中大力提倡,积极开展相关的理论研究和实践探索。

复习巩固

1. 简述成就测验、能力倾向测验和智力测验的异同。
2. 简述成就测验的功能。
3. 简述教育测验与教育评价的关系。

第二节　学业成就与学业能力倾向测验

在心理测量工具中最常见的成就测验,主要是对知识和技能的完成情况进行测定,在学生的学习诊断和评价及教学的管理和决策中都有重要作用。

一、早期标准化成就测验

第一个标准化成就测验是斯坦福成就测验(Stanford Achievement Tests,SAT),由心理公司出版,具有较好的常模和标准参照指标(Gardner et al., 1982)。它评估了一至九年级学生在拼写、阅读理解、字词学习、语言艺术、社会研究、科学、数学和听力能力。

加利福尼亚成就测验(California Achievement Tests,CAT)于1943年首次使用,测验内容包括阅读、语言、拼写、数学、学习技能、科学和社会学科这7个方面的内容。CAT的项目为多项选择。项目的难度水平有所变化,平均的难度水平为50%。对于小学水平的儿童,由测试者大声朗读指导语和题目。对于稍高年级的小学生和初中生,测试者只需大声朗读指导语即可。

大都会成就测验(Metropolitan Achievement Tests,MAT)测验也被美国学校广泛使用,第八版测验常模建立在2000年,考察了阅读能力和数学能力(样题如下)。它有适用于视力障碍儿童的盲文版、大字体版和语音版。

1. 珍妮用(　　)搭玩具房子。

A. 木头　　B. 书本　　C. 喜欢　　D. 希望

2. 贾森有4颗糖,给了玛丽一颗,又给了比尔一颗,他剩下几颗糖。应当用下面哪个算式来计算?

A. 4−2 =　　B. 4+2 =　　C. 2 + 2 =　　D. 2−2 =

二、学术能力倾向测验与学术能力评估测验

美国大学入学测验和学术能力评估测验是学业能力倾向测验比较典型的代表,两个测验也是申请美国大学及奖学金的重要参考。学术能力评估测验(Scholastic Assessment Test,SAT),曾用名为学术倾向测验(Scholastic Aptitude Test,SAT),是由总部位于美国新泽西州普林斯顿市的美国教育考试服务中心举办的。

1.SAT的目的

SAT是由心理学家C. Brigham发明用于在军队中衡量军人的考试,它的初衷是消除标准化考试中的社会经济因素影响。历史上的第一次SAT考试在1901年6月17日举行,共973名学生参加考试。当时的考试包含英语、法语、德语、拉丁语、希腊语、历史、数学、物理和化学。那次考试没有选择题,取而代之的是文章写作。最后应试者会拿到"极其出色""好""尚存疑问""不好""非常不好"五种评价。1926年6月23

日，SAT第一次正式进行，当时SAT被称为“学术倾向测试”。超过8000名学生在300多个考点参加了考试——其中，超过60%考生是男性。当时的考试节奏极其紧凑，考生需要在90分钟内回答315道题。从1930年开始，SAT正式被分成了言语（Verbal）和数学（Math）两个科目，这种考试结构一直沿用到2004年。语言包括四种项目类型：反义词、类比推理、句子填充和阅读理解，反义词部分从1926年以来就有，其他三个部分则是从1940年中期开始使用。数学部分包含的内容众多，如算术、排列组合、概率等。

2.SAT的结构与分数解释

从1926年开始，SAT就被持续使用，每年有约150万学生在全美5000个测验中心参加测验。从1941年至1995年3月，SAT的常模是基于1941年参加测验的10000名学生的样本。与最初的常模比较，现代使用者在该测验的两个主要部分（言语部分SAT-V和数学部分SAT-M）的分数约低了20至80分。最初两个部分均值都是500，20世纪80年代以及90年代初全美的均分总是分别在420分（言语部分SAT-V）和480分（数学部分SAT-M）。这一令国家有些尴尬的趋势引发了各种各样的解释（Hanford，1986）。1994年6月，测验编制者宣称他们将把全美均值恢复到1941年的500分，他们通过测验180万学生重新制定常模，并将原始分数转化为均值为500，标准差为100的标准分。新的常模使全美的SAT均值增加，言语部分大约提高了75分，数学大约提高了20分。2002年所获得SAT的均分为：言语部分504，数学部分516。SAT的新常模没有改变被测者相对于其他被测者的百分位置，但是在1995年4月之前参加SAT的个体与新常模确立后的被测者之间存在混淆。为此，大学入学测验委员会为大学提供了一个分数转化工具。

委员会认为修改后的SAT的变化体现了20世纪80、90年代教育改革运动。SAT言语和数学部分被更名为SAT1：推理测验。在推理测验的言语部分更强调批判性阅读，例如，观点不同的两个段落。反义词项目被删除，但是增加了一些在上下文中测量词汇的新问题。现在SAT1数学部分有一些问题是要求学生提供自己的回答（而不是从已有的回答中选择）。SAT1测量学生是否具备大学学习的能力，注重知识的应用，申请美国的学校时必须提供这部分的成绩。

与SAT1一起，委员会出版了SAT2——主观测验。SAT2包括一个写作测验、亚洲语言版本的新测验和新的外语作为第二语言的熟练能力测验。SAT2属于单科成就测验，外语包括汉语、日语、德语、法语、西班牙语等。除非学校特殊规定，大部分学校不需要提交SAT2。通常所说的SAT即为SAT1。

2005年SAT改革，在加入写作科目的同时，将语言改称批判性阅读。至此，SAT包括批判性阅读、写作和数学三部分。批判性阅读部分，受测者阅读单独的段落，接着回答段落内容有关的选择题。数学大部分问题是选择题,少数为解答题。写作部分包含25分钟的短文写作,另外还有3个分测验,分别是修饰句子、句子改错和修饰段落,题目形式为选择题。现行的SAT测验,计分方式使用标准分数,平均分为500,标准差为100,分数范围为200~800。该测验三个部分的内部一致性信度0.91~0.93,大部分重测信度0.87~0.89。SAT的效度通常与其对一年级大学新生分数的预测力有关。美国大学委员会调查了23所大学的新生,发现将SAT分数与高中成绩结合起来,与学业成绩相关为0.61。仅考虑SAT分数的预测力时发现SAT对测验分数处于两端的学生预测较为准确,而对分数处在中等水平的学生预测效果相对较差。

3.SAT的应用

原版SAT的主要缺点与其他大学入学测验同样,对于中等水平学生的学业预测力较差。在SAT中仅有平均分的学生常常在大学的GPA(学业成绩积点)中比SAT得分在一个标准差之上的学生更高,无论是言语部分还是数学部分都出现这样的现象,也许因为动机、意志、性格、情绪稳定和家庭社会生活等因素对大学一年级的成绩产生影响。换句话说,测验分数和高中的成就并不能预测大学的成就。而且,一个学生的英语或数学的分数与其在SAT-V和SAT-M中的得分没有显著相关(Sinha,1986)。这可能是训练的效应,也就是说,在训练课程上让学生做与实际测验类似的测题,由此提高了应对测验的技巧。但是,研究普遍认为培训对SAT分数的提高影响不大。

SAT对大学一年级GPA的预测也略存疑虑(Bridges,2001)。效度系数随样本量变化,中值约为0.4,即SAT分数能解释大学一年级GPA变异的16%左右。有证据显示,当SAT与累计GPA共同使用时,可以作为大学成就的重要预测变量(Camara & Echternacht,2000)。加利福尼亚大学实施的一个重要研究项目评估了针对不同种族和社会经济地位的SAT1和SAT2结果的预测质量和公平性(Geiser & Studley,2001)。因为加州大学要求申请入学的学生参加SAT1和SAT2两个测验,为此拥有一个78000多的大样本,从1996年至1999年所有录取新生的SAT1和SAT2结果都在其中。他们也获取了这些学生学业成绩的信息。研究发现SAT1可以解释加州大学GPA变异的13.3%(相关为0.36),而SAT2可解释16%(相关为0.4),本科GPA可解释15.4%(相关为0.39)。

SAT在文化方面的中立性一直饱受争议,其中最有名的一个例子就是"oarsman-regatta(划桨者—帆船赛)"题目。这是一道单词类比题,题目给出一对单词,要求考生在选项的5对单词中选出和给出两个单词间逻辑关系一致的一组。这种题型在2005年SAT改革时已经取消了。这个题目的题干给出的是:runner-marathon(跑步的人—马拉松),而这个选项的两个词"oarsman-regatta"是和一项在富人阶层流行的体育运动有关的。想要正确回答此题,学生必须懂得帆船赛的规则和词汇,这就是明显的文化歧视。据统计,53%的白人学生回答正确了此题,而仅有22%的黑人学生回答正确了此题。这个事件也促使了大学委员会在2005年SAT改革中将单词类比题换为了短文章阅读。虽然多数大学都未将SAT作为入学的充要条件,但有证据显示,SAT的效度都受到社会经济地位和种族的影响。尤其是非裔美国人的SAT得分显著偏低,美籍印度人和墨西哥或拉美学生也偏低。这些结果是令人失望的,也揭示了标准化测验的现状:标准化测验的使用总是导致对某些群体的选择性偏差。在支持SAT的研究中,发现美国社会不同种族与社会经济地位人群间测验分数趋近的证据,白人儿童与非裔美国儿童在学校成就间的差距在近几年明显减小(Neisser,1998)。这样的证据表明SAT可能是至今同类测验中心理计量学指标水准最高的。对21世纪SAT在大学入学决策中扮演重要角色的论断尚有疑虑,但是对于标准化测验中选择性偏差的研究与理解将需要不断深入。

由于能力倾向测验的属性不能彰显,故无法良好预测大学入学后的学业表现,这可能是SAT的名称从“Aptitude”改为“Assessment”的主要原因。此外,一些研究指出,SAT测验受到社会经济地位、文化、种族、英语水平、考试动机等外界因素影响,会产生一定的测验偏差。消除测验偏差,应作为当代标准化测验的重要议题深入讨论。

三、国际学生能力评价项目

为帮助参与国家和地区反思现行的教育政策,寻找教育发展中存在的问题,从国际比较的视角审视自身的教育质量、公平性和发展效率,建立和完善教育监测指标体系,推动教育改革与发展,经济合作与发展组织(OECD)于1997年发起了大规模国际教育评价项目–国际学生能力评价(The Programme for International Student Assessment,简称PISA)。

1.PISA的目的

PISA的根本宗旨是评价学生应用知识与技能适应未来生活的能力,关注学生是否具有自我总结、自我反思、自我监控以及终身学习的能力,属于成就测验。PISA的目的不是评估学生个体对所测内容的掌握情况,而是在国家或地区层面上对学生总体做出推断,帮助参与国家或地区了解其在国际比较中的相对位置及现有教育体系的优势和不足,从而为改进本国或地区的教育体系提供有效的政策咨询参考建议。

PISA测评对象是15周岁的在校学生(义务教育结束阶段),测评领域主要为阅读、数学和科学,技术手段主要是对目标群体进行抽样,通过认知测量工具(试卷)测量样本学生运用知识和技能解决现实问题的能力,同时通过问卷调查的方式收集学生、教师和学校等背景信息,从学生、教师、学校等层面来分析影响学生测试成绩的因素，形成对整个教育体系的评价报告。PISA测评于2000年首次举行，其后每三年进行一次，根据测评年份来命名，每次PISA测评的重点领域都是在阅读素养、数学素养和科学素养这三个核心领域间轮换。PISA测评的“素养（literacy）”不同于对学校课程所设置的学科相关知识的理解或记忆能力，而是指学生为迎接当今不断变化的现实挑战，运用知识和技能解决问题的能力，以及在日常生活情境下做出良好判断和决策的能力。

PISA测评以OECD成员国为主，面向非成员国开放。参与国家和地区逐年增加，从PISA2000的43个发展到PISA2018的80个。在已经发布的参加PISA2015的每个国家或地区，需至少抽取150所学校，约6300名学生样本和3000名教师样本参加测评。上海从2009年开始参与该项目，获得全球第一的成绩。2015年，增加至上海、北京、广东、江苏四省份，表现均在世界前列。中国的香港、澳门、台湾在历年的PISA测验中表现出众。

PISA2015提供基于纸笔和基于计算机的两种测评工具，我国选择采用基于计算机的测评工具。基于计算机的测评工具包括66种版本的测试题册、学生问卷、教师问卷（分为科学学科教师版和其他学科教师版）以及学校问卷。研究者可在PISA官网了解相关资讯并下载公开数据（http://www.oecd.org/pisa/）。

2.PISA的题项与分数解释

下面给出了PISA2015科学样题，参考http://www.oecd.org/pisa/test/。

鸟类迁徙

鸟类迁徙是一种鸟类往返于它们繁殖地之间的大规模季节性移动。每年志愿者们都在特定的地点给迁徙的鸟计数。科学家们捕获一些鸟，然后在它们的腿上系上有颜色的环和标志。科学家们结合对标志的观察和志愿者的计数来确定鸟类迁徙的路线。

1. 大多数迁徙的鸟类都聚集在一个区域，然后大规模地迁徙而不是单独迁徙。这种行为是生物进化的结果。下列哪种解释能最科学地阐述大多数迁徙鸟

类这种行为的进化?

A. 独自迁徙或小群体迁徙的鸟类,存活下来并能繁殖后代的可能性较小。

B. 独自迁徙或小群体迁徙的鸟类,找到充足食物的可能性较大。

C. 大规模迁徙允许其他种类的鸟加入迁徙队伍中。

D. 大规模迁徙可以让每只鸟都有更大的机会找到筑巢地。

2. 写出一种可能会导致志愿者对候鸟计数不准确的因素,并解释这种因素是如何影响计数的。

3. 金斑鸻是在北欧繁殖的一种迁徙鸟类。在秋天,鸟儿迁徙到比较温暖,食物比较丰富的地方。在春天,它们返回到繁殖地。下面的地图是依据十几年来对金斑鸻的迁徙情况的研究绘制的。地图1显示了在秋天金斑鸻向南迁徙的路线,地图2显示了在春天金斑鸻向北迁徙的路线。灰色的区域表示陆地,白色的区域表示水域。箭头的粗细表明鸟的迁徙规模。

材料中的地图支持下列哪个(些)关于金斑鸻迁徙的陈述?(注意:本题有一个或多个正确选项。)

A. 地图显示了过去十年间向南迁徙的金斑鸻数量减少了。

B. 地图显示了一些金斑鸻向南方迁徙的路线与向北方迁徙的路线是不同的。

C. 地图显示了金斑鸻会迁徙到它们繁殖地或筑巢地的南方、西南方的区域越冬。

D. 地图显示了过去十年间金斑鸻的迁徙路线逐渐远离沿海地区。

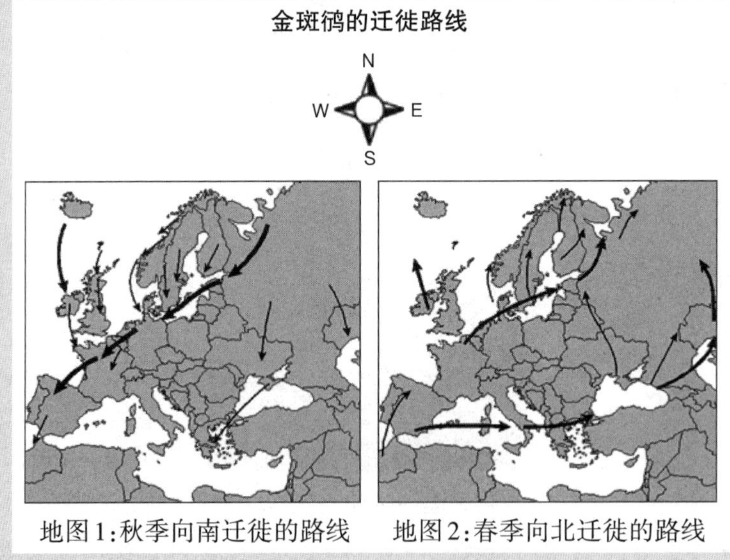

参考答案：

1. A

2. 观测者可能会错过数一些鸟，因为它们飞得很高；如果同一只鸟被数到不止一次，那会使数字太高；对于一个大群体中的鸟，志愿者只能估计出那里有多少只鸟(回答一条即得满分)

3. BC(只选一项得一半分，两项均选得给满分)

从样题可知，PISA的素养测验不主要考察知识，而主要考查学生在实际问题中解决问题的能力，即素养。PISA素养测验分数先以回答正误情况获得原始分数，一般为0-1的二级计分(样题问题1)或0、1、2的多级计分(样题问题3)。得到原始分数后，根据项目反应理论和潜在回归模型，估计出学生的能力得分，并以OECD国家为常模，转换为均值为500分，标准差为100分的常模分数。同时，根据专家团队的研究，给出素养得分相应的能力水平等级(professional level)，共6个等级。比如，在样题中，问题1属于中等水平题目，难度标准分为501分。学生们被要求为鸟类大规模迁徙的特定现象选择一种解释。这个问题位于PISA水平等级中的第3级的最低端，要求学生对这种行为的进化益处做出适当的结论。问题3要求学生理解数据是如何在两张地图中表示的，并使用这些信息来比较和对比秋季和春季金色绘图仪的迁徙路线。这项任务要求学生分析数据并确定所提供的几个结论中哪些是正确的。其难度标准分数为574分，在PISA的水平等级中处于第4级低端。问题2最难，学生必须运用程序知识来确定一个可能导致候鸟数量不准确的因素，并解释这可能如何影响收集的数据。能够识别和解释数据集的潜在局限性是科学素养的一个重要方面。此问题难度标准分数为630分，置于PISA水平等级的第4级的顶部。

除了素养测验以外，PISA测验还调查了学生背景、家长、学校等信息，包含一套学生问卷。例如，在2015年的框架中，参加测验的学生，在完成120分钟的学科素养测验之后，完成约35分钟的问卷调查，随后参加60分钟的财经素养测验。学科素养测验以复杂的抽样技术为基础，不同学生将给出不同的但彼此等值的套题来完成。结合问卷与能力测验，PISA为教育领域提供了重要的参考价值，以及跨地区、跨文化的教育比较，其应用前景十分广阔。

3.其他国际测评项目

除PISA之外，同样备受关注的还有国际数学和科学评测趋势(TIMSS)与国际阅读能力进展(PIRLS)。由国际教育成绩评估协会(International Association for the Evaluation of Educational Achievement, IEA)开发。主要目的在研究不同国家教育政策、教学方法下，四年级与八年级儿童的数理科学能力(STEM)与阅读能力。和PISA

不同,TIMSS和PIRLS属单科成就测验。TIMSS与PIRLS测验常模为参加测验的全球学生(四年级、八年级),均值为500分,标准差为100分。同样,TIMSS与PIRLS分数也有相应的能力水平等级。中国香港与台湾地区参与,同样取得骄人的成绩。

四、普通高等学校招生全国统一考试

普通高等学校招生全国统一考试(The National College Entrance Examination),也称高考,是我国学业能力倾向测试的典型代表,用于高等学校选拔新生。高考历经多次改革,但总体安排还是由国家统一组织调度,国家或省的专门组织命题,统一时间的考试。目前,全国统一考试为6月7日、8日。由于部分省(市)按新方案实施高考或科目设置不同,高考结束时间不一。

1.高考现行方案与分数解释

目前,大部分省市自治区在命题与考试科目上采用"3+X"方案。"3"指"语文、数学、外语","X"指由指学生根据自己的意愿,自主从文科综合(政治、历史、地理)和理科综合(物理、化学、生物)2个综合科中选择一个考试科目。此方案是目前全国应用最广,最成熟的高考方案。总分750分(语文150分,数学150分,外语150分,文科综合/理科综合300分)。在江苏省,采用"3+学业水平测试+综合素质评价"方案。"3"指"语文、数学、外语",语文160分(文科加考40分加试题)、数学160分(理科加考40分加试题)、外语120分,满分480分。学业水平测试必修科目考试含物理、化学、生物、政治、历史、地理、信息技术7科,各科原始满分为100分,考生需参加未选为学业水平测试选修科目的5门必修科目,其中信息技术只能作为学业水平测试必修科目,学业水平测试必修科目按原始得分实行合格与不合格评价,60分及以上为合格,其余为不合格。普通类考生学业水平测试必修科目须全部达到"合格",方可参加高考和选修科目测试。学业水平测试选修科目考试含物理,化学,生物,政治,历史,地理6科,各科原始满分120分,文科考生必考历史,理科考生必考物理,再从化学,生物,政治,地理中任选一门,学业水平测试选修科目按原始得分排名实行等级计分。这些方案分数均采用卷面原始分计算和解释。

2014年9月国务院印发了《关于深化考试招生制度改革的实施意见》。在改革方案中,计入高校招生录取总成绩的学业水平考试3个科目,由学生根据报考高校要求和自身特长,在思想政治、历史、地理、物理、化学、生物等科目中自主选择。学生可以在完成必修内容的学习,对自己的兴趣和优势有一定了解后确定选考科目。我国新高考政策"3+3"在2018年于上海和浙江进行试点。除了语文、数学为必修,英语为等级考试之外,在原有的其他科目中自选3科。2019年开始,陆续有省份开始推行新方案“3+1+2”(在上述自选科中,物理或历史选修一门,其余四门科目选修两门)。为了平衡自选科目的差异,自选科目采用常模参照分数,将原始得分先进行分布处理,再转换成常模分数(按百分等级进行划分),最后将百分等级进行等级赋分。比如,2017年浙江的试点办法,每门选考科目按百分比计等级,前1%计A+,前2%~3%计A,依比分为若干等级。再折合为分数,学科目总分是100分,真正起步分数为40分,每3分一个等级(参见表9-2)。

表9-2 浙江省2017年等级性考试成绩赋分表

五位等级	21位等级	人数比例(%)	成绩排名前(%)	赋分
A(15%)	1	1	1	100
	2	2	2~3	97
	3	3	4~6	94
	4	4	7~10	91
	5	5	11~15	88
B(35%)	6	6	16~21	85
	7	7	22~28	82
	8	8	29~36	79
	9	7	37~43	76
	10	7	44~50	73
C(34%)	11	7	51~57	70
	12	7	58~64	67
	13	7	65~71	64
	14	7	72~78	61
	15	6	79~84	58
D(15%)	16	5	85~89	55
	17	4	90~93	52
	18	3	94~96	49
	19	2	97~98	46
	20	1	99	43
E	21	不超过1	最后1	40

2.我国香港与台湾地区的高考

香港教育统筹局(现为香港教育局)于2005年发表了《高中及高等教育新学制——投资教育未来的行动方案》,于2009年开始实施新学制,全面启动香港中学文凭考试(Hong Kong Diploma of Secondary Education Examinations，HKDSE)。新高中课程要求学生修读四个核心科目，包括中国语文、英国语文、数学和通识教育。在文凭考试中，分数报考采用标准参照分数，分为1至5级(为适应大学招生的需要，5级中较优秀的考试标示为5*或5**)。考评局分别替部分参与2010年会考和2011年高考的学校进行保密研究测验。同样的研究测验亦在参与2012年香港中学文凭考试的部分学校中进行。这些从研究测验取得的统计数据，可作为联结首届香港中学文凭考试和以往高考与会考水平的参考数据。从2013年开始，提供一个能将连续多个年度考试等值(equating)的基本参考数据。

我国台湾地区也有类似高考的制度。台湾地区升大学的考试一共分为两次，一次叫作大学入学测验，另外一次叫大学指定科目考试(旧称大学联考)。2002年废除了大学联考，采取“多元入学”的方式进行招生。入学测验约在每年的1-2月份，不管是文科生还是理科生都需要参加5个科目考试，分别为国文、英文、数学、社会和自然。除了国文与英文有作文外，其余各科都是以选择题形式测验学生高中三年所学知识。尽管测试题型单一，但题目非常灵活，并与时事紧密结合。所以这个考试也促使学生必须广泛阅读课外读物或关心时事。第二次则是在每年7月初举行的指定科目考科，指定科目根据文理分科，具体科目分得较细。文科包括国文、英文、数学(乙)、历史、地理等5门学科；理科则有国文、英文、数学(甲)、物理、化学、生物等6门学科。通常文科的学生只考文科，理科学生只考理科，但也可以全部都考。指定科目考试侧重于课内知识的测试。除作文与选择题之外，题型还有计算题、证明题、填空等。

五、研究生入学考试

如果计划进入研究生院学习，或须参加研究生院的入学测验。比如研究生能力倾向测验、米勒类比测验等。当今还有成千上万的申请者也参加专业学位课程的入学测验，如医学院和法学院。

1.GRE的分数解释与应用

研究生能力倾向测验(Graduate Record Examination，GRE)属于学术能力倾向测验，适用于除法律与商业外的各专业，与SAT同由ETS主办。GRE是世界各地的大学各类研究生院(除管理类学院，法学院)要求申请者所必须具备的一个考试成绩，也是教授对申请者是否授予奖学金所依据的最重要的标准。它包括言语部分(GRE-V)和数量部分(GRE-Q)。2002年增加了分析推理(GER-A)，以短文形式为主。言语和数量部分平均分为500分，标准差为100分，其常模抽样相对较小，心理测量学指标也不如SAT。GRE有不错的信度指标，但是预测效度不好（ETS，2002）。

有关GRE的独立研究结果相去甚远，有的发现GRE与SAT之间存在中等相关，而有的却发现两者不存在相关，甚至负相关。譬如，House和Johnson（1998）报告GRE与各类研究生院课程之间的相关为0.22至0.33不等，能解释后者4.84%至10.89%的变异。1999年豪斯还发现GRE高分与特定课程高成就之间存在显著相关。Ji（1998）使用回归分析，发现GRE分数解释了研究生GPA变异的6%至16%，即两者相关为0.25至0.4左右。House（1997）的另一项研究发现，即使GRE分数与学生取得学位之间存在显著相关，但是却不能有效预测美国本地学生的GPA。而且，错误预测的比例较高，即GRE分数预测不会在研究生院获得高学业成就的学生却很大一部分在学业上取得了高成就（Holmes & Beishline，1996）。此外，GRE高估了年轻学生的成就，而低估了年长学生的表现（House，1998）。

那些渴望进入研究生院深造的人可能会问，“既然GRE有缺陷，为什么它对于我是否进入研究生院深造和未来职业生涯有着如此重要的影响？”一个回答是，许多院校已经建立了自己的常模和心理计量资料，可以单独使用GRE或者其他信息共同来预测在研究生课程中的学业表现。而且，许多研究生选拔委员会只是设定一个最低的GRE分数作为申请的标准。因为申请就读研究生的学生数远远超过学校所能提供的学习资源和将来工作市场能容纳的限度，所以艰难的选拔工作必须从头就开始。

最后，将GRE分数和GPA共同来预测研究生的学业成功比不用GRE分数的准确性更高（Morrison & Morrison，1995）。在2001年的一项有关GRE预测效度的元分析研究显示，GRE和本科的GPA能有效预测研究生的GPA、综合考试分数、论著发表数量和教师评定（Kuncel et al.，2001）。GRE言语分、数量分和本科GPA的线性组合与在研究生院取得的GPA之间相关为0.63（Fenster et al.，2001）。诚然，任何专业领域的高成就都有赖于各种因素的集合。因此，任何单个预测项，如GRE，必定与专业成就仅仅是中等程度相关（Melchert，1988）。

研究生院也常常抱怨成绩等级不再能有效预测学术能力，这是由于等级膨胀（grade inflation），即尽管SAT平均分数下降，但大学平均等级却在递增的现象（Kuh & Hu，1999）。为此，许多人认为今天得到一个B只相当于15或20年前的C，而今天的A相当于那时的B。这种等级膨胀导致了对等级范围的相应限制。申请临床心理学博士学位课程的申请者的GPA中位数可能超过3.5。美国依赖GRE分数的另一个原因是，信息自由法案赋予学生查阅自己档案资料，包括推荐信的权利。研究生院提出质疑，教授或其他人得知学生可能有一天会看到推荐信，他们也许不会表达真实想法。为此，既然GPA和推荐信的效度是值得怀疑的，于是对测验分数的依赖性增强了。这公平吗？GRE成就较差的学生如果专心学业，他们的GRE就不一定能预测研究生期间的学业表现。

不管怎样,言语分数具有明显的总体下降趋势,而数量分数和分析分数却逐年上升。言语分数1965年的平均为530。接下来几十年中,分数持续下跌,直到1999年跌到468分,下跌了62分。相反,数量分数已经从1965年的533分上升到1999年的565分,增加32分(National Center of Education Statistics,2000)。增加的趋势也体现在分析分数的平均分中。言语分数下降的一部分原因归结到1976年开始非美国测验者人数的增加(National Center of Education Statistics,1995)。由于非美国学生倾向于在GRE的数量部分得高分,而言语分数偏低,非美国测验者的比例从1976年的7.5%提高到1988年的20%,这一增幅是对GRE分数变化模式的一种较合理的解释。然而,美国人参加SAT测验的高中生也显示出言语分数下降和数量分数增加的类似情况,这导致人们质疑GRE测验的非美国测验者的数量增加是GRE分数模式变化的唯一解释。2003年美国学校与学院写作委员会报告,自从20年前的政府出台相关政策以来,促进美国学校的改革已聚集在更具体的学习要素上,例如事实和数据,并且已成功地改善了学生在这些领域的能力。这种改善不仅反映在GRE数量分数的提高上,也反映在SAT数学分数比30多年以来的分数更高。现在委员会的任务将促进学校的变化,以改善美国学生的读写能力。关注委员会实施的改革措施将如何影响未来的GRE分数是件有趣的事。

心理学所关注的研究生选拔中有一个趋势,那就是关注非传统的因素,如研究经验和发表论文。Saccuzzo和Schulte(1978)调查了美国心理学会认可或未认可的临床和非临床的心理学专业课程。他们发现选拔学生时最被看重的不是学业等级和GRE分数,而是研究经验和发表论文。但是,在新申请者中很少有研究经验和论文发表的,与重新考GRE,学习更多课程以提高学业等级,甚至获得硕士学位等做法相比,发表研究论文更有助于新的研究生入学申请或曾经被拒绝的申请获得通过。显而易见,那些相信自己比本科学业等级和GRE成绩所显示的能力更高的学生,必须通过努力地研究来证明自己的水平。

未来学生必须考虑的另一个问题是要否努力备考GRE。除了学习书籍和指导书,还有专门为那些希望提高成功概率的人们提供的各种课程。虽然一些有资质的大学提供这类课程,但是对于什么机构提供或提供什么内容没有限定。学生可能为这些课程支付费用。当然,人们应该尽可能认真地准备这个重要的测验,不过许多提供学习课程的人们没兴趣证明它们的价值。较完整的课程能使较差的测验参加者或者处于测验分布曲线低分一端的人获益。未经培训就已获得较高分数的人,培训对进一步提高他们的分数没有太大的帮助。

2.我国研究生考试

我国的硕士研究生统一招生考试(Unified National Graduate Entrance Examination),简称“考研”,是指教育主管部门和招生机构为选拔研究生而组织的相关考试的总称,由国家考试主管部门和招生单位组织的初试和复试组成。考试包括三到四门课程:思想政治理论、外国语、大学数学等公共科目由全国统一命题,专业课主要由各招生单位自行命题或全国统一命题。满分为500分,采用原始分数作为考研初试总分。

拓展阅读

完善高中学业水平等级考试赋分的“理想方案”

从教育测量的理论与应用角度看,根治“低估或高估等级分数”和“田忌赛马”问题的理想方案是采用“标准设定”(standard setting)与“测验等值”(test equating)相结合的解决方法。也就是说,各选考科目首次考试成绩要进行等级标准设定,以后每年要精心选择一个测验等值样本,通过测验等值的办法推算每个科目、每次考试的水平等级线。具体来说,该方案包括“标杆试卷的研发”“学业标准的设定”“分数常模的研制”以及“测验等值的实现”4项内容。简单地说,规避学业水平等级考试赋分方案风险的理想方案是“固定标准+年年等值”。其具体操作技术需要由相关的专业团队来完成。

事实上,我国目前遇到的问题在20世纪30~40年代美国SAT选考自由机制时也同样存在。比较幸运的是,他们在经过3年左右的混乱之后,通过“固定标准+年年等值”相结合的办法,在1941年就把问题解决了。他们在1941年设定好高考标杆和标准之后,不再每年每次更新标准,而是长期使用同样的标准(1941~1990),所有新测验都被通过类似于美元与人民币兑换的测验等值方式,把卷面分数转换成标杆试卷刻度系统上的分数(量表分数)。广东省当年的高考标准分制度本来效果不错,可惜其具体操作过程中所采用的“年年设定新标准”而不是“固定标准+年年等值”的思路,在遇到学生具有选考自由的情况下(“3+X”高考方案),直接造成了“低估高水平学生成绩”的严重后果。这种“缺失标准和缺失等值”的“伪标准分”制度最终被广东省所抛弃。

有评论说,“固定标准+年年等值”的赋分方案“是理论上最为完美的解决方案,是最与世界接轨的思路与做法,也是国外很多著名考试项目常规做法”。不过,不少人对这个方案表示担忧,认为“老百姓可能不会接受等值分数”。比如有学者指出,“我国的考情和欧美一些发达国家大不一样,他们很多成熟有效的做法在我国不可行。如每次考试都要组织动机相似的考生样本组进行保密的额外测试和数据分析等值等工作不仅在我国由于操作可行性原因难以实施,从理论上看,我国高考和西方以选择题等客观性题目为主的考试形式不同,大量内容是难以定量分析的主观性试题,更有满分达60分之多的写作等大型主观题,也会提出更多挑战。"

(杨志明,2018)

复习巩固

1. 结合PISA测验的分数解释方案,说明标准化成就测验分数应如何解释与应用?

2. 结合SAT与GRE的应用证据,如何评价能力倾向测验的预测效度?

本章要点小结

1. 教育测验可以为教师日常教学决策提供依据、为教师了解学生学习意向提供参考、帮助学生进行自我诊断、为教育管理部门的教育评估提供依据、为选拔和安置决策提供依据。

2. 成就测验指个体经过一段时间的学习或训练之后,对其知识、技能的发展水平进行测定的测验。成就测验有反馈、诊断、教学管理与决策三大功能。

3. 标准化成就测验是测量专家按一定的程序编制而成,选择标准化成就测验时要考虑目的性、实用性,以及测验的信度、效度和常模。

4. 常见的标准化成就测验包括学术能力倾向测验(SAT),国际学生评估计划(PISA),研究生入学考试(GRE)等。这些测验以常模参照分数为主要解释方法,但各自有不同的标准参照解释方案。

关键术语表

1. 教育测验
2. 成就测验
3. 标准化成就测验
4. 教师自编测验
5. 学业能力倾向测验
6. 学术能力倾向测验/学术能力评价测验(SAT)
7. 国际学生能力评价项目(PISA)
8. 普通高等学校招生全国统一考试
9. 研究生能力倾向测验(GRE)

本章复习题

1. 评价的重点在于“效果”的评价，是（　　）。

A. 诊断性评价　　B. 形成性评价

C. 总结性评价　　D. 整体性评价

2. 主观经验性考试的主要弊端是（　　）。

A. 命题的主观性　　B. 评分的误差较大

C. 分数解释的片面性　　D. 以上都对

3. 标准化考试的优点是（　　）。

A. 试卷编制的科学性　　B. 试题取样的代表性

C. 评分的客观性　　D. 以上都对

4. 将个体的测验分数与一个客观的标准进行比较的测验被称为（　　）。

A. 真实性评估　　B. 标准化测验

C. 常模参照测验　　D. 标准参照测验

5. 成就测验的功能是（　　）。

A. 反馈　　B. 诊断

C. 教学管理和决策　　D. 以上都是

6. 在日常教学活动中，教师用来测评学生学习效果的单元小测验属于（　　）。

A. 标准化测验　　B. 常模参照测验

C. 非标准化测验　　D. 自适应测验

7. 上海学生在2012年的PISA测验中，数学素养为613分，名列世界第一。这表示（　　）。

A. 相对于OECD，上海学生的数学素养在约1个标准差之上

B. 相对于全世界，上海学生的数学素养排名约前16%

C. 上海学生的数学水平在能力水平上得分为613分

D. 上海所有学生的数学素养都比世界上其他地区学生高

8. 在PISA测验中，对领域（科学、数学、阅读）素养的测查属于（　　）。

A. 学业能力测验　　B. 学业倾向测验

C. 智力测验　　D. 人格测验

9. 下列选项中，作为校标对上海学生的PISA成绩进行效度分析的最佳选项是（　　）。

A. 瑞文推理测验　　B. 中考分数

C. 卡特尔16PF　　D. 霍华德职业兴趣量表

第十章 人格测验

日常生活中，恋爱双方往往都声称两个人之所以走到一起是因为彼此的性格般配，当恋爱关系无法维持时，当事双方又经常归结为是由于两个人的性格不合。从上述事例中，我们可以看到人们往往是根据自己或他人的人格特征来决定对其的接受或拒绝。对个体人格的认识不仅与恋爱关系的建立和维护密切相关，还对我们的自我认识与评价、婚姻生活、职业规划、人才选拔和心理治疗等方面有着深远影响。虽然人人都在使用“人格”一词，但什么是人格，如何科学地测量人格却是很多人并不清楚的问题。通过本章的学习，人们可以对这些问题有更科学的认识，以便更好地了解自我、认识他人、选拔人才以及进行心理诊断等。

第一节　人格测验概述

人格测评是心理学研究的重要领域，要求所用的方法能够反映人格的整体性、稳定性、复杂性和独特性等特点。复杂的人格体系也必然导致了多种多样的测评方法与手段的产生。

一、人格与人格测验的含义

人格测验依托于对人格的内涵和外延的界定，人格测评的方式方法也影响着人格测评的深度和范围。

（一）人格的定义

日常生活中，人们往往把“人格”与“性格”不加区别地加以使用。但在心理学范畴内，性格（character）是指个人的品行道德和风格，是人格结构中的一部分，是个人有关社会规范、伦理道德方面的各种习性的总称。

心理学家至今对人格（personality）的理解也不一致。总结已形成的人格的心理学定义，归纳起来分为以下五种：

1. 罗列式概念。通常采用人格是以“……的总和”的形式来描述人格，此种定义有助于确定人格的外延，缺点就是单纯地罗列属于人格的内容，容易导致主次不分、本质与非本质不明。同时还有可能扩大概念外延，把不属于人格的内容当成人格的外延。

2. 整体性概念。强调人格是个人各方面属性所组成的整体，在很大程度上克服了罗列式概念的缺陷。

3. 层次性概念。这种定义是把人格的属性或特征按一定的层次结构排列起来，使人格特征层次分明，并具有内在的相互联系和统一性。最高层次的属性或特征具有统合的作用。

4. 适应性概念。该定义来自深受达尔文生物进化论思想影响的生物学家和心理学家，他们倾向于把人格看成是生物进化过程中对环境适应的一种现象。

5. 区别性概念。该概念更多地看到了个体在人格上的独特性、差异性和区别性。

虽然没有获得普遍认可的人格定义，但是学者基本上都认可人格具有整体性、复杂性、独特性、相对稳定性，以及能对个人行为起到调节作用。因此，一个人格测评工具能否很好地反映出这些人格特点，也是非常重要的考察因素。

(二)人格测验

人格测验是心理学家们设计来鉴别人格差异的工具。这些工具一般是根据相应的人格理论,从特定的几个方面对受测者的行为和内部心理变化进行探察和鉴别,个体间存在的共性与差异性则体现在人格测验的各个测量指标上。

人格测验的内容和种类非常多,有的人格测评工具试图从总体上描绘人格的整体结构,能够比较全面地反映人稳定的特征,如卡特尔16种人格因素问卷。有的人格测评工具着重探查人格与心理异常,如明尼苏达多相人格测验。有的则相对比较细致明确地探究某个方面的情况,如状态-特质性焦虑量表。

在科学的人格测验创立之前,为了满足实际预测的需要,人们在日常生活中进行了各种尝试性的总结,如星相学、属相学、颅相学、面相学以及数字命理学等。通过某些与个体密切联系的生理特征或者某种与人存在联系的自然现象以预测个人的性格与行为方式。虽然说世界是普遍联系的,但是刻意地夸大了这些联系对个体人格的影响,并以此来预测人的稳定和特定的行为倾向,则会带来较大的负面影响。因此,依据科学合理的理论和技术编制人格测量工具就显得尤其重要。

二、人格测验的编制方法

人格评定方法的范围很广,包括观察、访谈、行为评定、人格测验等。而人格测验中有的偏重定性描述,有的偏重定量分析。其中结构化人格测验常用的编制方法主要包含演绎式策略和实证式策略。前者以逻辑、理论出发,强调编题的理论意义和表面效度,包括逻辑内容法、理论演绎法;后者以实证数据出发,不强调题目的逻辑及表面效度,包括标准群组法、因素分析法。当代的人格测验编制多采用理论与实证相结合的方法来进行。

(一)逻辑内容法

逻辑内容法(Logical-content strategy)使用推理和逻辑演绎。通常使用该方法的测验编织者根据逻辑推理出测量需要评估特征的内容。例如,如果要测量进食行为,则使用“我经常吃零食”这样的陈述,而不用“我喜欢复杂的智力游戏”。历史上第一个标准化人格测验——伍德沃斯人格资料记录表(Woodworth Personal Data Sheet)就是通过这种方法编制的。它诞生在第一次世界大战期间,其目的是鉴别出那些可能在战争中垮掉的入伍新兵。该量表包含116个要求受测者回答“是”或“否”的问题,是从已知的情感障碍症状列表和精神科医生筛查面谈问题中选出来的。量表给出一个单一分数,对心理机能进行全面测量。

早期的人格测验多以逻辑内容法编制，其基本假设测验项目描述了人们的人格特质；人们在作答过程中按照指导语来完成题目，并且会认真、如实作答。而过分依赖于表面效度成为该方法的一大短板。

（二）理论演绎法

理论演绎法（Theoretical strategy）通常是测验编制者依据一定的人格理论，提出相应的人格结构，并挑选出能有效反映该结构的测验项目，通过受测者在这些项目上的差异来反映所欲探查的人格特征。例如，爱德华个人倾向量表（Edwards' Personal Preference Schedule, EPPS）就是以美国心理学家爱德华（A. L. Edwards，1914–1994）于1954年依据美国心理学家默里在1938年提出的人类17种心理性需要（psychogenic needs）（从属于3种生因性需要，viscerogenic needs）为理论基础编制的（Murray，1938）。爱德华从中挑选了15种需要，编制了255个题项的爱德华个人倾向量表。主要功能是经由个人对题目的选择而鉴别其在15种心理需要上的倾向，从而了解个人的人格特质（Edwards，1954，1959）。

使用理论演绎法的前提是具有较高科学性和系统性的人格理论。此外，对于反映理论结构所需要题项的选择，也会严重影响测验的有效性。题项的选择还可能会导致受测者较容易觉察到测验项目和测验目的之间的关系，按照个人意图而非真实情况回答，从而影响测验的有效性。然而，缺乏实证证据成为逻辑内容法和理论演绎法的弱点。人格测验的发展亟待实证证据的引入。

（三）标准群组法

标准群组法（Criterion-group strategy）即经验法，是测验编制者依据一定的经验或标准来选择测验项目，并不以特定的人格理论作为编制测验的依据。具体做法是抽取已经被公认的不同类型的几组受测者作为标准群组（criterion group），对这些受测者施测大量的题目，从而选出那些最能区分出不同群组的题目组成人格测验。例如，明尼苏达多相人格问卷就是采用这种方法编制的。

在使用经验标准法中，首先确定标准群组，即由已经被临床诊断为具有某种特征者组成，正常群体作为控制组，两组人在相同的题项上作答，再通过t检验甄别出可以显示出组间差异的题项，作为题目。例如，抑郁人群在"我有时逗弄小动物"题项上做出"否"反应的比例显著高于控制组，则需要对这一低表面效度的题进行论证。在此方法中，有时候题目和目标特质之间看起来并无逻辑，此时需要用"数据说话"。若选取另一群具有相同被测特征标准组与控制组（正常人）仍能获得类似的结果，则说明题目具有良好的区分性。在通过此类交叉验证后，便可使用标准分数建立常模，确定

“患病”的临界分数。如MMPI第一版采用T分数,70分说明高于平均水平2个标准差,则将“患病”的临界分数规定到70分。最后,确定高分组分数的意义,做出临床诊断。

这种方法的优点在于项目的选择能很好地被实践经验验证,有比较好的区分效度。它的难点在于难以找到典型的标准群组,且样本的同质性以及样本大小比较难以控制。MMPI量表在第二版修订的时候,标准群组采用了同类评估、医疗评估和人口学统计特征等多重手段进行确定。

(四)因素分析法

因素分析法是测验编制者先根据经验编制大量能反映人格的相关的题项,通过将初编问卷的施测数据进行因素分析,依据相关大小来选取正式测验题项,并构建和检验人格结构的方法。根据施测的数据分析结果,参考特定的标准,将那些与各因素相关都低的题项删除,剩下的多个因素内部相关高的题项组合成人格测验。例如,卡特尔在编制16种人格因素问卷即采用了因素分析的方法。

因素分析法的优点在于利用了统计分析技术,通过数据选择题项、编制问卷,比较客观;其缺点在于数据之间只是依照量化的情况来进行,因素内部之间的关系缺乏理论基础。此外,由于数据驱动,因素难以命名也是该方法的缺点之一。

(五)综合技术

人格测验编制最为流行的方法是综合技术。使用时首先通过理论思考建立理论假设和结构框架,依据这些理论框架收集编制相关的题目;接着选定标准组和对照组分别进行施测,看能否很好地将两组有效地区分开,受测者的反映是否和理论假设一致,并依照该标准筛选题目;最后将剩余的题目进行因素分析,看所得的因素结构是否符合原有的理论假设,因素之间的相关是否合适,一个因素内部的题项与因素的相关程度是否足够高。例如NEO人格问卷及其修订版即采用此法。

三、人格测量过程中作答的影响

受测者在人格测验中真实地进行反应,有助于了解其内在人格特点、倾向或者状态。但是,测量的有效性还受制于受测者完成测验过程中的有意或者无意的表现。在使用人格测验时,尤其要对以下三个方面予以重视。

（一）虚假作答

1.不愿意或者不了解。面对测试的项目,受测者有可能不愿意按照真实的情况回答,甚至可能不知道自己的真实情况。比如涉及个人的隐私问题。

2.故意欺骗。受测者也可能会按照社会或教育的期望,以一种歪曲的方式来回答人格问卷中的问题。又或者是害怕被发现问题或者测量结果有比较重要的影响,从而故意欺骗作假,包括故意地装好或者装坏。

3.敷衍。不愿意认真真实地作答,却又要表现出合作的样子,因此没有根据真实的情况,而是随意地敷衍完成,甚至是随机地做出反应。尤其是在自陈量表测试过程中比较容易出现。或者是由于任务比较复杂,不愿意麻烦就随便应付。

4.误解。受测者可能因为理解错了指导语而导致按照错误的标准进行作答,从而与实际要达到的目的有偏差。

5.描述的模糊性。个体对于一些模糊描述的理解不同,从而产生误差。如"我经常在外面吃饭",这里的经常在某些人看来是一周几次,而在某些人看来一周一次就算,而可能有的人觉得一个月一次就算经常。

有一些技术可用来帮助探查回答项目的前后一致性或矛盾程度。例如,前后呈现完全一模一样的题,或者是句子不同而意思完全一样的题。如"我喜欢吃苹果"和"可以选择的情况下,我非常愿意选择吃苹果",或者换同义词、近义词。此外,还可设置内容相同但说法矛盾的题目,如肯定句变成否定句等。如将前例中题项变为"我讨厌吃苹果。MMPI 等量表就专门设计了疑问量表、说谎量表、诈病量表和修正量表等效度量表。

前两种情况的虚假作答比较难以控制,但可通过降低受测者的焦虑或者担忧减少其对测量准确性的影响。对于后两种情况的虚假作答,可以通过强调测验的价值和受测者配合的重要性降低其对测量的影响。此外,编写清晰明确的指导语也是非常重要的。最后,可以将内容具体化或者提供例子和参照标准,如"我每周有三次以上在外面就餐"。

（二）反应定势

反应定势(response set)是受测者在反应过程中表现出的居中趋势(倾向于选择一般、中等、不置可否等中性答案)、默从(在模棱两可的情况下倾向于赞同而不是否定)和社会赞许性(以社会更为认可的方式来进行反应)等稳定的个人倾向,它们都可能会影响人格测验的结果。

解决的办法有多种,如采取迫选法,要求受测者必须在两种倾向中做出选择;增加选择的等级,从而提高区分度,避免由于选项太少而选择中间选项;对于默许和社会赞许,可以提醒受测者该现象的存在,让其在做测试的时候能够有意识地避免。

(三)巴纳姆效应

巴纳姆效应(Barnum Effect)是1948年由心理学家伯特伦·福勒通过实验证明的一种心理学现象,它主要表现为:每个人都会很容易相信一个笼统的、一般性的描述特别适合自己。即使这种描述十分空洞,个体仍然认为它反映了自己的人格面貌(Snyder & Shenkel,1977)。

大多数人格测验为了能增加代表性,不会选择非常特殊或个性化的描述,这使得巴纳姆效应难以在实际测量中消除。在人格测评中,可以通过让受测者意识到这种效应的存在、将评价标准表述得更明确等方法,来尽可能减少该效应对测量的干扰。

复习巩固

1. 人格有哪些基本特征?
2. 简述标准群组法的做法。
3. 控制受测者虚假作答的方法有哪些?

拓展阅读

刘文教授与儿童气质的测量

气质,人们在日常生活中称其为"脾气""禀性",它是人的高级神经系统在个性心理特征上的表现,是先天与后天的"合金"。研究儿童气质不仅有利于了解和预测儿童人格和儿童社会性的发展及其相互作用,更对培养具备健康人格与高素质创造性人才具有现实意义。

自发表"学前儿童的气质和利他行为""幼儿气质发展初探"以来,辽宁师范大学刘文教授历经二十余年,系统地探讨了1~18岁儿童青少年气质发展的评估工具、结构、特点、影响因素及干预策略,编制了涵盖婴儿到儿童青少年全部阶段的气质测量工具,探索出儿童青少年气质发展的规律,为我国儿童个性发展与教育,特别是气质发展研究做出了重要的贡献。

在气质测量方面,刘文教授开发了从婴儿期到青春期(1~18岁)的五种气质测量工具(见表10-1),这些测验均经过规范的问卷编制程序和心理测量学检验,具有良好信效度。其中1~3岁婴儿气质抚养人评定问卷、3~9岁儿童气质父母评定问卷与3~9岁儿童气质教师评定问卷完成了基于我国6大行政区11个城市、近万名婴幼儿样本的全国常模建构，从发展角度系统描述了从婴儿到青少年气质的发展历程。

在研究中，刘文教授发现从婴幼儿期到青春期的气质结构具有稳定性，即都包含基本的五大维度：情绪性、活动性、反应性、社会抑制性与专注性。这五大维度的含义分别为：

(1)情绪性：情绪性是指个体对人、事情的负面情绪表达及其表现的适度性，包括激烈性和稳定性两个特征。典型题目：他/她情绪不稳定(情绪性)；心情不好时，我做什么事都受到影响(负情绪性)。

(2)活动性：是指儿童对活动强度、活动时间和活动速度的要求，包括强度和速度两个特征。典型题目：我至少有一种常常参加的运动，如游泳、跑步等。

(3)反应性：反应性是指个体对外界刺激的感受及对刺激做出反应的快慢程度，包括反应阈限(敏感)和反应速度(敏捷)两个特征。典型题目：我能够快速回答别人对我的质疑。

(4)社会抑制性：社会抑制性是指个体在面对陌生的人、事物、环境时所表现出的行为倾向，包括趋避性和适应性两个特征。典型题目：他/她与同伴交往时，从不主动与别人先交谈和玩耍。

(5)专注性：专注性是指个体在活动中注意力的持久程度，包括持久性和分散度两个特质。典型题目：教室里的其他声音很容易分散他/她的注意力。

表 10-1 我国婴儿、儿童青少年气质评定问卷列表

量表名称	年龄段	评定者	题目数	维度	内部一致性信度
1~3 岁婴儿气质抚养人评定问卷	1~3 岁	抚养人	32	情绪性	0.81
				活动性	0.86
				反应性	0.85
				社会抑制性	0.81
				专注性	0.78
3~9 岁儿童气质父母评定问卷	3~9 岁	抚养人	31	情绪性	0.68
				活动性	0.71
				反应性	0.74
				社会抑制性	0.65
				专注性	0.83
3~9 岁儿童气质教师评定问卷	3~9 岁	教师	31	情绪性	0.70
				活动性	0.70
				反应性	0.70
				社会抑制性	0.76
				专注性	0.91

续表

量表名称	年龄段	评定者	题目数	维度	内部一致性信度
9~12岁小学生气质教师评定问卷	9~12岁	教师	31	情绪性	0.84
				活动性	0.74
				反应性	0.75
				社会抑制性	0.64
				专注性	0.81
12~18岁中学生气质自问卷	12~18岁	自评	22	负情绪性	0.71
				反应性	0.57
				社会抑制性	0.61
				活动性	0.75
				专注性	0.72

第二节　人格的自陈量表

自陈式人格测验就是依据所测量的人格特征编制的客观问题,要求受测者根据自己的实际情况逐一做出回答,以此衡量受测者在这种人格特质上表现的程度。由于此方法施测简单,受测者便于操作,计分简单客观以及解释相对简单等特点,成为目前人格测评中使用最广泛的一种测验。这类测验也被称为结构化人格测验或客观化人格测验。

一、明尼苏达多相人格问卷

(一)明尼苏达多相人格问卷

1.MMPI简介

明尼苏达多相人格问卷(MMPI)是由美国心理学家哈兹威与精神科医生麦金利运用经验标准法编制的自陈式人格量表(Hathaway & McKinley, 1940a, 1940b, 1951)。MMPI并不仅仅应用于精神科临床和研究工作,也广泛用于司法审判、犯罪调查、教育和职业选择等领域。适用于年满16岁,具有小学以上文化水平的人群。该量表经过多次修订、补充,已被翻译成100多种文字,是迄今应用最广泛的一种人格测验。

施测MMPI有两种主要形式。第一种为卡片式,即将测验题目分别印在小卡片上，让受测者根据自己的情况，将卡片分别投入贴有“是”“否”及“无法回答”标签的盒子内。第二种为手册式，通常都是分题目手册和回答纸，让受测者根据题目手册按自己的情况在答案纸上逐条回答。卡片式适用于个别施测，手册式既可以个别施测，也可以团体施测。目前使用最广泛的是人机对话形式的计算机施测方式。

2.MMPI题项与结构

该量表题量有566个(其中有16道重复，实际题量为550)。简略版本为前面的399个题。题项的反应方式非常简单，受测者只需在提供的问题上给予“是”或“否”的选择即可。以下为测题样例。

指导语：本测验由许多与你有关的问题组成。当你阅读每一题目时，请考虑是否符合你自己的实际情况和看法。如果情况符合，请回答“是”。如果情况不符合，请回答“否”。你应尽可能对每个问题给予回答，空下来的题目(即不回答的题目)越少越好。请逐条作答。

请尽快填写你看完题目后的第一印象，不要在每一道题目上费太多时间思索，并请看清题号以免发生错误。答案无所谓对与不对，好与不好，完全不必有任何顾虑。

1. 我喜欢看机械方面的杂志。

A.是　B.否

2. 我的胃口很好。

A.是　B.否

3. 我早上起来的时候，多半觉得睡眠充足，头脑清醒。

A.是　B.否

4. 我想我会喜欢图书管理员的工作。

A.是　B.否

5. 我很容易被吵醒。

A.是　B.否

一般而言，在结果计分解释中主要使用4个效度量表、10个临床量表和5个附加量表。其中10个临床量表分别介绍如下。

(1)疑病量表

疑病量表(Hypochondriasis，Hs)共33个题目，此量表原来是为了鉴定疑病患者而制定的。其特征是过度关心自己的身体健康，担心自己有病或不健康。如“我有胃酸过多的毛病，一星期要犯好几次，使我苦恼”。得分高者即使身体无病，也总是觉得身体欠佳,表现疑病倾向。Hs量表被认为是最明了和单纯的,诊断往往很稳定。

(2)抑郁量表

抑郁量表(Depression,D)共60个项目,此量表最初是为评价抑郁症候而制定的。抑郁的特征是缺乏干劲,对未来没有希望,一般对自己的生活状况极其不满。如“我深信生活对我是残酷的”。它与忧郁,淡漠,悲观思想与行动缓慢有关。分数过高者可能会自杀。D量表被认为最能表示受测者对生活状况的不平和不满。

(3)癔症量表

癔症量表(Hysteria,Hy)共60个项目。此量表原来是为了区别对紧张状况产生歇斯底里反应的患者而制定的。癔症的特征是心因性的不随意肌体机能丧失和机能障碍。评估用转换反应来对待压力或解决矛盾的倾向。如“我身体某些部分常有火烧、刺痛、虫爬、麻木的感觉”。得分高者多表现为依赖、天真、幼稚及自我陶醉,并缺乏自知力。Hy量表的得分与智力、教育背景和社会地位有关联。

(4)精神病态量表

精神病态量表(Psychopathic deviate,Pd)共50个项目。此量表原来是为了区别那些被诊断为非社会性类型和非道德类型的精神病态人格的患者而制定的。这种病态的特征是说谎、偷盗、性异常、酗酒等,但不包括重大犯罪行为。可反映受测者性格的偏离。如“有时我有一种强烈的冲动去做些惊人或有害的事”。高分数的人为脱离一般的社会道德规范,蔑视社会习俗,常有复仇攻击观念。并不能从惩罚中吸取教训。

(5)性度量表

性度量表(Masculinity-femininity,Mf)共60个项目。此量表也称男性—女性量表,它原来是为了鉴别男性同性恋而制定的,反映被测试者的男性化或女性化程度。男性和女性需要分别计分,如女性分量表中的“我从来没有放纵自己发生过任何不正常的性行为”和男性分量表中的“和我性别相同的人对我有强烈的吸引力”。

(6)妄想量表

妄想量表(Paranoia,Pa)共40项目。此量表是为了区分那些被判断为具有关系妄想、被害妄想、夸大自我概念、猜疑心、过度地敏感、意见和态度生硬等偏执性人格而制定的。如“我时常觉得有些陌生人用挑剔的眼光盯着我”。高分者具有多疑,孤独,烦恼,及过分敏感等性格特征。Pa量表的解释非常复杂。

(7)精神衰弱量表

精神衰弱量表(Psychosthenia,Pt)共48个项目。此量表是为了测定精神衰弱的一般性症候类型而制定的。精神衰弱的特征为:焦虑、强迫动作、强迫观念、无原因的恐怖等。如“当我站在高处的时候,我就很想往下跳”。高分者表现为紧张,焦虑,反复思考,强迫思维,恐怖以及内疚。他们经常自责,自罪,感到不如人和不安。

(8)精神分裂症量表

精神分裂症量表(Schizophrenia,Sc)共78项目。此量表原来是为了区别精神分裂症的患者而制定的。其特征包括:思维、感情和行为混乱。如“在我独处的时候,我听到奇怪的声音”。高分者表现异乎寻常的或分裂的生活方式。如不恰当的情感反应,特殊姿势,怪异行为,行为退缩与情感脆弱。

(9)轻躁狂量表

轻躁狂量表(Hypomania,Ma)共46项目。此量表原来是为了区别有躁狂性症候的精神病患者而制定的。其特征包括:气质昂扬、爱说、精力充沛、易怒、思维奔逸、抑郁气短等。如“有时候我会兴奋得难以入睡”。

(10)社会内向量表

社会内向量表(Social introversion,Si)共70个项目。此量表是为了鉴别对社会性接触和社会责任有退缩回避倾向的患者。如“在社交场合,我多半是一个人坐着,或者只跟另一个人坐在一起,而不到人群中去”。高分者表现内向,胆小,退缩,不善交际,屈服,过分自我控制,紧张,固执及自罪。低分者表现外向、爱交际、富于表情、好攻击、健谈、冲动、不受拘束、人性做作、在社会关系中不真诚。

4个效度量表包括:

(1)疑问量表

疑问量表(Question Scale,Q)反映被测试者回避问题的倾向,对问题毫无反应及对“是”“否”都进行反应的项目总数,或称“无回答”的得分。如果在前面399题中原始分数超过22分,或者566题原始分超过30分,则说明被测试者对问卷的回答不可信。高得分者代表了个体某些心理冲突或者对某些事物的逃避,因此也值得重视。

(2)谎言量表

谎言量表(Lie Scale,L)共15个项目。由与社会赞许性的行为和情绪有关的问题组成。这些项目中所涉及的弱点是几乎所有人都难以避免的。人格受测者不能承认这些所涉及的几乎所有人都难以避免的弱点,则说明受测者不能客观地评价自己。此量表用于检测被测试者是否在过分夸大自己的优点,企图给人一个好印象。在此量表上得分较低,说明受测者比较诚实。高分者总想让别人把他看得要比实际情况更好。他们连每个人都具有的细小短处也不承认。如果L量表原始分6分以上最好避免使用,超过10分则不能信任MMPI的结果。

(3)诈病量表

诈病量表(Validity Scale,F)共64个题目,多为一些比较古怪或荒唐的内容,因此正常人一般不会做肯定回答。分数高表示受测者不认真、理解错误,表现一些互相无关的症状,或在伪装疾病。一般来说,如原始分数在0~2之间(T分数范围为45–49),

表示受测者与正常人的反应是一致的。如果测验有效,F量表是精神病程度的良好指标,其得分越高则精神疾病程度越重。

(4)修正量表

修正量表(Correction Scale,K)共30个题目,是对测验态度的一种衡量,其分与L和F量表有关,能更有效地测量受测者的态度。其目的有两个:一是为了判别受测者接受测试的态度是不是隐瞒,或是防卫的。高分表示对测验持防卫性态度或者装好人的企图,而低分则表示过分坦率的态度或者装坏人的企图。二是根据这个量表修正临床量表的得分,即在几个临床量表上分别加上一定比例的K分。临床经验表明,Hs、Pd、Pt、Sc、Ma这些分量表的原始分数如加上K值再与某个比率相乘的数进行校正,结果会更加可靠。

5个附加量表包括:

(1)外显性焦虑量表

外显性焦虑量表(MAS)用于研究不同焦虑水平对任务完成情况的影响。高分者容易表现出强烈的情绪不安,感到常有超过自己控制能力的外在压力。常诉说有较多的躯体疾病,敏感。低分则表示心态保持平衡和沉着,对事物感到自信和有把握,身体没有太多的躯体疾病。

(2)依赖性量表

依赖性量表(Dy)用于评估被测试者的依赖性水平。高分者表现适应不良,依赖性强,常感到被人误解,情绪烦恼不安,不愉快。在社交场合缺乏自信,害羞和窘迫,敏感。低分则表示有良好的心理适应能力,感到被别人理解,愉快,在社交场合能轻松自如,有信心和对周围反应不那么敏感。

(3)支配性量表

支配性量表(Do)用于判别一个人在人际关系中支配能力的强弱。高分表示支配性强,人际交往能力强,以沉着、自信、直截了当的方式办事,乐观、机智、高效率,喜欢做目的性明确的工作,有恒心。低分则表示软弱、不果断,容易受别人的思想影响而放弃自己的观点,悲观,办事效率低,处理问题容易墨守成规。

(4)社会责任感量表

社会责任感量表(Re)用于评估一个人愿意对自己的行为负责任和对社会团体尽义务的程度。高分表示可靠,可信任,有责任感,有强烈的正义感,能高标准要求自己,厌恶特权和不公正,自信。低分者则不愿意负责任,缺乏可靠性,价值观容易受他人的影响而改变。

(5)控制力

控制力量表(Cn)测定被测试者对其行为,特别是其病理性表现的控制能力。高分者不愿意将问题行为显露给他人,具有反抗倾向,喜欢以不同的方式应付环境。低分者不能控制有问题的行为,行为能够及时获帮助,对宗教信仰虔诚,不能正确自我评价。

3.MMPI的使用

(1)施测方法

测试者要接受专业训练。在正式施测前,测试者要熟悉材料,了解受测者的情况,如文化程度、理解力、身体状况等。要让受测者充分配合,认真合作地完成测验。要做好各种记录。不过由于计算机的普遍使用,量表的施测、计分等工作便捷化。

测验没有明确的时间限制,正常成人一般在45分钟左右可以完成。若受测者表现出焦虑、厌烦、疲劳等情况,可以分几次完成。

(2)计分方法

第一步,计算Q量表的原始分。将答题纸上同一题目选择了两个答案的题号用彩色笔标注出来。与未作答的题目数相加,作为疑问量表的原始分数,如果超过22分或30分则该问卷无效。此外,重复题目答案不一致的超过6个,也应该考虑回答的可靠性。

第二步,分别计算各量表的原始分。然后将此分数填入此量表的原始分数处。

第三步,对5个量表加K分校正。在Hs、Pd、Pt、Sc、Ma的原始分数上加上一定比例的K值进行校正。即Hs+0.5K、Pd+0.4K、Pt+1.0K、Sc+1.0K、Ma+0.2K。

第四步,计算T分或查表把原始分转化为T分。

第五步,画出剖面图。将各分量表的原始分数以及部分被校正过的分量表分数登记到剖面图上,并用连线将各点连接,构成了体现受测者人格特征的曲线图。需要注意,剖面图分男女两个版本,图上有原始分和标准分数的区别。

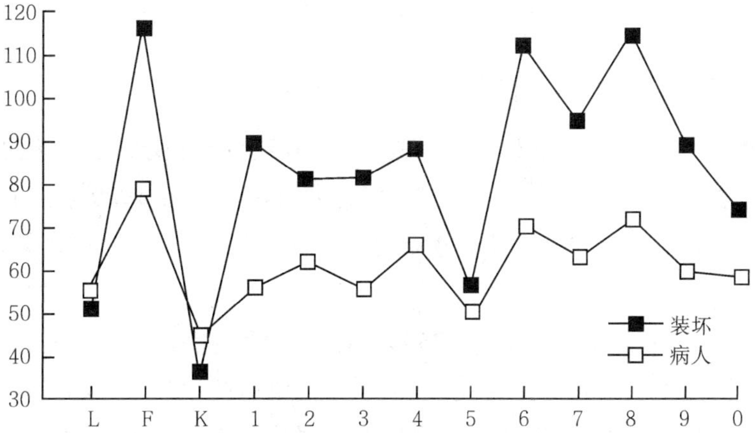

	L	F	K	1	2	3	4	5	6	7	8	9	0
装坏	51	117	36	89	81	81	88	56	112	95	115	89	74
病人	55	80	44	56	62	56	66	50	70	63	72	60	58

图10-1 MMPI-2测试精神病人与装坏者一例

(3)测量结果的解释

对MMPI分数的解释通常有两种方法:

一种是简单的分量表分析。不管是哪一个版本的MMPI都是将*T*分数作为标准分数,即以50为平均分,10为标准差。差异在于MMPI在美国的临床分界点为70,MMPI-2的分界点为65。两个版本中国常模的临界点都是60。超过临界值就表明受测者可能存在某种心理问题,不过需要谨慎判断,灵活地对结果进行解释。

另外一种是根据编码系统分析。临床上发现,某些精神疾病之间有较高的相关,MMPI剖面图往往会出现两个或者两个以上的高峰。两点编码是将出现高峰的两个量表的数字符号连接起来,分数稍高的写在前面。12组合表示1量表高于2量表;21组合表示2量表高于1量表。两点编码具有可兑换性。12/21的组合具有统一型的特征。1、2均为高峰。

部分组合举例如下:

12/21组合:最显著的特征是身体的不快和疼痛。这种剖面图组合的人没有器质性病变,但却非常注意健康和身体的机能,身体稍有不适就显得过分关注。

24/42组合:具有该组合的个体常存在人格方面的问题,有的可以诊断为反社会人格。当合并量表8与量表6同时高分的时候,这种人非常危险。

26/62组合:这种人往往非常偏执,可能诊断有抑郁性神经症、被动专横人格、偏执状态或早期的偏执型精神分裂症,少数病例为更年期偏执。

1989年,中国科学院心理研究所对MMPI进行了标准化修订。在修订过程中发现中国正常人的D、Sc量表T分明显高于西方国家,但其他量表的T分都明显低于西方国家,这一结果与其他东方国家,尤其是日本的结果极为一致。据此,通常将MMPI得分60以上作为判定中国个体异常的阳性检出标准。

(二)明尼苏达多相人格问卷修订版

虽然MMPI的功能强大且信效度较高,不过研究者不止步于此。经过近10年的修改和标准化,明尼苏达多相人格问卷修订版(MMPI-2)在1989年完成(Butcher et al., 1989),与MMPI一样成了目前世界上最广泛使用的人格测验量表(Butcher, 2010)。

该版本使用了当代标准化样本,2600个样本广泛地代表了主要的人口统计学变量。通过修改过时的题目,删除冒犯性、性别歧视以及产生歧义的题目和加入新题目来扩大覆盖的范围,题库得到了显著的改善。删除了16个重复的项目,删除了临床量表中的13个项目。删除项目399至550中的77个项目,留下最初量表的460个题项。然后增加了81个项目到新的效度量表,增加2个项目用以检测严重精神病,增加

24个不计分的项目用以实验研究，最后量表包括567个自我报告的项目。分基础量表14个、内容量表15个和附加量表9个，共三大类，能够反映的人格内容以及生活领域丰富了很多，参见表10-2。MMPI-2保留了与初版相同的基本测验形式，同时报告了基础量表、附加量表、新临床量表以及性别角色测量的分数。如果只为了精神病诊断使用，只需要做前370题。

MMPI-2的一个主要特征是效度量表从原来的4个增加到7个。增加了后F量表、同向答题矛盾量表(TRIN)和反向答题矛盾量表(VRIN)。最初的MMPI中F量表的所有项目不仅都包含在前面370个项目中，而且都印制在答题纸的前半部分，MMPI-2把F量表扩展到计分纸的后半部分。后F量表(FB)得分可以检测量表的效度以及受测者对测验的合作态度，并能为前半部分所得的F量表分数提供佐证。TRIN和VRIN用来评估答题风格，TRIN用以测量不加区别的默认回答，即不管内容如何都肯定回答，该量表由内容相反的配对题目构成。如“我感觉很好”和“我感觉不好”，如果两个题目都给以肯定答案，则回答的可信度有问题。VRIN用来评估随机回答，该量表由内容相似的配对问题组成，每当发现一对题目被对立地计分，就在VRIN上计1分。

表10-2 MMPI-2各类量表名称

基础量表	内容量表	附加量表
Q量表 L量表 F量表 K量表 HS量表 D量表 Hy量表 Pd量表 Mf量表 Pa量表 Pt量表 Se量表 Ma量表 Si量表	焦虑紧张量表 恐惧担心量表 强迫固执量表 抑郁空虚量表 关注健康量表 古怪观念量表 愤怒失控量表 愤世嫉俗量表 逆反社会量表 A型行为量表 自我低估量表 社会不适应量表 家庭问题量表 工作障碍量表 反感治疗量表	焦虑量表 抑制量表 自我理论量表 麦氏酗酒量表 受制敌意量表 支配性量表 社会责任量表 性别角色量表 创伤后应激失常 MMPI-2新增加的效度量表 后F量表 同向问题矛盾量表 反向答题矛盾量表

二、卡特尔16种人格因素问卷

(一)16PF简介

卡特尔16种人格因素问卷(16PF)是美国伊利诺州立大学雷蒙德·卡特尔(R. B. Cattell, 1905-1998)编制的(Cattell et al., 1949)。受化学元素周期表的启发,卡特尔从词典、心理学文献、精神病学文献以及日常用语中收集了描述人类个性特点的词汇4500多个,通过同义词的分析,整理出171个表示人格的最基本用语,然后根据这些词的相互关系,分成42组来反映人格的表面特质。卡特尔及同事在几十年时间里对不同年龄、职业、文化背景的人进行了大量的测试,通过因素分析得出十几个隐蔽在表面特质后面的16种根源特质,并编制了相应的测评工具(Cattell, 1956)。

16PF广泛适用于各类人员,对被测者的职业、级别、年龄、性别、文化等方面均无特别限制,凡具有相当于初三以上文化程度的人都可以使用。本测验在国际上颇有影响,具有较高的信度和效度,广泛应用于人格测评、人才选拔、心理咨询和职业咨询等工作领域。该测验已于1979年引入国内修订为中文版。

(二)16PF的题项和结构

该测验有多个版本,最常用的版本有187个题,采用迫选式选择,测试不限制时间,一般四十五分钟左右完成。例题如下。

指导语:本测验都是有关个人的兴趣与态度方面的问题,每个人对这些问题会有各自不同的看法,每个人的回答也有所不同,因此问题没有对错之分,请尽量表达个人的意见,不要有所顾忌。本测验的每道题有三个供选择的答案,请选择符合自己情况的答案。

回答时请注意每个测验题只能选择一个答案,不要有遗漏,尽量不要选择B答案,有些题目您可能从来没有思考过,或者感到不太容易回答,对于这样的题,同样要求做出一种倾向性的选择。请坦白表达您的兴趣与态度,不要顾虑主试或者其他人的意见和立场,而应当顺其自然,根据个人的知觉反应进行选择。

1. 我很明了本测试的说明:

A.是的　　B.不一定　　C.不是的

2. 我对本测试的每一个问题,都能做到诚实地回答:

A.是的　　B.不一定　　C.不是的

3. 如果我有机会的话,我愿意:

A. 到一个繁华的城市去旅行　B. 介于A和C之间　C. 游览清静的山区

4. 我有能力应付各种困难:

A. 是的　B. 不一定　C. 不是的

5. 即使是关在铁笼里的猛兽,我见了也会感到惴惴不安:

A. 是的　B. 不一定　C. 不是的

16种根源特质表现在日常生活中的特点如下:

A-乐群性:低分者的特征为缄默、孤独、冷漠;高分者的特征为外向、热情、乐群。

B-聪慧性:低分者的特征为思维迟钝、学识浅薄、抽象思考能力弱;高分者的特征为聪明、富有才识、善于抽象思考、学习能力强、思考敏捷正确。

C-稳定性:低分者的特征为情绪激动、易生烦恼、心神动摇不定、易受环境支配;高分者的特征为情绪稳定而成熟、能面对现实。

E-恃强性:低分者的特征为谦逊、顺从、通融、恭顺;高分者的特征为好强固执、独立积极。

F-兴奋性:低分者的特征为严肃、审慎、冷静、寡言;高分者的特征为轻松兴奋、随遇而安。

G-有恒性:低分者的特征为苟且敷衍、缺乏奉公守法的精神;高分者的特征为有恒负责、做事尽职。

H-敢为性:低分者的特征为畏怯、退缩、缺乏自信心;高分者的特征为冒险敢为、少有顾忌。

I-敏感性:低分者的特征为理智、着重现实、自恃其才;高分者的特征为敏感、感情用事。

L-怀疑性:低分者的特征为依赖随和、易与人相处;高分者的特征为怀疑、刚愎、固执己见。

M-幻想性:低分者的特征为现实、合乎成规、力求妥善合理;高分者的特征为好幻想、狂放不羁。

N-世故性:低分者的特征为坦白、直率、天真;高分者的特征为精明能干、世故。

O-忧虑性:低分者的特征为安详、沉着、有自信心;高分者的特征为忧虑抑郁、烦恼自扰。

Q1-实验性:低分者的特征为保守、尊重传统观念与行为标准;高分者的特征为自由、批评激进、不拘泥于现实。

Q2-独立性:低分者的特征为依赖、随群附众;高分者的特征为自立自强、当机立断。

Q3-自律性:低分者的特征为矛盾冲突、不顾大体;高分者的特征为知己知彼、自律谨严。

Q4-紧张性:低分者的特征为心平气和、闲散宁静;高分者的特征为紧张困扰、激动挣扎。

在这些根源特质基础上,卡特尔又组合出了8种重要的次级因子,它们分别是:适应与焦虑型、内向与外向型、感情用事与安详机警型、怯懦与果断型、心理健康因素、专业有成就者的人格因素、创造力强者的人格因素、在新环境中有成长能力的人格因素。

(三)16PF的使用方法

1.施测方法

16PF可用于团体施测,也可用于个体施测,测试者需要受过专门训练,施测的情境与MMPI相似。

2.计分方法

除了聪慧性题目有正确和错误之分外,其余的因素每题有三个选项,分别计分为0、1、2。使用模板计分,用两个套版套在答题纸上,分别计算出每张模板上的8个因素的原始分,并将此分数抄写在剖面图原始分数栏。如果是计算机测评,软件会自动计算因素分。

在得到各量表的原始分数后,根据受测者的文化程度或者职业种类等将原始分数转为标准分数。16PF的常模采用标准10分制。将标准10等级写在剖面图左侧标准分数栏内。并将其在剖面图上对应的点连接成曲线,就构成了受测者的人格剖面图。

在原始分基础之上,按照公式分别计算出次级人格特质得分。

3.测验结果的解释

在解释16P的测量结果时,测验使用者既要考虑对单一因素的解读,也要注意各因素之间的关联。一般参照自带的解释文本就可以满足测试要求,但针对不同的测验目的,不能仅依靠解释文本,必须依据实际的需要,深入挖掘其内部因素之间的关系,给出充分合理的解释。

图10-2为不同职业成功者的人格剖面比较图,由此可见,他们在各人格特质的组合上存在差异,所以在进行人才选拔与培养时需要具有针对性。

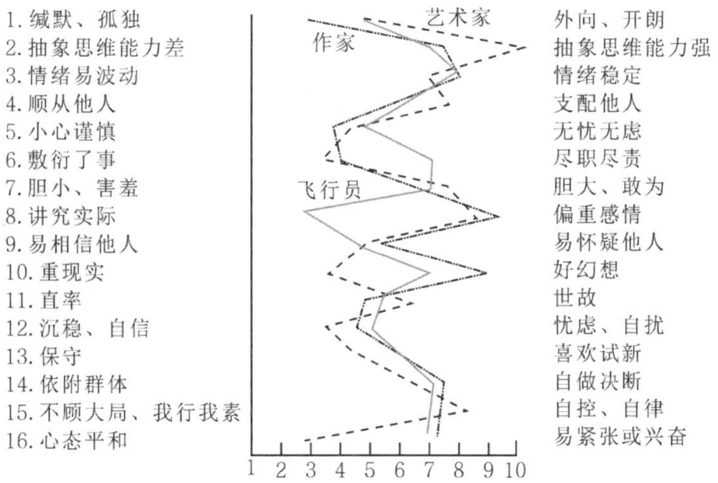

图10-2　不同职业人群16PF人格剖面图

三、艾森克人格问卷

（一）EPQ简介

艾森克人格问卷（Eysenck Personality Questionnaire，EPQ）由英国心理学家艾森克（H. Eysenck，1916-1997）编制，测量三个重要的人格基本因素：内外向性（Extraversion，E）、神经质（Neuroticism，N）和精神质（Psychoticism，P）。EPQ（Eysenck，1952，1959）是目前医学、司法、教育和心理咨询等领域应用最为广泛的人格测评工具之一。

EPQ于20世纪40年代末开始制订，1952年首次发表，1975年正式命名，有成人问卷和儿童问卷两个版本。均有男女常模。成人版适用于16岁以上的成年人，儿童版适用于7-15岁的儿童。施测时没有明确的时间限制，一般在45分钟左右能够完成。

（二）EPQ的题项与结构

EPQ所有题目均为选择"是"或者"否"的迫选题。中国的修订本仍分儿童和成人两版，但项目数量分别由原版的97和107变为88和88项，题项举例如下。

指导语：本测验由许多与你有关的问题组成。当你阅读每一题目时，请考虑是否符合你自己的实际情况和看法。如果情况符合，请选择"是"。

请尽快填写你看完题目后的第一印象，不要在每一道题目上费太多时间思索。答案无所谓对与不对，好与不好，完全不必有任何顾虑。

1. 你是否有广泛的爱好?

A. 是　　B. 否

2. 在做任何事情之前,你是否都要考虑一番?

A. 是　　B. 否

3. 你的情绪时常波动吗?

A. 是　　B. 否

4. 当别人做了好事,而周围的人却认为是你做的时候,你是否感到洋洋得意?

A. 是　　B. 否

5. 你是一个健谈的人吗?

A. 是　　B. 否

1. 内外向(E):21题。分数高表示人格外向,可能是好交际、渴望刺激和冒险,情感易于冲动。分数低表示人格内向,可能是好静,富于内省,除了亲密的朋友之外,对一般人缄默冷淡,不喜欢刺激,喜欢有秩序的生活方式,情绪比较稳定。

2. 神经质(N):24题。反映的是正常行为,与病症无关。分数高可能是焦虑、担心、常常郁郁不乐、忧心忡忡,有强烈的情绪反应,以至于出现不够理智的行为。分数低的人,情绪反应缓慢且轻微,容易平静,善于自控、稳重、性情温和、不易焦虑。

3. 精神质(P):23题。分数高可能是孤独、不关心他人,难以适应外部环境,不近人情,感觉迟钝,与别人不友好,喜欢寻衅搅扰,喜欢干奇特的事情,并且不顾危险。精神质并非暗指精神病,它在所有人身上都存在,只是程度不同。但如果某人表现出明显程度,则容易发展成行为异常。

4. 掩饰性(L):20题。测定受测者的掩饰、假托或自身隐蔽,或者测定其社会性朴实或者幼稚的水平。L与其他量表的功能有联系,但它本身代表一种稳定的人格功能。

P、E、N量表得分随年龄增加而下降,L则上升。

(三)EPQ的使用

1.施测方法

EPQ可以团体施测也可以个别施测。对于施测的情境要求与16PF以及MMPI相同。需要注意的是计分时要注意是否有“+”“-”号。“+”为正向记分,即答“是”加1分,答“否”加0分;“-”为反向计分,即答“是”加0分,答“否”加1分。随后按照各分量表分别计算原始分。

2. 分数转化

EPQ的常模采用T分数。根据受测者的性别和年龄,对照常模表将受测者的分量表原始分转化为*T*分数。然后在剖面图上找到各维度的*T*分数点,将各点相连就可以得到受测者人格特质剖面图,参见图10-3。

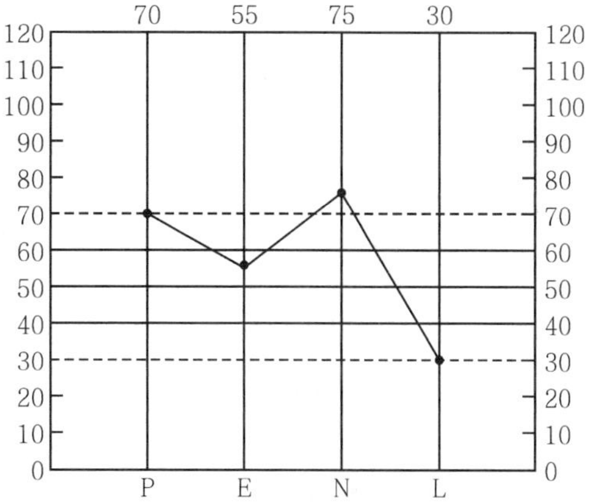

图10-3　EPQ量表人格剖面图样例

3.结果解释

各量表T分在43.3～56.7分之间为中间型,T分在38.5～43.3分或56.7～61.5分之间为倾向型,T分在38.5分以下或61.5分以上为典型。参照文本的介绍即可进行解释。

另外,艾森克还将E和N两个维度做了个垂直交叉分析,又得到了四种典型的人格特征。而这四种类型正好对应了四种气质类型的划分:多血质、胆汁质、黏液质和抑郁质。

四、NEO人格调查表

(一)NEO人格调查表简介

NEO人格调查表(NEO Personality Inventory)及其修订版(NEO-PI-R)是美国心理学家考斯塔(P. T. Costa,1942-)和麦克雷(R. R. McCrae,1949-)从1978年开始进行编制的基于积极人格测量的量表(Costa & McCrae, 1980, 1985, 1992)。在NEO人格量表中,通过因素分析和人格理论的证据,确定了三大领域,即神经质、外向性和开放性。在1990年的修订版中,五因素人格调查表内在结构即现行通用的“大五人格模型”或“OCEAN模型”(Costa & McCrae, 1992)。该测验的最新版于2010年出版(McCrae & Costa, 2010)。考斯塔和麦克雷通过因素分析法把人格分为5个基本维度,即神经质、外倾性、开放性、宜人性和尽责性。

表10-3 大五人格因素评定表

因素	因素评定
神经质(Neuroticism)	评鉴顺应与情绪不稳定,识别那些容易有心理烦恼、不现实的想法、过分的奢望式要求以及不良反应的个体。
外倾性(Extraversion)	评鉴人际互动的数量和强度、活动水平、刺激需求程度和快乐的容量。
开放性(Openness)	评鉴对经验本身的积极寻求和欣赏,喜欢接受并探索不熟悉的经验。
宜人性(Agreeableness)	评鉴某人思想、情感和行为方面在同情至敌对这一连续体上的人际取向的性质。
尽责性(Conscientiousness)	评鉴个体在目标取向行为上的组织性、持久性和动力性的程度,把可靠的、严谨的人与那些懒散的、邋遢的人做对照。

(二)NEO人格调查表的题项与结构

完整版量表有240个题项,另外有3个题项用来测试效度,简版NEO Five-Factor Inventory (NEO-FFI)有60题,每个因素12题。受测者在从完全不同意、不同意、不置可否、同意到完全同意的五点量表上指出每个句子表示个体自身特点的程度。

NEO-PI-R的五个主要因素量表是建立在各自相应的六个特质量表之上的。因此除了可获得五个因素的得分,还可以得到各因素的六个次级量表的分数,这些层面提供了五大因素内的行为差异性。具体次级量表构成情况见表10-4。

表10-4 大五人格测验的主要因素和特质

因素	特质	
神经质	1.焦虑	2.自我意识
	3.愤怒与敌意	4.冲动
	5.抑郁	6.攻击
外向性	1.热情	2.活动
	3.社交	4.追求刺激
	5.自信	6.积极情绪
开放性	1.幻想	2.行动
	3.审美	4.思想
	5.感觉	6.价值
宜人性	1.信任	2.顺从
	3.坦率	4.谦逊
	5.利他	6.思想温和
尽责性	1.能力	2.努力成就
	3.秩序	4.自律
	5.忠实	6.熟思

此外，该量表还引入了新方法，即出了自我报告形式（S型），增加了观察者报告形式的两个版本（R型–男性和R型–女性）。包含由第三人称描述的与S型相同的240个项目。因此可以很好地验证结果的真实性。

（三）NEO人格调查表的使用

NEO人格问卷可以团体施测也可以个别施测。对于施测的情境要求与16PF以及MMPI相同。NEO人格问卷常模采用*T*分数。根据受测者的性别和年龄，对照常模表将受测者的分量表原始分转化为*T*分数。然后在剖面图上找到各维度的*T*分数点，将各点相连就可以得到受测者人格特质剖面图。测验的计分可以通过计算机也可以通过模板，通过原始分转化为标准*T*分数，可以进行比较。

在对NEO人格问卷的研究中，开放性和晶体智力分数有显著相关；外倾性和宜人性在预测领导人物变更上比较有效。此外，由于只有五个因素，NEO人格问卷被认为是最简约的人格特质的测量工具。并且相当一部分研究证明，五个因素的模型具备跨文化的稳定性。

拓展阅读

张建新教授与人格的“人际关系”维度

中国科学院心理研究所张建新教授与人格心理学有三十几年的“交往”，自述与同事一起获得的最有价值的研究成果是发现了中国人特有的“人际关系”人格维度并进行了卓有成效的系列研究。人格中人际关系维度的发现与确证，并不是一件容易的事情。

恢复高考后的1978年，我考上北京大学，进入了刚刚独立出来的心理学系学习。坐进图书馆，我便迫不及待地找来弗洛伊德、荣格、奥尔波特等人的英文著作，朝拜式地研读起来。大量全然新异而又迥然深奥的概念撞击着我，诸如libido、unconsciousness、personality type、self-realization、trait等等。上述概念大多出自人格心理学理论，而当时我国还没有认知心理学的中文翻译。这就给我留下了这样的‘第一印象’：想要了解人，就要学习心理学；而想要了解心理学，则要先学会和研究人格心理学。

西学中的personality源于希腊语Persona（舞台面具），被心理学借来用于说明，人生面具之下还有一个真实的自我。西学定义人格“是一种具有自我意识和自我控制能力，具有感觉、情感、意志等技能的主体”。

当代西方广义人格心理学大致涵盖了人格特质论、心理动力学、人本–存在主义、社会认知和自我概念等。而狭义人格心理学多集中于人格的特质论。各种人格特质的研究在二十世纪末大致达成一个“人格五因素模型”(简称“大五人格”),即复杂的人类个体行为都是由五种人格(即外向性,开放性,情绪性,责任性,宜人性)基本特质组合外显而成。因为大五人格模型在许多文化人群中得到了一定程度的重复验证,许多学者便声称“大五人格”具有文化的普适性。

但是,人格在某种程度上受到了文化环境的塑造。因而,对人格的文化特殊性论证也一直在世界各地进行着。幸运的是,在我的心理学研究生生活伊始,就进入了一个最先尝试探讨中国人的人格特征的实证科学研究小组,因而,我本人也成为文化特殊性运动中的一位参与者。

20世纪90年代,由香港中文大学张妙清、梁觉和中国科学院心理研究所的宋唯真、张建新等学者采用了文化普适性(Etic)和文化特殊性(Emic)相结合的方法,共同开发、编制了的一套中国人人格测量问卷(Chinese Personality Assessment Inventory,CPAI)。CPAI包含领导性、可靠性、容纳性、人际关系性等四个人格维度,其中“人际关系性(IR)”特别揭示出了中国人“做人”的行为模式及其文化内涵,如讲究往来人情、避免当面冲突、维持表面和谐、大家都有面子等。

将CPAI与NEO-PI(大五人格测量问卷)的测量数据进行联合因素分析显示,“人际关系性”因子依然独立与五大人格因子并列,从而呈现出了一个可用于描述和解释中国人个性或行为的“大六”人格结构。在随后几十年的持续的探索与验证中,“大六人格模型”不断得到中外各种各类被试样本数据的支持。

“大五人格”与“大六人格”模型两者之间最为突出的差别就在于后者发现,在中国几千年传统文化的浸染之下,中国人群之中还存在着一个被西方学者忽略的“人际关系”的人格特质维度。“人际关系”特质维度界定了中国人行为中浓重的社会规定性和情景依存性,能够更为完整描画出生活在中国社会中的典型中国人。

Personality在中文教科书里常被翻译成“人格”“性格”或者“个性”。分别考证“人”“性”“个”“格”的源头本意,可知:(1)“人”,有七尺之骸、手足之异、戴发含齿、倚而食者,谓之人;人以纵生,贵於横生,故象其上臂下胫,侧立之形;天地之心谓之人,能与天地合德;天地之性最贵者也。(2)“性”,从心从生,心生为性;生之所以然者谓之性;性,质也;性情;积行成习,积习成性,积性成命。(3)“个”,枚也,单独的人或物;单独一个人,与团体相对而言。(4)“格”有众多含义:若当名词,则“品格、格调”最为接近;若计为动词,则“推究(格物致知)”和“度量(格知、格评)”之意则可接受。

从纯中文的含义推演出去,“人格”乃人的品格之推敲;“性格”则为人性的品格之推敲;“个性”则通指单个人的心性和特质。若对比personality的定义,显然,将其翻译成“个性”(individual person’s character or trait)更接近原意、也更为准确。而“性格”有对“人之个性考量与研究”之意(study of person with integrity and speciality);“人格”则对应“人之德行考量与研究”(study of person with social responsibility and morality)之意。

当然,“人”与“格”的组合还是出自十九世纪东方学者,他们在理解西学的personality时,更多的是从东方儒学传统对“人”的思考进行解读的。后来,学界约定俗成,就延续使用了“人格”一词以对应西学的personality;反而,“个性”和“性格”变成了百姓用于描述和解释他人及自我的通俗词汇。

但从“六因素人格模型”的研究结果来看,文化对人格有着强烈的调节和塑造作用,因而文化也必然要被纳入人格定义之中,并不存在着所谓抽象的,或者纯生物的personality trait。因为如此,或许“人格”较“个性”“性格”更能反映人的本质特性。

三十几年弹指一挥间,心理学已然有了全新的面貌,认知心理学、心理生物学、认知神经科学、脑认知科学、行为遗传学等不断涌现出来。但人格心理学依然占据着心理学大学本科教科书中的重要章节,似乎在顽强地宣告着,人格及其研究不能被大脑及其功能研究所还原和替代,“人格”一定大于脑功能和基因功能之和:人与人连接的社会性、社会运作的文化规定性,以及超越生物和社会范畴的人的精神性,是生命系统更高层级的涌现功能,具有1+1>2的特征。我已然坚信,人格研究在解决人的和谐社会存在和精神追求的满足过程中将发挥无可替代的作用。

复习巩固

1. 比较MMPI与16PF的异同。
2. 简要介绍艾森克人格问卷的理论基础。
3. NEO人格问卷得以流行的原因有哪些。

第三节 人格的投射测验

人们能较清晰地知道自己意识层面的东西,可是无意识层面的心理就无法明确地觉察到,也无法用明确的语言来表达。此外,各种忌讳和对测量意图的揣度,会直接影响到自陈式量表测量的准确性。投射测验由此产生。

一、投射测验的简介

虽然人们无法清晰地觉察到无意识,不过无意识会对人的行为感受产生重要的影响。投射在心理学上指的就是个体把自己的思想、态度、情绪、性格等个性特征,在不知不觉中反映于外界事物或他人的一种心理机制。借用于该机制,心理学家发展出了各种方法和手段来探查测量人格。

(一)投射测验的理论基础

投射测验(projective test)是向受测者呈现模棱两可的刺激材料(如墨迹或不明确的人物图片),让受测者在不受限制的情境中自由地表现他的反应,使其在不知不觉中将其情感、态度、愿望、思想等投射出来,进而可推断受测者的人格特征。

其理论假设是,一些无法得到满足的需要和欲望受到潜意识压抑,虽然不易觉察但却影响行为。人格的大部分结构都是处于潜意识当中,在面对一种模糊刺激情境时,常可以把隐藏在潜意识中的欲望、需求、动机等泄露出来,即把反映人格特点的结构附加到刺激上去,并总是倾向于将经历和愿望相一致。因此,投射测验往往能够对人格特征进行整体性了解,揭示人格的深层结构和动力。

(二)投射测验的优缺点

投射测验相对于结构化测验,优点突出,主要表现在:

1.不确定性。相对于目标明确、形式确定的结构化测验,投射测验由于使用的弹性比较大,对于受测者的限制比较小,测验材料一般都很模糊,模棱两可,没有明确的含义,而受测者也不受任何限制,可以根据自己的理解去解释。而且可以随意做反应。无正确错误之分,减少了受测者的压力,便于得到合作。多以图片、实物的形式呈现,对于阅读能力和语言表达能力的要求比较低。

2.隐蔽性。测验目的具有明显的隐蔽性,这样就一定程度上排除了受测者的伪装和防卫,使得受测者的防御抵抗效果弱,测验的结果更加真实。

3.整体性。对测验结果的解释重在对受测者的人格特征获得整体性的了解,而不关注某个或某些单个的人格特质。

投射测验的局限性在于其非结构性和反应的自由性给计分带来了很大困难,测验对施测者的要求较高。此外,测验的信度和效度偏低。

(三)投射测验的种类

投射测验的种类较多,根据其表现形式的不同可以分为以下几种:

1. 联想法。要求受测者说出某种刺激引起的联想，一般指首先引起的联想。罗夏墨迹测验和荣格的文字联想测验即为此类测验。

2. 构造法。要求受测者根据提供的材料编造一个故事，可从故事中探测其个性。如默里的主题统觉测验和儿童统觉测验。

3. 表露法。要求受测者用某种方法自由地表露其人格。例如画人测验、画树测验等。

4. 完成法。提供一些不完整的句子、故事材料要求受测者进行自由补充。例如语句完成测验。

5. 选择或排列法。要求受测者根据某一标准来选择题目，或做各种排列，由此显露受测者的个性。

（四）如何提高投射测验的有效性

为提高投射测验的有效性，需要注意以下几点：

1. 加强投射测验的完善与改进。对于普遍接受的投射测验，要加强评价标准的效度研究，尽量提高其测量指标的水平，增加样本量以验证时代差异的影响作用是否存在。并且加强跨文化研究。

2. 定性分析与定量分析相结合。

3. 加强对投射测验施测者的训练，减少解释过程中施测者的投射对结果解释的影响。

4. 避免滥用投射测验；避免受测者理解原理后的刻意表现。

二、罗夏墨迹测验

罗夏墨迹测验（Rorschach Inkblot Test，RIBT）由瑞士精神医学家罗夏于1921年出版，是当今世界上最流行的投射测验之一。通过用多种墨迹图对各种精神病患者施测，将能够把不同精神病症状区分开来的各种反应逐渐汇总形成计分系统，然后再和低能者、正常者、艺术家等的反应进行比较，并进一步细化方法。通过数千种墨迹图试验后，最后选定了其中的10张作为测验材料，它由10张对称的不同墨迹图组成，其中5张为黑白图片，墨迹的深浅不一；2张黑色加红色的墨迹图片；另外3张为彩色的墨迹图片。所用材料如图10-4所示。并且在此基础上逐步确定计分方法和解释原则。

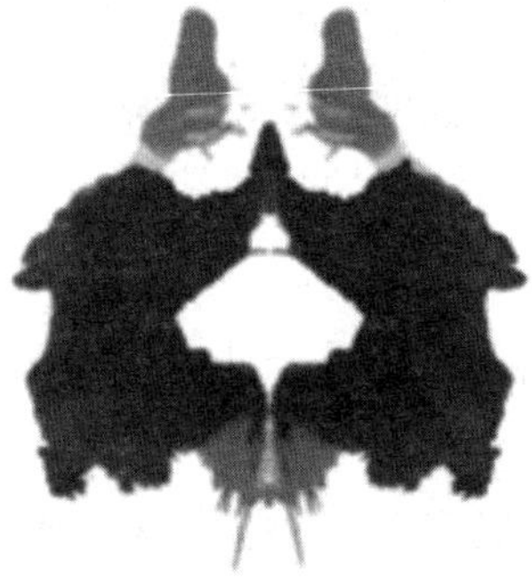

图10-4　罗夏墨迹测验墨迹图示

在使用RIBT时,测试者一般是让受测者在尽量放松、舒服的状态下,一次看一张墨迹图卡,并描述他看到了什么。然后测试者让受测者再看一次图片,并询问与其当初反应有关的特定问题。如每一种反应是根据图片中的哪一部分做出来的,引发该反应的因素是什么(形状、颜色、阴影等)。在测试过程中,受测者可以从不同角度看图片,做出自由回答,并且在测试者的提问中,可以有机会对先前的反应进行澄清和细化。测试者同时观察受测者的行为,记录其动作与表情、对某个墨迹图的特殊反应,以及一般的态度。

对受测者或患者反应的解释是罗夏墨迹测验最复杂和最难的部分,需要从以下几个方面加以分析。

●反应部位

整体反应(W):受测者对墨迹的全部或几乎全部进行反应。

普通局部反应(D):受测者对被墨迹图的空白、浓淡或色彩所隔开来的大部分进行反应。

细微局部反应(d):受测者对被墨迹图的空白、浓淡或色彩所隔开来的细微部分进行反应。

特殊局部反应(Dd):受测者对墨迹的极小的或不同一般方式分割的一部分进行反应。

空白反应(S):受测者对墨迹部分作为背景,将空白部分作为对象,对白色空间进行反应。

●决定反应因素

形状反应(F):知觉由形状或者形式决定。

运动反应(M):受测者在墨迹中看到人或动物在运动。

浓淡反应(K):受测者的反应决定于墨迹的阴影部分,可被认为是焦虑的指标。

色彩反应(C):受测者的反应由墨迹的色彩所决定。

●反应内容

反应内容是指受测者所联想到的具体形象，主要有以下反应内容：人(H)、动物(A)、解剖(At)、性(Sex)、自然(Na)、物体(Obj)等。如果A分高，表示受测者智力低下，思维刻板。

●普遍性反应

普遍性反应是指受测者反映的内容是否具有独特性，有普通反应(P)和独创反应(O)两种情况。

罗夏墨迹测验的评分和解释都是很困难的，极费时费力，且需要大量训练、累积经验才能掌握这种方法。而且对结果必须从多方面作综合解释，不能单凭任何一个结果的情况来判断一个人的人格。在经过严格的训练之后，罗夏墨迹测验的解释可以实现标准化，并且有大量临床和实证基础。

三、主题统觉测验

主题统觉测验(Thematic Apperception Test，TAT)由哈佛大学心理学家默里和摩根于20世纪30年代编制(Morgan & Murray，1935；Murray，1943；Tomkins & Tomkins，1947)。与罗夏墨迹测验相比，TAT提供了更结构化的刺激并要求更复杂和经过意义组织的言语反应。

默里认为人类复杂的心理行为都可以用特定的欲求和压力相结合的简单形式来解释。个体人格的形成及表现具有明确的动力性，完整的人格往往是内在欲求和压力相平衡的结果。若不平衡，则会发生人格偏离或者心理异常。TAT假设个人对图画情境编造的故事和其生活经验有着紧密的关系，且受到无意识动机的影响。故事内容中有一部分受到当时知觉的影响，但是其想象部分却包含了个人有意识或者无意识的反应，即受测者在编故事时候，会不自觉地把隐藏在内心中的欲望和冲突穿插到故事情节中，借故事中人物的行为投射出来。

该测验由30张模棱两可的图片和一张空白图片组成。图片内容多为人物，也有部分风景。每张图都有字母号，按照年龄、性别把图片组合成四套测验，每套20张，分成两个系列，每个系列各有10张。分别用于男人、女人、男孩和女孩，其中部分照片是共用。

施测时，测试者每次给受测者呈现一张图片，让其根据看到的内容编故事。受测者每次都必须回答这样四个问题：图中发生了什么事？为什么会出现这种情境？图中的人物正在想什么？故事的结局会怎样？通常测试完一个系列需要1个小时，在一天后或者更长的时间再进行第二系列的测试。

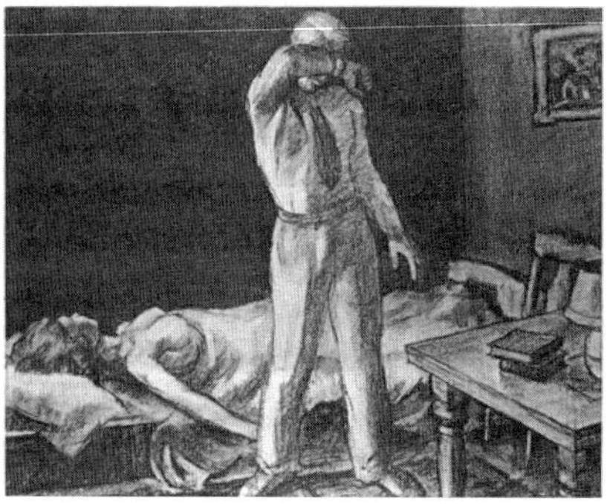

图10-5 TAT测验图样

在解释这些故事时应考虑下列因素:所涉及的人际关系的性质,人物的动机,以及这些人物所显露出的现实感。TAT没有客观的评分系统,用于诊断时其信度和效度均偏低。表10-5是评价过程中需要考虑的方面。

表10-5 主题统觉测验的分析

明确其主题	详细记述中心主题和内容,然后分析故事长短,以及故事叙述中是否有言语异常和语句方面的紊乱。
分析故事中的主人公	受测者把故事中人物视为与自己一样的人物,尤其是情感色彩强烈的动机被投射的故事,故事中主人公所表现出的情况就是受测者人格的真实面目。
情感方面的资料	是积极的情感体验还是消极的情感体验,或者是只是一般的行为反应。
故事的结局	1.完全的超过、胜利的结果(如自我实现);2.一般的成功(如战胜困境);3.平凡的结局;4.失败、不满足的结果;5.绝望及灭亡的结果。

测验使用者必须接受TAT的实施程序、计分以及对结果的解释等方面的专业训练,否则在解释中容易混淆,到底是投射了受测者的欲望和动机,还是解释的过程中测试者投射了自己的欲望和动机。这为该测验的广泛使用增加了难度。

TAT以默里的需要理论为基础,被科学领域更好地接受。相对于罗夏墨迹测验,TAT相对谨慎,无夸张的宣传,并不声称为诊断工具,且可以应用于临床与非临床的情境中。

四、其他投射测验

展示人格的载体多种多样,表露人格的方式各有不同,如绘画、音乐、舞蹈、言语等都可以成为帮助分析探究人格的渠道。而各种表露出来的行为和作品本身都普遍投射了个体的内在人格特点。下面介绍几种其他的投射测验。

（一）画人测验

在艺术创作中，个体的作品往往能反映出创作者的内心世界。同样，心理学家认为画人测验（Draw-A-Person Test，DAP）可以投射出个体的冲动、焦虑以及其他的内部状态。画人测验的假设是：受测者在同性的人像上会投射自己能接受的冲动，在异性头像上投射自己不能接受的冲动，此外，人像的象征也投射出受测者的性格特点。目前应用比较广泛的是麦柯弗（K. Machover，1902-1996）于1949年编制的画人测验（Machover，1949）。

在测验中，要求受测者"画一个人"，完成后要求受测者再画一个与先前所画性别相反的人。在画画的同时，主试要观察记录受测者画人像各部分的顺序等细节。事后通过一系列提问，要求受测者说出所画人物的年龄、教育程度、职业等相关事实。测验结果的分析解释采用的是定性分析，没有明确的计分标准，多为根据单个指标进行的广泛概括。

表10-6 画人测验中侧重于身体不同部位的意义

身体部位	心理学意义
头的大小	察觉的智力能力、冲动控制、自我陶醉。
面部表情	恐惧、憎恨、攻击、温顺。
嘴	与吃有关的问题、酒精中毒、胃疼。
眼睛	自我概念、社会问题、偏执狂。
头发	生殖力的象征、潜在的性机能障碍。
手和臂	与环境接触的程度、对他人的开放性。
手指	操纵和阅历他人的能力。
腿和脚	支持的数量、性关注、攻击。
胸部	性未成熟、魂不守舍、神经衰弱症。

（二）房树人测验

房树人测验（House-Tree-Person technique）它开始于心理学家巴克（J. Buck，1906-1983）于1948年发明的"画树测验"（Buck，1948）。受测者只需在三张白纸上分别画屋、树及人。而动态房树人分析学（Kinetic House-Tree-Person Drawings）则由伯恩（R. C. Burn，1925~）在1970年发明，受测者要在同一张纸上画他或她家庭的画（Burn & Kaufman，1970）。

该测验可以用于团体测试，也可以用于个体测试。可以做了解精神健康的工具，也可以提供人格方面的信息。房树人测验描绘的是画，具有主动性、构成性和非言语性的特点，避免了反应内容在言语化过程中的变形。从而可以更具体地了解受测者的人格特征,捕捉到难以言表的心理冲突,并且不容易引发受测者的警觉、反感或者创伤体验。测验不会导致练习效果,可以用于反复施测,便于追踪观察。该测验考察的内容比较丰富,能涉及受测者人格特征中的感受性、成熟性、灵活性、效率性和综合性,还具有一定的创造性,甚至可以涉及个人智力。

图10-6 房树人测验例图

评分时,分别根据房屋、树木和人物等内容在整个画中的部分、比例、透视技术等方面进行评定。并根据这三者的互动关系来了解受测者对日常生活的关心和认识,例如从屋及人的位置与距离可看出受测者与家庭的关系。应综合使用这些分析方式。总的来说,测验的解释非常复杂,需要进行系统的训练方可操作。不容易掌握,很容易受到解释者自身的影响。

(三)语句完成测验

语句完成测验(sentence completion test)是测试者提供一系列未完成的句子,由受测者完成该句子的一种投射技术,受测者所完成的句子反映了潜在的动机、态度、冲突和恐惧(Rotter et al., 1949)。

语句完成测验一般有两种形式:

1.限制选择式:在一个未完成的句子后面列出若干个短句,要求受测者从其中选择一个认为最合适的短句来完成句子。

2.自由完成式:要求受测者将未完成的句子补充成完整的句子,不给受测者加以任何限制。

最常见并应用最广泛的是心理学家罗特(J. B. Rotter, 1916–2014)于1950年所编制的罗特未完成语句填充测验(Rotter incomplete sentence blank)。样题如下。

指导语：完成这些句子来显示你的感受。

①我最好的个性特点是______________。

②我的母亲______________。

③我的父亲______________。

④我最大的恐惧是______________。

⑤我母亲最好的一点是______________。

⑥我父亲最好的一点是______________。

⑦令我最骄傲的是______________。

⑧我仅希望我的母亲有______________。

⑨我仅希望我的父亲有______________。

根据每一个完成的句子所表明的适应程度在0(很好的适应)到6(很差的适应)的量表上进行评定。分析内容时主要考察以下方面：

C反应：冲突或不健康的反应。如：我恨所有的人。

P反应：积极的或健全的反应。如：我喜欢各种各样的人。

N反应：中性反应。如：我想知道你多大岁数了。

冲突的反应计分为4、5、6分，根据表达的冲突程度从低到高排列。积极的反应计2、1、0分，根据最少到最多的积极反应排列。中立的反应则不计分。分值越高表明不适应程度越严重。

(四)词语联想测验

词语联想测验(Word Association Test)是测试者提供一系词语，由受测者说出第一个在脑海里出现的词语的一种方法。词语联想测验的使用可以追溯到高尔顿(Galton，1879)，但首次应用于实践或临床当中的是荣格(Jung，1910)，肯特和洛萨儒夫(Kent & Rosanoff，1910)。肯特与索萨儒夫做了一个有100个标准词语的表单，把词表呈现给1000个正常成年人，并根据地理位置、教育程度、职业类型、年龄与智力水平对他们进行分组。他们还开发出一套客观的积分系统，使得该测验在20世纪二三十年代得到了适度的应用。而后，拉帕波特等人(Rapaport et al.，1968)等人编制出一个有60个项目的词语联想测验，涉及家庭的、内务的、口部的、肛门的、攻击性的、恐怖症的内容。由于其解释本质上是精神分析式的，临床应用前景并不是太乐观。

复习巩固

1. 比较投射测验和结构化测验的异同。

2. 比较主题统觉测验和罗夏墨迹测验的异同。

本章要点小结

1. 人格是个体在行为上的内部倾向,它表现为个体适应环境时在能力、情绪、需要、动机、兴趣、态度、价值观、气质、性格和体质等方面的整合,是具有动力一致性和连续性的自我,是个体在社会化过程中形成的独特的身心组织。

2. 人格测量方法的范围很广,包括观察、访谈、行为评定、人格测验等。常用的编制人格测验的方法有逻辑内容法、理论演绎法、标准群组法、因素分析法以及综合技术。

3. 流行的自陈式人格测验有MMPI、16PF、EPQ、NEO-PI五因素调查表等。这些测验让受测者依照自己的情况真实作答,存在着虚伪作答、反应定势和巴纳姆效应等影响准确度的因素。

4. 投射测验是向受测者呈现模棱两可的刺激材料,让受测者在不受限制的情境中自由地反应,使其在不知不觉中将其情感、态度、愿望等投射出来,由此推断受测者的人格特征。投射测验具有不确定性、隐蔽性和整体性特点,最具有代表性的是罗夏墨迹测验和主题统觉测验。

5. 投射测验对于阅读能力和语言表达能力的要求比较低,隐蔽的测量目的能够减少伪装所带来的干扰。能够获得受测者的人格特征整体性的了解,揭示人格的深层结构和动力。

6. 投射测验对施测者要求较高,计分困难,难以进行定量分析,信度和效度偏低等缺点。

关键术语表

1. 人格测验
2. 经验标准法
3. 巴纳姆效应
4. 明尼苏达多相人格问卷
5. 卡特尔16种人格因素问卷
6. 艾森克人格问卷
7. NEO-PI五因素调查表
8. 投射测验

9.罗夏墨迹测验

10.主题统觉测验

本章复习题

1.人格测验的编制方法很多,其中卡特尔16种人格因素测验采用的方法是(　　)。

A.理论演绎法　　B.标准群组法

C.因素分析法　　D.综合技术

2.以下说法中正确的是(　　)。

A.共同特质和个别特质是由卡特尔提出的

B.共同特质本是上等同于根源特质

C.人格的类型概括程度高于特质

D.气质属于表面特质

3.采用标准群组法编制的自陈量表的典范是(　　)。

A.卡特尔16种人格因素测验　　B.艾森克人格问卷

C.大五人格问卷　　D.明尼苏达多相人格问卷

4.不容易受到社会赞许性影响的是(　　)。

A.卡特尔16种人格因素测验　　B.艾森克人格问卷

C.罗夏墨迹测验　　D.明尼苏达多相人格问卷

5.以下关于卡特尔16种人格因素问卷的说法正确的是(　　)。

A.通过经验标准法编制而成

B.适用于16岁以上青年及成人

C.是属于标准参照测验

D.结果除了16个人格因素外,还可以了解3个次级人格因素

6.MMPI一共有题目(　　)。

A.566个　　B.366个　　C.399个　　D.599个

7.除了聪慧性外,16PF的其他因素的计分是按照(　　)。

A.0、1　　B.1、2、3　　C.1、2　　D.0、1、2

8.可以用于成人也可以用于儿童的人格测验有(　　)。

A.MMPI　　B.16PF　　C.EPQ　　D.EPPS

9.某受测者在EPQ上的E量表上得的T分为30分,则该受测者个性倾向于(　　)。

A.典型外向　　B.典型内向　　C.倾向外向　　D.倾向内向

10. 以下关于MMPI说法正确的有(　　)。

A. 包括566个自我报告形式的题目

B. 使用时可分卡片式以及手册式两种

C. 为了精神病临床诊断可以只使用前399题

D. 包括16个重复题

E. 可以施测于3岁以上人群

11. 关于卡特尔16种人格因素问卷,以下说法正确的有(　　)。

A. 属于客观化测验

B. 测量的是根源特质

C. 采用经验法编制

D. 可用于人才选拔

E. 适合用于5岁以上个体

第十一章

兴趣、态度、价值观测验

兴趣、态度、价值观描述了人们在认识世界的过程中,对某一具体或抽象的对象产生的心理倾向、评价和相对稳定持久的观点。它们在生活中起着至关重要的作用,比如,一个拥有和自己兴趣相关职业的人,会产生更高的幸福感;对事物的态度往往影响接下来的行为;持有相似价值观的人更容易成为挚友等等。然而,由于这些心理特性不同于能直接观察到的行为,需要使用一些方法对它们进行测量。在本章中,你将学到测量兴趣、态度、价值观的不同方法。

第一节　职业兴趣的测量

兴趣是指一个人力求认识某种事物或参与某项活动的心理倾向,具体表现为一个人对某件事或某项活动的选择性态度和积极的情绪反应。兴趣对一个人未来的职业生涯有着重要影响,心理学家们对于兴趣的研究与测量主要集中于职业兴趣领域。本节首先介绍兴趣测量在职业选择中的意义,其次介绍一些常见职业兴趣测验的内容结构以及使用方法。

一、概述

职业兴趣评估的目的在于提高人们的生活满意度和工作效率。从事一个与自己兴趣相符的职业会提高生活满意度;同样,对自己生活满意的人也会有较高的生产效率。恰当地使用兴趣测验可以帮助人们选择合适的职业,也可以帮助雇主选拔对此职业有较高兴趣的雇员。值得一提的是,虽然在职业选择中考虑兴趣因素具有重要意义,但对某一职业领域感兴趣的人并不一定能在这种职业中获得成功。换言之,兴趣量表只能测出个体的兴趣,并不能测量出人们在感兴趣的工作中获得成功的可能性。除了兴趣,在某一职业领域的成功还取决于个体的能力、所处的环境等因素。

迄今为止使用最为广泛的职业兴趣测验是斯特朗-坎贝尔兴趣问卷、库德职业兴趣调查表和自我指导问卷。

二、斯特朗-坎贝尔兴趣问卷

1.斯特朗-坎贝尔兴趣问卷的发展

斯特朗-坎贝尔兴趣问卷(Strong-Campbell Interest Inventory,SCII)的前身是美国心理学家斯特朗于1927年研发的斯特朗职业兴趣量表(Strong Vocational Interest Blank,SVIB)。斯特朗假设不同行业群体有着不同的兴趣模式,人们倾向于选择自己感兴趣的工作。他选取那些专门从事某种职业并对该职业感到满意的人为职业标准组,将他们与一般参照群体对不同项目的反应进行比较,得到一个可以区分这两个群体的项目集合。例如,如果农夫比一般参照群体中的成员更多地认可一个项目(如我喜欢进行耕作)或者更少地赞同某一项目(如我喜欢观看艺术展),这样的项目就会被归入农夫量表中。施测时要求受测者对各职业量表中的项目进行“喜欢”“无所谓”“不喜欢”的选择反应,根据特定职业的实证效标对答案进行计分,将受测者的兴趣与标准群体的兴趣相匹配,从而得到受测者的相关兴趣信息。SVIB是根据经验编制的,斯特朗并没有说明其潜在的理论假设,但可以看出他的假设源于人格的类型与特质理论。他认为每一个个体都有相对稳定的兴趣和人格特征,而这种与众不同的兴趣很可能将适合该职业的个体与其他人区分开来。SVIB问世以来,得到了广泛的应用,但是也有研究者就量表中出现的性别偏见(男性和女性使用不同的测验)和测验缺乏理论依据对其进行质疑和批评。

自1927年出版以来,SVIB经过1938年、1946年、1966年、1969年、1974年五次修订,坎贝尔(D. P. Campbell)将原来的男性测题和女性测题合并成相同的测验形式,排除了性别偏见,并最终将其命名为斯特朗-坎贝尔兴趣问卷(SCII)。这标志着为男女提供同等职业探索机会做出努力的开端,同时,SCII增加了基本兴趣量表和一般职业主题,分别用于确定具有一定概括性的职业领域和霍兰德的六种职业类型。SCII以霍兰德(J. Holland, 1919—2008)的职业选择理论为理论基础,解决了SVIB缺乏理论依据的问题。如今此问卷已成为应用最为广泛的测查职业兴趣的工具。

2.斯特朗-坎贝尔兴趣问卷的内容与结构

美国心理学家约翰·霍兰德于1959年提出了具有广泛社会影响的职业选择理论。他认为人的人格类型、兴趣与职业密切相关,兴趣是人们活动的巨大动力,凡是具有兴趣的职业,都可以提高人们的积极性,促使人们积极地、愉快地从事该职业,且职业兴趣与人格之间存在很高的相关性。霍兰德将人格分为现实型、研究型、艺术型、社会型、企业型和传统型六种类型,每种类型对应不同的兴趣模式(见表11-1)。坎贝尔将霍兰德的理论以及六种人格类型融入SCII中,弥补了SVIB的不足,为测验提供了理论依据。

修订版SCII(1985)有325个项目,构成264个量表,其中包括6个一般职业主题量表(General Occupational Theme, GOT),23个基本兴趣量表(Basic Interest Scale, BIS),207个职业量表(Occupational Scale, OS),2个特殊量表(Special Scale, SS),26个管理指标量表(Administrative Indexes, AI)。

一般职业主题量表是根据霍兰德的职业选择理论建立起来的,包括现实型量表、研究型量表、艺术型量表、社会型量表、企业型量表、传统型量表,每个量表由20个题目构成,一共120个题目。23个基本兴趣量表根据其内容与相关性,分别被归结到这6个一般职业主题量表中。207个具体的职业量表根据斯特朗的经验法编制,可以按其性质划分到基本兴趣量表之下。

表11-1 霍兰德的6种人格因素及对应的兴趣模式

类型	兴趣模式
现实型	喜欢使用工具从事操作性工作、喜欢户外活动
研究型	对自然科学以及研究过程感兴趣
艺术型	喜欢自我表露并且引人注目
社会型	喜欢帮助他人以及参与社交活动
企业型	喜欢权力和政治力量
传统型	喜欢把事情安排得有条不紊,对文职感兴趣

3.斯特朗-坎贝尔兴趣问卷分数的解释

SCII的计分方式是对每道题按受测者“喜欢”“不喜欢”“无所谓”反应的答案分别记1、-1或0分,然后将其转换成平均分为50、标准差为10的标准T分数,这些分数会形成一个职业兴趣剖面图。主要给出以下四种分数:第一种是一般职业主题量表分数,从中可以了解到受测者喜欢的活动类型以及哪种工作环境更适合他。第二种分数由管理指标量表得到,是对测验指数的总结,该指数对受测者个人的意义不大,是为确保施测、计分、测验过程中不产生误差。第三种分数总结了受测者的基本兴趣,它反映了在特殊领域的兴趣状况,可以视作是一般职业主题的细分。SCII剖面图提供的最后一种分数为对受测者在职业兴趣量表上反应的总结,也是SCII分数解释的核心部分。其基本思想是先根据不同职业领域中获得成功的人的兴趣爱好建立常模,再把受测者在不同职业上的得分与这些常模相比较,与哪一个职业的常模最接近,则该个体较适合从事这一职业。SCII通常需要受过专业训练的人员进行结果解释。

4.对斯特朗-坎贝尔兴趣问卷的评价

SCII解决了SVIB性别歧视和缺乏理论依据的问题,经过不断修订,增添了许多新的职业常模,现已成为应用最为广泛的职业兴趣测试之一。它不但可以帮助人们了解自身的兴趣特点,还能为人们提供有关自己的兴趣在群体中相对强度的信息。该测验各量表具有较高的重测信度和内部一致性信度,在预测效度方面,测验分数预测受测者未来职业的命中率为65%。研究者还发现,该测验对于那些具有明确兴趣模式的个体,预测水平更高。

三、库德职业兴趣调查表

1.库德职业兴趣调查表的发展

1934年,库德编制了他的第一个职业调查表——库德职业偏好记录(Kuder Vocational Preference Record),修订后而成的库德一般兴趣调查表(Kuder General Interest Survey)是库德职业偏好记录的扩充版。1966年库德从SVIB中吸取了职业量表的思想,编制了库德职业兴趣调查表(Kuder Occupational Interest Survey,KOIS),该调查表中加入了斯特朗测验中没有的大学专业量表。1985年再次修订了KOIS,在原来的基础上加入了"个人匹配"一项。此后,这个版本的KOIS得到了广泛的认可与应用,下面就此版本(Zytowski,1985)进行介绍。

2.库德职业兴趣调查表的内容与结构

1985年修订的KOIS采用迫选方式,由100组描述不同活动的句子组成。每组包含3项活动,如"收集签名""收集硬币""收集蝴蝶",要求受测者在这三种活动中选出自己最喜欢的一项和自己最不喜欢的一项。整个测试分为5个分测验,用时大概30~45分钟,也有计算机测试版本。它包含的分量表分别是:

(1)检验量表(Verification Scale,V Scale)。设计该量表的目的是保证问卷的有效性,此量表中的每个题目都有3个选项,其中只有一个是大多数人应有的正常反应。如果出现太多的非正常答案,则测验分数的有效性将受到质疑。值得注意的是,虽然受测者的粗心作答、不遵守指导语、故意作假或者随机反应都会造成可疑的验证分数,但出现罕见反应的情况也有可能是由于受测者一些独特的、不同寻常的兴趣模式造成的。所以出现这种情况时,应该进一步追踪调查以便确定真实的原因。

(2)职业兴趣评估(Vocational Interest Estimates,VIE)。库德将受测者的职业兴趣分为10种不同的类型:户外活动、机械、计算、科学、说服、艺术、文学、音乐、社会服务和文书。这一部分测验可以测量出每个兴趣领域对个体的吸引力水平,呈现与他人相比,个体对这些活动的偏好程度。所以该测验提供的是在这十种不同类型的职业活动中,个体与其他男性和女性样本相比之下偏好的相对位置。齐多夫茨基(1985)提出,这十种兴趣领域可以按照霍兰德的六种职业类型理论进行合并,如将户外活动与机械领域合并为霍兰德理论里所说的现实型领域,将艺术、音乐和文学领域作为霍兰德艺术主题的一部分。

(3)职业量表(Occupational Scales)。这部分测验是KOIS的核心部分。该量表目的在于反映个体的兴趣与标准职业团体兴趣的相似性。标准职业团体由平均年龄45岁,在各自的领域工作三年以上,并且有很高职业满意度的人群组成。受测者在每个职业量表上的得分以他的兴趣形态与该职业团体的兴趣形态之间的相关值来表示。

(4)大学专业量表(College Major Scales)。该量表用以测量个体的学术兴趣,包括22个男性大学专业量表和17个女性大学专业量表,它对于斯特朗的职业兴趣量表和以往的库德职业兴趣调查来说是一个创新。与职业量表相似,该量表也以青少年与不同专业的高年级学生兴趣形态的相关值来判定个体对哪个专业更感兴趣。

(5)实验量表(Experimental Scales)。包括8个量表,用来评估整个量表的效度。如M量表和W量表用于检测受测者的作答是否真诚、评估他们的兴趣与成年男性女性之间的相似程度。其他的一些量表(F、M、S、D量表)则用于评价受测者兴趣的发展阶段,通过比较在这些量表上的反应分数,可以确定个体的兴趣是更类似于年轻的群体还是年长的群体。

对于一些适合于男性和女性的非传统职业,KOIS添加了一系列新量表,如建筑师(女性常模)、新闻记者(女性常模)、电影或电视制片人或导演(男性常模)。

3.库德职业兴趣调查表分数的解释

库德职业兴趣调查表结果的计分与解释通常需要受过专业训练的人员进行。它通过将受测者的反应同那些对自己的职业选择感到满意的人或特定专业领域大学生的反应相比较,以二者的相关系数来考查个体的兴趣领域。相关系数越大,表明该个体越接近该职业群体或大学专业人群的兴趣模式。KOIS分别建立了男性和女性的常模。据统计,KOIS可以给77种男性职业和57种女性职业计分。在测验结果中,一般按照相关系数从高到低的顺序呈现10个职业或专业,排在首位也就是与标准职业组/大学专业组相关最高的职业/专业,被视为受测者最感兴趣的职业/专业。一般认为与最高的相关系数相差0.06个单位以内也算为个体比较感兴趣的职业/专业。表11-2为一名年轻女性的测验结果,该女子与标准职业组得分相关系数最高的一个职业为“心理学家”,系数为0.66。按照0.06的差异标准,相关系数在0.60以上的职业都是该受测者感兴趣的职业领域。

4.对库德职业兴趣调查表的评价

经过不断地研究与完善,如今KOIS已成为唯一能与SCII相媲美的职业兴趣量表。研究表明KOIS的心理测量学特性非常好。间隔时间较短的重测信度在0.8到0.95之间,测验结果在30年内仍能保持相当的稳定性。量表的内容效度也是令人满意的。

一项关于KOIS预测效度的研究发现,填答该调查表的高中生有一半以上在12~19年之后从事了KOIS建议的职业(Zytowski,1976)。除了可以测查职业兴趣,KOIS

对应于大学专业的选择也有一套单独的量表。因此也能帮助学生选择适合自己兴趣发展的主修专业,这是SCII所不具备的。此外,KOIS可以为个体提供更为广泛的职业选择,也能给出个体不同兴趣的相对权重。

表11-2 KOIS职业或大学专业兴趣测试结果

职业量表女性常模		大学专业量表女性常模	
1. 心理学家	0.66	**1. 心理学**	0.61
2. 诊疗心理学家	0.63	**2. 生物学**	0.60
3. 计算机编程员	0.61	**3. 英语**	0.59
4. 精神病学会服务工作者	0.59	**4. 法语**	0.58
5. 社会工作调查者	0.57	**5. 历史**	0.55
6. 书店经理	0.57	6. 保健	0.52
7. 保健治疗家	0.54	7. 数学	0.52
8. 医疗服务工作者	0.54	8. 社会科学	0.51
9. 中学理科教员	0.53	9. 基础教育	0.50
10. 学校社会服务工作者	0.53	10. 政治学	0.50

注:加粗字体为该个体感兴趣的职业和专业。

四、自我指导问卷

霍兰德于20世纪50年代开始研究人们的职业兴趣。他将人格分为六种类型:现实型(Realistic)、研究型(Investigative)、艺术型(Artistic)、社会型(Social)、企业型(Enterprising)和传统型(Conventional),他认为人们的兴趣模式与这六种人格特征积极相关,每个人的职业兴趣都是这六种类型的不同组合。根据这样的分类,霍兰德编制了职业偏好量表(Vocational Preference Inventory,VPI),后在其基础上出版了自我指导问卷(Self-Directed Search,SDS)。

SDS由自我分数评估手册(Assessment Booklet)和职业搜寻表(The Occupations Finder)两部分组成。受测者在六种人格特性上测定自己的职业兴趣,然后根据自己的兴趣特点查找适合自己的职业。具体程序是受测者首先陈述自己的职业理想,然后在四个方面分别对霍兰德定义的六种职业兴趣类型进行自评。这四个方面的内容为"职业行为""职业能力""职业喜好"以及"自我评价"。自评结束后,将每种人格类型在四个方面上的得分相加得到该类型的总分。按分数由高到低的顺序取前三个组型的英文首字母形成最后的兴趣代码。例如,一个人在该量表上得到的六个分数由高到低分别为:现实型(R)、研究型(I)、艺术型(A)、社会型(S)、企业型(E)和传统型(C),那么他的兴趣代码就是RIA。根据这个代码,受测者可以在职业搜寻表中查到适合自己人格特点与兴趣类型的一组职业及其所要求的教育水平。

不同于SCII和KOIS,SDS不但可以自我施测,还可以自我计分与自我解释。由于使用方便,它被广泛地应用于职业咨询领域。

五、我国职业兴趣测验的发展

与西方国家相比,我国对职业兴趣的研究起步较晚,早期的研究大部分以引进和修订西方量表为主。从20世纪80年代开始,冯伯麟、张厚粲等人针对职业兴趣展开了研究。龙立荣(1991)对国外三大主要职业兴趣测验SCII、KOIS和SDS的发展趋势进行了探讨。白利刚(1996)详细介绍了霍兰德六角形职业兴趣理论。方俐洛等人(1996)以霍兰德理论为基础,编制了霍氏中国职业兴趣量表。凌文辁等(1998、1999)将霍氏中国职业兴趣量表应用于职业指导,探索建立我国大学科系职业兴趣类型图。龙立荣和彭平根(2000)采用SDS 1996年的修订版,尝试建立我国大学专业搜寻表。张厚粲等(2004)发现,当代我国高中生的职业兴趣分为七种类型:艺术型、事务型、经营型、研究型、自然型、社会型和技术型,并紧密结合我国实际情况编制出一套适用于当代我国高中生的职业兴趣测验。

生活中的心理学

在人事选拔中应该使用兴趣测验吗?

关于在人事选拔中是否应该选用兴趣测验,目前存在许多争论。支持者引用了大量文献表明兴趣测验可以预测最后的职业选择和工作满意水平。他们指出由于满意的工人很可能会一直从事他们选择的工作领域,员工更替的减少可以使公司节省选拔和培训新员工的费用。

然而批评者们质疑受测者对测验的反应是否真实。他们指出由于工作申请者为了获得他们追求的工作才会接受职业兴趣测验,因而他们不可能对测验做出完全无偏的反应。一些研究指出工作申请者可以根据他们对于“好员工”对题目反应的猜测,显著地改变他们的兴趣测验分数。

尽管批评者们对在人事选拔中使用兴趣测验提出了许多疑问,但少有人提出其他合理可替代的选拔工具。关于这些测验上的有偏分数和虚假分数,比较有效的方法还是建立一些检测量表。如果可以确定受测者对测验进行有偏反应的倾向程度，就可以对测验的结果进行校正，从而对这个受测者的职业兴趣进行更加真实的评估。

然而，只有当未来的研究证实兴趣测验可以有效地用于选拔过程，或者发展出其他有效的方法代替兴趣测验，否则这个争论可能一直会持续下去。

复习巩固

通过本节内容介绍，并结合相关文献查阅，比较斯特朗-坎贝尔兴趣问卷、库德职业兴趣调查表与霍兰德自我指导问卷的异同，以及在现实情景中的具体应用。

第二节　态度的测量

测量态度的方法主要有等距量表法、加总量表法、哥特曼量表法、语义分化量表法、投射技术和内隐联想测验等。本节首先简要介绍态度的内涵及其作用，其次介绍以上提到的各种测量态度的方法。

一、态度及其测量概述

态度(attitude)是指个体对人或事持有的一种较为持久而又一致的心理倾向，它包括认知、情感和行为倾向三个成分。认知成分指个体对态度对象的思想、信念和知识，个体会在认识的基础上对态度对象产生一定的评价。情感成分是个体对态度对象的“喜欢-厌恶”“爱-恨”等情绪情感体验。行为倾向也叫意向因素，是个体对态度对象的反应倾向，即行为的准备状态、行为前的思想倾向和意图，它受到认知和情感成分的影响。这三种成分互不独立，连续发生，共同形成了态度。在大多数学者看来，态度具有对象性、评价性、稳定性和内在性。首先，态度总有一定的对象。任何一种态度的产生都指向一定的对象，对象可以是人、物、群体、价值、观念、制度、规范等等，是主体与客体的关系。其次，态度具有价值判断的成分，持有态度的主体总会对态度对象持赞同-反对、好-坏、喜欢-厌恶等评价。再次，态度具有一定的稳定性与持续性，态度不是一种对事物偶然的倾向、状态性的动机、驱力或定式，它一旦形成，会保持稳定，不轻易改变。态度的内在性指态度是个体内在的心理状态，往往不能被别人直接观察到，但最终会通过当事人的言行表现出来。

态度不是与生俱来的，而是在后天的生活环境中，通过自身成长、社会化的过程逐渐形成的。在这个过程中,知识、个人经验、生长环境等因素都会影响态度的形成。尽管态度相对稳定,但也不是一成不变的,有时由于生活经验的改变,个体对于某些事物或情境的态度也会随之改变。一般说来,成人的态度比儿童与青少年的更为牢固,人们在早年形成的态度比成年后形成的态度更不易改变(张厚粲,龚耀先,2009)。

态度可以预测人的行为,它影响人认识和对待事物的方式,也左右着人在社会生活中如何行动和取得社会效果。态度在现实生活中如此重要,因此理解和把握人们的态度指向和强度就显得很有必要了。随着社会心理学对于态度的研究,各种测量态度的方法技术蓬勃发展,主要有问卷法、内隐联想测验法、生理记录法、行为观察法和投射技术等。由于实际生活中,人们的态度对象往往是多种多样的(比如同样对于大学生群体,可以通过学业负担态度量表、爱情态度量表、网络态度量表等等来测查他们对于不同事物的态度与看法),无法穷尽对于每个态度测验的学习,因此对于态度测量更多的是提供一种科学的思路与方法。

二、等距量表法

1929年瑟斯顿首创等距量表法来测查人们的态度水平,又叫瑟斯顿量表(Thurstone Scale)。瑟斯顿的态度量表是根据心理物理法中感觉等距法的原理编制的,它的理论假设是把态度看作一个从“最赞同”到“最不赞同”的可评价的连续体。

瑟斯顿量表的编制分为几个步骤进行。第一步是搜集与所研究的态度(如对战争、死刑、教会、爱国等)有关的正性、中性和负性的陈述,这些陈述主要来自持不同观点的人们所提供的评论或大众文学作品。陈述的表达应措辞简单、易于理解,每一个陈述项目要针对研究主题表示一个确切的态度。

第二步为项目评审与项目筛选,请50到60个这方面的专家作为评审员,对收集到的关于态度的陈述进行等级排列。在排列时,评审员要将不同的项目以等距离的方式分配到不同等级中,表示不同的赞同程度。一般等级数在7到13之间。这些等级是按对态度主题从最不赞成到最赞成的次序排列的,比如1表示最不赞成,13表示最赞成,7表示中立态度。这样每一位评审员对于每一条陈述态度的项目都有一个等级评分,根据他们的评分,每个项目都会获得一个累计百分比分布图。在图中找出所有评分者等级评价的中位数,就是该项目的标度值。75%累计百分比与25%累计百分比相对应的横坐标数值的差为等级差异的四分位差(Q值),Q值的大小是鉴别项目质量的主要指标。Q值越小,表示评分者的态度越一致,即项目陈述越清晰,质量越好;Q值越大,说明该陈述越含糊,质量越差;Q值大于2的项目应被淘汰。经过项目评分与筛选,从每个等级类别中选出一二条代表语句(各评定者对其分类的判断最为一致的），将这些语句混合排列，即得到最终的瑟斯顿量表。该量表中的每个项目都有其标度值，正式施测时并不呈现标度值，它是供分析结果时使用的。

以瑟斯顿等编制的死刑态度量表为例，说明如何使用等距量表法进行施测和结果分析。如表11-3所示，量表中每个项目按11级分类，取值范围为0.1到11.0。0.1为最高负性态度，即最不赞成死刑；11.0为最高正性态度，即最赞成死刑。完整的量表包含24个项目，表中选取了其中的8个项目作为例子。请个体判断对于每个项目的陈述，自己赞成还是不赞成。最后以选择赞成的题目计分，如果只选一项，则该题的等级值就是他对死刑的态度分数；如果选两道题，则这两道题等级值的均值为态度分；如果选三题以上，则将其等级值从小到大排列，以中位数对应的等级值作为态度分。大于等于7分归入正性态度，小于等于5分归入负性态度，6分为中立态度。态度得分越高，表示对死刑越持赞同态度；得分越低，则表示越反对。如果某人对其中的8、9、12、18、23题所持态度，按照其等级值的大小排列，求其中位数。如表11-4中的等级中位数是3，相对应的等级值为3.4，说明此人对死刑这一问题呈负性态度。

瑟斯顿量表的信度较高，一般在0.8到0.9之间，且结果易于解释。但编制过程工作量很大，搜集项目、找评审专家都比较耗时耗力；评审专家对初始项目进行评分时，很难真正做到保持中立的态度；并且这种方法测查出的态度不能很好地体现个体差异，因为最后的态度分数是由求中位数得来的，这就意味着相同的分数可能由不同的项目内容构成。所以说等距量表法只能体现个体对于某一事件所持的正负性态度的强度，并不能说明被试选择不同项目组合的意义。尽管如此，对于主题比较清晰、调查范围不广的态度问题，等距量表法仍是一种比较有效的工具。

需要注意的是等距量表中的“等距”并不是指最终形成的量表中每个项目的等级值是等距的，而是体现在量表编制的过程中，是指评审专家对关于态度的陈述句进行评分时，要将它们等距离地分配到不同的等级中。

表11-3 对死刑的态度量表

标度值	项目号	项目
0.1	12	在任何情况下我都不赞成死刑
2.7	08	死刑不是预防犯罪的一种有效手段
3.4	09	我不赞成死刑，但觉得死刑也并不是没有必要
5.8	18	我不赞成死刑，但废除死刑也不很明智
6.2	06	死刑是不好的，但对于我们这种不完善的文明社会来说也是必需的
7.6	23	死刑只对蓄意谋杀者来说是合理的
9.6	17	死刑是合理的也是必不可少的
11.0	07	每一个罪犯都应处以死刑

表 11–4 将某个体赞同的项目按照其等级值降序排列

项目号	23	18	9	8	12
标度值	7.6	5.8	3.4	2.7	0.1
等级	1	2	3	4	5

该方法虽然确定了态度测量的科学地位，并取得广泛影响，但是由于这个方法复杂、费时且不方便，今天已很少使用了。

三、加总量表法

1932年利克特提出了简化的态度测量方法，以受测者在量表所有项目中得分的总和作为最终的态度得分，因而也被称为加总量表法。这种方法后来成为编制态度量表的主要方法之一，广泛地应用于态度测量中。利克特量表(Likert Scale)的假设是每个项目在相同态度范围里都有线性作用，这是把受测者在每个项目上得分相加的依据。

利克特量表的编制步骤大体如下：首先要收集大量表达人们对态度对象的陈述，这些陈述有正面和负面两种表达方式，然后选择100~200人根据自己对每一陈述句的同意程度进行评分，评分标准一般分为4~7个等级。例如5点量表是从强烈赞同(5)、赞同(4)、中性(3)、不赞同(2)到强烈不赞同(1)。算出每个人的总分并按照高低顺序排列。一般将总分在前27%和后27%的个体划分为高分组和低分组，然后使用独立样本t检验计算两组个体在每一个项目上平均得分的差异，差异显著的项目鉴别力较好，反之较差。或者，计算项目和总分的相关性，相关系数越大，项目鉴别力越好。应该考虑淘汰那些t检验不显著和相关系数低的项目。

需要注意的是量表中正面与负面的陈述虽然具有相同的等级评定数，但在计总分时要保持标准统一，即要把负面陈述反向计分再加总。一般来说利克特量表最典型的计分方式是5点评分和7点评分，但由于这两种等级表都有中性选择，有些人会倾向于选择中间值。针对这一问题，可以采用排除了中间等级的偶数等级表。如把7点量表改为6点量表、5点量表改成4点量表，迫使回答者在赞同与不赞同之间做出有倾向性的选择。此外，随着利克特量表的不断使用，如今在项目格式上也有了多样化的呈现形式。例如，项目可以是不完整的(如“当学校因天气不好而停课时，我是：1、非常高兴，2、高兴，3、悲伤，4、非常悲伤”)。

利克特量表法现今已成为使用最广泛的一种心理测量方法。它的优点是编制量表过程简单容易；可以通过增加项目提高信效度；另外区别于受测者只对瑟斯顿量表中的项目回答“赞成”或“不赞成”，利克特量表要求他们对项目的态度强弱按等级进行反应，使其能够充分表达态度的强烈程度。利克特量表的问题与不足是作为等级量表，它只能反映人们在态度维度上的顺序，不能显示出不同态度之间的距离，对于态度的变化没有瑟斯顿量表敏感。此外，利克特量表使用总分作为态度指标，具有相同分数的人可能持有不同的态度模式，因而从总分只能看出一个人的态度强度，但无法对相同得分者的态度差异做出解释，这点与瑟斯顿量表是类似的。

四、哥特曼量表法

哥特曼量表法是哥特曼于1950年提出的一种测量态度的方法，它最初是为了检验量表中的一系列陈述是否遵循单向性而产生的，也叫作“强度分析法”。所谓“单向性”就是量表中项目之间的关系是有序可循的，它们往往按照态度的强度进行排列。第一个项目所表达的态度相对较弱，后面的项目逐渐加强，最后一个项目表达的态度最为强烈。如果一个人赞同最后一个项目，那么他一定赞同前面的所有项目，哥特曼把这叫作复制（reproducibility）。但实际上，达到完全的复制是非常困难的。如果某个人赞同第5个项目，却不赞同前面的第4题，可能是两种情况造成的，其一是这个人出现了错误，其二是项目并不是完全按照强度的高低进行排列的。那么怎么确定量表的重复性满足了编制的要求呢？后面要提到一个叫作“复制系数”的统计指标，如果它达到了0.9，就称该量表是单向性的，也就是很好地按照强度要求进行排列的。

哥特曼量表（Guttamn Scale）的编制方法如下：

1.收集可用于测量对某事物态度的陈述句，构成一个预备量表。

2.对一个有代表性的群体施测，要求调查对象表明赞同与否。

3.根据调查对象的回答，将有80%以上的人都赞同或者不赞同的句子删掉。将调查对象按回答赞成的多少由高到低进行排列，再将留下的项目按照赞成的多少由左到右进行排列，由此得到调查对象对项目集的反应表。

4.在反应表中沿着赞成与不赞成的分界处划一条阶梯线，使线上有最多的赞同数，线下有最多的不赞同数，调查对象对留下项目的所有反应之和称为总反应数。最后计算不符合单向性原则的误答次数（线上方的不赞同数和线下方的赞同数），由此得出复制系数。复制系数（coefficient of reproducibility）的计算公式为：复制系数=1 - 误答数/总反应数。若复制系数大于0.9，则量表的单向性得到了有效的保证。

假如有12名调查对象，对7个项目进行反应，其中第3题所有人都同意，删掉后剩余6项，那么总反应数为72。根据规则列出的项目反应表如图11-1所示，1代表赞同，0代表不赞同。由图中数据可知，误答数是3，则复制系数为1 - 3/72 = 0.96，证明该量表有较好的单向性。

被试	项目						分数
	7	2	5	1	4	6	
9	1	1	1	1	1	0	5
6	1	1	1	1	0	1	5
8	1	1	1	1	1	0	5
5	0	1	1	1	1	0	4
2	1	1	1	1	0	0	4
1	1	1	1	1	0	0	4
3	1	1	1	0	0	0	3
4	1	1	1	0	0	0	3
7	1	1	1	0	0	0	3
10	1	1	1	0	0	0	3
12	1	1	0	0	0	0	2
11	1	0	0	0	0	0	1
项目总分	11	11	10	6	3	1	

图 11-1　哥特曼量表分析图例

由于哥特曼量表是单维建构,因此量表分数可以代表受测者对某一对象的实际态度,并且可以确定两个量表分数相同的受测者对同一对象持有相同的态度,这是等距量表法和加总量表法所不具备的。但是哥特曼量表的单维性假设是有局限性的,这种单维性往往只是某一部分人的态度模式,一组特定的陈述可能在某一群体中表现出单维模式,在另一群体中则表现为多维模式。所以,编制出一个理想的单维量表是非常困难的。

五、语义分化量表

除了前面介绍的三种传统测量方法,还有一些其他测量态度的方法。语义分化量表(Semantic Differential Scale)是奥斯古德(C. E. Osgood,1916—1991)等人于1957年提出的一种态度测量工具。区别于传统测量法中让人们对项目做出赞同与否或赞同程度的判断,它集中测量个体对于某个词或概念含义的理解。

奥斯古德认为人们的态度蕴含于他对所给出的词或概念的理解中,通过其对关联词汇的反应,就可以推知他对客体的态度。比如测量一个人对"朋友"的态度,不是要求直接给出他对于朋友的感觉,而是在量表中给出若干语义对立的形容词,如好/坏、美/丑、公平/不公平、聪明/愚蠢。在两极形容词间圈出他认为这些词语可以形容"朋友"的程度,一般是1~7级评分,一系列分值的总和就代表了他对"朋友"这个态度对象的总态度。

语义分化量表有三个不同的维度,分别是评价维度、力度维度和活动维度。每个维度都有一些常用的对立形容词,如评价维度中的"好-坏""美-丑";力度维度中的

“强-弱”“重-轻”；活动维度中的“主动-被动”“敏锐-迟钝”等等。这三个维度是不变的，维度中的项目是可变的。其中评价维度最为主要。

语义分化量表的题目都是意义对立的形容词，所以研究者不需要为每个所要研究的态度对象编制单独的题目。不过也正由于它的构造较为简单，虽能提供关于态度对象的某些信息，但尚不能清晰地给出人们理解中观念的意义和态度之间的确切关系。

六、投射技术

投射技术是一种通过非结构化的、间接的询问方式，从受访者的作答中了解他们潜藏的动机、态度或情感，以及他们对某一事物的心理状态的研究方法。这种方法避免了受测者感知到自己正在被观察和被测试而产生的社会赞许效应。

虽然投射技术一般用于人格研究领域，但有些投射技术如词语联想测验、句子补全测验、主题统觉测验等也可以作为研究态度的一种方式。比如给个体呈现一系列模棱两可的图片，然后让他就每一幅图片编一个故事。从个体的讲述中，可以反映出一些他对图中人物或者情境的态度。词语联想测验中，主试将一系列词语大声读出，要求受测者听到刺激词之后，尽可能快地将第一个出现在脑中的词（反应词）回答出来。受测者的反应词和反应时，以及行为的特殊情况都可以作为其态度的指标。这些技术的前提假设都是受测者会将自己内隐的情感态度等投射到他们对于问题或任务的反应上。

投射技术与传统的态度测验相比，可以更好地考察人们真实的态度。但解释分析很难量化，评分者需要通过专门的培训；而且投射技术也不太适于团体施测，这都给测验增加了困难和成本。

七、内隐联想测验

格林沃尔德（A. G. Greenwald）等人提出内隐联想测验（Implicit Association Test，IAT），它采用计算机分类任务，要求回答者对概念词（态度对象）与属性词（态度属性）进行按键反应，通过对二者之间的自动化联系的评估来获得个体的内隐态度。下面以经典的花-虫IAT来介绍如何使用这种方法测查态度。

第一步，呈现概念词，让回答者对花的名字（如“郁金香”）和虫的名字（如“蜘蛛”）归类并做出一定的反应。具体做法是要求回答者看到花的名字按左键，看到虫的名字按右键。

第二步,呈现属性词,让回答者对褒义词(如“可爱的”)和贬义词(如“丑陋的”)做出反应,看到褒义词按左键,看到贬义词按右键。

第三步,联合呈现概念词和属性词,要求回答者看到花的名字或褒义词时按左键,看到虫的名字或贬义词则按右键。由于这个任务中概念词(花或虫)和属性词(褒义词或贬义词)的关系与回答者的内隐态度一致,所以被称为相容任务。

第四步,要求回答者看到花的名字时按右键,看到虫的名字按左键。

第五步,再次联合呈现概念词和属性词,与第三步联合任务不同的是该任务为不相容任务,要求回答者看到虫的名字或褒义词时按左键,看到花的名字或贬义词时按右键。

最后,把不相容任务的平均反应时减去相容任务的平均反应时,可得到受测者的态度强度。花-虫内隐联想测验结果表明,两种联合任务间反应时有显著差异,“花+褒义词”的联合明显快于“虫+褒义词”的联合,这表明“花+褒义词”的联合与回答者的内隐态度更一致,回答者对花的态度更为积极。

在IAT任务中,回答者所有的反应时及对错情况均由计算机自动记录,计分时通常把小于300 ms的反应时以300记,大于3000 ms的以3000计,接下来对原始反应时数据进行对数转换,再分别计算回答者在相容任务和不相容任务中所用的平均反应时。

内隐联想测验结果解释的依据是唐德斯(F. C. Donders)的减数法原理,不同心理加工过程所需的反应时不同,心理加工过程越复杂,反应时越长。在相容任务中,概念词和属性词的关系与回答者的内隐态度更一致,完成任务更多依赖于自动化加工,相对容易,因而反应速度更快,反应时更短;而不相容任务常会导致回答者的认知冲突,这时回答更多地依赖复杂的意识加工,因而反应速度较慢,反应时较长。相容任务和不相容任务的反应时之差可以作为回答者对概念词的内隐态度的指标,这就是内隐联想测验效应。

内隐联想测验弥补了传统的投射测验或情景测验很难量化的缺憾,又可以直接借鉴到态度、观念等社会认知研究中。它在促进内隐社会认知领域蓬勃发展的同时,也在改进完善、不断丰富着反应时实验范式的解释能力。当然,内隐联想测验也存在一些有待完善和发展的地方。比如,由于采用反应时作指标,计时精确到毫秒,测验易受测量情境的影响;关于测验的计分程序是否最佳,怎样处理错误反应和极端值也有待考证。此外,测验结果易受练习影响。

复习巩固

1. 简述等距量表法、总价量表法、哥特曼量表法的优缺点。

2. 态度有哪些间接测量的方法？

拓展阅读

态度测验的“客观性”

一般说来，态度测量的客观方法包括纸笔测验和利用计算机进行的测验，主要由选择题构成。受测者从每道题的两个或更多选择项中选出一个符合自己的答案。这类测验的得分通常很少受到计分者的影响。与能力测验以对错计分不同，态度测验的计分主要取决于所测的态度对象和受测者作答的有效性。客观的态度测验与能力测验相似，具有很多优点。受测者能够对题目迅速作答，如果题目编制得好，也不需要额外的解释工作，这一点既有利于集体施测也便于统计计分。

虽然客观态度测验的很多特点与能力测验相类似，但是需要了解这里的“客观”是相对的。能力测验的“客观”体现在所有的题目都仅有一个正确的答案。而态度测验则不尽然。能力测验由客观的选择题构成，它的计分与对论文等的评分不同，极少掺杂评分者个人的情感、偏见或喜好。这样的计分是没有感情色彩的，即客观的。但是与能力测验不同的是，态度测验中受测者的作答并没有对错之分，只是给出自己对某一对象态度的信息，以及这种态度的强弱。对于这样的测验的计分是否“客观”存在一定的争议。另一个冲击态度测验“客观性”的问题出现在自我报告法上。受测者自己报告自己的喜好、观点及行为，这在很大程度上与“客观”毫无关系。一些受测者不会客观实际地作答，而是按照社会赞许的行为或者自己的心中希望达到的目标去作答。

所以，态度测验的“客观性”主要指其采取的选择测验形式，这种形式使评分者在计分时没有主观判断的余地。这里的“客观”主要区别于投射法及一些其他的态度测量方法，并不是指得分是完全准确、实在、可靠和客观的。

第三节　价值观的测量

本节简要介绍价值观的内涵及其分类标准，着重介绍三种常见的价值观量表：奥尔波特价值观量表、罗克奇价值观调查表和萨珀的工作价值观调查表。

一、价值观及其测量概述

作为一种非常复杂的心理现象,价值观与兴趣、态度相互关联又有区别,其概括性更宽,意义维度更广。它是对个体希望、欲求、需要的反映,决定了个体偏好的行为模式。价值观(values)是人们用来区分好坏的标准与指导行为的心理倾向系统,具有意识的倾向性、评价的主观性、行为的选择性、观念的一致性和社会历史性等特点。人们凭各自持有的价值观系统来判断他人或事物是否与自己有关,并评价其重要性和意义。

国内外学者对于价值观内容有着不同的分类。例如奥尔波特(G. W. Allport, 1897—1967)根据斯普兰格(E. Spranger, 1882-1963)的六种理想价值类型将价值观分为理论型、经济型、审美型、社会型、政治型和宗教型。罗克奇(M. Rokeach,1918—1988)则从系统整合的角度将价值观分为终极性价值观和工具性价值观两种系统,每种系统中又各自有自己的分类。施瓦茨(S. H. Schwartz)等人试图描绘出一个世界范围的价值观地形图(Geography of Values),将各种文化标识在相对的位置上,他们提出了十个普遍的价值观动机类型,分别为普遍性、慈善、权力、成就、传统、遵从、安全、自我定向、刺激和享乐主义。

杨国枢认为中国人存在传统价值观和现代价值观两种价值系统,进而将传统价值观分为遵从权威、孝亲敬祖、安分守成、宿命自保与男性优越五个方面,现代价值观分为平权开放、独立自顾、乐观进取、尊重情感与两性平等五个方面。黄希庭等人将价值观分为政治的、道德的、审美的、宗教的等十种类别。

二、奥尔波特价值观研究量表

美国心理学家奥尔波特等人于1931年编制了用于测量价值观的量表,该量表在1951年、1960年进行了两次修订。奥尔波特价值观量表(Allport-Veraon-Lindzey Scale)的理论基础是斯普兰格的六种理想价值类型。

1.理论型:以追求真理为目的,能冷静客观地观察事物,关心理论性问题,对实用和功利缺乏兴趣。多数理论家和哲学家属于这种类型。

2.经济型:从经济的角度看待事物,强调效率和实用性。根据功利主义来评价人和事物的价值和本质,以获取财富为生活目的。实业家大多属于这种类型。

3.审美型:追求美是人生的最大意义,以自我完善和自我欣赏为生活目的。艺术家多属于这种类型。

4.社会型:重视爱,有献身精神,认为人生最有意义的事是增进社会福利。慈善家、卫生和教育工作者大多属于这种类型。

5.权力型：重视权力，并努力去获得权力，有强烈支配和命令别人的欲望，不愿被人所支配。政治家多属于这种类型。

6.宗教型：重视对宇宙整体的理解和体验的融合，往往致力于追求新奇的事物和神秘的体验。神学家多属于这种类型。

奥尔波特基于这六种人格价值观类型，编制了用于测量大学生和成人价值观的纸笔测验。该测验由两部分组成，共有45个项目，第一部分有30道选择题，每题有2个选项，要求受测者在每一个题项后的括号内填上适当的数字(3、2、1、0)。如果赞同a选项，不赞同b选项，就在a选项后的括号内填写数字“3”，b选项后的括号内填“0”。如果只是略偏向a，那么就在a选项后的括号内填“2”，b选项后的括号内填“1”，反之亦然。第二部分有15道题，每题有4个选项，要求受测者根据每个题项的描述，在后面的括号内填上相应的数字(4、3、2、1)。最赞同的或者最喜欢的填“4”，比较赞同或者比较喜欢的填“3”，以此类推。表11-5列举了奥尔波特价值观量表的部分题项。

表11-5 奥尔波特价值观量表节选

第一部分	
1.科学研究的主要目的应该是发现规律而不是规律的实际应用。	a.是(　　) b.否(　　)
2.假如你有必备的能力，你愿意成为哪一个：	a.银行家(　　) b.政治家(　　)
3.当你目睹一次隆重的仪式时，如运动会开幕式、开国大典、外国元首来访的欢迎仪式等，给你印象最深刻的是：	a.场面的色彩和壮观(　　) b.人的威力和权势(　　)
第二部分	
1.你认为一个好的政府应该致力于： a为老、弱、病、残群体提供更多的帮助 b发展生产贸易 c保证公民信仰自由并提供必要的条件 d提高国家在世界上的威信和地位	 (　　) (　　) (　　) (　　)
2.你认为一个忙碌了一周的商人最好把星期六的时间用来： a去听新学科系列讲座 b去听关于形势与政策的报告 c去听音乐会 d去参加宗教活动	 (　　) (　　) (　　) (　　)
3.如果你生活在一个小城里，有足够的收入，你愿意用钱来： a资助工商业的发展 b资助当地的宗教活动 c资助当地的科技事业 d捐给残疾人基金会	 (　　) (　　) (　　) (　　)

两部分题目一共有120个选项(30*2+15*4)，其中每种价值类型占20个。将受测者在每个选项上的得分相加并加以校正，会获得6个总分。由此可绘制成受测者的价值观构成剖析图，以反映其在上述6种基本价值观上的相对强度。

该量表常用于研究团体差异和价值观的变化及发展。

三、罗克奇价值观调查表

罗克奇价值观调查表(Rokeach Values Survey)是运用最广的价值观问卷之一。它由米尔顿•罗克奇于1973年编制。罗克奇认为各种价值观是按一定的逻辑意义联结在一起的,它们按一定的结构层次或价值系统存在,这种系统的、整合的视角将价值观研究向前推进了一步。

罗克奇认为存在两类价值系统:第一类称为终极性价值观(terminal values),表示存在的理想化终极状态和结果,它是一个人希望通过一生而实现的目标。第二类是工具性价值观(instrumental values),指向个体偏爱的行为方式和达到理想化终极状态所采用的手段。终极性价值观分为个人价值观和社会价值观两类,前者以自我为中心,后者以社会为中心。工具性价值观也分为两类,分别是与人际行为活动紧密联系的道德价值观和与个体自我实现紧密联系的能力价值观。该调查表中包含终极性价值和工具性价值各18项,每种价值后都有一段简短的描述与解释。施测时要求受测者分别判断两类价值系统中的价值观对自身的重要性,将最重要的排在第1位,次重要的排在第2位,以此类推,最不重要的排在第18位。由此可以得到不同价值在不同的人心目中所处的相对位置,或相对重要程度。表11-6呈现了罗克奇价值观调查表中的价值观类型。

罗克奇量表的编制具有理论框架的指导,体现了价值观的系统性和整体性。其中虽然包括了多种价值观,但简单明了,易于施测。研究证实了罗克奇价值观调查表的可信度,国内学者以该调查表为基础,编制出的青少年价值观评定量表、青少年自我价值感量表等也都具有较好的评价效果。但该量表要求受测者对18种价值观进行排序,可能会造成受测者的反应困难。

表11-6 罗克奇价值观调查表

终极性价值观	舒适的生活(富足的生活)	内在和谐(没有内心冲突)
	振奋的生活(刺激的、积极的生活)	成熟的爱(性和精神上的亲密)
	成就感(持续的贡献)	国家的安全(免遭攻击)
	和平的世界(没有冲突和战争)	快乐(快乐的、闲暇的生活)
	美丽的世界(艺术与自然的美)	救世(救世的、永恒的生活)
	平等(兄弟情谊、机会均等)	自尊(自重)
	家庭安全(照顾自己所爱的人)	社会承认(尊重、赞赏)
	自由(独立、自主选择)	真挚的友谊(亲密关系)
	幸福(满足)	睿智(对生活有成熟的理解)

续表

工具性价值观	雄心勃勃(辛勤工作、奋发向上)	富于想象(大胆、有创造性)
	心胸开阔(开放)	独立(自力更生、自给自足)
	能干(有能力、有效率)	智慧(有知识的、善思考的)
	欢乐(轻松愉快)	符合逻辑(理性的)
	清洁(卫生、整洁)	博爱(温情的、温柔的)
	勇敢(坚持自己的信仰)	顺从(有责任感、尊重他人)
	宽容(谅解他人)	礼貌(有礼貌、性情好)
	助人为乐(为他人的福利工作)	负责(可靠的)
	正直(真挚、诚实)	自我控制(自律的、约束的)

四、工作价值观调查表

为了考察与工作有关的各种价值观,美国心理学家萨珀(D. E. Super)于1970年编制了工作价值观调查表(Work Values Inventory)。该调查表适用于初中一年级以上的学生和成人,可以测出受测者认为哪些职业有价值以及他们在选择职业时重视哪些因素,进而指导他们找到能使自己获得满足和充分发挥自己能力的工作。该工作价值观调查表分为以下三个维度:内在工作价值,这些价值观受人内在的、固有的动力所支配;外在工作价值,这些价值观侧重工作的环境和人际关系,与工作本身密切相关;外在报酬,这些价值观体现了由工作带来的一系列结果和工作主体获得的与之相应的报酬。受测者分别对工作价值观调查表中的智力刺激、成就感、独立性、工作环境、变化性、经济报酬、声望、安全感等分量表中每个项目的重要性进行五点评分,总分相加就是该分量表代表的价值观分数。从得分最高和最低的三项中,能够大致看出受测者的价值倾向,在选择职业时就可以加以考虑。

萨珀工作价值观调查表具有较高的内部一致性信度和重测信度,能够有效地反映受测者在工作方面的价值观,问世以来被广泛应用于职业选择当中。

五、价值观测验存在的问题

20世纪40年代以来,很多学者为价值观的测量做出了努力,但到目前为止,价值观的测量在方法学上仍然存在许多问题。其中最核心的是测验的效度问题,这是因为研究人员无法对价值观进行比较直接的测量,只能通过观察个体的认知、情感、态度和行为来推测人们的价值观。其次是测量工具的信度问题,这是因为在测量中个体会出现“装好”倾向,即按照主流价值观和具体情景的要求,而不是自己的实际价值观来回答问题,影响了测量的稳定性和一致性。

复习巩固

简述奥尔波特价值观研究量表与罗克奇价值观调查表的差异。

本章要点小结

1. 在职业选择中考虑兴趣因素具有重要意义,它可以提高人们的生活满意度和工作效率。兴趣量表只能测出个体的兴趣,并不能测量出人们在所感兴趣的工作中获得成功的可能性。

2. 斯特朗职业兴趣量表可以帮助人们了解自身的兴趣特点,提供人们有关自己的兴趣在群体中相对强度的信息;库德职业兴趣调查表和SCII相媲美;自我指导问卷源于霍兰德对于人格的六种类型分类。

3. 态度是指个体对人或事持有的一种较为持久而又一致的心理倾向。有多种测量态度的方法,如问卷法、内隐联想测验法、生理记录法、行为观察法、投射技术等。问卷法主要包括等距量表法、加总量表法、哥特曼量表法和语义分化量表法。间接测量态度的方法还有投射技术、内隐联想测验,以及生物反馈技术等。

4. 价值观是人们用来区分好坏的标准与指导行为的心理倾向系统。奥尔波特价值观量表可以反映受测者在六种基本价值观上的相对强度。罗克奇认为各种价值观按一定的结构层次或价值系统而存在。萨珀的工作价值观调查表可以测出受测者认为哪些职业有价值以及他们在选择职业时重视哪些因素,进而指导他们找到能使自己获得满足和充分发挥自己能力的工作。

关键术语表

1. 斯特朗-坎贝尔兴趣问卷
2. 库德职业兴趣调查表
3. 利克特量表
4. 内隐联想测验
5. 奥尔波特价值观量表
6. 罗克奇价值观调查表

本章复习题

1. 按照霍兰德的职业指导理论，“喜欢把事情安排得有条不紊，对文职感兴趣”属于下列哪种类型（　）？

A. 现实型　　B. 传统型　　C. 研究型　　D. 社会型

2. 斯特朗-坎贝尔兴趣问卷较之斯特朗职业兴趣量表，解决了以下哪一种缺陷（　）。

A. 前提假设不足　　B. 缺乏标准组

C. 性别歧视　　D. 没有统一的积分标准

3. 下列哪一项是库德职业兴趣调查表的核心部分，目的在于反映受测者的兴趣与标准职业团体兴趣的相似性（　）。

A. 检验量表　　B. 大学专业量表　　C. 实验量表　　D. 职业量表

4. 下列哪种职业兴趣问卷是由自我分数评估手册和职业搜寻表组成的（　）？

A. SVIB　　B. SCII　　C. KOIS　　D. SDS

5. 下列有关利克特量表法的陈述，错误的是（　）。

A. 是等距量表，可以显示出不同态度之间的距离。

B. 要求受测者对项目的态度强弱按等级进行反应，使其能够充分表达态度的强烈程度。

C. 使用总分作为态度指标，具有相同分数的人可能持有不同的态度模式。

D. 从总分只能看出一个人的态度强度，但无法对相同得分者的态度差异做出解释。

6. 下列哪种态度量表中，如果两个受测者总分相同，则表示他们对同一对象持有相同的态度（　）？

A. 等距量表法　　B. 加总量表法

C. 哥特曼量表　　D. 瑟斯顿量表

7. 语义分化量表中有哪些维度（　）？

A. 评价维度、力度维度、广度维度　　B. 评价维度、力度维度、活动维度

C. 评价维度、广度维度、活动维度　　D. 力度维度、活动维度、广度维度

8. 奥尔波特价值观量表的理论基础是（　）。

A. 斯普兰格的6种理想价值类型理论

B. 霍兰德的6种人格类型理论

C. 艾森克三因素人格模型

D. 卡特尔人格特质理论

9.下面哪位心理学家认为各种价值观是按一定的逻辑意义联结在一起的,它们按一定的结构层次或价值系统存在,这种系统、整合的视角将价值观研究向前推进了一步(　　)。

A.奥尔波特　　B.罗克奇

C.萨珀　　D.斯特朗

10.在价值观调查表中,下列不属于内在工作价值观的是(　　)。

A.利他主义　　B.对美的追求

C.声望　　D.成就感

第十二章

神经心理测验

琳达以前是个聪明、易相处的女孩，7岁时遭遇了一次车祸，但身体很快得到恢复。车祸一年后，琳达的父母发现她变得自我封闭，不能与他人友好相处，显得焦虑，易发脾气，经不起批评。最初对她进行治疗的医生建议她去找神经科医师，但从CT扫描以及脑电检查中神经科医师没发现任何问题。于是医生将琳达介绍到了一位心理学家那里。心理学家使用一套测验对琳达进行了测查，发现她有着优异的视觉功能和交谈能力，但车祸后在听写方面出现了明显的困难，不能很好地区分临近字母发音，从而变得过于紧张，认为自己很笨，赶不上其他同学，从而显得焦虑，易发脾气。明白问题的根源后，琳达的老师为她设计了专门的教育计划，父母也给予了她更多的支持，琳达逐渐变回了以前的自己。在寻找琳达问题的根源时，心理学家使用了鲁利亚-内布拉斯加神经心理成套测验，它是本章要讲述的众多神经心理测验中的一种。

第一节　神经心理学测验概述

神经心理学起源于20世纪40年代早期对成人脑损伤的研究,是对神经系统损伤与行为变化之间关系进行研究的一个心理学分支。神经心理学测验研究感觉、认知、动作以及情绪功能领域中行为与脑功能之间的关系,关注中枢神经系统的心理损伤及其康复,努力将大脑机能障碍、大脑损伤与可观察、可测量的行为问题相联系,在过去几十年里发展迅速。

一、神经心理学测验的性质与功能

神经心理测验(Neuropsychological Tests)是以脑损伤病人为对象,解释神经机能障碍的性质和部位的一种心理测验。测验的理论基础来自对正常或非正常脑功能和行为之间关系的理解,测验的基本策略是使用各种测验工具评估受测者在注意、学习-记忆、语言、空间能力、运动技能等方面的心理功能。在对心理障碍患者进行临床诊断时,神经心理测验是重要的辅助工具。

神经心理测验能够评估神经的心理功能,帮助医生确定患者可能的大脑损伤区域,伤势的严重程度,以及恢复或者适应所需要的时间等。在神经心理评估技术流行初期,神经心理测验主要用来协助医生进行临床诊断。但随着当代神经检查技术的发展,医生可以相当准确地进行脑损伤定位,神经心理测验的诊断功能退居次要地位,描述神经功能障碍在行为或思想上的表现成为其主要的价值。目前神经心理评估技术的作用主要体现在三个方面:

1. 诊断:鉴别精神和神经学症状,协助鉴别各种不同的神经科疾病;
2. 保健:协助确定神经科病人行为受损范围,发现其神经心理方面的强项和弱项,做出神经心理学描述;
3. 研究:用于研究特定脑功能障碍与行为无能的关系。

二、神经心理学测验的类型

(一)单一测验和成套测验

按测验功能的广狭,可将神经心理测验分为单项测验和成套测验。

单项神经心理测验(Single Function Neuropsychological Test)指测验形式单一、主

要测量一种神经心理功能的测验，如词语功能测验、视觉功能测验、运动功能测验等。

成套神经心理测验（Neuropsychological Tests Batteries）由多个不同形式的分测验组合而成，测量脑的多个功能，能对受测者的脑功能进行全面的评估。成套测验又可以分为内部成套测验和外部成套测验。前者指由测量同一功能的几个分测验构成的测验，如成套智力测验、成套记忆测验、成套失语测验等；后者则是将测量不同功能的分测验联用的测验。

通常情况下，单项神经心理测验主要是针对某一心理功能做深入测查，但不能对个体的神经心理状况进行全面测查；而成套神经心理测验可对个人的神经心理功能进行全面的测查，但是对某一特殊功能的测查则不够深入。因此，从某种意义上说，最好先用成套神经心理测验对个人的神经心理功能做一次扫描，发现问题后再针对某问题做进一步的测查。

（二）专门性测验和一般性测验

根据测验编制的目的，可将神经心理测验分为专门性测验和一般性测验。

专门神经心理测验（Special Neuropsychological Tests）是为诊断某种神经机能障碍而专门编制的心理测验，这类测验根据心理活动所包含的不同神经机能而设计，可以为临床诊断提供较为准确的症状学依据。如Porteus迷宫测验，能灵敏地检测脑损伤尤其是额叶的损伤。

一般神经心理测验（General Neuropsychological Tests）最初的编制目的并非专门为了诊断神经机能障碍，而是测量一般心理能力，在对大脑损伤病人的临床诊断中，借用这些测验做一般性检查，以获得对病人大脑机能状态的整体了解。这类测验有成人智力量表、儿童智力量表等。

（三）定性测验与定量测验

按测验结果的解释类型，可将神经心理测验分为筛检用的定性神经心理测验，以及既可做定性也可做定量的神经心理测验。神经学临床检查多属于定性的测验。

复习巩固

1. 神经心理学测验的主要功能有哪些？
2. 神经心理学测验有哪些主要类型？

第二节　成套神经心理学测验

成套神经心理学测验由多个不同形式的分测验组成,可以对脑功能进行全面评估,目前应用最为普遍的是霍尔斯特德-里坦成套神经心理学测验和鲁利亚-内布拉斯加神经心理学成套测验。

一、霍耳斯特德-里坦成套神经心理学测验

美国芝加哥大学的霍尔斯特德(Ward C. Halstead)为测定生物智能,评价病人的额叶功能,于1947年正式发表了霍尔斯特德-里坦神经心理测验(Halstead-Reitan Neuropsychological Test Battery,HRNB),该测验主要适用于15岁以上的成人。1951~1958年,霍尔斯特德和他的学生里坦(R. M. Reitan)在成人神经心理测验的基础上,编制了分别适用于5~8岁幼儿以及9~14岁少年的两套同类神经心理测验。经几次修订后,逐渐形成了内容比较统一的霍尔斯特德—里坦成套神经心理测验。目前霍-里成套神经心理测验由主体测验和联用测验两部分构成,龚耀先等(1986,1988,1993)先后完成了成人、幼儿和儿童三个版本的修订工作,并建立了中国常模。

(一)霍-里成人成套神经心理测验

霍-里成人成套神经心理测验(Halstead-Reitan Neuropsychological Test Battery-Adult,HRNB-A),包括十个分测验和两个联用测验。十个分测验按施测顺序分别是:

1.侧性优势检查。通过检查利手、利足、利眼、利肩等,明确受测者的大脑优势半球。

2.失语甄别测验。检查受测者有无失语及其性质。

3.握力测验。双手分开测试,用握力计测量利手和非利手的握力。

4.连线测验。分A式和B式,A式为1到25个数,散乱分布,要求按顺序将数位相连,出错立即提醒纠正,按完成时间计算成绩。测量个体的顺序化能力和空间能力。B式为1到13个数位和A到L十二个英文字母,混合散布,要求按两个系列的顺序交替连接。B式除了测量顺序化和空间能力外,还测量神经灵活性以及记忆能力。

5.触摸操作测验。使用由一块包含圆、方、三角等十种形状的槽板和与之对应的、可嵌套入各个槽板内的木块组成的形板。受测者蒙上双眼,分别使用利手和非利手将木块放入槽板内,然后回忆各个木板的形状和位置。依据时间、记形和记位的正

确性计分。测量触觉、空间知觉和触觉形象回忆能力、上肢运动协调能力，手部技巧动作以及空间结构能力。

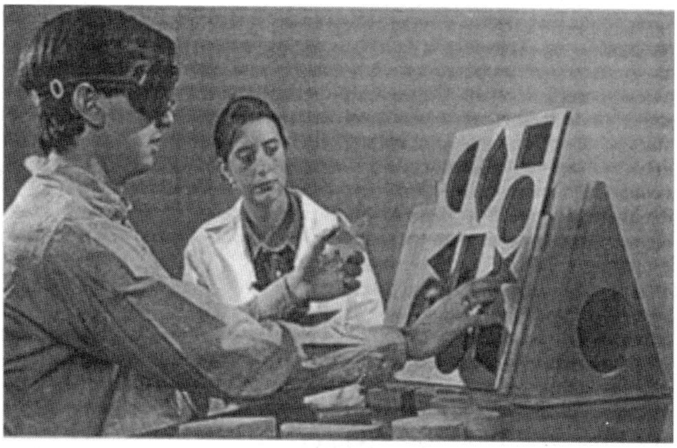

图 12-1　触摸操作测验

6. 音乐节律测验。播放西肖尔音乐潜能测验中的节律分测验，要求辨别两组节律之间的异同，测量区别节律形式的能力。

7. 手指敲击测验。以手指运动计数器来测量手指的精细运动能力。测量中手指快速敲击计数器，随后交替左右手进行敲打，用来分析动作速度和优势手的情况。

8. 语音知觉测验。在一张词单中，每四个发音接近的词为一组。测验时，先让受测者听一个词的发音，然后在四个词中选择一个与听到的词发音相同的词，用以测量语音辨认能力。

9. 范畴测验。测验使用一系列图案卡，每张卡片上都有四个成分，每次呈现一张，要求其找出与其他三个不同的那个成分，或者四个成分的分布规律。测验时使用仪器呈现图卡，要求在四个按键中选择并按下与例外者相应的按键。用以测量思维的抽象和概括过程。

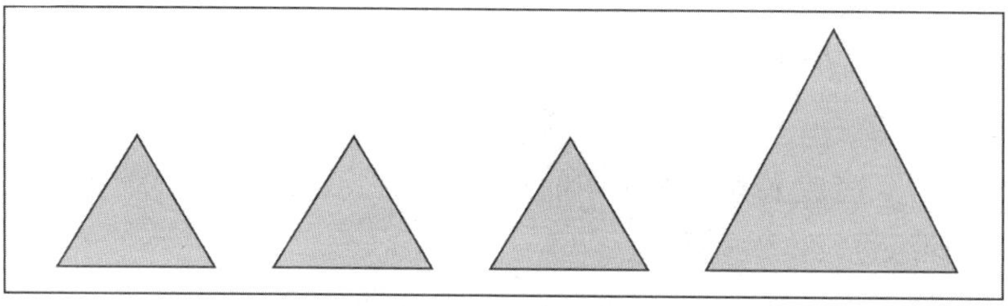

图 12-2　范畴测验

10. 感知觉检查。包括触觉检查（检查有无感觉缺失）、听觉检查（检查左、右听觉能力）、视觉检查（检查有无偏盲）、手指识别检查（检查有无手指失认）、指尖识数测验（检查有无指尖书写数字失认）、触觉辨认测验（检查触知觉能力）。受测者在身体一侧接收信息，然后换为另一侧，用来确定受测者能否知觉到身体一侧呈现的信息，也可用来确定对某一刺激的知觉是否受其他刺激影响而减弱。

霍-里成人成套神经心理测验采用常模分数作为划界分,各分测验常模不同。划界分是区分有无病理症状的临界分,一个测验被划入病理范围内则记1分,根据这些分数计算损伤指数(Damage index),公式如下:

损伤指数=属于病理的测验数/总测验数

损伤指数越高,表示损伤越严重。损伤指数在0.00~0.14范围内提示正常,在0.15~0.29范围内为边缘状态,在0.30~0.43范围内表示轻度脑损伤,在0.44~0.57之间为中度脑损伤,0.58以上为重度脑损伤。值得注意的是损伤指数是鉴别总的脑功能有无障碍和障碍程度的量数,不能据此做出强弱的分析。

(二)霍-里少年成套神经心理测验

霍-里少年成套神经心理测验(Halstead-Reitan Neuropsychological Test Battery-Child, HRNB-C)大体上与成人版一致。不同的分测验主要有:

1. 范畴测验。项目数由成人版的155减为107项。
2. 触摸操作测验。由成人用范本中的十个测验减至六个。
3. 语音知觉测验。反应选择回答每项由成人版的四个减为三个。
4. 连线测验。A式字数由二十五个减为十五个,B式也减至十五个。

霍-里少年成套神经心理测验通常不使用损伤指数作为常模,而用原始分均数和标准差做常模或用T分数来做常模。中国修订版制作了各个分测验在各年龄组(1岁为一组)上的均数标准差常模,以及T分数常模。

(三)霍-里幼儿成套神经心理测验

霍-里幼儿成套神经心理测验(Halstead-Reitan Neuropsychological Test Battery-Young, HRNB-Y)与少年版有很大的不同,许多分测验为全新形式。HRNB-Y包含11个分测验和检查。

1. 范畴测验。将成人和少年版中的数字由黑白改为彩色,刺激卡片减少到六十张,分为一至四组进行。
2. 触摸操作测验。包含六个形板,大小和少年版相同。
3. 色形和渐进图形测验。色形测验的材料为彩色几何图形,第一次要求儿童按相同的颜色配对,第二次要求儿童按相同的形状配对,两种规则交替进行。渐进图形测验的材料为内有小图形的大图形,从一定图形开始,按此图形中的小图寻找形状相同的大图配对,再按照大图寻找相同的小图匹配,依次交替进行。
4. 图画配对测验。是幼儿版特有的测验,要求幼儿将卡片上下两行的图画按意义相似性进行配对，测量幼儿的分析综合能力。

5.V形配对测验。要求幼儿进行图形配对，测量视觉-空间关系能力。

6.靶测验。要求儿童在一张目标图片上按测试者指示的部位再生出缺失的部位。测查幼儿的视觉-空间再生能力。

7.前进测验。要求儿童双手食指跟随测试者指示，沿一定路线前进，测量粗大骨骼肌肉运动调节能力。

8.手指敲击测验。与成人版类似。

9.握力测验。与成人版类似。

10.侧性优势检查。与成人版类似。

11.感知觉检查及答话检查。与成人版类似。

霍-里成套神经心理测验是以经验和理论为基础发展起来的，有不同的年龄版本，应用十分广泛。病人在接受霍-里成套神经心理测验的同时还要接受明尼苏达多相人格调查表的全部测验，以评价他们在医疗情景下的情绪反应状态。霍-里成套测验的联用测验还包括全套的韦氏智力测验。对结果进行分析时，除了要分析测验所包含的所有测验和检查结果外，还包括所有的联用测验和检查。依据评估的目的或应用背景对测验结果进行分析，资料分析涵盖的范围不同可能会导致观点上的差异。

多数研究表明患者在霍-里成套测验特定子任务上的表现与大脑某个半球的机能障碍有关。其劣势为原版测量手册存在一些缺陷，如原版测验缺乏标准化和常模资料，没有标准分，无法进行测验间的比较；没有年龄及一些与神经心理功能有关人口统计学变量资料。另外，完成整套测验及其联用测验需花费6~8个小时，受测者易疲劳。

二、鲁利亚—内布拉斯加神经心理学成套测验

苏联神经心理学家鲁利亚(A. R. Luria)提出“机能系统”(functional systems)神经心理理论，该理论将大脑看作是一个功能系统，认为每个行为都受几个大脑区域的共同影响，功能系统的每个区域都是整个系统的一个必要链接，任何一环受损，整个系统就会垮掉。他提出多潜能性概念，认为大脑的任何一个中心都参与几种不同的功能系统，相同的行为可能受多个系统支配。在该理论基础上，鲁利亚结合自己的临床经验编制了一套用于临床检查的测验。

美国内布拉斯加大学的戈尔登(C. J. Golden)及其同事对鲁利亚的测验进行标准化并于1986年出版，称之为鲁利亚成套神经心理测验。该测验的标准化版本包括11个分测验，共269个项目，被称为鲁利亚-内布拉斯加神经心理学成套测验(Luria-Nebraska Neuropsychological Battery, LNNB)。中文版由徐云和龚耀先(1987)修订。

LNNB的11个分测验及其功能如下：

1. 运动测验。含有51个项目，要求受测者模仿或按语言指示来完成一系列手、口、舌的简单动作。评估简单协调能力、视-空组织能力、执行命令的能力和指向运动能力。

2. 节律测验。含有12个项目，大部分材料用磁带播放。主要测量对近似声音、节律和音调的听辨能力。

3. 触觉测验。含有22个项目，受测者蒙上眼睛完成。检查复杂的皮肤、肌肉和关节感觉以及实物感觉。

4. 视觉测验。含有14个项目，辨认物品和图画、复杂的几何图形、木块构图，读出无数位钟面时间，确定空间定向等，评估受测者的视空间能力，检查空间转换和移位能力。

5. 感知言语测验。含有33个项目，要求受测者区分英语基本音素，用口头或书面来表达对言语的理解，阅读理解含有所有格、介词、比较级等复杂语法结构的短文并回答提问。测查区别音素和理解言语的能力。

6. 表达性言语测验。含有42个项目，包括简单发音，不同长度和复杂程度的短语、句子的发音，为物体命名，用语言描述图画情节等。测查发音、讲出有声语句以及对物体命名等能力。

7. 书写测验。含有13个项目，在口授情况下写出不同复杂程度的词、短语和句子。

8. 阅读测验。含有13个项目，包括以每秒一个字母的速度读出拼音，说出字，将词分解为单独的字母，诵读字、句和一段短文。测查个体是否具有将词分解成字母、将字母组成词以及诵读字母、词、句子和短文的能力。

9. 算数测验。含有22个项目。包括数概念，比较数量，四则运算，文字题计算等。测查计数和计算能力。

10. 记忆测验。含有13个项目，包括听记忆，视记忆测验。测查记忆能力。

11. 智力测验。含有34个项目，评估智力功能的综合情况。该分测验需复杂的推理和解决问题的技能，包括理解图卡和短文的主题、解释词汇、概念形成、分类、类比、算术的逻辑推理等。

鲁利亚-内布拉斯加神经心理学成套测验的项目均采用0~2的三级记分，0表示正常，1表示边缘状态，2表示异常。每个分测验的项目得分之和为其原始分，原始分可以转化成平均数为50，标准差为10的T分数。分数越高，其患病的可能性越大，分数高于70，则可以确定受测者相应的脑部受到损伤。除了可获得11个分测验的得分外，还可将不同的测验项目组合得到另外3个测验分数。第一个是特殊病症量表分数，包含32道题，它反映脑损伤的代偿程度，例如脑的功能重组或者实际身体恢复。得分越高，代偿程度越低。另外两个分数（左半球、右半球）分别从测量身体左侧和右侧功能的测题中得出，从而确定脑损伤是弥散性的还是单侧化的。

鲁利亚-内布拉斯加神经心理学成套测验的优点是：测验标准化，使用方便；内容比较简短，测验时间一般在1小时，最长2.5小时；仪器简单，便于临床使用；发展了年龄和教育的校正方法等。许多研究表明鲁-内神经心理学成套测验能精细辨认出神经心理学功能。但一些研究者认为该测验提供的信息不如IQ测验，效度研究的样本选择不科学，其理论基础和临床应用不够成熟等。

案例

一个56岁的男性患者，右半球曾经中风过两次，接受鲁-内测验测量。各个分测验测验得分如下：感知性言语T=39，表达性T=40，智力T=53，阅读T=60，书写T=60，记忆T=65，运动T=99，节律T=92，触觉T=92，视觉功能T=85，右半球T=124，左半球T=81，特殊病症量表T=75。根据这些分数对该患者的脑损伤情况进行分析。该男性患者右半球得分（T=124）显著高于左半球得分（T=81），表明其右半球发生严重病变。特殊病症量表上的得分为75分，处于中等偏上的水平，这显示在一定程度上脑损伤得到补偿。语言和智力（感知性言语39，表达性40，智力53）未受损伤，但是阅读、书写和记忆可能遭受轻微损伤（得分分别为60，60，65）。运动、节律、触觉以及视觉功能（得分分别为99，92，92，85）严重受损，表明病人患有严重的感觉障碍。在完成测验时，病人所犯的多数错误都与视觉有关，表现出一致性的左侧忽视。总之，鲁-内神经心理成套测验的结果与右半球大脑动脉中风症状相当吻合，中风损伤了运动感觉区和大脑视觉区域的皮层下神经束。

三、成套神经心理测验的优缺点

成套神经心理测验的优点主要是测验由许多分量表组成，能够全面测查大脑损伤病人的各种基本能力，防止遗漏一些重要病象；测验标准化程度高，测验步骤、操作方法和计分标准都有统一规定，可以减少测量误差，结果较为可靠。

成套神经心理测验也存在一些缺点，如：由于测验项目较多，花费时间较长，受测者容易疲劳，产生消极情绪；由于测验操作时间长，往往需要由专门的测验人员负责实施，临床医生和临床心理学工作者无法了解受测者在测验过程中的具体行为反应，可能会影响诊断；测验的针对性不强，对受测者一律使用同样的测验，没有考虑到个体间的差异，一些测验的结果是无用的。

生活中的心理学

大脑左右半球缺陷的诊断

心理学研究发现大脑两半球的功能存在一定差异。语言功能主要位于大脑左侧,左半球的任何严重损伤都可能导致语言的产生和理解发生困难。如,布洛卡区受损的人说话缓慢而费力,表现为一种电报式的语言,但他们对书面语和口头语的理解并不受影响;角回受损会引起严重的阅读障碍,但不影响语言理解和发音说话;左半球听觉皮层损伤会引起严重的口语理解困难,但发音说话和阅读能力均正常。右脑主要掌管一系列的认知和知觉能力,主要涉及几何分析,视觉空间、情绪的理解与表达,非言语声音及音乐的加工等。最常见的右脑损伤症状是处理空间关系、二维或三维结构能力的缺乏。

神经心理学研究最多的问题之一就是识别大脑左右半球的缺陷,这也体现在霍-里成套神经心理测验及其联用测验中。

表12-1 霍-里成套测验结果与受损半球的对应关系

	左半球	弥漫	右半球
智力	言语智商低于操作智商(可能两者均低,但言语智商更低,与操作智商差10分便有意义,差15分以上更有意义)	普遍下降	言语智商高于操作智商(可能普遍下降,与言语智商差10分有意义,差15分以上更有意义)
记忆	言语记忆成绩特别低	普遍低	钉板测验、韦氏记忆量表中的记忆成绩特别低
思维	心算、词语的相似性成绩特别低	范畴、领悟、相似性测验成绩低	木块图、图片排序成绩特别低
运动	敲击、触摸时间、握力成绩右手明显低于左手	连线测验B成绩明显下降	敲击、触摸时间、握力测验成绩左手明显低于右手
感觉	右侧有阳性发现		左侧有阳性发现
失语	言语困难,语言测验成绩下降		有结构性失用

(表格采自张厚粲,龚耀先,2012,有改动)

复习巩固

1. 简要介绍霍-里成人成套神经心理测验。
2. 简要介绍鲁利亚-内布拉斯加神经心理学成套测验。

第三节　单项神经心理学测验

单项神经心理测验主要测量某一种神经心理功能，本节主要讲述对感知觉、注意、记忆、思维、言语、运动能力等进行测量的神经心理测验。

一、视知觉测验

视觉的初级感觉区位于枕叶，单侧枕叶接受对侧的视觉信息，左右分离的视觉空间通过位于胼胝体后部的压部(splenium)融合，形成对整个视野的统一知觉，初级感觉区损伤将无法接受对侧视觉区域的视觉刺激。枕叶前部分的单向联合皮质，是视觉信息的高级加工区域，负责合成视觉刺激并为刺激建立意义，该区域受损可能会导致视觉失认，典型症状是无法识别图像或面孔。例如面孔失认症，病人表现为不能识别熟悉的面孔；而患有物体失认症的病人虽能非常巧妙地画出一幅火车的图片，但他们却不知道自己画的是什么。

视知觉障碍的形式非常多，主要分为视知觉障碍、视空间障碍和视结构障碍三种。在对视觉障碍进行检验时使用较多的是本顿视觉保持测验(Benton Visual Retention Test)。该测验由亚瑟·本顿(A. L. Benton)于1946年为评估视知觉、视记忆和视结构能力而编制，后经过多次修订，本章介绍的是1974年修订完成的第四版本顿视觉保持测验。

本顿视觉保持测验分为C、D、E三种形式，各包含十个项目，每个项目有一个或者多个图形，适用于8岁以上的受测者，完成一个形式的测验只需要几分钟时间。测验的施测方法分为四种：方法A，每一项目呈现10秒后让受测者立即再现(在纸上画出刚看过的图形)；方法B，每一项目呈现5秒后让受测者立即再现；方法C，让受测者临摹每一个图案；方法D，每一项目呈现10秒，延缓15秒后让受测者再现。计分方法分为正确分和错误分两种：正确分表示正确再生的项目数，每一项全对记1分，有错则记0分，凡不符合全部正确标准的均算错误。按错误计分时，有些错误虽有多个形式，但只记一个错误分。

该测验依据年龄和智力因素建立常模，根据智商水平计算各个年龄的测验成绩。在测查病人时，需估计他病前的智商水平，查出预期的正确分和错误分，与实际得分比较再进行解释。测验已有中国常模。

二、听知觉测验

(一)西肖尔音韵节律测验

该测验是西肖尔音乐才能测验中的一个分测验,并已成为霍-里成套神经心理测验中的一个分测验。西肖尔音乐才能测验是美国艾奥瓦大学音乐心理学家西肖尔编制的测定音乐能力倾向的工具。现用的量表包括音调、音量、节奏、音波、音色和音调记忆6个测验,可用于团体和个别施测。西肖尔音乐才能测验的每一测题都由一对音或音的系列组成,测试时逐对呈现,要求受测者分辨节拍的异同。测验以错误数来评分,常用来检查颞叶病变。测量适用于小学4年级学生到成人。

(二)词-音知觉测验

该测验是霍-里成套神经心理测验中的一个分测验,测验时播放一个词音后,从类似的4个词音中选出与之相符合的词音。测量持久注意、听与视觉综合、听分辨能力。

三、注意测验

注意是一个初级的、自动化的认知加工系统,是多重脑结构共同作用的结果。不同种类的注意可能会唤醒不同的大脑系统,持续性注意受网状结构的调节;选择性注意除了与网状结构有关外,还涉及其他脑区;扣带回对关注环境中的相关信息、忽视无关信息有重要作用。这里简要介绍几种常用的注意力测量工具。

(一)日常注意力测验

日常注意力测验(Test of Everyday Attention)由罗伯逊等(Robertson et al.,1996)联合开发,该测验能够对不同的注意力成分加以区分。日常注意力测验有三个平行版本,但是测验得分易受年龄的影响,尤其适用于对老年人进行评估。该测验常模团体为154名年龄18~80岁健康的成人。除了数电梯层数分测验外,其余分测验均有一个平均分为10,标准差为3的标准分数。日常注意力测验对闭合性颅脑损伤造成的影响高度敏感,而地图搜索分测验和电话簿搜寻分测验能很好地解释脑损伤引起的功能缺陷。

表 12–2 日常注意力测验的分测验

分测验	内容	测量内容
地图搜索	要求受测者在两分钟内搜索出彩色地图上的80个特定符号	选择性注意
数电梯层数	根据录音,数出电梯的楼层数	持续性注意
数电梯层数(伴分心刺激)	同上述程序相同,只是加入了使人分心的声音刺激	持续性注意
视觉电梯	根据呈现的上下走动的电梯的视觉刺激,输出电梯的楼层数	注意的转移
听觉电梯	同视觉电梯呈现相同,只是呈现方式为录音	注意的转移
电话簿搜寻	在一个模拟的分类电话簿中搜寻特定条目中的关键符号	分配性注意
电话簿搜寻双任务	在完成电话簿搜寻任务的同时,对呈现的听觉音调进行计数	分配性注意
乐透	受测者听取一段中奖号码后将其依次写下	持续性注意

(二)持续性操作测验

持续性操作测验是测量持续性注意的一种常用测验。测验施测方法是:在屏幕上持续呈现字母,受测者对出现的某个特定字母做按键反应,或者在某个字母紧跟着特定字母出现时做按键反应。测验能灵敏地探测出多种脑损伤情况,如多动症、药物滥用、精神分裂症和明显的脑损伤,但对分数进行解释时,需要参照一系列测验组合的得分情况。桑福德(J. A. Sandford)和特纳(A. Turner)(1995)在此基础上发布了基于计算机的、涉及听觉和视觉刺激的持续性操作测验,称为视听整合持续性操作测验(Integrated Visual and Auditory Continuous Performance Test),用于筛选注意缺陷、学习困难、情绪问题和药物滥用等。

(三)标准间隔听觉系列加法测验

标准间隔听觉系列加法测验(Paced Auditory Serial Addition Task)是一个简单、灵敏的注意力测量工具。测验过程中以音频呈现一串数字,受测者报告相连的两个数字相加之和。施测时有4种不同的数字呈现间隔,分别是2.40s,2.0s,1.60s和1.20s。在实际测试时共61个数字,受测者要报告60个加法结果,测验前先进行练习。以每种时间间隔下受测者的正确率作为测验得分。该测验有不同的版本,均具有常模。康沃尔(Gronwall,1977)将该测验应用于脑震荡病人的测量中,用以确定病人还需休养多久。脑震荡是指由于头部遭到撞击而引起的短暂的意识模糊,脑震荡的症状包括暂时失忆、头晕、恶心反胃和呼吸缓慢,但是脑震荡并没有明显的脑组织损伤。

由于大量研究表明完成标准间隔听觉系列加法测验会使受测者饱受压力,伊恩·迪里(I.Deary)于2001年使用非数字刺激代替数字系列,形成了标准间隔听觉系列相反测验(Paced Auditory Serial Opposites Task)(Gow & Deary,2004)。测验前先回顾9个简单词汇的反义词,之后以音频呈现每对词汇的前一个词,受测者在听到下一个单词时说出先前听到的词汇的反义词,随机呈现61个刺激。词汇呈现时间间隔分别为:4s、2s、1.7s、1.4s。

标准间隔听觉系列加法测验Gronwall版记分表

编号: 姓名: 性别: 施测者:

	2.4 s	2.0 s	1.6 s	1.2 s		2.4 s	2.0 s	1.6 s	1.2 s		2.4 s	2.0 s	1.6 s	1.2 s
7(9)					8(12)					5(13)				
5(12)					7(15)					4(9)				
1(6)					1(8)					8(12)				
4(5)					6(7)					2(10)				
9(13)					3(9)					1(3)				
6(15)					5(8)					7(8)				

……

	正确数	百分比	Z分
2.4 s			
2.0 s			
1.6 s			
1.2 s			

图12-3 标准间隔序列加工测验记分表

其他的注意力测验还有系列减7测验,霍-里神经心理成套测验中的语音知觉分测验等。

四、记忆测验

记忆主要是颞叶的功能,其中海马(Hippocampus)和杏仁核(Amygdala)在短时记忆转为长时记忆中起着重要作用。杏仁核在整合多种形式的记忆,尤其是将记忆与强烈的情绪意义联系起来的过程中很可能起着特殊的作用。研究者还发现不同的记忆类型唤醒的是不同的脑区,小脑很可能对程序性记忆具有重要作用。

(一)韦氏记忆量表

韦氏记忆量表有1945年原版以及1987年版、1997年版两个修订版,本章介绍1997年版韦氏记忆量表第三版(Wechsler Memory Scale-Third Edition, WMS-Ⅲ)。韦氏记忆量表第三版由美国心理公司组织专家集体修订完成，在内容上突出了暂态记忆、延时记忆和工作记忆三种记忆类型，在施测过程中通过听觉和视觉两个通道来呈现刺激，采用回忆和再认两种形式施测，采用量表分（平均数为100，标准差为15）、指数分和百分位分数记分。测验的常模样本为16到89岁的成人，分为13个年龄组，所有受测者按年龄、性别、种族、教育程度和地区进行了分层抽样（Dumont & Willis, 2008）。第三版记忆量表包含17个分测验，分别是：

1.个人信息和定向。结果不用来计算记忆商数，但可在对测验结果解释时使用。

2.逻辑记忆。向受测者呈现两个不同的故事，让受测者听完后进行复述。

3.面孔识别。测验中向受测者逐个呈现24张人面像，每张呈现2秒，然后混入干扰项，然后受测者通过回忆判断之前有没有出现过。

4.联想学习。施测中测试者先将8对词从头至尾诵读一遍，然后测试者读出词对中的第一个词，要受测者回答第二词。

5.家庭成员图。向受测者逐个呈现4张不同的家庭成员图，之后要求受测者复述成员称谓和在图中的位置。

6.词表。施测中让受测者在读完词表的内容后，进行自由回忆。

7.视觉再生（选作）。该分测验包含5张卡片，每张卡片上有一个几何图形，每次呈现一张，要求受测者在看过之后进行再生，用纸笔画出呈现过的几何图案。

8.字母-数位。向受测者呈现一串字母和数字，每一个数字之后有一个字母，要求受测者听完后按原顺序进行复述。

9.空间广度。图板上有10个编号为1到10的立方体。测试者按一定秩序敲击立方体，要求受测者进行重复。分两次进行，一次正序重复，一次倒序重复。

10.心智测验（选作）。从20倒数到1；背诵字母A到Z；从1起累加计数到40。

11.数字广度（选作），同智力量表相似。

其中，第12~17分测验分别是第2~7这六个分测验的重复。时间上间隔25~35分钟，用于测查延迟记忆。

龚耀先等（1981）以韦氏记忆量表原版为蓝本，经过修改和补充形成了中国版韦氏记忆量表。中国版的主要内容包括：长时记忆测验、短时记忆测验和暂态记忆测验。主要特点是：

1.增加了三个非文字的分测验，分别为图像再认、图片自由回忆和形板触觉记忆（包括形状和位置记忆），扩大了听测量的记忆范围。

2.扩充分测验的内容，提高成绩的量化程度。

3.扩大样本容量，制定年龄常模。

4.用各分测验的标准分（1到19）代替原版的等级分。

5.使用离差记忆商数(100+15Z)替代原版的加权分记忆商数。

6.分为甲、乙两个平行本。

韦氏记忆量表能够有效地检验出受测者是否患有记忆障碍,能有效地识别出轻微创伤性脑损伤病人的神经心理缺陷,而且能区分假装头部损伤者与真实头部受损者。但值得注意的是:

1.根据韦氏记忆量表得分计算出的记忆商数无法单独说明脑损伤的特异性,且记忆商数的解释必须结合受测者的年龄、受教育程度和职业等。

2.记忆商数与智商相分离不是脑损伤的证明。韦氏记忆量表编制目的是结合智力量表来估计脑的器质性损害,其假设是记忆同智力一样,随年龄而变化,若智商与记忆商数出现分离,则说明此人有记忆缺损,表示此人存在脑损伤,但是相关的研究结果并不完全支持这一假设。

(二)临床记忆量表

临床记忆量表(Clinical Memory Scale)是由中国科学院心理研究所徐淑莲为首的全国协作组(1986)编制而成,主要测量短时记忆,内容包括言语和非言语两方面,采用回忆和再认两种方法,分为5个分测验。

1.指向记忆。测验内容为两组词,每组24个,每个词由2~3个字组成,其中12个词属于同一类别(如水果、动物等),要求识记。另外12个词为混入词,不需识记,但这些词与需要识记的词较为接近。两类词混杂在一起,用录音机随机播放,每秒1个,间隔2秒。每组词播放完毕后,立即回忆,说出要求识记的词。一组结束后,休息5秒开始下一组。

2.联想学习。与韦氏记忆量表的成对联想学习类似,包括12对词,每个词由2个字组成,其中容易(有逻辑联系)和困难(无逻辑联系)词对各6对。用录音机随机播放,每3秒一对词,间隔2秒。以不同顺序播放3遍后立即测试,测试者说出前词,受测者回答后词。

3.图像自由回忆。测验材料为两组黑白图片,每组15张,内容为常见的、熟悉的和便于辨认的东西。随机排列后按一定顺序呈现,每张呈现4秒,间隔2秒。每组呈现完毕后立即回忆,说出图片内容。然后间隔5秒开始呈现第2组图片。成绩以正确回忆图片的数量计分。

4.无意义图形再认。测验材料为无意义图片,分为5种形式:曲线封闭图形、直线封闭图形、曲线封闭图形、曲线不封闭图形、直线不封闭图形。实验中共呈现20张刺激图片,每张呈现3秒,间隔3秒,之后呈现混有20张非目标图片的40张图片进行再认。测验成绩计算公式:再认分=(正确再认数-错误再认数)×2。

5. 人像特点联系回忆。测验材料为6张黑白人脸图片，测验中随机呈现每张图片9秒，间隔3秒。呈现图像的同时测试者说出图片中人的姓名、职业和爱好，重复2遍，要求记住人像和它的3个特点。6张图像呈现完毕后，按另一顺序再次分别呈现，要求受测者说出姓名、职业和爱好。以正确回答数量作为测验项目的得分。

临床记忆量表将5个分测验的原始分根据等值量表换算成量表分，分量表得分之和为总量表分，按常模将总量表分转换得到记忆商数。测验适用于成人，有甲、乙两套等价的测验材料，包含受教育或未受教育两类群体的常模，测验内容分为言语和非言语两方面，便于检测大脑两半球的不同功能。

除了上述两个测验外，常用的记忆测验还有：Rey听觉言语学习测试（Rey Auditory Verbal Learning Test）（Poreh, 2010），它是现今仍在使用的最古老的心理测验之一，也是最常用的记忆测试，特别适用于临床研究。Fuld物体记忆测验，能有效测量老年人记忆障碍。Fuld物体记忆测验常被用于辅助诊断阿尔茨海默病，阿尔茨海默病是种退行性神经系统疾病，早期最明显的症状是记忆丧失。Rivermead行为记忆测验（Rivermead Behavioral Memory Test）（刘晶京，恽晓平，2016），主要测量日常记忆，如寻找路径、名字记忆和信息回忆等。另外还有数字广度测验、图案记忆测验、视觉记忆测验等。记忆测验除了单独用来测查记忆功能，亦被用于成套智力测验和神经心理测验。

五、思维障碍测验

思维障碍指思考或者说话过程中思路忽然中断的心理现象，通常会在患脑器质性疾病和脑功能性疾病时出现。思维障碍是一种非常独特的认知障碍，通常使用分类测验加以检验。

分类测验中通常会列出多种不同类别的物体，受测者按自己的想法将之分类，施测者根据其分类结果判断受测者概念的发展状况，最常用的分类测验是实物分类测验（Lovibond, 1954）。实物分类测验（Object Sorting Test）的测验材料为33件常见实物。测验过程分为两部分，第一部分测查主动的概念形成，包括七个项目。测试中施测者拿一个实物放在受测者前面，要其找出其余的同类物件，做完后，询问为何将这些物件放在一起；第二部分测查被动的概念形成，包含十二个项目。由测试者选出一组实物并放在受测者前面，然后询问为什么这些物件是属于一类的，要求受测者对这些实物下一个抽象的概念性定义。

实物分类测验根据以下几个评分标准对个体的分类结果进行评定：(1)分类和词语化的恰当性，指分类和词语化与项目常模的符合或者偏离程度；(2)概念化水平，指一个组的定义是抽象的、功能性的,还是具体水平的,分类的概念化水平主要取决于受测者的词语化水平;(3)概念范围的广狭,指受测者在分类时,省略了一些实物或者包含得太多,或所下的定义并未考虑组中所有的物体,或包括了组外的东西。

分类和词语化的结果通常与文化教育背景有关,但在病态情况下,疾病对测验结果的影响会超过文化教育的影响。一般来说,在测验第一部分和第二部分中不恰当分类达到两个或三个以上,多见于精神分裂症、抑郁性精神病、神经衰弱或脑损伤病例中;不恰当分类达到四个以上是严重不适应的征象,常见于慢性精神分裂症或者脑器质性损伤病例。

六、言语测验

言语是人们在交际中对语言的运用,是复杂的认知心理活动。左半球的众多脑区均与语言有关,发生在左半球的任何严重损伤都可能导致语言的产生和理解障碍。例如,左半球听觉皮层的损伤会引起严重的口头语言理解困难,但是并不影响发音、说话和阅读能力。此外,一些脑区的损伤会对言语能力有独特的影响,如布洛卡区受损时,个体说话缓慢而费力,但对书面语和口头语的理解能力正常。在众多言语功能障碍中,失语症(Aphasia)是最为常见的一种言语障碍,失语症是指由于脑损伤引起的任何偏离常态的言语表现。

(一)失语症的测查

对失语症进行临床检查时,不同的检查方法会有轻微的差别,但都涉及一些基本的要素:

1. 自发性言语。找寻失语症的独特症状,例如词汇查找困难或者产生新词(如:将梳子说成是木板)。

2. 短语或句子的复述。复述任务很简单,正常人一般不会发生错误。

3. 语言理解。施测者会问一些问题或者发出一些指令,这个测验的任务非常简单,正常受测者一般不会错。

4. 词汇搜索。施测者指向一个寻常的、易识别的物体,并询问受测者“这是什么”。施测者也可能要求受测者说出数字、字母或者颜色等。

5. 阅读。要求受测者阅读一段与他们的受教育水平相匹配的文字。

6. 书写和描摹。施测者要求受测者自发默写一段文章,或要求受测者临摹几何图像或抄写文字。观察受测者是否出现严重不合语法的书写语言或描摹内容明显失真。

7.计算。施测者要求受测者在有或没有草稿纸辅助的情况下完成一些简单的数学计算。

当临床检查确认个体患有失语症时,就要用到标准的失语症筛选工具。标准失语症筛选测验包含了客观目标以及对施测、评分过程的精确要求,主要运用于确诊的失语症患者,能提供病人语言技能的概况并有助于建立治疗计划。一些常用的失语症筛选测验及其测量内容见表12-4。

表12-4 常用失语症筛选测验

测验名称	描述
多种语言失语症检查(Multilingual Aphasia Examination)	公认的、较为全面的失语症成套测验,含11个分测验,主要包括视觉命名、复述、灵活性、计算、拼写以及其他
西部失语症成套测验(Western Aphasia Battery)	包括对言语流畅性、听觉理解及复述的全面测量,主要目的是诊断失语症的症状及其严重程度
波士顿诊断性失语症检查量表(Boston Diagnostic Aphasia Exam)	含8个分测验,能对失语症进行全面检查。包含传统失语症量表的测量内容以及音乐、空间、计算、书写技能等
Porch沟通能力指数(Porch Index of Communication Ability)	由18个分测验(4个言语、8个手势和6个图形)组成的成套测验,能够非常有效地测出病人表现上的微小差别
标记测验(Token Test)	标记测验能检查失语症患者的口语理解能力,受测者根据口语命令将正确的令牌置于正确的位置

(Howard, 2004)

(二)临床汉语言语测评方法

临床汉语言语测评方法由中国科学院心理研究所神经语言学研究组通过对脑损伤病人的研究编制而成,测验条目的框架以言语行为的心理、生理以及语言学分析为依据,测验内容充分考虑到汉语语言特点,测验项目根据口头语言和书面语言的认知过程专门设计。测验分为两部分:第一部分为基本分测验,能满足一般的临床诊断需要,判断有无言语障碍,障碍的基本性质和严重程度;第二部分为延伸分测验,用于进一步探讨汉语言语的大脑机制。临床汉语言语测评项目的内容如表12-5所示。

表12-5 临床汉语言语测验内容简介

<table>
<tr><td rowspan="2">口头语言</td><td>口语理解(听接受、解码)</td><td>1.声音辨识:声音匹配;2.听名指物;3.系列听名指物;4.执行口语指令;5.语句理解(听呈现);6.短文理解(听呈现)</td></tr>
<tr><td>口语表达(表达、编码)</td><td>1.语言肌肉运动能力测量;2.自动性言语;3.呼名;4.复述性言语(单音、字词、句);5.主动性言语(看图说话、主体性言语表达)</td></tr>
<tr><td rowspan="2">书写语言</td><td>阅读理解(视接受、解码)</td><td>1.听字指字;2.朗读(字、词、句、短文);3.视语理解:字词、句—图匹配、回答书面问题等</td></tr>
<tr><td>书写表达(表达、编码)</td><td>1.手部精细动作;2.临摹书写;3.自动性书写;4.听写(字、词、句)5.主动性书写(看图写字词、写话,主体性书写)</td></tr>
</table>

七、运动与执行能力测验

(一)脑的运动功能及其测量

众多脑区都和运动控制有关,其中小脑、基底神经节、运动皮质区尤为重要。小脑和其他脑区共同作用调节肌肉紧张度、身体姿势、手动和眼动。小脑受损或小脑周围脑区受损会使个体无法协调眼睛运动,因此神经病学家和神经心理学家在进行临床检查时一般会要求病人上下左右转动眼睛。小脑受损者也很难有节奏地敲打食指。基底神经节亦称基底核,是大脑深部一系列神经核团组成的功能整体。其主要由尾状核、豆状核、屏状核、杏仁核组成,另外红核、黑质及丘脑底核也参与基底核系统的组成。尾状核和豆状核称为纹状体,豆状核又分为壳核和苍白球两部分。基底神经节与小脑、皮质脊髓束和脑干中的运动细胞核共同控制运动,它对运动的控制是通过与额叶皮层的神经连接发挥作用的。基底神经节受损引起的最为常见的疾病是帕金森病和亨廷顿病,前者表现为运动迟缓,运动丧失和静止性震颤等症状,主要是由于黑质致密部的退化和随后的多巴胺能输出降低有关。多巴胺的减少造成了纹状体直接通路的抑制和间接通路的去抑制,进而导致基底核对丘脑的兴奋的丧失。后者表现为异常的多余动作(舞蹈性震颤)以及协调缺乏等症状,该症状是由于纹状体和苍白球的退化造成的。运动皮质也称运动区,位于中央前回、前额叶的后部和中央沟的前部,主要促进自主运动。而运动辅助区位于初级运动区前方,主要控制复杂运动链的系列排列,也即运动规划。初级大多数运动控制功能是受到对侧的相应脑区控制的,即左侧中央前回主要控制右侧身体,右侧中央前回主要控制左侧身体。运动区严重受损可能会导致相应身体部位的彻底瘫痪,运动辅助区受损会导致无法控制运动序列,例如无法协调一系列手臂和面部运动。

运动功能测验可以发现由于脑机能障碍导致的力量和协调性方面的细微障碍,也可用来识别身体左右两侧的差异。大多数神经心理成套测验都包含了测量运动速度和准确性的测验,例如,手指敲打测试、钉板表现测验和路径追踪测验等。另一种较为常见的运动功能测验是Bender视觉运动完型测验(Bender visual motor gestalt test)。

Bender视觉运动完型测验包含9个图片刺激,受测者要逐步将这些图片描摹在一张白纸上,要求尽可能准确,时间不限。该测验拥有多种评分系统,其中Lacks(1999)提出的12个定性评分标准被认为是最合适的评分标准,满足其中的5个即可被判定为脑损伤。2003年研究者为了扩大测量范围,测量受测者的极端能力,在保留了原版本中9张刺激卡片的基础上,又增加了4个简单卡片和3个困难卡片,简单图片适合4~7岁的儿童,困难图片适合8岁以上受测者,从而形成了Bender视觉运动完型测验的扩展版本(Decker & Bridges, 2017),称之为Bender完型测验第二版(BG-II)。

表12-6 Lacks提出的12个定性评分标准

诊断依据	描述	诊断依据	描述
1.旋转	图像被旋转80~180度	7.冲突	将两个独立图片重叠
2.重叠困难	难以画出图形中本该被重叠的部分	8.无效	大量涂改或者没有办法完成图片
3.简单化	图片被简单化	9.闭合困难	无法平滑地画出图片的连贯部分
4.裂解	图片的整体性被破坏	10.运动不协调	画图时出现显而易见的战栗
5.退化	用更原始图片特点图片模式	11.画角苦难	难以画出图片中的角
6.持续动作	先前图片中的刺激被引入当前图片	12.凝聚	图形的某部分被单独放大或缩小

(二)脑的执行功能及其测量

个体执行功能的失调可能源于一系列神经网络的损伤,其中最重要的脑区是额叶,额叶对执行功能中的规划、监管、确认和实施功能具有重要作用。通常通过临床观察和检查清单来诊断前额叶的功能障碍。表12-7为一个常见的执行功能检查清单。

表12-7 执行功能检查表

意识	无法意识到局限性	1　2　3　4　5	能够意识到局限性
目标选择	没有目标	1　2　3　4　5	有长期目标
计划	计划杂乱无章	1　2　3　4　5	计划非常详细
行为定向	需求决定行动	1　2　3　4　5	任务决定行动
自我监控	无法识别错误	1　2　3　4　5	发觉和纠正错误
控制冲动	高度冲动	1　2　3　4　5	三思而后行
灵活性	方法不灵活	1　2　3　4　5	从反馈中学习

1=非常严重损伤;2=严重损伤;3=中等程度损伤;4=轻微损伤;5=正常情况

最常用的执行功能测量工具是Wisconsin卡片分类测验(Wisconsin Card Sorting Test),该测验依据Weigle对人类分类行为性质的分析及Harlow对大脑损伤猿猴的研究提出(Grant & Berg, 1948)。测试中施测者向受测者提供64张卡片,每张卡片有不同的颜色(红、绿、黄、蓝),上面是不同的图形(三角形、星形、十字架、圆圈),图形的数量有可能是1~4个。受测者要根据一个未知的规则将64张卡片分为4类,当受测者对卡片进行分类时,施测者做出“正确”“错误”的反馈。当受测者能连续10次正确地对卡片进行分类后,施测者改变分类规则并且不提醒受测者,测验持续进行直到受测者再次连续10次正确将卡片分类。这样的测试进行6轮后,测验结束。测验可通过不同的方式进行记分,如达到标准时尝试的次数。Wisconsin卡片分类测验最常见的用法是考察脑损伤病人的康复情况。该测验最新版本是修订版(Gawrilow et al., 2011)和生态版(Pezzuti et al., 2013),适用于特殊儿童和老年人。

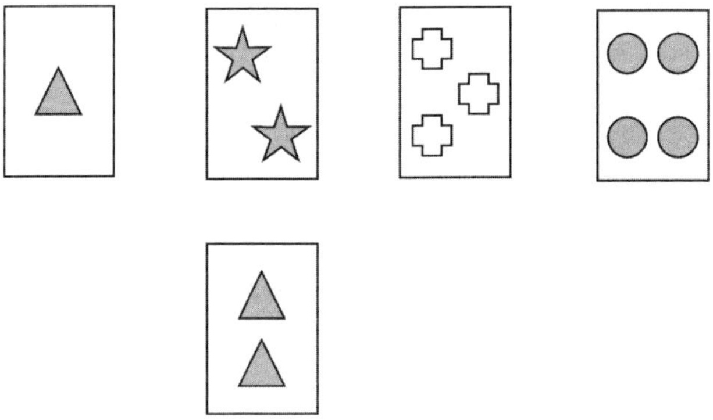

图12-4 Wisconsin图片分类测验示例

其他执行能力测验。如执行系统障碍的行为评估(Behavioral Assessment of the Dysexecutive System)包含6个模仿真实日常生活的新颖的情境测验,整个测验具有较高的生态效度,能合理有效地测量阿尔茨海默病患者的社会适应能力(Rozenblatt, 2011)。

八、酗酒与酒精依赖的测验

酒精作为精神活性物质,饮酒能引起一系列行为和生理反应,包括镇静、执行和认知功能缺陷、大脑形态结构和生理功能损害等。酗酒(alcohol abuse)的标准是指个体由于喝酒导致了生活中的功能障碍。具体来说,当个体满足以下一个标准或者多个标准时可以被诊断为酗酒。标准包括:

(1)喝酒影响个体承担生活、家庭或学校的责任。

(2)喝酒导致不安全行为,如酒后驾驶。

(3)喝酒导致产生法律问题,如酒后打架斗殴。

(4)喝酒导致与配偶或者他人的激烈争吵。

相对于酗酒,酒精依赖的症状更为严重而且持续时间更长,酒精依赖(Alcohol dependence)是指对于含酒精饮料产生心理或生理上的依赖,造成的身心失衡症状。患者会无视自己身上出现的各种失调,长期大量摄取酒类饮料。如果个体满足以下至少三个标准,则可以被诊断为酒精依赖。这些标准包括:

(1)酒精耐受度增加:原来的饮酒量造成酒醉的程度下降,需要加大饮酒量才能达到相同的酒醉程度。

(2)出现戒断症状,例如肠胃不适与全身疲倦等。

(3)喝酒时间或者饮酒量严重大于预期。

(4)无法自行戒除,戒酒之后又恢复酗酒。

(5)饮酒、买酒与酒醉的时间增长。

(6)因为饮酒而放弃重要与正常的社交活动。

(7)虽然知道饮酒带来生理与心理的健康问题,但无法停止饮酒。

最常用的酗酒与酒精依赖的检测方法还有CAGE问卷法和AUDIT问卷,CAGE问卷是Ewing在1984年发明,用于快速筛查某人是否酗酒的测试工具,当受测者回答有两个以上的“是”时,受测者可能被诊断为酗酒或酒精依赖。研究证实该问卷信效度都很好。该问卷包括以下4个问题:

(1)你有没有考虑过减少饮酒?

(2)你有没有对指责你饮酒的人大为恼火?

(3)你有没有为你的饮酒行为而心存愧疚?

(4)你有没有早上起来第一件事就想要饮酒?

酒精使用疾患确认测试(Alcohol Use Disorder Identification Test, AUDIT)由1982年世界卫生组织多国研究协作制定,6个国家近2000名饮酒者参与。该量表简便快捷、灵敏度高。AUDIT适用于各种人群,由10个项目组成,第1~3项关于饮酒量和饮酒频率,第4~6项涉及酒精依赖,第7~10项涉及酒精所致相关问题(Conigrave et al., 1995)。

请你回答在过去的一年(12个月)中使用酒精的情况。

①你多久喝一次酒?

0-从不喝酒(请跳到问题九)

1-一个月少于一次

2- 每个月二到四次

3- 每周两到三次

4- 每周超过四次

②在喝酒的日子里,你一天会喝多少个酒精单位的酒?

0-一到二

1- 三到四

2- 五到六

3- 七到九

4- 高于十

以下为参考每瓶酒之酒精单位数(单位/瓶)

罐装啤酒	1	大瓶装啤酒	2.3	清酒、梅酒(300ml)	4
绍兴酒	8	米酒、白酒(500ml)	21	高粱酒(300ml)	14.5
陈年绍兴酒	9	参茸酒(300ml)	7.5	葡萄酒、红酒(750ml)	13
米酒头	17.5	威士忌、白兰地(300ml)	20.5	果酒(750ml)	8

③你多久会一次喝超过六个单位酒精的酒?

0- 从不

1-每个月少于一次

2- 每个月一次

3- 每周一次

4- 几乎每天

④在过去的一年里,你有没有发现你一旦开始饮酒就会有控制不住一直想要喝下去的情况? 这种情况有多常见?

⑤在过去的一年中,因为饮酒而无法参加或完成你平常应该做的事有多常见?

⑥在过去的一年中,你是否在早上未进早餐之前,或者宿醉之后,觉得要喝点酒才会觉得比较舒服,这种情况有多常见?

⑦在过去的一年中,酒后觉得内疚不应该这样喝酒的情况有多常见?

⑧在过去的一年中,酒后忘记前一天或前一晚的情况有多常见?

④~⑧题的选项均为:0-从不,1-每个月少于一次,2-每个月一次,3-每周一次,4-几乎每天。

⑨你或者其他人有没有因为你喝酒的问题而受到伤害,比如车祸,斗殴。

0-没有 2-有,但不是在过去的一年里 4-有,在过去的一年里

⑩你有没有亲朋好友建议你不喝酒或者少喝点?

0-没有 2-有,但不是在过去的一年里 4-有,在过去的一年里

计算分数方法:每一个对应选项前有一个数字,把所有项目选项的分数相加,所得出的分数就是你酒精使用疾患确认测试的总分。

危险程度	建议	测试得分
初级 Low Risk	注意饮酒	男性 0~4 女性 0~3
二级 Risky	他人介入,给予建议	男性 5~14 女性 4~12
三级 Harmful	向专业酒精咨询师寻求帮助	男性 15~19 女性 13~19
四级 Severe	向家庭医生或医院寻求治疗	男性 20+ 女性 20+

九、单项神经心理测验的优缺点

单项神经心理测验有很多优点,如测验针对性强,对不同病人采用不同的方法;相较于成套神经心理测验,大大地节约了测验时间,减轻了受测者的负担;单项神经心理测验中的项目都经过精心选择,尽量减少了与诊断无关的项目,能在有限时间内,集中测查受测者在特定方面的障碍。

单项神经心理测验的缺点主要包括:选择单项测验受测试者观点的影响较大,有时会遗漏对重要病症的检查;大脑功能有很大的综合性,单项测验不能全面了解脑的各种功能,这不利于对大脑损伤后的技能康复和愈后的判定;某些单项测验标准化程度较低,测验结果可能产生较大的误差。

拓展阅读

神经心理学中电生理技术的运用

1990年,小川诚二等研究出血氧水平依赖的脑功能成像(BOLD-fMRI),把人类带入脑电监测与功能磁共振同步的时代。BOLD-fMRI信号通过测量脑内去氧血红蛋白浓度的改变,间接反映当时产生神经兴奋脑区代谢瞬间的功能图像。这一技术结合了功能、解剖和影像三方面的因素,为临床磁共振诊断从单一形态学研究到与功能相结合的系统研究提供了强有力的技术支持。且该技术具有无创伤性、无放射性、可重复性、较高的时间和空间分辨率、可准确定位脑功能区等特点。将fMRI与弥散张量成像(DTI)、脑磁图(MEG)、经颅磁刺激(TMS)等技术相结合,可得到更多的脑功能活动信息,在神经外科、神经内科、药理学和精神病学等领域的应用十分广泛。

静息状态功能磁共振是近年兴起的一种研究方法,指受测者不需要完成特定的认知任务,处于清醒的休息状态,而且不系统地思考某一个问题时的功能性核磁共振成像。静息状态fMRI具有传统fMRI的优势,且扫描时间短,没有特定任务,不需要复杂精细的实验设计,也不需要受测者做出反应,易于进行多中心、大样本的研究。静息态fMRI结合多种数据分析方法,可对脑的局部活动特征和脑网络特征进行观察。目前,该技术的应用主要集中在阿尔茨海默病,轻度认知障碍,注意缺陷多动障碍、精神分裂症和抑郁症等的研究中。利用静息态fMRI还可以研究不同脑区之间的功能相关性,这已经发展为功能磁共振研究脑功能状态和认知活动的一个重要方法。

最后,静息态脑功能成像技术本身在不断地发展和变化,在某些方面呈现出与任务脑功能相融合的趋势。

复习巩固

1. 日常注意力测验的分测验分别测量哪种注意?

2. 第三版韦氏记忆量表与之前的两版相比有哪些特点?

本章要点小结

1. 神经心理测试是以大脑损伤病人为对象,以揭示神经机能障碍的性质和部位为目的的心理测验。神经心理测验的作用主要体现在诊断、保健和研究三方面。

2. 霍-里成套神经心理测验以经验和理论为基础,分为成人、少年和幼儿三个版本,不同版本计分规则不同,结果分析需考虑检查结果以及联用测验。

3. 鲁-内成套神经心理测验以鲁利亚的"机能系统"理论为依据,内容比较简短,便于临床使用。

4. 成套神经心理测验能够全面测量大脑损伤病人的各种基本能力,标准化程度高,结果可靠;但测验项目多,花费时间长,针对性不强。

5. 本顿视觉保持测验用于评估8岁以上受测者的视觉能力。

6. 日常注意力测验尤其适用于对老年人多种注意力成分的评估。

7. 韦氏记忆量表第三版在内容上突出暂态记忆、延时记忆和工作记忆,通过听觉和视觉两个通道呈现刺激,采用回忆和再认两种形式测查记忆。

8. 失语症的临床检查通常涉及自发性言语、短语或句子的复述、语言理解、词汇搜索、阅读、书写和描摹以及计算等基本要素。

9. 单项神经心理测验针对性强,但测验的选择受主观影响大。

关键术语表

1. 神经心理测验
2. 成套神经心理测验
3. 单项神经心理测验
4. 专门性神经心理测验
5. 一般性神经心理测验
6. 霍耳斯特德-里坦成套神经心理学测验
7. 鲁利亚-内布拉斯加神经心理学成套测验

本章复习题

1. 神经心理测验是以解释神经机能障碍的性质和部位为目的的一种心理测验，它的研究对象是(　　)。

A. 大脑损伤病人　　B. 脊髓损伤病人

C. 正常人　　D. 身体残疾病人

2. 神经心理测验可分为单一神经心理测验和成套神经心理测验，这样划分的依据是(　　)。

A. 测验编制目的　　B. 测验功能的广狭

C. 测验结果的解释类型　　D. 测验长短

3. 霍-里成人成套神经心理测验适用人群的年龄应该超过(　　)。

A. 15岁　　B. 16岁　　C. 18岁　　D. 20岁

4. 霍-里成人成套神经心理测验中损伤指数为0.21，属于(　　)。

A. 正常　　B. 边缘状态　　C. 轻度脑损伤　　D. 中度脑损伤

5. 若鲁利亚成套神经心理测验确定受测者某脑区受损，那么对应的分测验得分需高于(　　)。

A. 50　　B. 60　　C. 65　　D. 70

6. 作为一种典型的视觉失认障碍，面孔失认症患者不能识别的面孔是(　　)。

A. 熟悉他人　　B. 陌生他人　　C. 自己　　D. 所有人

7. 日常注意力测验中的听觉电梯分测验测量的是(　　)。

A. 选择性注意　　B. 持续性注意

C. 分配性注意　　D. 注意的转移

8. 韦氏记忆量表第三版的人脸像分测验施测中，每隔2秒向受测者呈现一张人脸图片，整个测验中共呈现人脸图片(　　)。

A. 16张　　B. 20张　　C. 24张　　D. 28张

9. 实物分类测验的评分标准不包括(　　)。

A. 分类和词语化的恰当性　　B. 概念化水平

C. 概念范围的广狭　　D. 完成测验用时

10. 中国科学院心理研究所开发的临床汉语言语测评方法的内容不包括(　　)。

A. 口语理解与口语表达　　B. 阅读理解

C. 短文背诵　　D. 书写表达

第十三章

现代测量理论

按照对个体评估的层次，可将测验理论分为标准测验理论和新一代测验理论。标准测验理论包括经典测量理论、概化理论和项目反应理论。概化理论和项目反应理论是在经典测量理论的缺陷的基础上，为了适应心理测量实践发展的需要，从宏观和微观两个角度延伸出的现代测量理论。认知诊断理论则是新一代测验理论的代表。通过本章的学习，你可以了解到：概化理论研究的步骤，用于评价测验的指标：如概化系数、可靠性指数、相对误差和绝对误差，以及概化理论中方差分量估计的软件等。了解项目反应理论的基础知识，并由此产生的两个不同学派，以及用于数据分析的相关软件。了解认知诊断理论的概念、认知模型、测量模型、测验的编制以及计算机实现的途径。

第一节　概化理论

1963年，Cronbach等人在《英国统计心理学杂志》上发表了论文《概化理论：信度理论的丰富和发展》(Theory of Generalizability: A liberalization of reliability theory)，这标志着概化理论的诞生。

一、概述

1972年，Cronbach等人出版了第一部关于概化理论的专著《行为测量的可靠性：用于测验分数和剖面图的概化理论》(*The dependability of behavioral measurements: Theory of generalizability for scores and profiles*)。随着计算机技术的发展，在众多学者的努力下，尤其是Brennan(2001)的专著《概化理论》(*Generalizability theory*)及相应的计算机软件GENOVA的诞生，概化理论的发展得到了极大的推动。在国内，杨志明和张雷(2003)合著了《测评的概化理论及其应用》一书，较为系统地介绍了概化理论。概化理论应用涉及了测量学的方方面面，如量表方面的研究、信效度方面的研究、具体考试的研究以及具体应用(人才测评，结构化面试等)的研究。

概化理论(generalizability theory)，又称概括化理论、拓广理论等，它是经典测量理论有关信度的强力延伸，利用方差分析的思想，可以将影响测量数据的不同误差变异来源进行分解，并估计出这些误差源大小。概化理论使学者能站到新的理论高度，预控性地改善和提高测量的精确性。

概化理论对经典测量理论的突破与发展主要在两个方面。

第一，在理论观念上，提出了测量情境关系(the context of measurement situation)的概念，并由此出发来界定与考察真分数、测量误差及其来源的问题，改变了真分数固定不变，测量误差只是含混不清的随机误差，测验信度只是计算相关系数等传统的做法。

第二，在工作方法上，提出了“G研究”加“D研究”两步走。G研究的目的是：在一定的测量情境条件下，设计并进行试验性测试，按所获数据资料估出各种来源的方差分量，然后在考察改变测量情境关系的某些侧面时，由相应方差分量导出概化系数(Generalizability coefficient)和可靠性指数(Index of dependability)，来帮助在今后的研究中如何控制和提高测量精度。D研究的目的是：通过改变实验设计的条件，查看误差大小的变化，从而找到最优设计。这与经典测量理论只是在施测后分析数据以确认误差的做法不同。

二、基本概念

1.测量目标与测量侧面

在进行任何测量工作时,测量误差都是无法避免的。关键问题是测量工作者必须明确测量目标,产生测量误差的因素,以及各种因素对测量目标的影响。为此,概化理论提出测量情境关系说。

所谓测量情境关系就是指由测量目标与测量工作所处的情境条件或者说测量侧面的统一与结合,也就是指“测什么”与“怎么测”的统一(需要注意的是:在某一次特定的测量中,测量目标只有一个,而测量侧面的数量则不定)。在经典测量理论中,测量目标通常是指受测者的某种潜在特质,但在概化理论中,测量目标不仅可以是受测者的某种潜在特性,也可以是项目或评分者的某种特性。而测量侧面(facets)就是指除测量目标以外,所有影响测验得分的因素,在经典测量理论中,可理解为一个“整合统一”的随机误差来源,也可以认为经典测量理论中不存在这一概念,这就是概化理论在理论观念的提升所在;在概化理论中,这些侧面构成了影响测量目标的误差变异来源。

2.真分数与全域分数

在心理测量中,其主要任务是用数值对测量对象(通常是受测者)的某种潜在特质水平(测量目标)给予确定。经典测量理论认为,受测者的潜在特质水平可以用真分数来刻画。而概化理论认为,测量对象的潜在特质水平应该用全域分数(universe score)来刻画。

在经典测量理论中,真分数指在没有任何测量误差情况下受测者某种潜在特质的真正水平。在实际测量工作中,往往只能得到受测者在某项测验上的一个得分,通常称之为观察分数(常记为X)。无论使用什么测量工具,也无论测量工作进行得如何规范,受测者的观察分数与真分数(常记为T)之间总会存在测量误差(常记为E)。在经典测量理论中,通常假定反映个体某种潜在特质水平的真分数是不变的,测量的目标就是估计这一真分数的大小;观察分数与真分数之间是一种线性关系,而不是其他关系,即$X=T+E$;测量误差在每次测验中的误差是随机的,并且服从均值为0的正态分布,这就明确了误差E中不含有系统误差成分。同时,各平行测验上误差分数间的相互独立也保证了E的随机性,使得多次观察分数的均值可以稳定地趋于真分数。但是,用多个平行测验反复测量同一个人的同一种潜在特质的做法是很难实现的,故经典测量理论的模型及假设只是一种理论上的描述。

在概化理论中,受测者的潜在特质水平不能抽象地描述为真分数,而应根据决策的需要,把它置于指定的条件范围之中进行解释。事实上,每次测量工作所涉及的测量情境(主要指影响测量目标的因素或侧面)是不尽相同的,研究者对测验结果的用途(即推论或概括的程度)也不尽相同。概化理论认为,测量工作的精确程度取决于研究者获取行为样本数据时所涉及的条件个数、结构与性质等,也取决于测验结果解释的概括程度。所以,概化理论不提真分数的概念,而是提出全域分数的概念,即在讨论受测者的某种潜在特质水平时,需要同时指出该潜在特质是在何种测量条件下取得的。在根据行为样本的得分估计行为总体的水平时,必须同时指出测量条件样本是否也推论到了各自所对应的条件总体。这种把受测者的某种潜在特质水平定义在具体的全域上的分数,称为全域分数,这是一种比真分数更适合描述受测者真实状况的分数。若把每一个测量条件所对应的全域看作是数学空间中的一个维度,则概化理论中的全域分数可以理解为条件维度空间的一个向量。经典测量理论的真分数实质是定义在单维空间(项目全域)上的值。

3.测量模式与测量结构

概化理论的一个理论优势就在于测量情境关系说。情境中的测量条件就是测量侧面,它们处于测量目标以外,其变异形成了测量误差的来源。因此,同样的测量条件,同样的概括全域(概化全域)和观测全域,会因其测量模式的不同,导致测量的信度也会不同。换句话说,在侧面的设定上,可以设计成随机效应(推论至总体)也可以设计成固定效应(不推论至总体)等不同形式,这就是概化理论中独有的测量模式(measurement model)。模式不同,测量信度也有所不同。概化理论中的测量模式主要有三类:一是随机测量模式,二是固定测量模式,三为混合测量模式。其中,固定测量模式即是经典测量理论中的标准化测量模式。

一般地,如果测量侧面的条件样本是从观测全域中随机抽取的,则称该测量模式为随机测量模式,这种测量侧面为随机测量侧面;如果测量的所有侧面的条件样本都是固定不变的,则称这种测量模式为固定测量模式,这种测量侧面为固定测量侧面;若一次测量中有部分是随机测量侧面,另一部分是固定测量侧面,则称为混合测量模式。另外,随机测量侧面主要包含两种情况:一是相对于侧面全域容量而言,侧面的样本容量非常小;二是侧面的样本或者是从侧面全域中随机抽取的,或者在侧面全域中存在着与该侧面样本长度相等的其他可替代的侧面样本。

为全面分析测验的性质,概化理论提出测验实施之前必须进行测验设计,主要包括测量目标的界定,测量侧面的选择以及各侧面水平的确定。之后,是测验数据采集方法的设计。概化理论认为,在实测中,测量目标与测量侧面以及侧面之间的相互关系十分重要。因为不同的设计结构会有不同的测量信度。概化理论通常包括三种设计,交叉设计(常用“×”表示),嵌套设计(常用“:”表示),以及混合设计。在经典测量理论中,测量目标与测量侧面之间的结构关系并不会影响测量的模型,而在概化理论中,测量目标与测量侧面的关系却影响测量的数学模型。一般地,若所有受测者(常用“p”表示)都要求回答所有项目(常用“i”表示),这种测量结构称为交叉设计,记为$p \times i$。如果要求受测者分别回答不同的项目,则表明项目侧面嵌套于受测者中,记为$i:p$,这种测量结构称之为嵌套设计。当存在多个测量侧面时,若测量目标与测量侧面,或测量侧面之间有部分是交叉设计,另一部分是嵌套设计,则称之为混合设计。需要注意的是,尽管在实际测验中,各测量侧面、测量目标之间不一定均为交叉设计,但它们各自所对应的全域或总体之间均被看作交叉设计。此外,在概化理论中,规定小写字母代表G研究的测量目标和测量侧面等(如p,i,$p \times i$);大写字母代表D研究的测量目标和测量侧面等(如P,I,$P \times I$)。

4.测量误差

经典测量理论认为测量误差包括随机误差和系统误差,测量误差的来源主要有三个,即测量工具、测量目标和施测过程。在经典测量理论看来,随机误差影响信度,而效度同时受到随机误差和系统误差的影响。

概化理论认为,测量误差不能简单粗糙地分为随机误差和系统误差。实际上,每个测量侧面都是系统误差来源,而测量对象自身的稳定性以及各种因素间的交互作用均是随机误差来源。概化理论将误差变异分为以下几个来源:受测者自身水平的稳定性、受测者间的水平差异(测量目标引起的有效变异)、评分者自身评分标准的稳定性(可认为是随机误差引起的变异)、评分者之间评分标准的一致性(可认为是系统误差)、项目本身对所测特质的代表性(可认为是系统误差)以及项目间的同质性(可认为系统误差)等方面。可见,概化理论对测量误差来源的分类要比经典测量理论细致,也不再简单地用随机误差和系统误差来归类,而是用相对误差(常记为δ)和绝对误差(常记为Δ)来刻画。所谓相对误差就是由所有随机误差来源引起的测量误差,即所有与测量目标有关的交互效应方差之和。δ可以解释为:在概括全域或概化全域上,受测者的样本得分和全体受测者样本得分的均值之差是否恰好与受测者的全域分数和全体受测者全域分数均值之差接近。也就是说,受测者在样本上的离均差与他的全域分数的离均差之间的差值即为相对误差。与相对误不同,绝对误差指的是样本观测值与概化全域上的全域分数的差,即除测量目标效应方差之外的所有方差之和。Δ可以解释为:在概化全域上,所有无关因素以及这些因素之间交互作用所引起的测量误差均属于绝对误差。

经典测量理论和概化理论关于测量误差的理解不同,经典测量理论在随机误差和系统误差的基础上,使用信度、效度来评价测量的质量;而概化理论则是在相对误差和绝对误差的基础上,用概化系数和可靠性指数来刻画测量的精度。

5.概化系数与可靠性指数

概化系数($E\rho^2$)将测量目标的有效变异占有效变异与相对误差变异之和的比值作为精度标准。换句话说就是测量目标效应方差与测量目标效应方差加相对误差方差之和的比值。它常用于衡量常模性参照测验的质量,主要评价其稳定性程度。而可靠性指数(Φ)是指测量目标自身的分数变异在全体分数变异中所占的比率,换句话说就是测量目标效应方差与总效应方差之比。它常用于评价目标参照性测验质量,是对目标参照性测验分数稳定性和一致性两种程度的度量。概化理论中的这两个系数类似于经典测量理论中的信度,只是在概化理论中会因测验结果概括程度的不同而估计出多个测量"信度"。

在效度方面,概化理论沿用了经典测量理论的概念。其细小的差异就在于概化理论的效度可在原测量设计的测验情境关系下,在D研究中应用G研究的结果直接求取,可理解为用某一侧面的重复数据估计测量目标一般水平时的效度。

三、分析过程

1.概化研究与决策研究

和经典测量理论一样,概化理论首先要考虑的也是测验项目。但概化理论不仅仅把精力投入到测验项目身上,并且同时考虑了影响测验分数的所有重要因素(即测量侧面)。项目常常被看作是测量侧面或维度之一。用样本观察值去估计受测者的真值时,不再是去估计一个不涉及具体测量情境,而把全体受测者得分的误差估计看作一致的信度值,而是根据测量项目的需要,慎重地选择估计时所涉及的测量侧面及侧面的水平数。换句话说,对于定义在不同概括全域上的全域分数,用样本值估计真值有不同的测验信度。

概化理论的统计分析分为两个阶段,第一阶段叫作概化研究,即G研究;第二阶段叫作决策研究,即D研究。研究者设计的情境关系及用一定方法采集的测验数据被称为测验的观察领域。G研究就在观察领域上进行数据分析,其目的是要定量估计观察领域中测量目标的方差以及各个测量侧面所产生的测量误差方差。从统计角度来说是就是分解观察数据的总体方差,估计各因素期望方差,采用的方法就是方差分量分析法。

方差分量分析的第一步是分解总体方差。概化理论把数据的总方差分解为三类,第一类是测量目标的主效应方差;第二类是测量侧面的主效应方差,有几个测量侧面就有几个侧面的主效应方差;第三类是各种交互效应方差,包括各测量侧面与测量目标形成的各级交互效应方差和各测量侧面间形成的各级交互效应方差。

方差分量分析的第二步与一般的方差分析不同。一般的方差分析分解方差的目的是进行F检验,即根据样本方差检验期望均方的假设值。概化理论中的G研究目的在于利用样本方差估计各种效应的期望均方。所估计的测量目标效应期望均方是各测量侧面不同水平间差异的描写量,所估计的各测量侧面效应期望均方是各测量侧面不同水平间差异的描写量,实际上是各测量侧面对测量目标干扰程度的描写量,也就是误差描写量。各交互效应期望均方是各测量侧面对测量目标的交互干扰程度的描写量,也是一种测量误差。通过G研究得到了对各种效应期望均方的估计,并不是概化理论的最终研究目的,它为后续的D研究提供了基础数据,D研究才是概化理论最具特色的计量分析手段。

2.G研究的具体步骤

G研究可概括为以下几个方面:

(1)明确测量对象和测量目标。该点与经典测量理论相同,即要首先明确测量对象及其潜在特质,而测量目标就是受测者的某种潜在特质水平。

(2)明确测量侧面和观测全域。凡是会影响测验分数的因素或条件都需要考虑,同时还需要考虑每个侧面的水平数。项目和评分者都是测量侧面,所有侧面所对应的全域的集合就是此次测验所定的观测全域,该点是经典测验理论没有细致说明的。

(3)明确测量模式和测量结构。原则上,测量目标及各测量侧面各自所对应的总体与各全域之间是一种交叉设计的关系。即测量目标中的各个水平及各侧面的各个水平之间在原则上都有交互效应。目标与侧面,以及侧面与侧面之间可以是交叉设计或嵌套设计,也可以是交叉和嵌套的混合设计。而测量模式是指各侧面样本从各自对应全域中抽取的方式。一般地,随机测量模式中获得的结论可以推论到更广的范围上去使用,这一点在经典测量理论中没有作系统分析。

(4)依测量设计收集数据资料。这步与经典测量理论中的测验施测环节类似,不过概化理论则要求测量目标样本及侧面样本之间的关系要符合测量设计。

(5)方差分量分析。根据测量设计施测的样本数据,用实验设计的思想方法来分解总变异,所用的就是方差分析的统计方法。值得注意的是,概化理论中的变异分量估计值均是建立在测量目标及所有测量侧面各水平的平均意义之上的。该点也是经典测量理论没有关注的。

3. D研究具体步骤

D研究的目的是利用G研究的结果数据,在原设计的测验情境关系范围之内,分析比较各种可能的测验方案,测验工作者可以根据分析结果,结合可能的实施条件优选实际测验方案。D研究可概括为以下几个方面。

(1)根据测量目的确定概括全域。

(2)根据概括全域中各侧面的样本容量的个数,在侧面样本均值的意义上重新估计G研究中各因素的效应或因素间的交互作用,进而求取各因素的均值。

(3)在具体的一个概括全域上分别估计相对误差变异和绝对误差变异。前者用来估计常模参照性测验的精度,后者主要用来估计标准参照性测验和非标准化测验的精度。

(4)在特定的概括全域上估计整个测验的概化系数或可靠性指数,并用此作为测量工作的精度指标。

(5)重新确立概括全域,并重复上述2~4个步骤。最后比较各概括全域上的测验结果的估计精度,并从中获得科学的或满意的推论与概括结论。

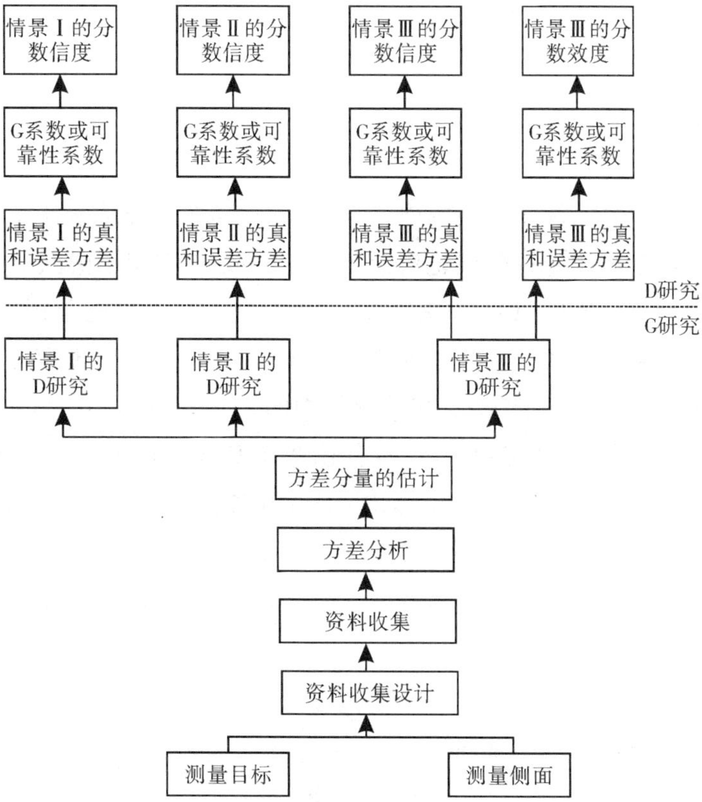

(资料来源:漆书青,2003)

图13-1　概化理论的分析过程

在概化理论中,D研究最终提供的是各种测验方案下的测验误差估计值。所谓各种测验方案都是在原设计方案采集的数据范围内,对测验情境关系作出各种不同的调整而得到的。调整的方法之一是固定某一个或某几个测量侧面,使这些侧面的效应方差成为测量目标效应方差的一部分,从而减小了误差效应方差总量,增大了测量目标效应方差,但这类调整是以缩小测验结果的解释范围为代价的。另外一种调整方法就是改变某个或某几个测量侧面的水平数。增加测量侧面的水平意味着增加测量的重复数,同样可以达到提高测量精度的目的。第三种调整方法就是改变测量数据的采集方法,主要是将交叉设计的数据部分或全部地改为混合设计或嵌套设计,达到减少投入、简化测量的目的,但要以不过多增加测量误差为原则。

概化理论中的D研究过程就相当于经典测量理论中分数的转换和解释环节,包括了评价测量的信度和效度等工作。事实上,概化理论在根据样本值估计总体真分数(全域分数)的同时指出了真值所适用的空间或概括全域,以及相应的精度估计值,并以相对误差和绝对误差的描述方式分别探讨了经典测量理论中的信度和效度问题。

概化理论的分析过程如图13-1。

三、软件实现

概化理论分析中,除了严格的研究设计以外,其方差分量估计亦是核心步骤。随着计算机的发展,各类统计软件也层出不穷。Brennan编写了两款免费的概化理论专用统计分析软件,GENOVA和mGENOVA。前者用于一元概化分析,后者用于多元概化分析。但这两款软件与常用的SPSS和AMOS等窗口化软件有较大不同,较难上手。而SPSS、STATA、R和SAS等统计软件中的方差分析模块亦可用于估计,但对于不熟悉概化理论和ANOVA的学者,往往由于交互效应过多或者考虑不周全使得估计结果难免有误。而GENOVA和mGENOVA软件考虑得较为周全,稍有错误,程序就无法成功运行。此外,还有一款窗口化Edug软件,弥补了以上不足,可以选用。该软件只能用于一元概化分析,使用者可以依据概化设计的转换进行统计分析。

复习巩固

1. 简述概化理论对误差的理解。

2. 简述概化理论G研究和D研究的步骤。

第二节　项目反应理论

经典测量理论中，主要基于测验总分对受测者进行评价，测验中的各个项目并未受到足够重视。然而，从逻辑上来说，一个测验的发展应该先从分析测验的各个项目入手，然后再分析整个测验在评价受测者中的作用，这种基于项目分析，再对受测者进行评价的模式就是项目反应理论。

一、概述

自20世纪70年代以来，项目反应理论已成为测验理论的研究重点，然而其起源则可追溯到20世纪30年代末和40年代初。早在1946年，Tucker就提出了项目特征曲线（Item Characteristic Curve，ICC）的概念。所谓ICC，就是受测者对一个测验项目的正确反应概率与该测验所对应的能力或特质水平的二维曲线图。心理特质并没有明确的物理和生理属性，故又称为潜在特质（latent trait）。项目反应理论早期被称为潜在特质理论，其目的在于探讨影响个体作答行为的潜在特质的特征。测量任务就是定量地估计个体在某种潜在特质量表上的相对位置，然后根据该位置解释或预测个体在类似情况下将会产生的行为反应。项目反应理论在这种观念下得到了发展，尤其是经Lawley、Richardson、Tucker、Lazarsfeld、Rasch、Wright、Anderson、Fischer、Lord、Samejima和Birnbaun等学者的丰富后，理论日趋成熟。

项目反应理论从理论的导入到整个理论框架的建立，突破了经典测量理论的公理体系，体现出以下几个方面的优良特性。

1.项目参数的跨群体不变性

在第一节中，已指出经典测量理论各种参数严重依赖于受测群体。而项目反应理论中，项目参数具有跨群体不变性，受测者正确回答项目的概率$P(\theta)$是潜在特质θ的受测者对测验项目正确作答的概率，该值大小仅与受测者的潜在特质有关，与具有这种特质值的人数多寡没有关系。值得注意的是：尽管项目参数具有跨群体不变性，对两组回答相同项目的受测者来说，这并不意味着估计的项目参数值总是相同的。样本的大小会导致数值的变异，数据结构较好，就会有良好的拟合曲线。尽管相同题目的项目参数值对两组样本是一样的，但实际中得到的项目参数估计值会由于抽样样本而有所不同。不过，得到的值总是“在一个范围内”。

2.潜在特质量表的可选择性

该优势是指量表的参照点和度量单位可以任意选择而其回归函数值保持不变。故可以利用这一特性，使来自不同试卷、不同受测者施测的所有潜在特质参数与项目参数定义在同一度量系统上。这一性质为测验等值提供了理论基础。

3.参数设计的科学性

首先，项目难度参数与受测者潜在特质参数定义在同一度量系统上，该性质为施测时选择与受测者水平匹配的项目创造了条件；其次，区分度参数与难度参数相互独立，由ICC可知，区分度参数由曲线拐点处切线的斜率决定，与拐点的位置没有关系，即与难度没有关系。该性质为在任何难度水平上选择高区分度的项目提供了保证。最后，猜测参数(伪机遇参数)的实证性。在经典测量理论中，猜测参数是依先验概率计算，并不考虑实际是否有猜测，而项目反应理论项目的猜测参数是由实测数据得到的，真实地反映了各项目的猜测情况。

4.信息函数概念的引进和可加性

当人们说有信息，则意味着他对某特定对象或主题有所了解。Fisher提出了信息的统计意义，将其定义为参数估计精度的倒数。如果能精确估计参数，那么对参数值的了解就会多于不能精确估计的参数值。统计上，通过估计参数值的变异来测量参数估计的精确度。所以，精确度是估计量的变异，用σ^2表示，并用I表示信息量，其公式为：

$$I = 1/\sigma^2 \tag{13-1}$$

换句话说，方差是能力水平估计的精确程度，信息量是方差的倒数。如果信息量大，意味着对受测者真实能力的估计是准确的，其估计值都接近于真实值。如果信息量小，则意味着能力不能被精确估计，且估计值与真实能力的离散程度大。信息函数可分为项目信息函数和测验信息函数。项目信息函数依赖于组成测验的单个项目，理论上每个项目都用于测量基本的潜在特质，因此单个项目在任一能力水平上的信息量都可以被计算出来，用$I_i(\theta)$表示。可以看出，信息量是能力水平的函数，同样一道题目对于不同能力水平的测验对象所提供的信息是不一样的。而单个项目所提供的信息量往往较小，因此，将所有项目的信息量加总后即可得到一份测验的信息量。当测验用于估计受测者的能力时，则可以得到任何能力水平上的测验信息量。测验由一系列的项目组成，某一能力水平的测验信息量是各项目信息量之和。通常，测验信息量比单个项目信息量大。

测验信息函数(information function)是项目反应理论的一个非常重要的概念。它可以反映一个测验对整个能力水平范围内估计的准确度。项目信息量是能力θ的函数,不同的项目反应模型,计算出来的项目信息量不同。单个项目为任意特定能力水平的受测者提供的信息量是有限的,测验的所有项目信息量求和得到测验信息量能提高该受测者能力的估计精度。因为信息量与估计误差之间是反比例关系,提供的信息越多,估计误差越小。

二、项目反应理论的基本假设

项目反应理论的假设主要包括以下几点:

假设1:作答反应(个体的实际行为表现,通常表现为作答结果)反映了个体真实的行为表现。该假设表明了个体在面对问题情境并做出反应时,表现的是其真实状态,而不是随机或混乱反应,这是项目反应理论所有推断的基本前提。只有从真实的行为表现所获得的作答反应数据,才能保证数据分析和统计推断的合理性。

假设2:局部独立性假设。该假设有两方面的含义:一是同一受测者(或相同水平的受测者)在任一项目上的作答反应不会受到同一测验中任何其他项目的影响,意味着在任一项目上的作答反应独立于测验中任何其他项目。二是在同一项目上不同受测者(或不同水平的受测者)间的作答反应不会相互影响,意味着个体作答结果只决定于本身的能力水平高低,不会受到其他受测者的影响。该局部独立性假设是项目反应理论建立联合似然函数的前提条件,只有该条件成立,才能保证所有作答反应概率之间相乘的合理性。当然,随着项目反应理论的发展,目前已提出了能够处理局部依赖性的模型,例如题组Rasch模型(Wang & Wilson, 2005)等。

假设3:模型潜在特质空间维度有限性假设(本书则为单维假设)。该假设指任何一个具体的项目反应理论模型都是建立在有限潜在特质空间维度基础上的,而模型的实际意义在于它能否很好地解释测验所测量的所有维度。所谓有限潜在特质空间维度,指的是使用某个项目反应理论模型时首先必须检验测验所测量的能力维度数量是否符合这个模型能够解释的维度数量,若不符合该条件,则数据就无法进行正确地推论。目前,项目反应模型众多,本书以基础性为主,仅介绍单维模型。

假设4:项目特征曲线的形式假设。项目反应理论的基本内容是项目反应模型,这些模型在提出的初始阶段,是基于大量经验曲线的拟合而来,即先有曲线,后有模型,以正态肩型模型(normal-ogive model)和逻辑斯蒂模型(logistic model)为主。这些模型包括了受测者能力参数和项目参数,在固定受测者能力分布的情形下,通过正确作答概率描述受测者能力参数和项目参数之间关系的曲线(即ICC)。该曲线的下端渐近线为低水平受测者正确作答项目的概率(总大于0),曲线上端的渐近线为1,即高水平受测者正确作答项目的概率。该曲线是严格单调上升的,能力水平越高者正确作答概率越高。ICC是否成立,是项目反应理论及模型是否成立的前提假设。

假设5:非速度测量假设。该假设表明项目反应理论所分析的数据反映的是受测者在充分时间保证下的真实能力水平的表现,或者说项目反应理论要求测验是在不限时的条件下进行。在这种情况下,如果受测者对某些测验项目未做反应,则可认为这是由于受测者的能力不够,从而把该项目作答错处理。随着该理论的发展,也有一些模型将反应时考虑在内,从而提高对能力的估计精度,例如层次框架模型(hierarchical framework model; van der Linden, 2007)。

三、基本概念

(一)项目特征曲线

ICC是项目反应理论的基本要素,理论的其他构建都依赖该曲线。通常,假定受测者总体的能力分布为正态分布,即中等能力水平的受测者较多,能力水平很低或很高的受测者较少。该能力分数可用希腊字母θ来表示。不同能力水平的受测者正确回答某道题目的概率不同,这一概率用$p(\theta)$表示,能力越低,$p(\theta)$越小,能力越高,$p(\theta)$越大。将$p(\theta)$作为因变量,能力θ为自变量,可得到一个平滑的S形曲线(如前所述,大量的经验曲线,是先有曲线后有模型),如图13-2。在单参数模型中,在能力的最低水平处,正确反应的概率接近于0;在能力的最高水平处,概率增加,正确反应的概率接近于1。这一平滑曲线描述了项目正确反应概率和能力水平之间的关系,即ICC。测验中的每一个项目都有自己的ICC。

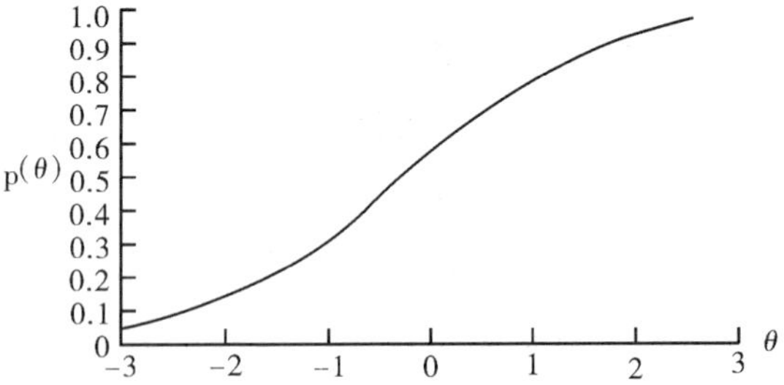

图13-2 典型的ICC

ICC可以用两个参数来描述。第一个是项目难度。在项目反应理论中,项目难度被定义为正确作答概率为0.5时所对应的能力值大小。该定义将难度量尺与能力量尺统一到了相同量尺上。低难度题目对应着低能力受测者的能力水平,高难度题目对应着高能力受测者的能力水平。因此,难度是一个位置指标,也称位置参数。第二个是项目区分度,它被定义为ICC拐点处切线的斜率的正比例函数,描述了某一项目有效区分两种不同能力水平受测者的正确作答概率的能力大小。曲线越陡,项目区分就越高。曲线越平直,项目区分度越低。应该注意的是,这两个项目参数并没有提到项目是否能真正地测量到潜在能力,即效度问题。

图13-3呈现了位置指标的项目难度对ICC的影响。每一条曲线都有相同的区分度,但难度却不同。左侧曲线表示一个容易的项目,因为低能力受测者正确反应的概率较高,而高能力受测者正确反应的概率接近于1。中间的曲线表示一个中等难度的项目,因为在最低能力水平正确反应的概率较低,在能力水平轴中间大约是0.5左右,而最高能力水平的概率接近于1。右侧曲线表示一个困难的项目,对大多数能力等级正确反应的概率都很低,仅仅在较高能力水平时才有所增长,甚至在最高能力水平3处,正确反应的概率仅为0.8左右。

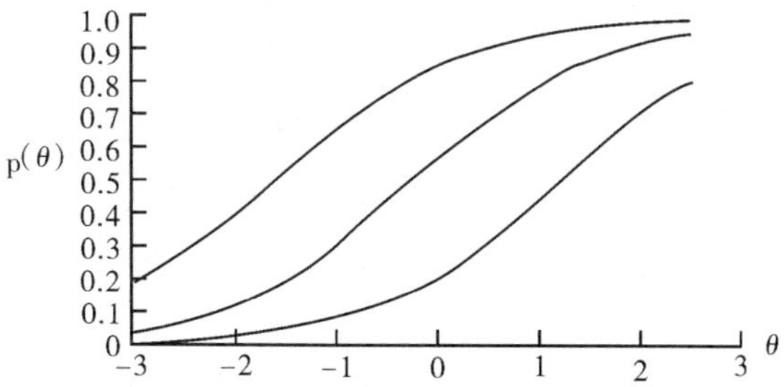

图13-3 相同区分度不同难度的三条ICC

在图13-4中,呈现了区分度对ICC的影响。该图包含了有相同难度不同区分度的三条ICC。较高的曲线有较高水平的区分度,因为曲线拐点处的斜率最大,在该点附近,随着受测者的能力增加,其正确反应的概率变化非常快,表明区分能力高。该点将曲线分为上下两段,左侧正确反应的概率低于0.5;右边正确反应的概率高于0.5。中间的曲线表示该项目的区分度处于中等水平。该曲线的斜率比前一条曲线小得多,表明能力水平增加时,正确反应的概率变化速度不如前一条曲线变化快。第三条曲线表示低区分度的项目。这条曲线的斜率非常小,而且在能力水平的整个范围内,正确反应的概率变化非常慢。在低能力水平时的正确反应概率比较大,在高能力水平时,正确反应概率才略有增加。需要注意的是,尽管图中显示的能力范围为-3至+3,但在理论上,能力范围是从负无穷大到正无穷大。

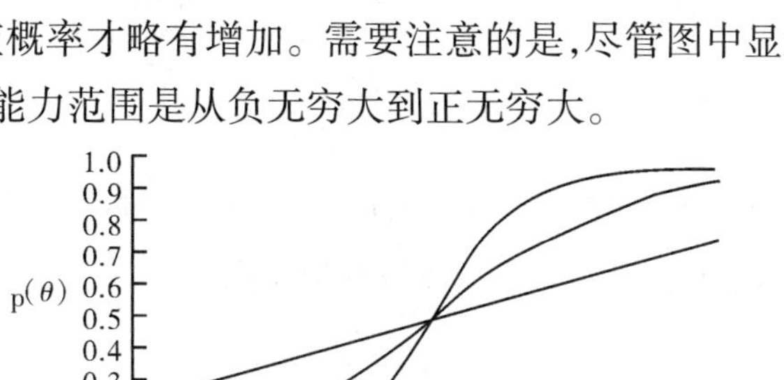

图13-4 相同难度不同区分度的三条ICC

(二)ICC参数

项目反应理论是基于ICC逐渐发展起来的,统计模型是用一系列数学语言进行表述的,故在此简介一些参数的意义。如前所述,θ常用来表示受测者潜在特质的水平参数,并假定其均值为0,方差为1,x轴的坐标范围常取[-3,3]。

位置参数(location parameter),常用b_i(i表示第i个项目)表示,它对应着正确作答该项目的概率为0.5的能力值点,也就是ICC的中间点落在能力量尺(指θ轴,即x轴)上的位置,其取值范围为$(-\infty,\infty)$。在认知测量中,许多学者将其常称为难度参数(difficulty parameter)。值得注意的是,该位置参数与经典测量理论中的难度参数的定义是完全不同的。经典测量理论中,难度指总体中答对(或答错)该项目的人数比例,而ICC中的位置参数是定义在能力量尺上的,与能力参数有着相同的计量单位,它对应着正确作答该项目的概率为0.5的能力值点所处的位置。

区分度参数(discrimination parameter),常用a_i表示,指的是该项目在拐点处有效地区分不同能力水平受测者的有力程度,理论上的取值范围与位置参数相同。然而,在实际中,不同研究者给出的范围是不一样的,有研究者给出的参数值在(0,2.5)之间。

猜测参数(guessing parameter),常用c_i表示,它反映了能力水平趋向$-\infty$时的渐近正确作答概率,也有许多文献中称之为渐近参数(asymptotic parameter)或者伪机遇参数(pseudo-guess parameter),即低能力受测者在项目上正确作答的概率。

(三)项目反应理论基本模型

几乎所有的ICC都可以用一个相近的累积分布函数来拟合。用于拟合ICC最常用的函数形式,是累积正态分布函数和累积logistic分布函数。尽管正态肩型模型从理论上奠定了项目反应理论初始模型的基本形式,但是由于其模型中积分函数形式,在实际参数估计和使用中很不方便,故本书不做介绍。1958年,Birnbaum将其改换成了logistic形式,如13-2。

$$P_i(\theta) = \frac{e^{Da_i(\theta - b_i)}}{1 + e^{Da_i(\theta - b_i)}} \tag{13-2}$$

并且证明了当D值为1.7时,其概率密度与正态肩形曲线的差异小于0.01。上式同除以分子,其logistic模型就可以写成如13-3的形式:

$$P_i(\theta) = \frac{1}{1 + e^{-Da_i(\theta - b_i)}} \tag{13-3}$$

13-3即为常见的双参数Logistic模型。如果此式中令a=1,则模型与Rasch类似,称其为单参数logistic模型,即:

$$P_i(\theta)=\frac{1}{1+e^{-D(\theta-b_i)}} \tag{13-4}$$

单参数模型和Rasch模型是类似的，但不是等价的，其中单参数模型中有D，Rasch模型中没有D。Rasch模型是由丹麦数学家Rasch于20世纪60年代首次提出，Rasch从概率论的角度对测验数据分析进行探讨。该模型与logistic模型的构建方式不同，后者是从拟合受测者实际作答反应数据出发进行构建，而Rasch模型主要是从逻辑分析的角度进行构建，首先探明受测者潜在特质水平与项目特征之间的内在关系，然后开发数学模型去解释这种关系，再用实际作答数据去验证这个模型的拟合性。Rasch模型和单参数logistic模型一样，只有受测者特质参数θ和一个项目参数b_i，不同的是两者建模过程不一样。由于模型的建构哲学基础不同，故又分为了Rasch学派和项目反应理论学派。前者认为数据拟合模型，后者则赞成模型拟合数据，在实际研究和应用中，两者各有长处。

然而，在实际测验中，受测者可以往往通过猜测得到正确的选择。因此，正确作答的概率包含了一部分猜测的成分。而前面两种项目反应模型都没有把猜测的因素考虑进去。Birnbaum于1968年在双参数logistic模型基础上，加入了猜测参数，从而提出了三参数logistic模型，但该做法使得logistic函数丢失了一些好的数学特性。三参数模型的方程表示为13-5：

$$P(\theta)=c_i+\frac{1-c_i}{1+e^{-Da_i(\theta-b_i)}} \tag{13-5}$$

参数c是仅仅凭猜测获得正确答案的概率。值得注意的是，c值不是能力水平的函数，是项目参数，因此，不会随着能力水平而改变。不同研究者给出了不同参数c的取值范围，有研究者给出的是$0 \leq c \leq 1.0$，但在实际中，其值高于0.35一般不考虑，因此这里使用的c的取值范围是0到0.35。加入猜测参数改变了难度参数的定义。在前两种模型中，b是在能力量尺上正确回答概率为0.5的那一点。但在三参数模型中，项目特征曲线的下限是c值而不是0。故项目难度参数值是在能力尺度中的该点：

$$P(\theta)=c+(1-c(0.5))=(1+c)/2 \tag{13-6}$$

这一概率是c值和1之间的一半。难度参数定义为能力尺度中正确回答概率的点，即介于最底层到1.0中间的点。区分度参数a仍然可以解释为在$\theta=b$时项目特征曲线的斜率。然而，根据三参数模型，项目特征曲线的斜率在$\theta=b$时实际上为$a(1-c)/4$。虽然参数b和参数a的定义变化似乎很小，但是当解释测验分析结果时它们却显得很重要。

（四）参数估计

在实际测试中，项目的参数值往往是未知的。因此，用项目反应理论分析一个测验时,首先应估计项目参数,这些参数描述了测验项目的特征。为了使问题简化,我们假设受测者的能力水平已知,然后再估计每个项目的参数。事实上,受测者的能力往往也是未知的,但如果有这样的假设,解释项目参数是怎样估计就相对容易了。

假设在一次测验中,M个受测者对N个项目进行作答。将这些受测者在能力尺度上分成J组,在同一组里的受测者具有相同的能力水平θ_j,第j组里有m_j个受测者(j=1,…,j)。在一个特定的能力分数组内,有r_j个受测者正确回答了给出的项目。因此,在能力水平θ_j组中,所观察到的正确作答比例为:$p(\theta_j) = r_j/m_j$,这就是该能力组中正确作答概率的估计值。然后,在能力量尺上,依据r_j计算每个组J能力水平的$p(\theta_j)$。如果在每个能力组中把计算到的正确作答概率用图表示出来,结果就类似于图13-5。

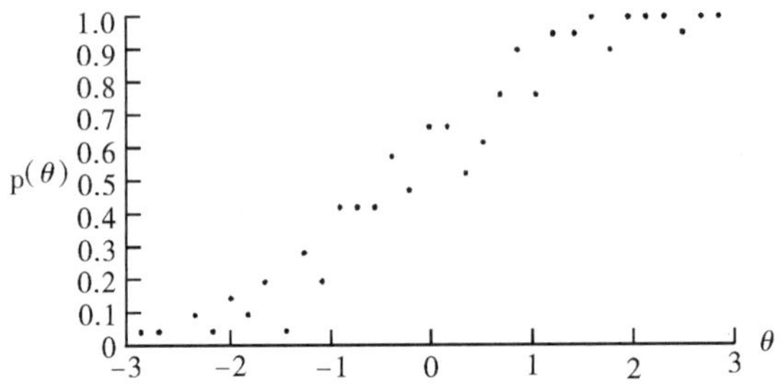

图13-5 正确作答概率

之后,需要找到与估计的正确作答概率最拟合的ICC。要做到这一点,首先必须选择一个能拟合该曲线的模型。尽管上述的三种logistic模型都可以用,这里以双参数模型为例,以最大似然估计(Maximum Likelihood Estimation,MLE)为基础拟合该曲线。如前所述,假定受测者已知,但还需假设项目参数的初始值(如a=1,b=0)进行迭代估计。再利用这些估计值,通过ICC模型的方程计算出每个能力水平的$p(\theta_j)$值。在所有的能力组中,可认为$p(\theta_j)$的观察值和理论值是一致的。可调整项目参数估计值,以便使通过估计的ICC参数值和正确回答的概率一致。反复调整估计的过程,直到差值最小或达到事先规定的要求(即收敛)。此时估计过程终止,最后一步的a和b值即可认为是项目参数的估计值。通过这些值,可以使用参数模型来计算每一个能力水平的$p(\theta_j)$,并绘制出ICC。此时的曲线就是最拟合那个项目回答比例的ICC。

项目反应理论模型参数估计的过程,就是要通过实测数据,有时还需要借助一些之前积累的经验信息,针对具体的模型,获取测验上项目参数估计值,以及参加测验的受测者样本能力水平参数估计值的过程。通常,在参数估计之后,需要做模型——资料拟合检验,根据检验结果删除不拟合的项目(这样做也有风险,模型与资料拟合检验不通过,也有可能是所选用的模型不适合该数据,不一定是题目质量不良导致),对剩余项目再进行项目参数和能力参数估计。MLE的过程相当复杂,估计每个项目参数的计算较为烦琐。在计算机被广泛使用之前,项目反应理论因其大量的计算,常常无法投入实际使用。随着计算机快速发展,目前已有很多专业软件能够方便地提供拟合优度。

目前,项目反应模型参数估计的方法主要包括:Newton-Raphson方法、联合极大似然估计(joint maximum likelihood estimation)、条件极大似然估计(conditional maximum likelihood estimation)、边际极大似然估计(marginal maximum likelihood estimation)、马尔可夫链蒙特卡罗(Markov Chain Monte Carlo)、Bayes估计等方法,不同软件可能采用不同的估计方法。

四、测验编制的基本方法

利用项目反应理论指导测验编制最常用的方法是使用信息函数。假设目前已有项目参数已知的题库,在选定合适的项目反应模型分析数据后,可以获得受测者的能力估计值,也可以获得信息函数值。利用项目信息函数,以编制能够满足某种特殊需求的测验,其基本步骤如下:

1.确定所要的测验信息函数的形状,该形状的曲线被称作目标信息函数。

2.从题库中逐一选择项目,使这些项目的项目信息量累加之和,能够填满目标信息函数中信息量需求最多的部分(通常是目标信息函数曲线最突起的部分)。

3.每加入一个项目,便计算现有测验的测验信息函数。

4.继续上述步骤,直到测验信息函数接近目标信息函数,达到令人满意的程度为止。

五、IRT的软件实现

目前,有关项目反应理论的估计软件多达数十种,又由于存在Rasch学派和IRT学派两个分支,其软件会有较大差异。如Rasch学派常用的软件有:Conquest、RUMM、Winsteps、Facets(用于多面Rasch)和R等;而IRT学派常用的软件有:Bilog-MG、Multilog、Parscale、TestFact、eirt、RTPRO、Anote、EQSIRT、XCalibre、GGUM、Mplus、FlexMIRT和R等。马萨诸塞大学阿默斯特分校(University of Massachusetts Amherst www.umass.edu/remp/main_software.html)的教工校友等提供了一系列心理统计软件的链接和介绍。其中有一系列非商业项目反应理论软件的比较说明,可供研习项目反应理论时参考。

复习巩固

1. 简述项目反应理论的优良特性。

2. 简述项目反应理论的三个基本模型。

第三节　认知诊断理论

标准测验理论把所测量的潜在特质视作心理意义并不明晰的“统计结构”，只是从宏观层次上给个体一个整体评价，即在单维、线性、连续的度量系统上，依据标示出的数值进行安置、分配和评定。随着人们对测验要求的提高，宏观而不够精确的评价显得有些抽象，并且很难指导个体进一步地改进和提高，强调在宏观的能力水平和微观的认知水平两种层次上进行评价的认知诊断理论应运而生。

一、概述

在20世纪80年代，越来越多的学者开始注重认知科学和心理测量学的结合在教育领域中起到的指导作用。Nichols(1994)首次将认知科学和心理测量学的结合称作认知诊断评估，并在1995年出版专著《认知诊断评估》，使得该名称沿用至今。近年许多专著从各个角度详细地介绍了认知诊断理论及其应用，包括Leighton和Gierl在2007年出版的《教育认知诊断评估：理论及应用》、Tatsuoka于2009年出版的《认知评估：规则空间简介》、Rupp，Templin和Henson于2010年出版的《诊断测量：理论，方法及应用》以及涂冬波、蔡艳和丁树良于2012年出版的《认知诊断理论、方法与应用》。

认知诊断的优势在于，不仅可以把标准测验理论中宏观抽象的能力、人格量表中的特质和态度量表中的倾向细分为具体、易理解的认知属性，而且能够深入到个体对测验题目的认知加工过程中，并在诊断属性是否掌握/符合的基础上为后续的补救提供依据，使教师在实际教学过程中能提供有针对性的教学补救，真正做到因材施教。

认知诊断在实践中得到了广泛的运用。概括起来，主要包含两个领域：教育领域和临床诊断领域，尤以第一个领域的研究颇丰。例如，在数学学科方面，有研究者对中学生解不等式题，以及小学二、三年级学生对整数减法计算进行了诊断研究。在语言研究方面，有研究者对汉语非母语者在学习现代汉语普通话六个基本颜色词、C.TEST阅读理解测验、以汉语为第二语言学习者的量词掌握学习，以及小学三年级学生的阅读评估测验及PSAT测验进行了诊断研究。在认知能力测验方面，有研究者对空间折叠能力(心理旋转)、瑞文测验题目的认知难度、学生的三段论推理知识结构,以及学生的几何类比推理问题解决能力方面进行了诊断研究。还有一些研究者在其他学科(化学、物理等)上也均进行了相关的认知诊断研究。除此之外,Templin等(2006)运用诊断模型在病理性赌博方面进行了临床诊断研究,按照《精神障碍诊断与统计手册》(DSM-IV-TR)给出的10条标准,估计出了每个受测者在各条标准上的"掌握程度",从而判断该受测者是否存在病理性赌博倾向。Reif等(2012)认为问卷的编制缺乏直观性,并且题目的难度均是由实证研究所决定,为了增加问卷题目的结构效度,他们使用诊断模型对人格问卷进行了编制。

二、基本概念

1.认知诊断

认知诊断是用于测量个体特定的知识结构和加工技能的评估方式(Leighton & Gierl, 2007)。DiBello等(2006)指出,测验评估的目标主要分为两大类:(1)在能力量尺上对个体进行排名;(2)为了诊断个体的多维技能(multiple skills)。标准测验理论对应的是第一个评估目标,认知诊断对应着第二个评估目标。不难看出,标准测验理论采用一个笼统的能力值(或特质水平、倾向程度)来考察个体的情况,这种概括性的描述不仅抽象,更难找出针对性的补救措施。例如,根据标准测验理论编制的测验,人们可以获得某个小学生语文能力处于中等水平,但我们并不知道他哪个/些属性掌握得好(比如,字词),哪个/些属性还有欠缺(比如,阅读)。因此,只能对他全面地补习语文知识,该做法显得费力、低效。认知诊断则将抽象的能力划分为细致而具体的技能,或称为属性(attribute),教师可以根据诊断结果来决定该学生应该补习字词,还是应该增强阅读能力,或者兼有两者。当诊断出学生在内容领域各属性上的掌握情况,就可有针对性地对未掌握的属性进行补救教学,提高效率。

2.认知属性

认知属性是认知诊断的测量单位,是构建认知模型甚至整个认知诊断评估的重要元素。

对属性存在两种定义。一种是正向定义方式,可以将其称之为认知属性(cognitive attribute)。例如,Tatsuoka(1990)将属性定义为产生式规则(production rule)、程序性操作、项目类型或更一般的认知任务。Leighton和Gierl(2007)认为,属性是指完成任务所应具备的知识结构和加工技能。可以看出,属性被看作是成功解决问题的认知技能。

另一种属于反向定义方式,可以将其称之为迷失属性(misconception)。所谓迷失属性即受测者知识结构中错误的知识、认知加工过程或加工技能,拥有这些迷失属性会使得个体产生错误反应。例如,我们通常认为乘法运算会得到一个较大的数字,除法运算会得到一个较小的数字;较重的物体降落的速度会更快。

对知识内容领域进行属性界定时,既可以界定出正确解决任务的认知属性,也可以界定出迷失属性,以帮助诊断测验能有效、全面地诊断出个体的知识结构。

3.属性粒度

属性粒度(grain size)是指属性所对应概念内涵的大小,即对属性定义的越宽泛属性粒度越大,对属性定义的越精细属性粒度越小。例如"加法"属于粒度较粗的属性,"进位加法"就属于粒度较细的属性,可以看出,粒度较粗的属性可以进一步分解为粒度更细的属性。与相对主观的属性定义方式相比,属性粒度在很大程度上依赖任务范围的广阔程度。

如果将认知诊断类比于显微观察,那么属性粒度是研究者解剖认知反应过程并描述其构成的分辨率。当任务范围变广,属性粒度也会相应增大,同时任务的认知复杂性也会增加。理论上,对于复杂任务可以进行更细致的属性划分,但会增加属性数量,从而增加认知诊断模型中的潜变量个数,进而给项目参数估计及个体的知识结构估计带来困难。教育评估中,可以使用粒度粗糙的属性,而在与课程、补救措施紧密联系的标准评估中,可以使用粒度精细的属性(Rupp & Mislevy,2007)。

属性粒度大小不一定反映属性掌握的难度,因为不同任务是给不同能力水平人群设计的。例如,分数减法对三年级学生是复杂的认知任务,因此,需要在诊断中定义分数减法中包含的若干属性(例如,从整数部分借1、约分、通分等属性);对于八年级学生来说,解线性方程属于有挑战性的复杂认知任务,而分数减法已成为简单认知任务,因此,整个分数减法只需作为一个属性出现在八年级学生解线性方程的认知诊断中。可见,认知复杂性和属性粒度与认知诊断所对应的人群有着紧密联系(Rupp et al.,2010)。

4.属性层级关系

Leighton等(2004)认为认知属性不是相互独立的,而是从属于一个相互关联的网络,认知属性间可能存在一定的心理加工顺序、逻辑顺序或层级关系。主要存在的属性层级关系有四种类型,分别为线型、发散型、收敛型及独立型(Guo et al., 2014),详见图13-6。复杂的属性网络结构可以由这四种基本结构所构成。

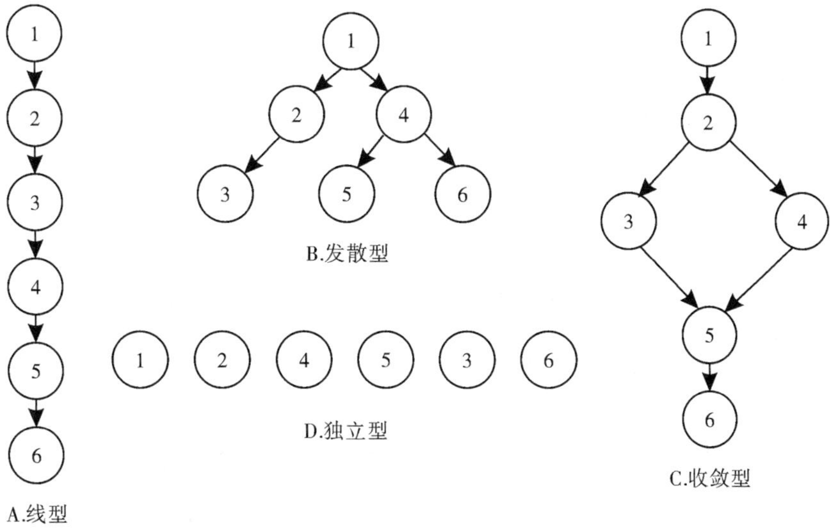

图13-6　四种常见的属性层级结构

由图13-6中四种属性层级结构所示，箭头尾端的属性为箭头端属性的先决条件。例如在线型结构中，受测者只有掌握了属性1才有可能掌握属性2，如果没有掌握属性1，其他属性是不可能掌握的，以此类推。图13-6中的A、B和C三种结构均存在先决关系，而D属于独立型结构，表示所有属性之间并无明显的层级关系，彼此相互独立。

三、Q矩阵理论

Q矩阵理论（Q Matrix Theory）是描述属性及属性间层级关系、建立属性和题目之间关联，以及确定学生知识结构的理论体系。该理论的先驱Tatsuoka认为，Q矩阵理论旨在确定学生不可直接观察的知识结构，并运用可以直接得到的观察反应模式表示这些知识结构。学生的知识结构由属性组成的向量表征。一个完整的Q矩阵理论包含：属性层级结构（Attribute Hierarchy Structure，AHS）、邻接矩阵（Adjacency Matrix，A）、可达矩阵（Reachability Matrix，R）、缩减矩阵（Reduced Q-Matrix，Qr）、学生Q矩阵（Student Q-Matrix，Qs）、测验Q矩阵（Test Q-Matrix，Qt）及期望反应模式（Expected Response Pattern，ERP）。下面用一个具体例子对Q矩阵理论进行详细阐述。图13-7为假定的关于某认知诊断测验的属性层级结构。

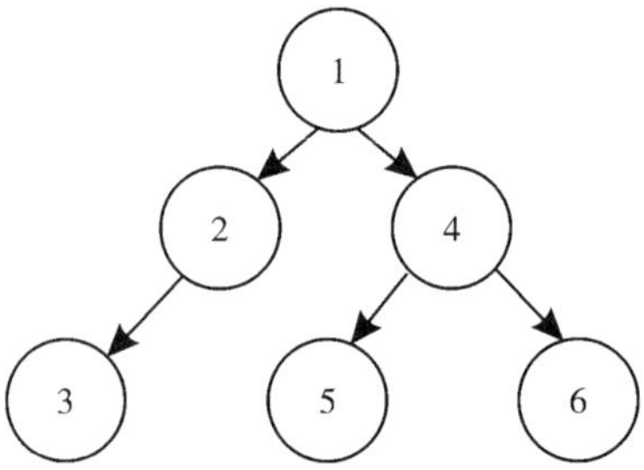

图13-7　6个属性的属性层级结构示意图

如图13-7所示,该测验界定的6个属性之间存在发散型层级关系。这种层级关系是必要的,比如掌握乘法之前,必须先掌握加法。根据图13-7所示结构,可以得到邻接矩阵A阵,它是描述属性间直接关系的矩阵,图13-7的A阵如表1左侧所示。由A与同阶单位阵I的和A+I,通过Warshall算法可得到可达矩阵R阵,它是描述属性间直接、间接和自身关系的矩阵,如表13-1右侧所示。

表13-1 图13-7下的邻接矩阵A阵及可达矩阵R阵

	A阵						R阵					
	A1	A2	A3	A4	A5	A6	A1	A2	A3	A4	A5	A6
A1	0	1	0	1	0	0	1	1	1	1	1	1
A2	0	0	1	0	0	0	0	1	1	0	0	0
A3	0	0	0	0	0	0	0	0	1	0	0	0
A4	0	0	0	0	1	1	0	0	0	1	1	1
A5	0	0	0	0	0	0	0	0	0	0	1	0
A6	0	0	0	0	0	0	0	0	0	0	0	1

注:A1–A6表示图1中的6个属性,"1"表示存在关系,"0"表示不存在关系

在得到R阵之后,可以通过删除法(Tatsuoka, 1995)或扩张算法(杨淑群等,2008)导出所有可能存在的项目类别,即在图13-7所示的属性层级结构下,一份测验能够编制出来的题目类型,记作缩减矩阵Qr阵,行代表属性,列代表项目类。在图13-7所示的层级结构下,最多只能出15种类型的题目,如表13-2所示。

表13-2 图13-7属性层级结构下的缩减矩阵Qr阵

	1	2	3	4	5	6	7	8	9	10	11	12	13	14	15
A1	1	1	1	1	1	1	1	1	1	1	1	1	1	1	1
A2	0	1	1	0	1	1	0	1	1	0	1	1	0	1	1
A3	0	0	1	0	0	1	0	0	1	0	0	1	0	0	1
A4	0	0	0	1	1	1	1	1	1	1	1	1	1	1	1
A5	0	0	0	0	0	0	1	1	1	0	0	0	1	1	1
A6	0	0	0	0	0	0	0	0	0	1	1	1	1	1	1

将Qr矩阵转置并加上一行全0向量(代表学生一个属性都未掌握)即可得到图13-7下所有可能的知识结构的集合,共有16种知识结构。

测验Q矩阵,即Qt矩阵是由Qr阵的列自由组合得到,但有一点十分关键,即自由组合中必须包含R阵,这样才能保证学生的知识结构与期望反应模式一一对应,换句话说,Qt矩阵中必须包含R阵,才能保证学生知识结构估计的精确性。

期望反应模式指学生在不存在任何失误和猜测的情况下对题目的作答反应模式,即学生掌握了题目考察的属性就能答对该题,只要有一个属性未掌握就答不对该题,但现实中,学生在作答时或多或少都会存在一些失误或猜测,因此,期望反应模式是一种理想化的反应模式。

对上述概念进行串联之后,我们可以通过图13-8来理解Q矩阵理论:

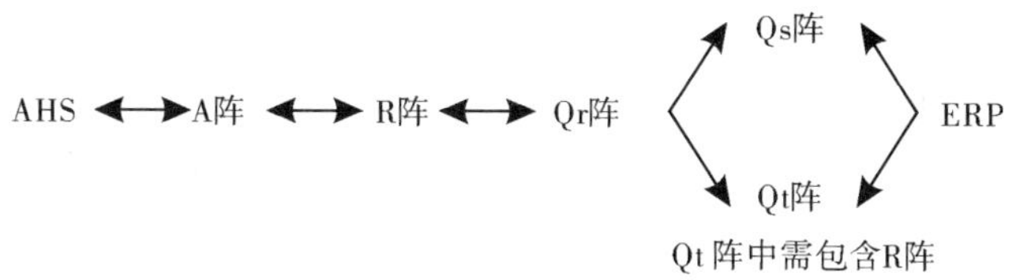

图13-8　Q矩阵理论示意图

四、认知诊断模型

测验施测后,只能得到学生的作答数据,要想获得学生的知识结构,就需要使用认知诊断模型进行估计。目前开发出来的认知诊断模型已达100多种,下面仅简单介绍比较常用的几个。

1.线型逻辑斯蒂克特质模型

Fischer(1973)提出的LLTM模型(linear logistic trait model, LLTM)是认知诊断模型的雏形,它是在Rasch模型的基础上进行改造而成,其模型为:

$$P(X_{ij}=1|\theta_i)=\exp(\theta_i-b_j)/(1+\exp(\theta_i-b_j)),\quad b_j=\sum_{k=1}^{k}\eta_k q_{jk}+d \qquad (13\text{-}7)$$

其中,θ_i是学生的能力参数,b_j是题目的难度参数,q_{jk}是属性k在题目j上的复杂度计分,K为测量到的属性个数,η_k是属性k的复杂度权重,d是标准化常数。LLTM用属性复杂度的线性组合表征题目难度,属性对题目的贡献越大,则题目的难度也越大。

2.规则空间模型

Tatsuoka提出的规则空间模型(rule space method, RSM)是一种基于模式识别和分类技术的诊断方法。该方法首先基于Q矩阵理论,分析出测验考察的所有认知属性以及每道题目考察了哪些认知属性,同时还能确定学生所有可能的知识结构种类。RSM认为学生的作答会出现失误和猜测两种情况,这时学生的ORP会与其ERP不符,那么该如何基于ORP估计出学生的知识结构呢?RSM根据项目反应模型计算出一组序偶$R(\theta,\zeta)$,它在规则空间中是一个坐标点,称为纯规则点。θ是学生的能力参数,ζ是一个基于项目反应理论的警戒指标,表示能力为θ的学生其实际作答反应模式偏离他真实能力水平相对应的项目反应模式的程度。基于ORP,可以计算出每个学生的序偶,使用贝叶斯判别或马氏距离判别将学生判归为某个纯规则点,这个纯规则点即代表相应的知识结构。

3.属性层级模型

AHM(attribute hierarchy method)是在RSM的基础上发展起来的,该模型同样采用了RSM模型的Q矩阵理论,但有两点不同之处。第一,AHM强调首先要界定好属性及其层级结构,据此来编制诊断测验,RSM是在现有测验的基础之上,反推属性及其层级结构。第二,AHM根据最大相似概率对学生进行判别,RSM通过建立规则空间,使用距离判别法对学生进行判别。Leighton等提出了两种基于项目反应理论和概率论的分类方法:A方法和B方法。

方法A:

$$P_{ij}=\prod_{k\in S_j(0\to 1)}P_k(\theta_i)\prod_{m\in S_j(1\to 0)}(1-P_m(\theta_i)) \tag{13-8}$$

其中,$S_j(0\to1)$表示学生i的期望反应为0,但观察反应为1的所有题目的集合;$S_j(1\to0)$表示学生i的期望反应为1,但观察反应为0的所有题目的集合。$P(\theta_i)$为学生i的正确作答概率,由项目反应模型估计得到。

方法B:

$$P_{ij}=\prod_{m\in S_j(1\to 0)}(1-P_m(\theta_i)) \tag{13-9}$$

该方法与A方法的区别在于,B方法认为拥有某个观察反应模式的学生掌握了所有逻辑包含在其中的期望反应模式的属性组合,对于那些不逻辑包含的期望反应模式,只需考虑失误而不需考虑猜测。

4.确定性输入,噪音“与”门模型

DINA(deterministic inputs, noisy “and” gate, DINA)模型是具有显式项目特征函数的诊断模型,其数学表达式为:

$$P(X_{ij}=1\mid\alpha_i)=(1-S_j)^{\eta_{ij}}g_j^{1-\eta_{ij}} \tag{13-10}$$

其中,$\eta_{ij}=\sum_{k=1}^{K}\alpha_{ik}^{q_{jk}}$是潜在反应指标,具体含义是指,若学生i掌握了项目j所考

察的全部属性，则 $\eta_{ij}=1$，否则，$\eta_{ij}=0$。可以看出，DINA 模型能将学生分为两类，一类是掌握了题目考察的全部属性，一类是至少有一个题目考察的属性未掌握。α_{ik} 指学生 i 是否掌握了第 k 个属性（k=1，2，…，K），$\alpha_{ik}=1$ 表示掌握，$\alpha_{ik}=0$ 表示未掌握。q_{jk} 表示项目 j 是否考察了属性 k，若 q_{jk}=1 表示考察了，q_{jk}=0 表示未考察。S_j 是题目的失误参数，它表示学生 i 掌握了题目 j 考察的全部属性，反而答错的概率；g_j 是题目的猜测参数，它表示学生 i 未全部掌握题目 j 考察的属性，反而答对的概率。一个质量较好的题目，应该具有较小的 S_j 和 g_j 参数，并且要满足 $1-s_j>g_j$。

5. 融合模型

FM（fusion model, FM）被认为是一个很成功的认知诊断模型，其数学表达式为：

$$P(X_{ij}=1|\alpha_i,\theta_i)=\pi_j^*\prod_{k=1}^{K} r_{ik}^{*(1-\alpha_{ik})q_{jk}} P_{cj}(\theta_i) \quad (13\text{-}11)$$

其中，$\pi_j^*=\prod_{k=1}^{K}P(X_{ijk}=1|\alpha_{ik}=1)^{q_{jk}}$，表示掌握题目 j 考察的全部属性的学生的正确作答概率，也称作题目的难度参数，其值越大，题目难度越小。$r_{ik}^*=P(X_{ijk}=1|\alpha_{ik}=0)/P(X_{ijk}=1|\alpha_{ik}=1)$ 表示学生未掌握属性 k 所带来的惩罚，每少掌握一个题目 j 考察的属性，正答概率就会下降。r_{ik}^* 也称作属性区分度，其值越小表明属性越重要。c_j 表示学生答对项目 j 所需残余能力的程度，它是表征 Q 矩阵完整性的指标，c_j 值越大说明 Q 矩阵界定得越完备。

五、认知诊断测验编制基本步骤

认知诊断测验的编制方法与传统测验大不相同。认知诊断测验目的在于评估认知结构和认知加工过程，侦查出受测者的知识漏洞，测验编制时就需要由认知心理学家和心理测量学家事先界定出完成测验任务所需的认知属性或迷失属性，以及它们之间的层级结构，然后根据 Q 矩阵理论编制测验。

成熟的认知诊断测验编制模式包括：认知设计系统（cognitive design system）、证据中心设计（evidence-centered design）及基于 KL 信息量的认知诊断测验编制法（Henson & Douglas, 2005）。综合这些方法，编制一份优良的认知诊断测验应该包含以下步骤：

1. 确定认知诊断评估的目标和群体；

2. 根据目标，由专家界定出完成测验任务所需的认知属性或迷失属性，以及它们之间的层级结构；

3. 根据属性层级结构，利用 Q 矩阵理论建立一系列矩阵。其中测验矩阵 Qt 阵十

分重要,Qt阵就是认知诊断的测验蓝图;

4. 根据Qt矩阵编制认知诊断题目;

5. 选择合适的认知诊断模型对题目参数和学生的知识结构进行估计;

6. 对题目质量进行分析。例如,题目参数是否合理,Q矩阵质量是否合格、界定是否完备;

7. 根据第6步的结果对题目进行修订或增删,以及对Q矩阵进行重新标定,之后重复2~7步骤,直到所有的题目均达到理想标准;

8. 测验组卷。

六、认知诊断测验软件实现

目前能进行认知诊断数据分析的软件主要有:Mplus、R以及flexMIRT。Mplus软件主要用于因子分析,但认知诊断模型可以看作是结构方程模型的一种,因此,可以通过参数的设置实现数据分析的目的。详细内容可参见Rupp等出版的《诊断测量:理论,方法及应用》书中相关章节,以及Mplus软件的用户使用手册。进行认知诊断数据分析的Mplus软件代码见:http://jonathantemplin.com/diagnostic-measurement-theory-methods-applications/estimating-dcms-mplus/。R软件当中名为"CDM"和"GDINA"的程序包可以对认知诊断数据进行分析,不同的命令可以实现不同目标,使用更加灵活方便。详细内容可参见"CDM"和"GDINA"程序包使用说明。flexMIRT是一款基于C++开发的商业软件,通过编写代码也可实现认知诊断的数据分析,相关信息可登录flexMIRT官方网站进行查询,或阅读用户使用手册。

拓展阅读

人的潜能开发与人才测评呼唤测量理论与方法的更新

随着教育部门越来越强调教育问责制,以及近些年国内外对形成性评估的关注,人们要求测验能够提供给教育工作者和学生更多信息,以帮助教师教学和学生改进。但当前大部分测验只能提供单一测验总分或能力值,并不能进一步挖掘隐藏在测验分数背后的加工技能、加工方式、知识结构等。例如,当学生做完一份考察四则运算的测验后,我们只能获得学生在这份测验上的总分,并根据总分对学生能力进行评估。若学生甲和学生乙总分相同,就认为他们两人拥有相同的能力,但这两个相同总分的背后,却有可能是完全不同的知识结构。学生甲可能是掌握了加法和乘法获得了该分数,学生乙可能是掌握了减法和除法获得了该分数。因此，传统的不能提供诊断信息的测验不仅浪费了大量人力、物力和财力，还不能给教师的课堂教学带来指导，因此，我们亟须新的测验评估方式以顺应当前的测验要求。认知诊断测验的目的是评估学生的知识结构，侦查出学生的知识漏洞，进而采取针对性的补救措施促进个体的认知发展，该特点使得认知诊断在心理与教育领域越来越受到重视。

复习巩固

1.相较于标准测验理论，认知诊断评估测验理论的优势有哪些？

2.根据某知识内容领域举例说明什么是认知属性、什么是迷失属性。

3.Q矩阵理论包含哪些成分？分别列出它们的名称及表达的含义。

4.列举编制诊断测验和编制传统测验的区别。

本章要点小结

1.概化理论是经典测量理论有关信度的强力延伸，它利用方差分析方法对测量误差来源进行具体分解与深入考察。在理论观念上提出了测量情境关系的概念，在方法上提出了G研究加D研究两步走，用概化系数和可靠性指数来帮助和改进测量决策。

2.项目反应理论具有项目参数的跨群体不变性、潜在特质量表的可选择性、参数设计的科学性、信息函数可加性等优良特质。

3.项目反应理论的基本构件是项目特征曲线ICC，所有的ICC都可以用一个相近的累积函数来拟合，最常用的是累积正态分布函数和累积logistic分布函数。项目参数要经过烦琐的计算才能获得，通常借助专门的计算机软件实现。项目反应理论在测验编制上常依据信息函数。

4.认知诊断评估是新一代的测验理论，不仅可以像标准测验理论那样提供测验总分以及个体的能力值，还能进一步深入到个体的认知加工过程中，评估其认知结构，侦查出个体的知识掌握情况，进而为教育教学提供个性化的补救措施。

5.认知诊断评估包括两大核心内容：Q矩阵理论及认知诊断模型。前者从理论上指导着认知模型的构建以及测验的编制，后者为题目参数以及个体认知结构的估计提供了数学模型和算法。

关键术语表

1.概化理论

2.G研究

3.D研究
4.项目反应理论
5.项目特征曲线ICC
6.认知诊断理论
7.认知属性
8.属性粒度
9.属性层级关系
10.Q矩阵理论

本章复习题

1.在概化理论中,D研究是指(　　)。

A.概化研究　　B.决策研究　　C.交叉研究　　D.嵌套研究

2.概化理论采用方差分析法分解测量数据的总体方差,通常把数据总方差分解为(　　)。

A.目标主效应方差
B.测量侧面效应方差
C.各种交互效应方差
D.相对误差与绝对误差的方差

3.在项目反应理论三参数logistic模型的数学表达式中,表示项目区分度参数的符号是(　　)。

A. a　　B. b　　C. c　　D. d

4.在概化理论中,与经典测量理论中真分数的概念最接近的是(　　)。

A.全域分数　　B.概化系数　　C.可靠性指数　　D.信噪比

5.在项目反应理论双参数模型中,能够直观地描述受测者正确作答概率与受测者特质水平关系的是(　　)。

A.区分度与难度　　B.项目信息函数
C.项目特征曲线　　D.测验信息函数

6.在认知诊断理论中,认知属性是指(　　)。

A.一份测验所考察的内容　　B.解决问题的技能和方法
C.完成任务时的情绪状态　　D.对测验内容的理解能力

7.在认知诊断理论中,不属于Q矩阵理论中的要素的是(　　)。

A.测验Q阵　　B.邻接矩阵
C.认知诊断模型　　D.可达矩阵

8. 对于编制一份认知诊断测验,下列说法错误的是(　　)。

A. 测验编制之后可以进行正式施测

B. 在编制测验之前,应确定好测验考察的内容和群体

C. 认知属性的界定对测验编制至关重要

D. 测验Q矩阵中必须包含可达矩阵

第十四章

心理测验的编制

目前，科学研究、教育培训和商业领域有成千上万的测验在使用，但还是难以满足当前社会发展的需要，仍需不断开发新的测验工具。编制一个好的测验是实现心理测量科学性的基本前提。编制心理测验需要遵循一系列严谨的基本程序和心理测量的方法学规范。与一般教师编制出评估学习的单元或期末考试不同，专业性的心理测验编制者需要付出巨大的努力，甚至要投入巨大的人力、物力和财力，才能开发出一个被行业认同，可以广泛使用的心理测验。例如，韦克斯勒智力测验的编制历经十余年，完成了上千人次的测验，花费巨大。那么，心理测验编制的基本程序有哪些？通过本章的学习，期待大家会对这个问题有更为系统、更为准确的认识。

第一节　测验的初步编制

测验的目的、类型和用途是测验编制的前提和基础。不管测验的类型和使用者的目的如何，在编制测验题项之前就应该有一个详细的计划，计划应该包括：明确的测验目的，合适的测题类型和计分方法，测题编写、编排原则等（郑日昌，2007；DeVellis，2010；Yaddanapudi & Yaddanapudi，2019）。

一、确定测量目的

编制测验的过程因测量目的不同而有所差异。编制人格问卷与编制智力测验所面临的问题是不同的，智力测验中用于团体和个体测验的编制方法也不尽一致。因此，确定测量的目的是测验编制的第一步。

（一）界定测量的心理特质

界定测量的心理特质，也就是明确测量什么心理内容，是测量能力、兴趣，还是成就动机。不仅如此，心理测验编制者还要把所要测量的心理特质具体化，提出明确的理论构想和操作性定义。在心理测量中，所谓操作性定义（operational definition）是指根据可观察、可测量、可操作的特征来界定所要测量的心理特质的含义，即从具体的行为、特征、指标上对心理特质的操作进行描述，将抽象的概念转换成可观测、可检验的项目（黄希庭，张志杰，2010）。它可以使测验编制者明确测验所要测量的心理特质是什么属性、特质或特征，明确测验内容的总体是什么，范围在哪里。这个步骤包括查阅其他测量同一心理特征的测量工具，访谈对这个测量特质熟悉的目标群体或专家，然后开展有关的理论和实证探究（如开放式调查）。这些工作的目的是确保测验编制者能清晰地理解并定义所要测量的心理特质。

假设设计一个测量自信的测验。在编写自信测验的题目之前，应清晰地理解什么是自信，典型的高、低水平者的行为表现有哪些。具体而言，首先得查阅不同领域中自信的理论和实证研究，特别是已有的自信测量工具，并对目标群体和专家进行访谈或开放式调查。通过上述过程，测验编制者可以提出自己关于自信的操作性定义，进而明确测量特质的维度、范围及其典型行为样本。

测验编制者还需要清楚地认识到关于测量对象的新定义与已有相近概念之间的区别，新编测验与现有测验之间的差异和优势又分别是什么。以态度测量为例，这个领域已有几十个测验，一个新编的态度测验如何才能对这个领域有新的贡献？随着态度理论的发展,心理学家对其认识不断加深,这促使测验编制者开发新的、更加有效的测量工具来测量它。例如,随着内隐社会认知的发展,人们认识到难以觉察的内隐态度才是人们对某一事物的真实态度,而传统的自陈问卷是难以对其进行测量的(Greenwald, et al. 2003;Wang et al., 2012)。于是,研究者们开始尝试开发有别于传统问卷的内隐态度测量工具,最终编制出了基于内隐社会认知理论的内隐联想测验(蔡华俭,2003;王晓刚等,2014)。

(二)确定测验的适用对象

明确测验适用的对象,也就是明确测验应用于什么类型的个体或团体。测验编制者通常以年龄、性别、民族、职业、受教育程度、经济状况和文化背景等指标来区分测量对象。由于心理特质在不同群体上存在结构上的差异性和共同性,如果测验尽可能排除了群体性差异,就能确保测验结果是在相同的结构和题项上进行比较。每一个心理测验都有其适用的对象范围,不存在放之四海而皆准的测验。

以韦克斯勒智力测验为例,测验编制者依据年龄编制了三个测验,分别是适用于16岁以上成年人的WAIS,6-16岁青少年的WISC以及4-6岁幼儿的WPPSI(张厚粲,2009)。这个三个测验都是测量智力,依据同样的智力定义和结构,但针对同样的心理特质采用的任务和材料却是极为不同的。又如,由于文化和遗传方面的差异,人格心理学家认识到中国人在描述人格特点时有自己独特的角度,与西方人的人格结构存在明显差异。以黄希庭和王登峰等为代表的学者,基于中国人和中国文化的特点,编制出了适用于华人的自立量表、自我价值感量表和中国人人格量表等多个人格测量工具(黄希庭等,2003;王登峰,崔红,2003)。

(三)确定测验的功能用途

明确测验的功能用途,也就是明确测验是干什么用的,是用于验证某个理论假设,还是用于描述受测者的心理特质水平;是用于诊断心理是否异常,还是用于选拔人员。譬如,在中学的学业测验中,毕业考试是用于考查学生是否掌握了中学阶段所学学科的基本知识,题项编制往往优先关注测题的取样代表性,而后才是难度和区分度;而高考是用于选拔学生的,题项编制则侧重考虑测题的难度和区分度,以便择优录取;对于一个学科诊断测验而言,其功能是找出学生的学习困难之处,测题的难度和测试对象代表性不一定是首要考虑的因素。

由此可见,测验用途不同,测验编制时的取材范围、测题难度和区分度、测题的评价量尺、分数的使用和解释等方面也不尽相同。如果所编测验是常模参照测验,那么其分数是用于评估个体的表现在所属团体平均水平的相对位置,测验的原始分数并不能单独说明个体某一心理特质的水平。如果所编测验是标准参照测验,那么其分数的意义在于评估个体在某一任务上是否达到了某一标准,测验的原始分数就可直接说明受测者是否达标。

二、制定编题计划

编题计划是根据编制测验的理论构想和操作性定义,制定的编题总体方案,其主要用途是:第一,明确测题的测量对象是什么,是什么类型的测题,以及题量多少,以便测题编写完后进行对照检查;第二,制定测验题项的评分或计分方法。因此,在明确测量目的基础上,编题计划必须确定测题的题型、题量及其分布和评分方法等。

(一)确定测题类型测题类型

测题类型(types of question)是指心理测验的题项呈现给受测者进行作答的形式。选择题项类型时,应当注意受测者的年龄、文化程度、测验的用途等因素。在学业测验中,如果考查学生对知识的识记,宜用选择题;如果考察的是对知识的理解和运用,则宜用论述题。测验题型的形式多种多样,根据受测者反应的自由度,测验题目可以分为开放式问题、封闭式问题和混合型问题。

1.开放式问题

开放式问题(open-ended question)是指让受测者根据问题做自由回答的测题。这类测题不提供具体答案,不规定回答范围,允许受测者不受限制地填写答案(石绍华,张梅玲,2000)。设计测题时,只需在问题之下留有适当空白篇幅即可。开放式问题的设计方式有很多,包括自由回答法、词语联想法、句子完成法、文章完成法和角色扮演法等。

自由回答法通常要求受测者根据问题要求,用文字形式自由表述,如“你认为一个人要做好心理咨询工作,最重要的能力是什么”。

词语联想法往往是给受测者一个有许多意义的词或词表,让其看到词后马上说出或者写出最先联想到的想法或感受,如“当你听到精神分裂症时,你脑海中出现了哪些词”。

句子完成法是向受测者提出一些不完整的句子,由受测者完成该词句,如“我是一个幸福的人,因为________”。

文章完成法则是向受测者提供有头无尾或有尾无头的文章,由回答者按自己的意愿来完成,使之成篇,从而借以分析受测者的心理特点。

角色扮演法是要求受测者在特定的情景中扮演某个人物,从而展现自己的真实动机和态度,如主题统觉测验。

开放式问题的优点是灵活性大,适应性强,尤其是适合于答案内容是未知的或答案情况是复杂的问题。它有利于受测者发挥主动性,畅所欲言,从而使调查者有可能获取预料之外的、有价值的信息内容。开放式问题的缺点是答案的标准化程度低,整理和分析较为复杂;且要受测者花费较多精力和时间填答问题。

2.封闭式问题

封闭式问题(close-ended question)是相对于开放式问题而言的,是指事先设计好备选答案,受测者对测题的回答被限制在备选答案中,即他们主要是从备选答案中挑选自己认同的答案。封闭式问题的设计方式也有很多,包括是非题、操作题和选择题等。

是非题也称正误题,是向受测者提供一段描述,并要求受测者在"是"与"否"或者"对"与"错"两个选项内进行单一选择,如"我是一个容易情绪失控的人"(是　否),或者"一年有53个星期"(对　错)。操作题是让受测者完成一定要求的操作任务,通过一系列操作步骤从而找到正确答案(一般还有时间限制),如韦克斯勒智力测验中的积木图案和拼图测试。

选择题由题干和选项组成:题干通常是一段不完整的描述,作为问题的情境、前提或刺激源;选项通常设置多个,根据测验的性质不同,受测者对选项的反应方式设置也不相同。例如,以16PF的第67题为例,题干是"当我非常高兴时,总有一种'好景不长'的感受",选项包括"A=是的;B=介于A与C之间;C=不是的"。此题为单选题,受测者只需选择符合自己情况的选项即可,答案没有对错之分。在智力测验中,测题的选项通常由正确答案和错误答案(干扰项)组成。例如,以中文版比奈智力测验的第2题为例,题干是"找出选项中与众不同的一个(　)",选项是"A=铝; B=锡;C=钢;D=铁;E=铜"。

封闭式问题的优点是填答方便,节省时间和精力,受测者比较乐于接受这种方式。对于一些敏感的问题,采用封闭式问题往往比直接用开放式问题更能获得相对真实的回答。封闭式问题所得资料容易量化,便于统计分析。它的缺点是测题的选项受编制者主观影响大,选项或答案可能与实际情况不符合。测题所获得的信息相对有限,仅限于选项所包含的领域,并缺少作答过程的细节。

3.混合型问题

混合型问题(mixed type item),又称半开放半封闭式问题,是一种介于开放式问题和封闭式问题之间的一种测题类型,即在一个问题中,只给出一部分答案,受测者可从中挑选，另一部分答案则不给出，要求根据自身实际情况自由作答。混合型问题应用较少，因为很多场合下，可以将它一分为二。

（二）选择测题的计分方式

确定测题类型之后，测验编制者必须选择恰当的计分方式，以获取有效的测量数据。心理测验的直接目的就是给受测者在测验中的反应赋值，实现对心理特质的量化。对受测者在测验上的反应进行赋值的方法就是计分方式（scoring formula）。测验编制者选择的计分方式应适合测验所要考察的心理特质，没有一种计分方式适用于所有心理特质的。例如，编制精神分裂症的临床诊断量表，由于被评者已失去自知能力，编制者通常选择专家等级评定的方式；而编制测量人格特征的问卷，编制者较多采用受测者自评的方式。

心理测量中测题的计分方式决定着测验测量的水平。换言之，测验选用的计分方法决定了测验是称名量尺，还是顺序量尺，抑或者是等距量尺，计分方法不同使得测验所产生的数据处于不同的测量水平。从测量水平出发，心理测验的计分方式主要包括类别计分法、排序计分法、等距计分法三大类。

1.类别计分法

类别计分法（categorical model of scoring）通常是要求受测者依据题干从选项中选取相应的类别归属，主要用于所欲考察的内容仅具有类别属性的测题，如性别、民族、积极或消极等。这种计分方法获得的数字信息只是事物的类别符号，没有任何数量的意义，不能进行数量化分析。例如，某测验中用1和2分别代表男生和女生，但此时不能说1（男生）小于2（女生）。因此，采用类别计分法的测题属于称名量尺。

类别计分方法看似简单，获取的信息有限，但仍然可以获得有价值的结果。例如，为了考察心理疾病患者在大众眼中的印象，有研究者通过开放式调查收集了公众对这一群体的评价词，并根据效价将这些词分为积极和消极两类，统计发现消极词从数量和频次上远远大于积极词，从而推断人们对心理疾病患者的态度是负面的（王晓刚等，2014）。

2.排序计分法

排序计分法（ranking score method）通常要求受测者依据题干，按自己认为的重要程度和喜欢程度对多个选项进行顺位排列。排序计分有助于受测者衡量和比较态度、动机、感觉等，也便于对测量结果加以统计。排序计分获得的数字信息只表示等级、大小和程度的顺序，没有相等单位和绝对零点。因此，采用排序计分法的测题属于顺序量尺。

例如,在心理健康服务需求研究中,研究人员发现了十余种人们寻求心理健康服务的对象,包括医生,防保人员(防疫/疾控/保健等),政府人员(部门负责人/工会/妇联等),单位领导,社区心理健康服务人员,学校教师,民间人士,自己的亲属(家人、配偶和儿女),亲戚朋友等。通过编制排序计分的题项,研究者就可了解受访者最愿意从哪些对象获得心理健康服务。需注意的是,测题的排序项不宜过多,过多则容易分散,不便于最终的等级评定,同时询问的排列顺序也可能对受测者产生某种暗示影响。

3.等距计分法

等距计分法(equal interval scoring method)要求受测者依据题干,从主观设定的多个连续等距反应选项上进行作答,从而评估他们的心理特质。这种计分方法获得的数字信息不仅能够代表事物的类别、等级,而且还具有相等的单位,可进行加减运算。在实际的研究和应用中,绝大多数心理测验(如人格量表和智力测验)使用等距水平的计分法(严格意义上这些测量不是完全等距)。因此,采用等距计分法的测题属于等距量尺。

Likert量表是采用等距计分方式的最为常见的测验类型,它通常是给受测者呈现五个连续的等距反应,按照同意/不同意、赞成/不赞成,或者符合/不符合的程度进行排列。由于相邻反应项之间单位被认为是相等的,所有题项的得分便可进行计算求和,获得量表总分。正因为这样,等距计分法也被称为累加型计分法。例如,大五人格问卷中题项的计分方式就采用了这种方法(见图14-1)。

请用1到5分评价每个陈述在多大程度上符合描述您自己,在对应的数字上画圈。注意,陈述没有对错和好坏之分,只反应每个人不同的特点,请不要顾虑,根据第一印象尽快作答。

完全不符合	比较不符合	不确定	比较符合	完全符合
1	2	3	4	5

我常因别人对我的做法而感到愤怒	1…2…3…4…5
我尽量避开人群	1…2…3…4…5
我并非十分注重事物的审美和艺术方面的特点	1…2…3…4…5
……	1…2…3…4…5

图14-1 大五人格问卷题项的计分方式

（三）绘制测题编制的细目表

选取了测题的类型和计分方法后，编制者往往通过制作一个详细的细目表进一步确定测题的数量及其分布，形成更加全面和直观的测验编制计划。细目表可以看作是由行和列所组成的矩阵。以表14–1来看，细目表每行的标题为测验所要评估的心理特质（自信），每列的标题为测题本身的属性或特征（测题的类型、计分方式、正反方向计分、项目分析指标等）（毕重增，2006）。

表14–1 编制自信测验的细目表

	测题类型及数量	测题计分方式	正反向题项分布	项目分析指标
学业自信	单选题（10个）	Likert五点计分	正向7个；反向3个	信效度、区分度、因素负荷
人际自信	单选题（10个）	同上	正向7个；反向3个	同上
运动自信	单选题（8个）	同上	正向5个；反向3个	同上
成就自信	单选题（8个）	同上	正向5个；反向3个	同上
外表自信	单选题（10个）	同上	正向7个；反向3个	同上

细目表有多重功能：首先，在编题阶段，细目表可以指导测验编制者应该编写多少题项，编写什么类型的题项；其次，题项编写好之后，编制者还可以依据该表核对实际编写的题项，确定这些题项是否恰当地代表了所欲测量的心理特质；最后，细目表还可作为信效度考核的重要依据，帮助确定测验题项是否具有代表性，是否能有效测量目标特征。

编制不同测验的双向细目表在行和列上的内容各不相同。对于自然课程的学业测验来说，细目表的行通常为教学中要求学生对自然课学习内容的掌握程度，如识记、理解、应用、分析和综合等；而表的列通常是某自然课的各个主题，如生物、气象、宇宙、资源利用等。学业测验的细目表一般是学科专家和有经验的教师，在对教学内容和课程标准仔细分析之后，通过集体讨论方式制定的，以确保测题的分类和比例恰当。当然，在测题编制时，也要根据实际情况灵活掌握，不宜过于拘泥于此表。

生活中的心理学

生活中的心理学：一个学业测验的例子

随着素质教育理念的推广，不少学校和老师都在尝试对传统的教学和考试模式进行改革，但也遇到了一些问题。这里我们就来给大家介绍发生在张老师身上的故事。

张老师是某高中一个班的生物老师。她认为学好生物学，不能死记硬背，啃书本,应多观察,多动手,多实践。同时,张老师也认为生物考试不应只依据传统的书面测验,还应结合平时的观察笔记、实验报告和课程论文。于是,在这个学期,张老师在教学中大胆创新,开展了多种形式的教学活动,如野外考察、观察笔记、观看录像、做生物实验、写期末论文等。在学科测验上,她也在学期初告诉学生:这学期的生物考试,期末书面考试占30%,平时的观察笔记、实验报告和期末论文占70%。这样新颖的教学形式和考试方式得到了学生们的积极响应,学习兴趣大增,甚至有同学准备高考填报生物学专业。

临近期末,张老师和生物教研室的其他老师像以往一样,一起设计了期末测验。但在监考中,张老师发现自己班上的学生考试时眉头紧锁,考试后都认为考题太难、太细,甚至于超出了课堂学习的内容。批改完试卷后,张老师也发现学生期末成绩比其他班同学低。但因为张老师班的同学期末成绩只占30%,最后她班学生的总评成绩还是比其他班高。面对这样的情况,其他班级的老师认为这样不合理,他们认为书面测验才能反映学生的真实水平,张老师班上的学生对知识的掌握就是不如其他班。不少家长也向张老师提出意见:虽然孩子的总分很高,但书面考试成绩并不好,这样的好成绩无法应对以后的高考。面对种种意见,张老师也陷入了困惑。

毋庸置疑,张老师的教学方式和考试方式是相辅相成的,并且这种方式促进了学生的学习。但是,为什么张老师在最后的学科测评以及最后的评分中遇到了这么多麻烦呢?

(转自 张厚粲,2005)

三、编写测验题项

以学业测验为例,制定好编题计划之后,教师可依照计划编制测量学生对所列主题的学习是否达到教学要求的学业测验了。测题编写是测验编制过程的核心步骤,在编写时应当注意以下三个问题。

(一)搜集编题素材

一个心理测验的有效性取决于测验是否能够测得所要测量的心理特质,而测验是否能测到目标特质与测验材料的选取是否恰当有着密切联系。在测题编写之初,编制者应力求搜集到丰富且具有鉴别力的编题资料,既能反映测验所欲测量的目标特质,又能很好鉴别受测者在这一特质上的差异。

为此,编制者通常从以下三个途径搜集资料:首先,查阅相关的书籍、研究报告和现有测验，搜集编题的文献资料；其次，对测验适用的目标群体进行访谈或调查，搜集编题的原始资料；最后，向这一领域的同行和专家进行访谈或调查，搜集编题的权威资料。搜集到的资料只是参考，测验编制者如何使用才是关键。所以，测验编制者提出的理论构想，以及如何将它与搜集到的资料进行整合是非常重要的。

（二）编写测题

测题的编写是一个反复的过程，包括产生、编辑、检查和修改等一系列步骤。在这个过程中，测验编制者需要对测题进行反复修订，修正表达不明确的语词，删改重复或不恰当的题项，增补遗漏的内容等。为此，初步编写测验题项需注意以下六个方面：

（1）测题的取样应当具有代表性，能够反映测验所要测量的目标特质；

（2）范围要与编制计划所列的内容细目表相一致，且要根据受测者情况而定；

（3）编写数量是正式测验所需题量的2~3倍；

（4）难度符合测量目的与功能；

（5）题项内容彼此独立，没有交叉；

（6）题干和选项表述应简洁明了。

在测题产生后，编制者还应仔细检查。第一，测题的叙述是否明确清楚，避免出现语法和文字错误，尽量不使用复杂或生涩难懂的词汇；第二，测题内容的科学性，避免出现内容错误、触及社会禁忌或易引起误解的表述；第三，测题是否便于理解，避免使用反义疑问句和否定句等难以理解的句式；第四，测题是否存在暗示正确答案的线索，避免出现引导性、断定性和假设性的测题。

（三）测题的初步编排

经过上述步骤编写出的测题，还需经过预测才能从中选出用于正式测验的题项。在预测之前，编制者需要对测题进行适当的编排。

首先，合理安排测题顺序。测题顺序一般遵循由易到难的原则，这样可以避免受测者在难题上耽误过多时间，而影响后续测题的作答。在能力测验中，测验开头一般安排几个比较容易的题项，以便受测者熟悉作答程序，缓解紧张情绪，尽快进入测试状态。在测验最后，可安排少数难度较大的题项，以测出受测者的最高水平。而在人格测验中，编制者还需注意将归属于同一维度或结构的题项分散，避免连续出现。

其次，编写预测的指导语和背景信息。指导语和背景信息是测验刺激的一部分，包括测验目的说明、作答要求以及受测者的基本资料，它直接影响受测者的作答态度和方法。编制者应认真编写预测的指导语，力求指导语简单明确，不引起误解。如果受测者对测题形式是生疏的，还应通过例题进行作答示范。

复习巩固

1. 在编制心理测验时,测量目的确定主要包括哪些内容?

2. 测验题项的初步编写应遵循哪些注意事项?

第二节　预测与项目分析

初编测题虽然在内容和形式上都符合要求,但测题的优劣尚未经过标准化的程序进行评定,还需经过实践检验,也就是通过预测进行项目分析(石绍华,张梅玲,2000;郑日昌,2007)。

一、初编测验的预测

在实施预测时,测验编制者必须认真准备,明确预测受测者、施测要求和施测过程等相关要素,力求与正式测验一致,为筛选题项奠定良好基础。

(一)预测的受测者要求

选取的预测人数要适当。取样人数要依据测验所要测量的目标特质、目标人群、测题类型以及经费条件等情况确定。预测人数不必太多,亦不可过少。在教育测验上一般为370人,智力测验至少要30人,人格测验一般为测题数量的10倍。无论数量多少,最重要的是预测受测者一定要有代表性。一般而言,预测受测者是从正式测验的测量对象全域中抽取的代表性样本。例如,对于一个成就测验来说,进行预测的学生必须和以后的测验对象属于同一个年级,并且享有相同的教学资源。

(二)预测的施测要求

首先,预测应力求与正式测验的要求一致,确保预测的过程和情境与正式测验时的情况相似。其次,预测的时限可适当放宽。这是由于预测题项的数量一般都远远多于正式测验,如果时间太短,预测受测者可能没有足够的时间完成作答,使得预测无法搜集到真实的受测者反应来进行项目分析。

（三）预测的记录事项

在预测过程中，还应随时对受测者的作答情况进行记录，如受测者完成整个测验的时间，受测者长时间停留的题项，受测者不愿意回答的题项，认为表述不清楚、错误或引起误解的地方，以及排版不合理的地方等。预测完成之后，还可以针对这些记录事项对受测者进行访谈，为题项的修订和完善搜集更扎实的资料。例如，可以询问受测者作答方式是否便利，测验难度是否合适，以及猜测、作弊或掩饰等情况。

二、项目分析

项目分析分为定性的项目分析和定量的项目分析。定性的项目分析主要包括对受测者进行问卷调查和咨询专家。常见的定量项目分析包括难度分析、区分度分析和因素分析，其定义和公式本书其他章节已有详细介绍，这里不再赘述。下面介绍常见测验的项目分析策略和注意事项。

（一）定性的项目分析

无论是哪一种测验都应该对项目的定性资料进行分析。测验编制者应该直接从受测者和专家那里获得更有广度的资料，以增加测验的效度。

1.开放式调查

从预测样本中随机选择部分受测者进行开放式问卷调查，了解受测者对测验本身的看法以及他们是如何完成测验的。开放式问卷的内容可以包括以下方面。

（1）表面效度：本测验是否看起来测量了你认为想要测量的东西？如果不是，那么你认为这个测验应该是什么样的？

（2）施测者：施测者是否以任何方式影响到了你作答？如果是，请问是怎样影响的？

（3）测验环境：作答环境是否以任何形式影响到你在测验上的表现？如果是，请问是如何影响的？

（4）测验语言：测验的用语是否有你难以理解的地方？

（5）测验长度：就测验用时和项目数量，你认为本测验题项数量怎么样？

（6）受测者的猜测：你是否在任何一道题目上进行了猜测？有多大比例的测验项目你是通过猜测完成的？你在猜测时使用了什么策略？

（7）受测者的诚实度：你是否认为在这个测验中会出现不真实作答的情况？如果是，请描述可能被用于作假的方法。

(8)受测者参加测验的身心状态:请描述你在作答时的心理状态。你是否认为你的心理状态以任何方式影响到你的测验结果?如果是,请说明是如何影响的。请描述你在作答时的身体状态。你是否认为你的身体状态以任何方式影响到你的测验结果?如果是,请说明是如何影响的。

(9)受测者对测验的整体印象:你对这份测验的整体印象是什么?如果测验需要进一步完善,可以给出你的建议。

(10)受测者的偏好:测验中是否有哪一部分让你觉得很有趣或者很不喜欢的?

当然,也可以采用面谈的方式来了解上述内容。通过分析这些定性的资料,测验编制者就更能从整体上把握测验编制。

2.咨询专家

测验编制者向对测验特质深有研究的专家进行咨询,邀请他们对测验的内容进行评价,对理解和改善测验很有帮助。同时邀请心理测量专家对测验的长度、指导语以及与测验内容没有直接相关的问题进行批判性评价。向专家咨询既可放在预测进行之前,也可放在预测后进行,放在预测之前,编制的项目就更能紧扣目标特质。

(二)定量的项目分析

在进行了定性的项目分析之后,还要依靠统计学指标判断项目的优劣。通常用的方法包括难度分析、区分度分析和因素分析。

1.常模参照测验的定量项目分析

常模参照测验的定量项目分析包括难度分析和区分度分析。这些指标是建立在样本基础上的,因此在分析之前要做受测样本构成分析,而因素分析法除了用来确定测量的因子,也可用于定量项目分析。

(1)受测样本构成分析

在理想状态下,常模应该包括测验的目标群体或总体中所有个体的分数,但要做到这一点几乎不可能。因此,测验编制者往往从目标群体中随机选择样本,样本要尽可能地能代表总体,常模的人口统计学信息也会写入测验手册。如王登峰和崔红(2003)在编制中国人人格量表QZPS时,其样本在性别、职业、受教育程度、年龄等方面是多样化的。

(2)难度分析

一般情况下,用于心理诊断或者人格测量的测验没有难度分析,而用于测量能力和成就的测验通常都会分析题项的难度,如学业成就测验、高考试卷、SAT考试、GRE考试、民航飞行员基本认知能力测验等。测验难度用基本公式进行计算,还可以采用极端分组法。项目的类型不同，难度计算公式不同，如论述题和是非题的难度计算方法是不一样的。详情请参考本书的项目分析章节。

（3）区分度分析

区分度大都用鉴别力指数、临界比值、项目–总分相关或者题项间相关的方法进行计算。用于教育领域的测验通常是将鉴别力指数或者临界比值与项目–总分相关法结合使用；而人格测验或者心理诊断测验则多使用题项间相关或者因素分析的方法。

测验编制用因素分析来判断鉴别力的过程比较复杂，这里给出一个例子供读者参考。

某能力倾向测验进行预测之后，因素分析提取了三个共同因素，并得到了如表14–2的因素矩阵。一般而言，性能良好的测题在某个共同因素上的负荷大于0.40，共同度大于0.30；在两个及两个以上因素上有负荷的，负荷之间的差值大于0.20。从表中可知，该测验中第7题尽管在三个共同因素上的因素负荷几乎都大于0.40，但在每个因素上的负荷之差小于0.20，而第12题在三个共同因素上的负荷都小于0.40，所以预测问卷中第7题和12题因区分度不高，可考虑暂不保留到正式测验。

表14–2 某能力倾向测验的因素矩阵

测题编号	因素负荷			共同度(h^2)
	因素一	因素二	因素三	
1	−0.06	0.72	0.11	0.53
2	0.35	0.87	−0.07	0.88
3	0.84	−0.05	0.18	0.74
4	0.29	0.03	0.84	0.79
5	0.38	0.22	0.66	0.63
6	0.24	0.28	0.66	0.57
7	0.51	0.44	0.38	0.60
8	0.81	0.24	−0.01	0.71
9	0.78	0.32	0.25	0.77
10	0.21	0.65	0.24	0.52
11	0.86	0.11	0.03	0.75
12	0.36	0.30	0.28	0.30
特征根(λ)	3.56	2.28	1.97	$\sum=7.81$
总变异量(%)	30	19	16	$\sum=65\%$

在表14–2中，特征根（λ）是指每一个提取的共同因素中所有项目的因素负荷值的平方之和，而总变异量是指各个共同的特征值除以总变差的数量（每个题项的变差为1）。由此可知，在所有12个单位的总变差中，该能力倾向测验提取的三个共同因

素分别可以解释3.56,2.28,1.97个单位的变差,能够分别解释30%,19%和16%(合计65%)的总变异量。为了获得理想的因素负荷矩阵,让各个测题在共同因素上的负荷值向两极分化,即使测题在每个因素的负荷绝对值接近于0或1,编制者还必须对预测数据进行更为复杂的分析(如正交旋转或斜交旋转),进而对测题的区分度效果进行评判。

(4)因素分析

因素分析是以确定整个测验的潜在变量或者因素为目的的一种统计过程,这里以王登峰编制的中国人人格量表中的外向性分量表为例,来说明因素分析的步骤。

中国人人格量表的外向性分量表包含445个项目,测量三个因子(精明果敢-退缩平庸、严谨自制-放纵任性和优雅多才-肤浅愚钝)。分别以因子为单位进行主成分因素分析和最大变异正交旋转,删除共通性小于0.25的项目后,三个因子项目解释方差的百分比分别为31.6%、33.3%和40.6 %,所含的项目数分别为79、37和24项。

从实用角度考虑,最后每个因子的项目数应在15项左右,据此对项目进行初步筛选。根据其共通性和载荷量选取最佳的30个项目,不足30个项目的因子则保留全部项目。按此原则,三个因子分别保留30、30和24项。由于个别项目重复记分,外向性分量表实际保留72个项目。

根据外向性分量表测量的是受测者内外向的特点,与维度“外向活跃-内向沉静”一致。删除共通性和载荷量低的项目后,按其所解释方差的百分比和载荷量抽取因素,可以由三个因子进行合理的解释。三个因子分别抽取14、14和12个项目后,共解释35.33%的方差。根据项目的含义,三个因子分别对应“外向活跃-内向沉静”中的“主动亲和-被动孤僻”“活跃随和-安静拘束”和“开朗热情-拘谨多虑”。为简便起见,将第一个大因素命名为“外向性”,三个因子分别命名为“合群”“活跃”和“乐观”。

因素分析既能将测验的因素提取出来,又筛选出了区分度良好的项目,是进行项目分析的常用方法。

2.标准参照测验的定量项目分析

标准参照测验多用于判断受测者是否掌握了既定标准所要求的知识或技能,并评判教学效果,难度分析多用前后测敏感指数(pretest-posttest sensitivity index)。有时,为节省时间可在样本群体中设置一个未教学组作为对照组,采用未教学—教学敏感指数(uninstructed-instructed sensitivity index)作为难度计算指标。标准参照测验若在前测或者后测、教学或者未教学的某个环节中计算项目的难度,其计算方法与常模参照测验的难度计算方法大体一样。区分度分析的程序与常模参照测验没有很大差异。

下面以一份学业成就测验的项目分析进行举例说明。

在进行项目分析之前,需了解测验构成和项目类型。通常,一份学业成就测验包括几个分测验。就语文测验来说,可以分为拼音、字形、词汇、语法修辞、文学常识、阅读理解和言语表达七个分测验。

首先,进行测验项目的难度分析。选择题可以用通过率表示难度,或者用分组求差法计算;简答、论述题的难度可以采用项目分析章节的相应难度公式计算。

组成测验的不同项目最好具有不同的难度水平以区分不同的受测者,测验的总体难度是所有项目难度的均值,均值在0.5左右最佳。在计算各项目的难度后,将所有项目的难度按照0~0.09,0.10~0.19,0.20~0.29,0.30~0.39,0.40~0.49,0.50~0.59,0.60~0.69,0.70~0.79,0.80~0.89,0.90~1的标准分为十个等级(划分标准可根据实际项目难度大小将上述区间合并,如0~0.19),计算出各项目难度的等级分布和百分比分布。结合测验目的和统计标准,考虑修改或删除难度不在0.20~0.80的项目。接下来,将项目的难度等级进行正态拟合性检验,若拟合度不好,可根据结果进行题目的增删、调整。当然,也可以将各个分测验的难度等级进行正态拟合性检验,更好地调整项目难度分布。

其次,进行项目区分度分析。通常将临界比值法和相关法结合起来判断一个项目的区分度。然后,把结果与区分度优劣评鉴标准结合起来考虑修改或删除项目。

最后,对项目的选择项进行反应分析。由于选择题计分方便,操作灵活,因此备受测验编制者青睐,测验项目多采用此种形式。但选择题容易出现猜测,题目模糊甚至出错的情况,因而需要对项目的选择项进行反应分析。选项分析具体程序简要概括如下:将测验总分从高到低进行排列,分别取高低两端27%(根据样本大小,25%~50%均可作为分组标准)的人数作为高、低分组。然后,分别登记高分组和低分组在每一项目上选中各选择项的人数。根据高分组和低分组选择正确选项和错误选项的分布,给出两条判断选项诱答力的原则:一是至少有一位低分组学生选择一个不正确选项;二是选择不正确选项的低分组学生人数应该高于高分组学生人数。

需要修改的题项大致可分为三种:

(1)模糊题项(ambiguous items)。在这些项目上,高分组受测者选择错误选项的频数和选择正确选项的频数几乎一样。原因可能是受测者缺乏这方面的知识,也有可能是项目本身编写有问题。要判断到底是哪种原因,需要对选择人数很多却是“错误”的选项进行检查,看它是否也是一个合理的选项。来看下面的两个四选一选择题:

① 6+3×2=	高分组27%
A.18	11
B.20	2

*C.12 10

D.32 1

② 下列哪一项是客观测验形式? 高分组27%

A.论述题 1

*B.多项选择题 11

C.简答题 2

D.是非题 10

第一个例子中,高分组受测者选择A和C的人数几乎一样,这时就要考虑是不是学生没有掌握或者不知道这样的数学运算规则。第二个例子中,题目中B、D选项对于受测者来说就是模糊选项。多项选择题和是非题都是客观题型,受测者无论选择B、D中的哪一个都是正确的。所以这样的选项是有缺陷的,应该替换掉混淆选项。

(2)答案出错的题项。如果高分组的受测者大部分选择了"错误"选项,而只有很少人选择了"正确"选项,这时就需要考虑是不是给的参考答案是错误的。

比如下面就是一个答案出错的例子:

下列题型中哪一个最容易评分? 高分组27%

A.论述 1

B.面试 0

*C.多项选择 13

D.完成句子 2

上述例题的原答案为D,但从题干和选项来看,正确答案为C。

(3)猜测成分的检验。在进行项目难度分析时也可能会遇到高分组的受测者选择每个选项的频数几乎相等。这时要考虑到是不是该项目已经超出受测者所学知识范围,或者项目太难,高分组的受测者只有随机选择答案。一个迷惑了高分组受测者的项目同样也会迷惑低分组受测者。看下面的例子:

当测验被用于决策时,测验使用者用于决策发生变化的分数通常是(　　)。

高分组27%

A.常模 4

B.测量的标准误 5

*C.临界值 5

D.最大值 6

上述例题的原答案为C,从高分组的作答选项分布来看,该项目的设置不合理。

以上介绍了学业成就测验项目分析过程的关键步骤。当然,教师自编测验的项目分析通常没有这么复杂,一般情况下也不会详细划分难度等级,更不会进行难度等级的正态性拟合检验，只需关注基本的难度和区分度即可。

三、测验内容的选定与编排

（一）正式测验题项的筛选

预测和项目分析完成之后，测题的性能已有可靠的资料作为评价根据。接下来，编制者需结合定性资料和数量化指标，筛选出性能良好的测题进入正式测验。

首先，测题筛选的首要原则是确保入选测题性能良好，既能有效测量目标特质，又能对受测者的差异进行区分。如果测验考察的是语言推理能力，筛选出的测题就是只测定所要测量的目标特质的题项，不应包括测量阅读能力或词语记忆的题项。同时，这些测题还能有效鉴别具有高、低语言推理能力的受测者。

其次，筛选测题应确定测题的区分度、难度和因素负荷等指标处于恰当水平。一般而言，测题的区分度越高越好，这是筛选测题的重要标准。测题的难度通常是让平均难度保持在0.5左右，并且测题之间应有一个合理的难度梯度，以便有效区分不同水平的受测者。总之，不同的测验对测题的难度和区分度有不同的要求。

最后，筛选测题还应与理论构想和编题计划进行比较，确定测题的代表性、类型、题量和分布等是否符合既定方案。在编制学业成就测验时，由于测题的类型、总分和测验时间都有限定条件，对于性能良好的测题也不是一味保留，必须严格控制数量，优中选优。此外，预测之后对测题的处理并不仅仅是删除或保留。有些题项测量的内容可能是非常重要的，但区分度或难度不达标，这样的测题就不能简单删除，应当予以修改或替换。

（二）信度和效度分析

预测的项目分析也应对初编测验进行信度和效度考察，对测题的可靠性和有效性进行评估，为后续的修改和完善提供依据。具体的分析方法，请查阅第三、四两章的内容。

（三）正式测验题项的编排

正式测验的题项确定之后，编制者应根据测验的目的与性质，考虑受测者的作答心理和反应特点，以及测题的类型、分值和难度，对测题进行合理编排。

与预测问卷的编排一样，正式测验题项的排序同样遵循由易到难的原则，以便受测者尽快进入测试状态,缓解紧张情绪。而相同类型和作答方法的项目一般集中到测验的同一部分,以便受测者熟悉作答程序,呈现对测题刺激的真实反应。例如,学业成就测验中,单项选择题、填空题和判断题等客观题通常分别归类单独作为测验的一个模块,并且常常置于测验的前部分,因为这类题难度相对较小。当然,不同类型的测验其项目编排还略有不同。例如,人格测验中属于同一维度的题项不集中排列,而是与其他维度的一起随机或交叉排列,以防止受测者猜测测验目的;但能力测验中测量某一维度的题项通常会集中排列到测验的某个模块,以方便受测者作答。所以,测题的排序方式主要取决于测量目的。

常用的测题编排方式包括并列式、螺旋式和混合式。并列式是依据测验的性质将测题组成为若干分测验,同一分测验中的测题再根据难度由易到难排列,如韦克斯勒智力测验。螺旋式是将各类测题依难度或年龄分成若干个层次,再将不同性质的测验予以组合,作交叉式排列,其难度逐步提高,如比奈-西蒙智力测验。而混合式一般是将所有的测题根据难度排列,并不将同一性质的测题编排到一起,态度、人格、心理健康等领域的问卷多采用这种方法编排测题。

(四)编制测验复本

在许多心理测验的实际运用中,都需要两个以上的测验版本以供备用。例如,我国高考的测验就是典型的平行测验。将某个测验的平行版本称作复本(parallel forms),因为这些测验都是测量相同的心理特征,测验题目的数量、类型基本一致,区分度或难度相同,在同一受测群体中进行标准化时也有着相同的平均数和标准差。一个受测者在第一个版本上的得分与在复本上的得分极度类似。由此可见,编制一个测验的复本是一个相当不容易的事。

编制测验复本首先要做的事就是测验等值(test equating)。所谓等值就是面对考核同一心理特质的各份测验,为了比较的公平性,指定其中任意一个测验的分数形式为基准,使其他形式的测验分数都转化到这个基准分数形式上。等值需满足下列条件:

(1)各份测验测量的是同一种心理特质;

(2)各份测验具有相同的内容和形式;

(3)各份测验的项目不应重复;

(4)各份测验的项目数量一致,且具有大体相同的难度和区分度;

(5)各份测验测得的分数分布(如平均数和标准差)大致相等。

编制测验复本需要足够的测验项目,因此在编写测验项目时就应编写2~3倍的项目。首先将所有可用项目按难度大小排序,其次序依次编号为1、2、3、4、5、6……

若要分成两个等值的测验本,可采用下面的分法:

甲本:2、3、6、7、10、11、14、15、18、19……

乙本:1、4、5、8、9、12、13、16、17、20……

若要分成三个等值的测验本,可参照下面的分法:

甲本:1、6、7、12、13、18、19、24……

乙本:2、5、8、11、14、17、20、23……

丙本:3、4、9、10、15、16、21、22……

参照上述方法可使测验复本之间在难度上大致相等,从而得到大体相同的分数分布。测验复本编制好后,仍然需要再次测验,检验各份测验本究竟是否等值。

测题经过项目分析、筛选和编排等程序,正式测验的项目已初步确定。但需特别注意的是,这些工作并非一劳永逸,编制一套测验只依据一次预测的结果对题项进行筛选是不够的。严格意义上讲,由于预测受测者样本大小和代表性存在取样误差,由此获得的项目分析结果未必完全可靠。为了确保正式测验的题项真正符合要求,通常需要对来自同一个总体的两个样本施测预测,然后分别进行测验项目分析,看两个样本的分析结果是否一致,即所谓的复核(recheck)。如果某个题项在两次预测上的项目分析结果差异大,说明该题的性能值得怀疑。所以,测验编制是一个需要反复的过程,其中某些阶段可能要重复多次。

复习巩固

1. 简述预测时需要注意的问题。

2. 简述编制常模参照测验时项目分析的基本策略。

第三节　测验的标准化

测验经过预测、项目分析、筛选和编排之后,正式测验主体部分基本完成,但还不能说已经编制好了一个测验。一个测验的好坏,还取决于它的标准化。从1974年开始,美国心理学会(APA)等心理与教育行业协会就出版了《教育心理测验的标准》,指出了测验编制者和使用者必须遵照执行的标准化步骤,为了确保测验条件的一致性,提出了以下几方面的标准化要求(APA et al., 2003;2014)。

一、测题内容的标准化

测题内容的标准化是指给所有受测者实施相同的一组测题,确保每个受测者面对的测题“从内到外”都是等值的。

(一)不同受测者接受的测题是等值的

正式测验的测题都经过严格选择,具有合适的难度,良好的区分度。但在标准化过程中,测验编制者还要确保每个受测者所接受的同一个测验的测题是相同或等值的测验刺激。随着网络技术的发展,出现了许多以题库为基础的心理测验,如职称英语测试、职称计算机测试和驾驶理论知识考试等。这样的测验打破了传统纸笔测试“千人一面”的状况,但也要确保每一套测验抽取的测题是等值的。如果不同个体所面对的测题内容难度差异悬殊,那么测验就失去了公平性和公正性,测验结果就失去了参考价值。

(二)测题的物理属性是一致的

除了测题内容,测验编制者还需确保每个受测者所接受的测验的物理特性是一致的。这就要求在编制测验时,测题的印刷和成批生产的器具能保证物理特性上的一致。例如,每一套韦克斯勒智力测验(中文版)积木图案测试中使用的积木大小、颜色构成和材质都要保持一致,确保个体测验分数的差异不是测题呈现或载体不同导致的。

二、测验施测的标准化

测验标准化既要对所有受测者使用相同的测题,还要保证他们是在相同的条件下进行测验,即测验施测的标准化。

(一)统一的指导语

测验指导语是用来指导使用者和受测者完成测验施测的各种解释和说明。一般情况下,测验的总指导语应放在最前面;由多个部分组成的测验,其每个部分都应给出相应的指导语。指导语的措辞是否准确,使用是否规范,都会影响测验得分。所以,指导语有两个对象:第一,是测验的受测者;第二是测验使用者或主试。对受测者的指导语应让其明白测验的性质与目的,作答要求,作答时限,答案的计分方式,关于信息保密的说明,措辞简单准确,统一规范,礼貌用语。若有受测者陌生的测题类型,可在正式测验前举出例题。对于测验使用者或主试的指导语,同样也应做到统一规范,条理清晰,对主试要做好的各项事宜做简单准确的说明。下面是一份自我评价问卷的指导语。

您好!这是一项有关个性的研究,请根据自己的真实体验,用“A很不符合、B较不符合、C中等、D比较符合、E很符合”作为尺度,对下列句子的描述与自己相符的程度做出判定,在符合自己情况的题项上打“√”。所得资料仅用于学术研究,不需要您填写姓名,请放心作答。注意:①看懂即可回答,不必过分考虑;②请回答每一道题,不要遗漏。

如果受测者不能自行阅读指导语,如老人或儿童,施测者应清晰、慢速、准确地读出所有的指导语。读完后,若受测者有疑问,施测者应耐心解释。

(二)统一的施测时限

测验的时限是测验施测中的一个重要方面,特别是在能力测验中。施测时限的标准化就是要求参加测验的受测者在规定时间限制内完成作答。在施测时,测试者和受测者都必须明确测验所规定的时间限制,测试者必须准确控时,受测者同样不能超时作答,到规定时间后应立即停止作答。不同类型的测验对时限的要求不同,大多数人格测验在实施时时间限制不太严格,但能力或速度测验对时间的要求相对严格。

(三)相同的施测情境

在对测量误差的学习中,我们已经知道施测情境对测验结果会产生影响。在测验实施时,测试者应充分做好施测准备和场地布置,尽可能让温度、采光条件、设备器材等因素保持一致,努力达到测验标准化的情境要求,减少无关因素对测试的干扰。

三、记分和解释的标准化

(一)记分的标准化

记分的标准化是指两个或两个以上的记分者对同一份测验的评定是一致的。实际上,不同记分者之间的评定达到完全一致几乎是不可能的。一般而言,两个受过训练的记分者之间一致性达到90%以上,就可认为记分是客观的,符合标准化的要求。只有保证记分是客观的,才能够把测验得分的差异归于受测者之间心理特质存在差别。

要达到记分的标准化,记分者应努力做到以下三点:第一,记分者对受测者对测题反应的记录要及时和清楚,特别是在口头和操作测验中;第二,准备一个标准反应表或正确反应表,并熟悉受测者可能的反应类型及需要记录的信息;第三,将受测者的反应与标准反应表进行严格比较。

(二)测验分数解释的标准化

如果同一测验分数(结果)有多种不同的解释,那么测验便失去了客观性。从某个测验中得出的分数往往并不能说明什么问题,只有把这个分数与一定的参照标准进行比较,才能对测验分数进行解释,显现它所代表的意义。在标准化解释时,不同的测验所参照的标准是不同的。常模参照测验的测验分数解释是以个体所属群体的常模为标准,而标准参照测验则是以某一个设定的分数及其意义为标准。

四、信度和效度考察

测验标准化过程中,编制者还必须对正式测验的可靠性和有效性进行鉴定,以便确定测验是否可用。对测验的测量学鉴定,主要是考察测验的信度和效度。信效度是衡量测验质量最基本的指标。有关信、效度的详细介绍请参看本书第三、四章的内容。

五、测验手册编写

编写测验手册是为了帮助使用者正确认识和使用测验,APA编著的《教育和心理测验标准》也对此进行了明确规定。上述所有标准化的内容都应在测验手册中得到体现,如测验的功用和目的,测验的测量学指标,测验分数的统计和解释方法等,以便减少测验使用时可能出现的主、客观误差,保证测验的客观性。这里将测验手册编写的内容概括如下:

(1)测验的目的与功用;
(2)测验编制依据的理论和原理;
(3)测验的信、效度说明;
(4)测验的施测方法和注意事项;
(5)测验的标准答案和评分方法;
(6)测验结果的解释及其帮助信息;
(7)实施测验和解释测验结果的个体应当具备什么资质;
(8)介绍使用测验的代表性研究;

(9)对潜在的误用测验的情况提出具体警告;

上述内容仅作参考,不一定都要囊括在测验手册中,具体的测验手册内容的编写还应根据编制测验的具体性质而定。

复习巩固

1.测验施测过程的标准化包括哪些环节?

2.测验手册主要包括哪些内容。

拓展阅读

内隐联想测验

生活中,我们也常常发现当事人直接表达出来的看法或观点是与其内心的真实态度是不一致的。那么,心理测量中有没有什么测量方法可以揭示人们内心的“秘密”呢?

为了测量人们的真实态度或想法,心理学家格林沃尔德在1998年首先提出并开发了基于反应时任务的内隐联想测验(Implicit Association Test,简称IAT)。IAT是通过相容和不相容的分类判断任务来测量两类词(目标词与属性词)之间的自动化联系的紧密程度,以反应时为指标间接测量个体的内隐社会认知。当目标词和属性词相容时,辨别归类更多的是自动化加工,因而反应时短;当两类词的关系与受测者的内隐态度不一致或缺乏紧密联系时,辨别归类需进行复杂的加工,因此反应时较长。不相容与相容条件下的反应时之差即为内隐态度的量化指标,差值越大,内隐态度越强。目前,IAT出现了新的发展和变式,应用较广的有以下三种变式。

Nosek和Banaji于2000年提出IAT的变式——Go/No-Go Association Test(GNAT),弥补了传统IAT不能考察单一类别概念的缺陷。它基于信号检测论,要求受测者在看到信号刺激(如目标概念A和积极属性)时做出按键反应(Go),看到噪音刺激(如目标概念B和消极属性)时不做反应(No-Go)。将正确的Go反应视为命中率、不正确的No-Go反应视为虚报率,以命中率和虚报率转化为Z分数后的差值作为指标,表示从噪音中区分信号的能力,以此来测量不同概念与属性间的联结程度(Nosek & Banaji, 2016)。

Wigboldus IAT(WIAT)则通过对比受测者对两个任务的完成程度测查内隐态度。在第一个任务中要求受测者看到积极词和与目标概念有关的词时按左键,看到消极词时按右键。第二个任务中要求受测者看到积极词按左键,看到消极词和与目标概念有关的词按右键。受测者在哪种任务上做得好,就说明对目标概念持有哪种属性态度(Wigboldus et al., 2000)。

De Houwer于2003年提出Extrinsic Affective Simon Task(EAST),该任务结合了IAT和情绪性Simon任务的特点。在EAST中,积极的词和消极的词都用白色、蓝色和绿色呈现。要求受测者对白色词汇的意义做出判断,若为积极则按左键,若为消极则按右键,对于彩色目标词汇,受测者则根据颜色进行区分,若为蓝色则按左键,若为绿色则按右键。当彩色词汇和白色词汇性质一致、且个体对这两个词汇共同按键做出反应时,个体反应较快,据此可以推断出个体对彩色目标词汇的联想与判断(De Houwer, 2003)。

以前,社会认知研究领域一直存在着两个困扰:第一,受社会赞许效应的影响,受测者会有意掩饰自己的反应,出现掩饰效应;第二,受内省能力的限制,受测者不能够表达自己的真实态度。IAT的出现,为人们解决上述两个困扰提出了新的解决方案和思路。

本章要点小结

1.测验编制包括一系列严谨的过程。编制者需要明确测验的适用对象,确定测验的用途,明确测量目标特质的理论构想,给出操作性定义。

2.编题计划可体现为细目表中的测题数量及其分布,其作用是清楚地界定测验测量的目标特质,确定题型、题量及其分布,以及计分方法。

3.测题类型包括开放式问题、封闭式问题、混合型问题,而常用的计分方法是类别计分法、排序计分法和等距计分法。

4.编写测题的素材应丰富,可以从相关文献、访谈或调查同行专家及测验目标群体等途径搜集。测题编写必须遵循一些基本原则。

5.预测选取的受测者数量要适当,要有代表性。预测的过程和情境应力求与正式测验相近似。

6.测题的优劣必须通过项目分析进行检验。可通过对受测者进行问卷调查或访谈,以及向专家咨询进行定性项目的分析;定量的项目分析则包括难度分析、区分度分析等。测题的选取、删除或修改需综合定性资料和数量化指标来评判。

7.筛选出的高质量测题根据测验目的,按照一定原则和方法进行编排,组成正式测验。而后再次考察测验的信、效度,编制测验手册。

关键术语表

1.操作性定义

2. 编题计划
3. 测验等值
4. 测题类型
5. 计分方式
6. 细目表
7. 项目分析
8. 因素分析
9. 标准化

本章复习题

1. 在测验编制过程中，确定测验目标通常包括(　　)。

A. 确定测验的对象　　B. 确定测验的类型
C. 确定测验的用途　　D. 界定测验所测量的目标特质

2. 下列哪一个选项的定义不是操作性的定义(　　)。

A. 发散思维是指对同一物体多种用途的设想能力，具体指标为在60秒内回答砖的不同用途达10项以上为优秀；5项至9项为一般；5项以下为差。
B. 饥饿是指连续24小时没进食物的状态。
C. 阅读能力是指用阅读测验表上中等难度的文章进行测验，且阅读速度达到200字/分以上；辨别达到90%以上；理解达到80%以上；记忆达到70%以上为合格。
D. 效度是指测验对其所测量的心理特征测量到了什么程度的估计。

3. 编制研究用人格测验时，可以省略的测验编制环节是(　　)。

A. 测验目的分析　　B. 测验题项编写
C. 制定测验常模　　D. 测题的编排和组织

4. 编制测验题项的原则不包括(　　)。

A. 将测题操作化　　B. 避免出现社会禁忌
C. 测题的表述简单、准确　　D. 题项之间彼此独立，没有交叉

5. 在编写测题时，搜集资料可以通过(　　)。

A. 查阅相关的研究文献　　B. 检索现有的相似测验
C. 访谈同行或专家　　D. 调查测验测量对象

6. 在因素分析中，某一题项与其中一个共同因素的相关是指测验的(　　)。

A. 共同度　　B. 特征根　　C. 变异量　　D. 因素负荷

7.在预测时,测验编制者应记录预测受测者的作答情况,以下选项中哪些不能作为修改或删除题项的依据(　　)。

A.受测者长时间停留的题项

B.受测者不愿意回答的题项

C.受测者标记为不能理解的题项

D.受测者认为指导语中表述不清楚的地方

8.下列选项中,可以不用写进测验使用手册的是(　　)。

A.测验题目　　B.信度证据　　C.效度证据　　D.测试对象

主要参考文献

◎中文部分

[1]白利刚.(1996). Holland职业兴趣理论的简介及评述[J]. 心理学动态, 14(2), 27-31.
[2]毕重增.(2006). 自信人格理论的建构[D]. 重庆:西南大学.
[3]蔡华俭.(2003). Greenwald提出的内隐联想测验介绍[J]. 心理科学进展, 11(3), 339-344.
[4]曾桂兴.(1987). 标准化考试常识[M]. 成都:四川教育出版社.
[5]陈社育, 余嘉元.(2002). 行政职业能力倾向测验效度的研究报告[J]. 心理科学, 25(3), 325-328.
[6]陈希镇.(1996). 标准参照测验中的信度估计公式[J]. 心理学报, 28(4), 436-442.
[7]陈志国,芮南.(2009). 高考作文网上阅卷双评过程中的质量监控[J]. 中学语文教学, (6), 62-65.
[8]崔光辉, 郭本禹.(2015). 国立中央大学心理学学科发展史略[J]. 苏州大学学报(教育科学版), (2), 1-12.
[9]崔界峰, 王健, 范宏振, 姚晶, 陈楠, 段京辉, 邹义壮.(2017). 中文版韦氏成人智力量表第四版的常模制订[J]. 中国心理卫生杂志,31(8), 635-641.
[10]戴海崎, 张锋, 陈雪枫.(1999). 心理与教育测量[M]. 广州:暨南大学出版社.
[11]戴海琦, 张锋, 陈雪枫.(2011). 心理与教育测量[M]. 广州: 暨南大学出版社.
[12]戴海琦.(2010). 心理测量学[M]. 北京:高等教育出版社.
[13]邓稳根, 黎小瑜, 陈勃, 罗坤, 曾小燕.(2018). 国内心理学文献中共同方法偏差检验的现状[J].江西师范大学学报(自然科学版), 42(5), 11-17.
[14]范巍,王重鸣.(2006). 创业意向维度结构的验证性因素分析[J]. 人类工效学, 12(1), 14-16.
[15]方俐洛, 白利刚, 凌文辁.(1996). Holland式中国职业兴趣量表的建构[J]. 心理学报, 28(2), 113-119.
[16]方俐洛, 凌文辁, 韩骢.(2003). 一般能力倾向测验中国城市版的建构及常模的建立[J]. 心理科学, 26(1), 133-135.
[17]龚耀先.(1984). 韦氏成人智力量表和各分测验的性能[J]. 应用心理学,3(2), 37-41.
[18]龚耀先, 戴晓阳.(1988). 中国-韦氏幼儿智力量表(C-WYCSI)的编制[J]. 心理学报, 20(4), 30-42.
[19]龚耀先, 解亚宁.(1988). 我国修订的HR幼儿神经心理成套测验[J]. 心理学报, 20(3), 312-319.
[20]龚耀先, 谢光荣, 江达威, 邓君林, 戴郑生, 周迁璋.(1981). 修订韦氏记忆量表[C]. 中国心理学会第三次会员代表大会及建会60周年学术会议(全国第四届心理学学术会议)文摘选集(下).

[21]龚耀先.(1986).HR成人成套神经心理测验在我国的修订[J].心理学报,29(4),433-442.
[22]郭静.(2018).自杀风险评估量表(NGASR-CN)的重译及信效度检验[D].济南:山东大学.
[23]郭显光.(1998).如何用SPSS软件进行主成分分析[J].统计与信息论坛,(2),61-65.
[24]韩家勋.(2009).中国高考从传统走向现代——“标准化考试”改革与发展[J].考试研究,(4),30-41.
[25]洪炜,龚耀先.(2000).一般行政能力倾向测验的建构及信度、效度研究[J].中国临床心理学杂志,8(1),1-6.
[26]胡卫平,俞国良.(2002).青少年的科学创造力研究[J],教育研究,(1),44-48.
[27]黄希庭,凤四海,王卫红.(2003).青少年学生自我价值感全国常模的制定[J].心理科学,26(2),194-198.
[28]黄希庭,张志杰,(2010).心理学研究方法[M].北京:高等教育出版社.
[29]解亚宁,龚耀先.(1993).HR神经心理成套测验少儿版的修订和应用[J].中国心理卫生杂志,7(2),49-53.
[30]况小雪,曹亦薇,戴晓阳.(2011).网络成瘾量表信效度的Meta分析[J].中国临床心理学杂志,19(2),192-194.
[31]李桂梅,张晋军.(2014).第二语言测试分数解释体系的比较研究[J].考试研究,(6),61-68.
[32]李敏,瓮长水,毕素清 等.(2004).计时"起立-行走"测验评估脑卒中患者功能性步行能力的信度和同时效度[J].中国组织工程研究,8(31),6819-6821.
[33]林传鼎,张厚粲.(1986).韦氏儿童智力量表中国修订本[D].北京:北京师范学院.
[34]林传鼎.(1980).我国古代心理测验方法试探[J].心理学报,25(1),75-80.
[35]临床记忆量表编制协作组.(1986).“临床记忆量表”的编制[J].心理学报,18(1),102-110.
[36]凌文辁,方俐洛,白利刚.(1999).我国大学生的职业价值观研究[J].心理学报,31(3),342-348.
[37]凌文辁,方俐洛.(1998).我国大学科系职业兴趣类型图初探[J].心理学报,30(1),78-84.
[38]刘朝杰.(1997).问卷的信度与效度评价[J].中国慢性病预防与控制,(4),174-177.
[39]刘建华.(2007).抗战时期技术工人培训中的职业能力测验[J].中国职业技术教育,(2),45-46.
[40]刘晶京,恽晓平.(2016).汉化版Rivermead行为记忆测验第3版的信度和效度[J].中国康复理论与实践,22(5),511-513.
[41]龙立荣,彭平根.(2000).运用职业自我选择测验(SDS)研制大学专业搜寻表的初步研究[J].心理学报,32(4),453-457.
[42]龙立荣.(1991).职业兴趣测验SDS的发展现状及趋势[J].教育研究与实验,(2),34-37.
[43]漆书青.(1988).谈谈标准化考试[J].中国教育学刊,(2),42-46.
[44]漆书青.(2002).现代教育与心理测量学原理[M].北京:高等教育出版社.
[45]漆书青.(2003).现代测量理论在考试中的应用[M].武汉:华中师范大学出版社.
[46]日本语能力测试官方网站.(2019).新日本语能力测试(新考试)的常见问题[OL].http://www.jlpt.jp/cn/index.html.
[47]石绍华,张梅玲.(2000).问卷编制的几个问题[J].心理学动态,8(4),69-76.
[48]史惟,王素娟,杨红,朱默,王艺.(2006).中文版脑瘫患儿粗大运动功能分级系统的信度和效度研究[J].中国循证儿科杂志,1(2):122-128.
[49]孙树勇.(2006).无领导小组讨论面试命题在公务员考试中的操作[J].中国人力资源开发,

(5):65-67.
[50]孙晓军,周宗奎.(2005).探索性因子分析及其在应用中存在的主要问题[J].心理科学,28(6),1440-1442.
[51]孙晓敏,张厚粲.(2004).效度概念演进及其新发展[J].心理科学,27(1),234-235.

[52]田清源.(2006).主观评分中多面Rasch模型的应用[J].心理学探新,(1),70-73.
[53]涂冬波,蔡艳,丁树良.(2012).认知诊断理论、方法与应用[M].北京:北京师范大学出版社
[54]Wendler C., Kirsh B., 冯采.(2017).理解和运用《教育与心理测试标准》——ETS的案例研究[J].中国考试,(10),27-35.
[55]王爱平,周黎明,张厚粲.(2016).中国儿童智力测验的弗林效应及其影响因素[J].中国考试,(5),3-11.
[56]王登峰,崔红.(2003).中国人人格量表(QZPS)的编制过程与初步结果[J].心理学报,35(1):127-136.
[57]王进礼,龚耀先.(2004).多项能力倾向测验的初步编制[J].中国临床心理学杂志,12(2),116-120.
[58]王挺,杜文东.(2007).江苏省大学生16PF常模标定[J].中国健康心理学杂志,15(7),634-637.
[59]王晓刚,黄希庭,陈瑞君,章麟.(2014).心理疾病内隐污名:来自单类内隐联想测验的证据[J].心理科学,37(2),272-276.
[60]魏宏波.(2009).萧孝嵘.见 郭本禹(主编).(2009).中国心理学经典人物及其研究[M].合肥:安徽人民教育出版社.
[61]温忠麟,叶宝娟.(2011).测验信度估计:从α系数到内部一致性信度[J].心理学报,43(7),821-829.

[62]吴垠,桑志芹.(2010).心理咨询师胜任特征的定性研究[J].中国心理卫生杂志,24(10),731-736.
[63]吴志明,张厚粲,杨立谦.(1997).结构化面试中的评分一致性问题初探[J].应用心理学,(2),8-14.
[64]谢小庆,张晋军,赵亮.(2010).言语理解与表达应以考查语言交际能力为主[J].中国考试,(5),12-17.
[65]修订韦氏成人智力量表全国协作组.(1983).韦氏成人智力量表的修订[J].心理学报,15(3),121-129.
[66]徐云,龚耀先.(1987).Luria-Nebraska神经心理成套测验的初步修订[J].心理科学,10(3),30-37.
[67]阎力.(2000).结构化面试的设计和组织[J].中国人力资源开发,(4),38-39.
[68]阎书昌.(2015).中国近代心理学史(1872-1949)[M].上海:上海教育出版社,216-221.
[69]杨淑群,蔡声镇,丁树良,林海菁,丁秋林.(2008).求解简化Q矩阵的扩张算法[J].兰州大学学报:自然科学版,44(3),87-91.
[70]杨志明,张雷.(2003).测评的概化理论及其应用[M].北京:教育科学出版社.
[71]杨志明.(2018).完善新高考学业水平等级考试赋分方案的三种策略[J].教育测量与评价,215(12),7-12.

[72]余嘉元.(1989).经典测量理论和项目反应理论的比较研究报告[J].南京师大学报:社会科学版(4),93-100.

[73]余嘉元.(2008).Angoff方法有效性的检验研究[J].教育研究与实验,(1),54-57.

[74]张超,徐燕,陈平雁.(2007).探索性因子分析与验证性因子分析在量表研究中的比较与应用[J].南方医科大学学报,27(11),1699-1700.

[75]张厚粲,冯伯麟,袁坤.(2004).我国中学生职业兴趣的特点与测验编制[J].心理学报,36(1),89-95.

[76]张厚粲,龚耀先.(2012).心理测量学[M].杭州:浙江教育出版社.

[77]张厚粲,王晓平.(1989).瑞文标准推理测验在我国的修订[J].心理学报,21(2),113-121.

[78]张厚粲,徐建平.(2009).现代教育与心理统计学(第三版)[M].北京:师范大学出版社.

[79]张厚粲.(2005).实用心理评估[M].北京:中国轻工业出版社.

[80]张厚粲.(2009).韦氏儿童智力量表第四版(WISC-IV)中文版的修订[J].心理科学,32(5),1177-1179.

[81]张敏强.(1992).教育测量理论与方法的应用研究[J].华南师范大学学报:社会科学版,(3),73-84.

[82]赵必华,孙彦.(2011).儿童希望量表中文版的信效度检验[J].中国心理卫生杂志,25(6),454-459.

[83]赵必华.(2002).标准参照测验信度的估计方法及其验证[J].宁波大学学报(理工版),15(3),99-102.

[84]赵子厚.(2005).高考作文评分误差控制与阅卷教师素质[J].语文教学之友(6),44-46.

[85]郑立新,吴宗文,成新宁.(2000).中国幼儿智力量表(CISYC)短、中期重测信度的研究[J].中国临床心理学杂志,8(1),41-42.

[86]郑日昌.(2013).心理测量与测验(第二版)[M].北京:中国人民大学出版社.

[87]郑日昌.(2007).正确使用量表 提高稿件质量[J].中国心理卫生杂志,21(2):71.

◎**译著部分**

[88]Anastasi, A., & Urbina S. (2001).心理测验[M].缪小春,竺培梁等译.杭州:浙江教育出版社.

[89]Aiken, L. R. & Groth-Marnat, G. (2011).艾肯心理测量与评估(原书第12版)[M].张厚粲,赵守盈等译.北京:中国人民大学出版社.

[90]DeVellis, R. F. (2010). 量表编制:理论与应用[M].魏勇刚,席仲恩,龙长权 译.重庆:重庆大学出版社.

[91]Gerrig R. J., & Zimbardo, P. G. (2006).心理学与生活(第16版)[M].王垒,王甦 等译.北京:人民邮电出版社.

[92]Gregory, R. J. (2007).心理测量:历史、原理及应用[M].施俊琦 译.北京:机械工业出版社.

[93]Lord, F. M. & Novick, M. R.(1992).心理测验分数的统计理论 [M].叶佩华 主译.福州:福建教育出版社.

[94]McIntire, S. A. & Miller, L. A. (2009).心理测量[M].骆方,孙晓敏 译.北京:中国轻工业出版社.

[95]Murphy, K. R., & Davidshofer, C. O. (2006).心理测验:原理和应用[M].张娜,杨艳苏,徐爱华 译.上海:上海社会科学院出版社.

[96]美国心理协会(APA)、美国教育研究协会(AERA)和美国国家教育测量协会(NCME)等主编.(2003).教育与心理测试标准[M].燕妮琴,谢小庆 译.沈阳:沈阳出版社.

◎**英文部分**

[97]Almeida, L. S., Prieto, L. P., Ferrando, M., Oliveira, E., & Ferrándiz, C. (2008). Torrance test of creative thinking: The question of its construct validity. *Thinking Skills & Creativity, 3(1)*, 53-58.

[98]Amabile, T. M. (1988). A model of creativity and innovation in organizations. *Research in Organizational Behavior*, 10, 123 - 167.

[99] American Educational Research Association (AERA), American Psychological Association (APA), and National Council on Measurement in Education (NCME). (2014). *Standards for educational and psychological testing (2014 Ed.)*. New York: AERA, APA, NCME.

[100]Anderson, N., Schlueter, J. E., Carlson, J. F., & Geisinger, K. F. (Eds.). (2016). *Tests in print IX*. Lincoln, NE: Buros Center for Testing.

[101]Angoff, W. H. (1971). Scales, norms, and equivalent scores. In R. L. Thorndike (Ed.), *Educational Measurement, 2nd Edition*, Washington, DC: American Council on Education.

[102]Bemis, S. E. (1968). Occupational validity of the general aptitude test battery. *Journal of Applied Psychology, 52(3)*, 240-244.

[103] Benton, A. L. (1974). *Revised Visual Retention Test: Clinical arid experimental applications. Manual (4th ed.)*. New York: The Psychological Corporation.

[104]Birnbaum, A. (1958). *Further considerations of efficiency in tests of a mental ability*. Technical Report No. 17. Project No. 7755-23, USAF School of Aviation Medicine, Randolph Air Force Base, Texas.

[105]Birnbaum, A. (1968). Some latent trait models and their use in inferring an examinee's ability. In F. M. Lord & M. R. Novick (Eds.), *Statistical theories of mental test scores*. Reading, MA: Addison-Wesley.

[106]Brennan, R. L. (2001). *Generalizability theory*. New York: Springer-Verlag.

[107]Bridges, K. R. (2001). Using attributional style to predict academic performance: How does it compare to traditional methods? *Personality and Individual Differences, 31(5)*, 723-730.

[108]Buck, J. N. (1948). The H-T-P technique: A qualitative and quantitative scoring manual. *Journal of Clinical Psychology, 4(4)*, 317-396.

[109]Burn, R. C., & Kaufman, S. H. (1970). *Kinetic family drawings: An introduction to understanding children through kinetic drawings*. New York: Brunner and Mazel.

[110]Butcher, J. N. (2010). *Minnesota Multiphasic Personality Inventory*. In The Corsini Encyclopedia of Psychology (eds I. B. Weiner and W. E. Craighead).

[111]Butcher, J. N., Dahlstrom, W. G., Graham, J. R., Tellegen, A. M., & Kaemmer, B. (1989). *Minnesota Multiphasic Personality Inventory-2 (MMPI-2): Manual for administration and scoring*. Minneapolis: University of Minnesota Press.

[112]Camara, W., & Echternacht, G. (2000). *The SAT-I and high school grades: Utility in predicting*

success in college. (College Board Report No.RN-10). New York: College entrance Examination Board.

[113] Campbell, D. T. (1960). Blind variation and selective retention in creative thought as in other knowledge processes. *Psychological Review*, *67(6)*, 380-400.

[114] Cattell, J. M. (1890). Mental tests and measurements. *Mind*, 15, 373-381

[115] Cattell, R. B. (1956). Validation and intensification of the Sixteen Personality Factor Questionnaire. *Journal of Clinical Psychology*, *12*, 205-214.

[116] Cattell, R. B. (1963). Theory of fluid and crystallized intelligence: A critical experiment. *Journal of Educational Psychology*, *54(1)*, 1-22.

[117] Cattell, R. B. (1987). *Intelligence: Its structure, growth and action (Vol. 35).* Philadelphia, PA: Elsevier.

[118] Cattell, R. B., Cattell, A. K. S. (1949). *Test of" g": Culture fair.* Institute for Personality and Ability Testing.

[119] Cattell, R. B., Saunders, D. R., & Stice, G. F. (1949). *The Sixteen Personality Factor Questionnaire, I.P.A.T.*, 1602, Coronado Drive, Champaign, 111.

[120] Conigrave, K., Hall, W., & Saunders, J. (1995). The AUDIT questionnaire: Choosing a cutoff score. *Addiction*, *90(10)*, 1349-1356.

[121] Costa, P. T., & McCrae, R. R. (1980). Still stable after all these years: Personality as a key to some issues in adulthood and old age. In P. B. Baltes & O. G. Brim, Jr. (Eds.), *Life span development and behavior* (Vol. 3, pp. 65-102). New York: Academic Press

[122] Costa, P. T., & McCrae, R. R. (1985). *The NEO Personality Inventory manual Odessa.* FL: Psychological Assessment Resources.

[123] Costa, P. T., & McCrae, R. R. (1992). *The revised NEO Personality Inventory and NEO Five-Factor Inventory professional manual.* Odessa, FL: Psychological Assessment Resources.

[124] Cronbach, L. J. (1988). Five perspectives on the validity argument. In H Wamer & H. Braun (Eds.). *Test Validity.* Hillsdale NJ: Lawrence Erlbaun.

[125] Cronbach, L. J., Gleser, G. C., Nanda, H., & Rajaratnam, N (1972). *The dependability of behavioral measurements: Theory of generalizability for scores and profiles.* New York: Wiley

[126] Cronbach, L. J., Rajaratnam, N., & Gleser, G. C. (1963). Theory of generalizability: a liberalization of reliability theory? . *British Journal of Statistical Psychology*, *16(2)*, 137-163.

[127] De Houwer, J. (2003). The extrinsic affective Simon task. *Experimental Psychology*, *50(2)*, 77-85.

[128] Decker, S. L., & Bridges, R. M. (2017). *Bender Visual-Motor Gestalt Test Ⅱ. Encyclopedia of Clinical Neuropsychology.* New York: Springer New York.

[129] DeVellis, R. F. (2006). Classical test theory. *Medical Care*, *44(Suppl 3)*, S50-S59.

[130] Dibello, L. V., Roussos, L. A., & Stout, W. (2006). A review of cognitively diagnostic assessment and a summary of psychometric models. *Handbook of Statistics*, *26*, 979-1030.

[131] Dumont, R., & Willis, J. O. (2008). Wechsler Memory Scale - Third Edition. *Encyclopedia of Special Education.* New Jersey: John Wiley & Sons, Inc.

[132] Ebel, R. L. (1967). The relation of item discrimination to test reliability. *Journal of Educational Measurement*, *4(3)*, 125-128.

[133]Ebel, R. L. (1972). *Essentials of educational measurement*. Oxford, England: Prentice-Hall.

[134]Educational Testing Service. (2002). *GRE for educators: Interpreting scores on the GRE Analytical writing measure*. Princeton, NJ: Educational Testing Service.

[135]Edwards, A. L. (1954). *Manual: Edwards Personal Preference Schedule*. New York: Psychological Corporation

[136]Edwards, A. L. (1959). *Edwards Personal Preference Schedule*. New York: Psychological Corporation

[137]Ewing, J. A., (1984). *Detecting alcoholism: the CAGE questionnaire*. JAMA, 252, 1905-1907.

[138]Eysenck, H. J. (1952). *The scientific study of personality*. London: Routledge (& Kegan Paul).

[139]Eysenck, H. J. (1959). *Manual of the Maudsley Personality Inventory*. London: University of London Press

[140]Fenster A., Markus, K. A., Wiedemann, C. F., Brackett, M. A. & Fernandez, J. (2001). Selecting tomorrow's forensic psychologists: A fresh look at familiar predictors. *Educational and Psychological Measurement, 61(2)*, 336-348.

[141]Fischer, G.H. (1973). The linear logistic test model as an instrument in educational research. *Acta Psychologica, 37(6)*, 359-374.

[142]Flynn, (1984). The mean IQ of Americans: Massive gains 1932 to 1978. *Psychological Bulletin, 95(1)*, 29-51.

[143]Galton, F. (1879). Psychometric experiments. *Brain, 2(2)*, 149-162.

[144]Gardner, E. F., Rudman, H. C., Karlsen, B., & Merwin, J. C. (1982). *Stanford Achievement Test: Scoring manual*. New York: Harcourt Brace Jovanovich.

[145]Gardner, H. (1992). *Multiple intelligences*. Minnesota Center for Arts Education.

[146]Gawrilow, C., Gollwitzer, P. M., & Oettingen, G. (2011). If-then plans benefit delay of gratification performance in children with and without ADHD. *Cognitive Therapy and Research, 35(5)*, 442-455.

[147]Geiser, S., & Studley, R. (2001). *UC and SAT: Predictive validity and differential impact of the SAT I and SAT Ⅱ at the University of California*. Available from www.ucop.edu/saa/research/researchandplanning/pdf/sat_study.pdf.

[148]Glaser, R., & Klaus, D. J. (1962). Proficiency measurement: Assessing human performance. *Psychological Principles in System Development*, 419-474.

[149]Gordon, E. (1965). The Musical Aptitude Profile: A New and Unique Musical Aptitude Test Battery. *Bulletin of the Council for Research in Music Education, (6)*, 12-16.

[150]Gow, A. J., & Deary, I. J. (2004). Is the PASAT past it? Testing attention and concentration without numbers. *Journal of Clinical and Experimental Neuropsychology, 26(6)*, 723-736.

[151]Grant, D. A., & Berg, E. (1948). A behavioral analysis of degree of reinforcement and ease of shifting to new responses in a Weigl-type card-sorting problem. *Journal of Experimental Psychology, 38(4)*, 404-411.

[152]Greenwald, A. G., McGhee, D. E., & Schwartz, J. L. (1998). Measuring individual differences in implicit cognition: The implicit association test. *Journal of Personality and Social Psychology, 74(6)*: 1464-1480.

[153]Greenwald, A. G., Nosek, B. A., & Banaji, M. R. (2003). Understanding and using the implicit

association test: I. An improved scoring algorithm. *Journal of Personality and Social Psychology, 85(2)*, 197-216.

[154]Gregory, R. J. (2012). *Psychological testing: History, principles, and applications.* Boston: Allyn and Bacon.

[155]Gronwall, D. M. (1977). Paced auditory serial-addition task: a measure of recovery from concussion. *Perceptual & Motor Skills, 44(2)*, 367-73.

[156]Guilford, J. P. (1959). Three faces of intellect. *American psychologist, 14(8)*, 469-479.

[157]Guilford, J. P. (1967). *The nature of human intelligence.* New York: McGraw-Hill.

[158]Guo, L., Bao, Y., Wang, Z. R., & Bian, Y. F. (2014). Cognitive diagnostic assessment with different weight for attribute: based on the Dina model. *Psychological Reports, 114(3)*, 802-822.

[159]Halpern, D. F. (1997). Sex differences in intelligence: Implications for education. *American Psychologist, 52(10)*, 1091-1102.

[160]Halpin, G., & Mclean, J.E. (1991). *Sources of variability in the Angoff Standard-Setting Process.* Paper presented at the Annual Meeting of the Mid-South Educational Research Association (20th, Lexington, KY, November 12-15).

[161] Hanford, G. H. (1986). The SAT and statewide assessment: The distinction between measurement and evaluation. *Vital Speeches of the Day, 52(24)*, 765-768.

[162]Hathaway, S. R., & McKinley, J. C. (1940a). A multiphasic personality schedule (Minnesota): I. Construction of the schedule. *The Journal of Psychology, 10(2)*, 249-254.

[163]Hathaway, S. R., & McKinley, J. C. (1940b). A multiphasic personality schedule (Minnesota): II. A differential study of Hypochondriasisa. *The Journal of Psychology, 10(2)*, 255-268.

[164] Hathaway, S. R., & McKinley, J. C. (1951). *Minnesota Multiphasic Personality Inventory; manual (Revised).* San Antonio, TX, US: Psychological Corporation.

[165]Henson, R., & Douglas, J. (2005). Test construction for cognitive diagnosis. *Applied Psychological Measurement, 29(4)*, 262 - 277.

[166]Holland, J. L. (1959). A theory of vocational choice. *Journal of Counseling Psychology, 6*, 35 - 45.

[167]Holland, J. L. (1973). *Making vocational choices: A theory of careers.* Englewood Cliffs, NJ: Prentice Hall.

[168]Holmes, C. B., & Beishline, M. J. (1996). Correct classification, false positives, and false negatives in predicting completion of the Ph. D. from GRE scores. *Psychological Reports, 79*, 939-945.

[169]House, J. D. & Johnson, J. J. (1998). Predictive validity of the graduate record examination for grade performance in graduate psychology courses. *Psychological Reports, 82*, 1235-1238.

[170]House, J. D. (1997). Predictive validity of Graduate Record Examination scores for outcomes of American Indian/Alaska Native students. *Psychological Reports, 81*, 337-338.

[171]House, J. D. (1998). Age differences in prediction of student achievement from Graduate Record Examination scores. *Journal of Genetic Psychology*, 159, 379-382.

[172]Howard, D. (2004). Assessment of aphasia. *Journal of Neurology Neurosurgery & Psychiatry, 75 (3)*, 514.

[173]Hu, W., & Adey, P. (2002). A scientific creativity test for secondary school students. *International Journal of Science Education, 24(4)*, 389-403.

[174]Jaeger, R. M. (1982). An iterative structured judgment process for establishing standards on competency tests: Theory and application. *Educational Evaluation and Policy Analysis, 4(4)*, 461-475.

[175]Ji, C. C. (1998). Predictive validity of the Graduate Record Examination in education. *Psychological Reports, 82*, 899-904.

[176]Jung, C. G. (1910). The association method. *American Journal of Psychology, 31*, 219-269.

[177]Kaplan, R. M.,& Saccuzzo, D. P. (2010). *Psychological testing : Principles, applications, and issues(7th Ed.)*. Beijing: China Machine Press.

[178]Kaufman, A. S., & Kaufman, N. L. (1983). K-ABC: Kaufman assessment battery for children: Interpretive manual. *Circle Pines*, MN: American Guidance Service.

[179] Kaufman, A. S., & Kaufman, N. L. (1993). Kaufman adolescent and adult intelligence test. *Circle Pines*, MN: American Guidance Service.

[180] Kent, G. H., & Rosanoff, A. J. (1910). A study of association in insanity. *American Journal of Psychiatry, 67(1)*, 37-96.

[181] Kuh, G. D., & Hu, S. (1999). Unraveling the complexity of the increase in college grades from the mid-1980s to the mid-1990s. *Educational Evaluation and Policy Analysis, 21(3)*, 297-320.

[182]Kuncel, N. R., Hezlett, S. A., & Ones, D. S. (2001). A comprehensive meta-analysis of the predictive validity of the graduate record examination: Implications for graduate student selection and performance. *Psychological Bulletin, 127(1)*, 162-181.

[183]Lacks, P. (1999). Bender Gestalt screening for brain dysfunction. (2nd ed.). New York: Wiley.

[184]Lawshe, C. H. (2010). A quantitative approach to content validity. *Personnel Psychology, 28(4)*, 563-575.

[185] Leighton, J. P., & Gierl, M. (2007). *Cognitive diagnostic assessment for education: Theory and Applications.* Cambridge. UK: Cambridge University.

[186]Leighton, J. P., Gierl, M., & Hunka, S. M. (2004). The attribute hierarchy method for cognitive assessment: A variation on Tatsuoka' s rule-space approach. *Journal of Educational Measurement, 41(3)*, 205-236.

[187] Lewis, D.M., Mitzel, H.C., & Green, D.R. (1996). *Standard setting: A Bookmark approach.* Symposium presented at the Council of Chief State School Officers National Conference on Large Scale Assessment, Phoenix, AZ.

[188]Livingston, S. A., & Zieky, M. J. (1982). *Passing scores: A manual for setting standards of performance on educational and occupational tests*. Educational Testing Service: Princeton, NJ

[189]Lovibond, S. H. (1954). The object sorting test and conceptual thinking in schizophrenia. *Australian Journal of Psychology, 6(1)*, 52-70.

[190]MacCarthy, D. (1972). *Manual for the McCarthy scales of children's abilities*. Psychological Corporation.

[191] Machover, K. (1949). American lectures in psychology: Vol. 25. *Personality projection in the drawing of the human figure: A method of personality investigation.* Springfield, IL, US: Charles C Thomas Publisher.

[192]McCall, W. A. (1922). *How to measure in education.* New York: MacMillan

[193] McCrae, R. R., & Costa, P. T. (2010). *NEO inventories for The NEO Personality Inventory-3 (NEO-PI-3) , NEO Five-Factor Inventory-3 (NEO-FFI-3) , NEO Personality Inventory-*

Revised (NEO PI-R): Professional manual. PAR.
[194]McGrew, K. S. (2005). The Cattell-Horn-Carroll theory of cognitive abilities: Past, present, and future. In D. P. Flanagan & P. L. Harrison (Eds.), *Contemporary Intellectual Assessment: Theories, Tests, and Issues* (pp. 136-181). New York: Guilford.
[195]McLean, J. E., & Halpin, G. (1984, April). *Setting passing scores for the Alabama High School Graduation Examination*. In meeting of the American Educational Research Association, New Orleans. LA.
[196]Mclntire, S. A., & Miller, L. A. (2000). *Foundations of Psychological testing*. Boston: McGraw-Hill.
[197]Melchert, T. P. (1998). Support for the validity of the Graduate Record Examination. *American Psychologist, 53*, 573-574.
[198]Messick, S. (1989). Validity. In R. L. Linn (Ed.), *Educational measurement (3rd ed.*, pp. 13-104). New York, NY: American Council on education and Macmillan.
[199]Morgan, C. D., & Murray, H. A. (1935). A method for investigating fantasies: The thematic apperception test. *Archives of Neurology & Psychiatry, 34(2)*, 289-306.
[200]Morrison, T., & Morrison, M. (1995). A meta-analytic assessment of the predictive validity of the quantitative and verbal components of the Graduate Record Examination with graduate grade point average representing the criterion of graduate success. *Educational and Psychological Measurement, 55(2)*, 309-316.
[201]Murray, H. A. (1938). *Explorations in personality*. New York: Oxford University Press.
[202]Murray, H. A. (1943). *Thematic apperception test*. Cambridge, MA, US: Harvard University Press.
[203]Naglieri, J. A., & Das, J. P. (1988). Planning-arousal-simultaneous-successive (PASS): A model for assessment. *Journal of School Psychology, 26(1)*, 35-48.
[204]National Center for Education Statistic. (2000). Table 315, *Scores on Graduate Record Examination (GRE) and subject matter tests*: 1965-1999. Washington, DC: U. S. Department of Education.
[205]National Center for Education Statistics (1995). *The condition of education 1995/ Indicator 21: Graduate Record Examination (GRE) scores*. Washington, DC: U. S. Department of Education.
[206]Nedelsky, L. (1954). Absolute grading standards for objective tests. *Educational and Psychological Measurement, 14(1)*, 3-19.
[207]Neisser, U. (1998). *The rising curve: Long-term gains in IQ and related measures*. Washington, DC: American Psychological Association.
[208]Nichols, P. D. (1994). A framework for developing cognitively diagnostic assessments. *Review of Educational Research, 64(4)*, 575-603.
[209]Nisbett, R. E., Aronson, J., Blair, C., Dickens, W., Flynn, J., & Halpern, D. F., et al. (2012). Intelligence: new findings and theoretical developments. *American Psychologist, 67(2)*, 130-159.
[210]Nosek, B. A., & Banaji, M. R. (2016). The go/no-go association task. *Social Cognition, 19(6)*, 625-664.
[211]Otis, A. S. (1920). *OTIS group intelligence scale*. World Book Company.

[212]Peng, P., Wang, T., Wang, C. C., & Lin, X. (2019). A meta-analysis on the relation between fluid intelligence and reading/mathematics: Effects of tasks, age, and social economics status. *Psychological Bulletin, 145(2)*, 189-236.

[213]Pezzuti, L., Mastrantonio, E., & Orsini, A. (2013). Construction and validation of an ecological version of the wisconsin card sorting test applied to an elderly population. *Journal of Aging, Neuropsychology, and Cognition, 20(5)*, 567-591.

[214]Pietschnig, J., & Voracek, M. (2015). One century of global IQ gains: a formal meta-analysis of the Flynn effect (1909-2013). *Perspectives on Psychological Science, 10(3)*, 282-306.

[215]Plucker, J. A., & Renzulli, J. S. (1999). Psychometric approaches to the study of human creativity. In R. J. Sternberg (Ed.), *Handbook of creativity* (pp. 35-61). New York, NY, US: Cambridge University Press.

[216]Podsiadlo, D., & Richardson, S. (1991). The timed "up & go": a test of basic functional mobility for frail elderly persons. *Journal of the American Geriatrics Society, 39(2)*, 142-148.

[217]Poreh, A. (2010). Rey Auditory Verbal Learning Test. *Corsini Encyclopedia of Psychology*. New Jersey: John Wiley & Sons, Inc.

[218]Rapaport, D., Gill, M., & Schafer, R. (1968). The word association test. In R. Holt (ed.) *Diagnostic psychological testing*, (pp.) 13-84. New York: International Universities Press.

[219]Raven, J. (1947). *Colored progressive's matrices set A, Ab, B.* England: Oxford Psychologists Press

[220]Raven, J. C. (1941). Standardization of progressive matrices, 1938. *British Journal of Medical Psychology, 19(1)*, 137 - 150.

[221]Raven, J., Raven, J.C. and Court, J.H. (1998). *Manual for Raven's Advanced Progressive Matrices* (1998 Ed). England: Oxford Psychologists Press.

[222]Reif, M. (2012). Applying a construction rational to a rule based designed questionnaire using the Rasch model and LLTM. *Psychological Test and Assessment Modeling, 54(1)*, 73-89.

[223]Renzulli, J. S. (1980). What we don't know about programming for the gifted and talented. *Phi Delta Kappan, 61(9)*, 601-602.

[224]Renzulli, J. S., & Reis, S. M. (1985). The schoolwide enrichment model. Mansfield Center, CT: Creative Learning Press.

[225]Robertson, I. H., Ward, T., Ridgeway, V., & Nimmo-Smith, I. (1996). The structure of normal human attention: the test of everyday attention. *Journal of the International Neuropsychological Society, 2(6)*, 525-34.

[226]Roid, G. H., & Pomplun, M. (2012). The Stanford-Binet Intelligence Scales, Fifth Edition. In D. P. Flanagan & P. L. Harrison (Eds.), *Contemporary intellectual assessment: Theories, tests, and issues* (pp. 249-268). New York: Guilford.

[227]Rönnlund, M., & Nilsson, L. G. (2008). The magnitude, generality, and determinants of Flynn effects on forms of declarative memory and visuospatial ability: time-sequential analyses of data from a Swedish cohort study. *Intelligence, 36(3)*, 192-209.

[228]Rorschach, H. (1921). Psychodiagnostik (Hans Huber Verlag, Trans.). Bern, Switzerland: Bircher.

[229]Rotter, J. B., Rafferty, J. E., & Schachtitz, E. (1949). Validation of the Rotter Incomplete Sentences Blank for college screening. *Journal of Consulting Psychology, 13(5)*, 348-356.

[230] Rozenblatt, S. (2011). *Behavioral Assessment of the Dysexecutive Syndrome*. New York: Springer New York.

[231] Rupp, A. A., & Mislevy, R. J. (2007). Cognitive foundations of structured item response theory models. In J. P. Leighton & M. J. Gierl (Eds.), *Cognitive Diagnostic Assessment for Education: Theory and Applications* (pp. 205–241). Cambridge: Cambridge University Press.

[232] Rupp, A. A., Templin, J., & Henson, R.A. (2010). *Diagnostic measurement Theory, Methods, and Applications*. New York: The Guilford press.

[233] Saccuzzo, D. P., & Schulte, R. (1978). The value of a master's degree for the Ph.D. pursuing student in psychology. *American Psychologist*, *33*, 862–864.

[234] Sackett, P. R., Lievens, F., Van Iddekinge, C. H., & Kuncel, N. R. (2017). Individual differences and their measurement: A review of 100 years of research. *Journal of Applied Psychology*, *102(3)*, 254-273.

[235] Salovey, P., & Mayer, J. D. (1990). Emotional intelligence. *Imagination Cognition & Personality*, *9(6)*, 217-236.

[236] Sandford, J. A., & Turner, A. (1995). *Manual for the Integrated Visual and Auditory Continuous Performance Test*. Richmond, VA, Braintrain.

[237] Seashore, C. E., Lewis, D., & Saetveit, J. G. (1939). *Seashore measures of musical talents*. Psychological Corp.

[238] Seashore, C., E. (1929). Meier-seashore art judgment test. *Science*, *69(1788)*, 380–380.

[239] Shryock, J. K. (1937). *The study of human abilities*. New Haven: American Oriental Society

[240] Sinha, D. K. (1986). Relationships of graduation requirements and course offerings to Scholastic Aptitude Test performance of seniors in high schools. *Journal of Educational Research*, *80*, 5–9.

[241] Snyder. C. R., & Shenkel, R. J. (1977). Effects of "favorability," modality, relevance on acceptance of general personality interpretations prior to and after receiving diagnostic feedback.. *Journal of Consulting and Clinical Psychology*, *45(1)*, 104–114.

[242] Snyderman, M., & Rothman, S. (1987). Survey of expert opinion on intelligence and aptitude testing. *American Psychologist*, *42(2)*, 137–144.

[243] Spearman, C. (1904). "General Intelligence," objectively determined and measured. *The American Journal of Psychology*, *15(2)*, 201–292.

[244] Steen, R. G. (2009). *Human intelligence and medical illness: Assessing the Flynn effect*. Springer Science & Business Media.

[245] Sternberg, R. J. (1982). *Handbook of human intelligence*. New York: Cambridge University Press.

[246] Sternberg, R. J. (1985). *Beyond IQ: A triarchic theory of human intelligence*. New York: Cambridge University Press.

[247] Sternberg, R. J. (1993). *Sternberg triarchic abilities test*. Unpublished test.

[248] Sternberg, R. J. (1996). *Successful intelligence: How practical and creative intelligence determine success in life* (pp. 191–192). New York, NY: Simon & Schuster.

[249] Sternberg, R. J., & Castejón, J. L. (2001). Confirmatory factor analysis of the Sternberg triarchic abilities test in three international samples: an empirical test of the triarchic theory of intelligence. *European Journal of Psychological Assessment*, *17(1)*, 1–16.

[250] Stevens, S. S. (1946). On the theory of scales of measurement. *Science*, *103(2684)*, 677–680.

[251]Tatsuoka, K. K. (1990). Toward an integration of item response theory and cognitive analysis. In N. Frederiksen, R. Glaser, A. Lesgold, & M. C. Shafto (eds.), *Diagnostic monitoring of skill and knowledge acquisition* (pp. 543-588). Hillsdale, NJ: Erlbaum.

[252]Tatsuoka, K. K. (1995). Architecture of knowledge structures and cognitive diagnosis: A statistical pattern recognition and classification approach. In P. D. Nichols, S. F. Chipman, & R. L. Brennan (Eds.), *Cognitively diagnostic assessment* (pp. 327-359). Hillsdale, NJ: Lawrence Erlbaum Associates.

[253]Tatsuoka, K. K. (2009). *Cognitive assessment: An introduction to the rule space method.* Routledge. NY, London.

[254]Templin, J. L., & Henson, R. A. (2006). Measurement of psychological disorders using cognitive diagnosis models. *Psychological Methods, 11(3)*, 287-305.

[255]Terman, L. M. (1916). *The measurement of intelligence: An explanation of and a complete guide for the use of the Stanford revision and extension of the Binet-Simon intelligence scale.* New York: Houghton Mifflin.

[256]Thorndike, E. L. (1918). The nature, purposes, and general methods of measurements of educational products. *Teachers College Record, 19(7)*, 16-24.

[257]Thurstone, L. L. (1938). Primary mental abilities. *Psychometric monographs, 1.*

[258]Thurstone, L. L., & Thurstone, T. G. (1941). Factorial studies of intelligence. *Psychometric Monographs, 2.*

[259]Tomkins, S. S., & Tomkins, E. J. (1947). *The Thematic Apperception Test: The theory and technique of interpretation* (p. xi). New York: Grune & Stratton.

[260]van der Linden, W. J. (2007). A hierarchical framework for modeling speed and accuracy on test items. *Psychometrika, 72*, 287 - 308.

[261]van der Maas, H. L. J., Dolan, C. V., Grasman, R. P. P. P., Wicherts, J. M., Huizenga, H. M., & Raijmakers, M. E. J. (2006). A dynamical model of general intelligence: the positive manifold of intelligence by mutualism. *Psychological Review, 113(4)*, 842-861.

[262]Vernon, P. E. (1961). British army and navy research on intelligence. In J. J. Jenkins, & D. G. Paterson (Eds.), *Studies in individual differences: The search for intelligence* (pp. 588-597, Chapter xiv, 774 Pages) Appleton-Century-Crofts, East Norwalk, CT.

[263]Wang, W. C., & Wilson, M. (2005). The Rasch testlet model. *Applied Psychological Measurement, 29(2)*, 126-149.

[264]Wang, X., Huang, X., Jackson, T., & Chen, R. (2012). Components of implicit stigma against mental illness among Chinese students. *Plos One, 7(9)*:46016.

[265]Wechsler, D. (1955). *Manual for the Wechsler adult intelligence scale.* Psychological Corp, Oxford.

[266]Wechsler, D. (2008). *Wechsler adult intelligence scale - Fourth Edition (WAIS - IV).* San Antonio, TX: NCS Pearson

[267]Wechsler, D. (2012). *Wechsler preschool and primary scale of intelligence -fourth edition.* San Antonio, TX: The Psychological Corporation.

[268]Wechsler, D. (2014). *Wechsler intelligence scale for children -fifth edition (WISC-V).* Bloomington, MN: Pearson.

[269]Wigboldus, D. H., Semin, G. R., & Spears, R. (2000). How do we communicate stereotypes? Linguistic bases and inferential consequences. *Journal of personality and social psychology*, *78(1)*, 5-18.

[270]Yaddanapudi S.,& Yaddanapudi, L. (2019). How to design a questionnaire. *Indian Journal of Anaesthesia*, *63(5)*, 335-337.

[271]Zimbardo, P. G., & Boyd, J. N. (1999). Putting time in perspective: A valid, reliable individual-differences metric. *Journal of Personality & Social Psychology*, *77(6)*, 1271-1288.

[272]Zytowski, D. G. (1976). Predictive validity of the Kuder occupational interest survey: A 12- to 19-year follow-up. *Journal of Counseling Psychology*, *23(3)*, 221-233.

[273]Zytowski, D. G. (1985). *Kuder Occupational Interests Survey: Manual supplement*. Chicago: Science Research Associates.